山西古建筑营造史

秦汉魏晋南北朝卷

左国保·著—何莲荪·整理

山西出版传媒集团
山西科学技术出版社
·太原·

图书在版编目（CIP）数据

山西古建筑营造史 . 秦汉魏晋南北朝卷 / 左国保著 .
— 太原：山西科学技术出版社，2023.10
ISBN 978-7-5377-6224-3

Ⅰ . ①山… Ⅱ . ①左… Ⅲ . ①古建筑—建筑史—山西
—秦汉时代 - 魏晋南北朝时代 Ⅳ . ① TU-092.925

中国版本图书馆 CIP 数据核字（2022）第 203909 号

山西古建筑营造史　秦汉魏晋南北朝卷

SHANXI GUJIANZHU YINGZAO SHI　QIN-HAN WEI-JIN NAN-BEI CHAO JUAN

出 版 人	阎文凯
著　者	左国保
整　理	何莲荪
责 任 编 辑	李　兆
封 面 设 计	王利锋
版 式 设 计	岳晓甜

出 版 发 行　山西出版传媒集团·山西科学技术出版社
　　　　　　　地址：太原市建设南路 21 号　邮编　030012

编辑部电话　0351-4922063

发行部电话　0351-4922121

经　销　各地新华书店

印　刷　山西基因包装印刷科技股份有限公司

开　本	890mm×1240mm	1/16
印　张	26.5	
字　数	408 千字	
版　次	2023 年 10 月第 1 版	
印　次	2023 年 10 月山西第 1 次印刷	
书　号	ISBN 978-7-5377-6224-3	
定　价	260.00 元	

目 录 __

第一章　秦汉魏晋南北朝

第一节　秦国的历史　002

第二节　秦代的社会概况　014

第三节　两汉时期的山西　020

第四节　汉代建筑　031

第二章　十六国时期和北魏、北齐时期的建筑

第一节　十六国时期的汉国　048

第二节　北魏时期的建筑　055

第三节　北朝的乡村　218

第四节　宗教建筑　234

第一章

秦汉魏晋南北朝

（公元前 221 — 589 年）

第一节　秦国的历史

一、秦人来自东方

六七千年以前，黄河流域的仰韶文化诸氏族正处在繁荣的母系氏族社会。有许多氏族部落分别从东、西两个方向，逐步向肥沃富饶的黄河中游黄土平原地区移动。后来，他们终于在中原地区汇合，成为历史上进入文明时代最早的华夏族。在这些部落集团中，以后建立商王朝的商人，最初活动于东方；以后建立周王朝的周人，最初活动于西方。秦同殷一样，都来自中国的东海之滨 [1]。

秦人同殷人有一个共同点，就是都奉"玄鸟"为祖先。据说从前有一个名叫简狄的女人，在洗澡的时候，见玄鸟生下一个卵，"简狄

---

[1]　殷人来自东方，这种看法现在已被大多数史学家所认可，如范文澜的《中国通史简编》第一编，郭沫若的《中国史稿》第一册，李亚农的《李亚农史论集》中对此均有论述，故不需在此赘述。唯金景芳先生在《商文化起源于我国北方说》中提出"商文化起源于辽水发源处"，即今内蒙古昭乌达盟一带。这种说法确为一种新的见解，颇值得注意。不过金先生的论点，目前尚缺乏根据，在该文中提出的最重要的根据乃是"砥石"一地位置的确定。金先生认为，《荀子·成相》说"契玄王，生昭明，居于砥石，迁于商"，这个"砥石"就在辽水发源处，今昭乌达盟什克腾旗的白岔山，正是我国的北方。证据就是《淮南子·坠形训》说："辽出砥石。"高诱注说："砥石地名，在塞外，辽水所出，南入海。惜前人多不注意及此。"这种论点之所以难以成立，主要是仅仅据一个高诱的孤证，就否定过去一切人的研究成果。其实，关于砥石的地望，自古就有种种不同说法，除王国维考证为汨水流域外（《观堂集林》），还有另外的一些说法，如《荀子》杨倞注以为砥石即砥柱，而砥柱则在黄河中游，今河南境内。《水经·河水注》云："砥柱，山名也。昔禹治洪水，以陵当水者凿之，故破山以通河。河水分流，包山而过，山见水中若柱然，故曰砥柱也。"显然，这不可能当做商人起源的根据。此外尚有其他的种种说法，不能一一列举。总之，拙见以为：金先生提出殷人起源地望的新看法，是值得注意的。但就目前提出的根据来说，还不足以改变一般看法。因此本书采用通行的论点，坚持殷人来源于东方。

取吞之，因孕生契"（《史记·殷本纪》）。这个契，就是殷人的祖先。

古人所说的"玄鸟"就是燕。《吕氏春秋·仲春纪》高诱注："玄鸟，燕也。"吞玄鸟卵而生子的传说，反映了秦人和殷人都把玄鸟即燕视为自己的祖先。

从秦人和殷人的共同的图腾崇拜中，可以推断他们所属的这一氏族，最初可能活动于中国东方。

以玄鸟为图腾的部落早期活动的地方，可能就在山东半岛的齐、鲁一带，这可以找到许多证据。《左传·昭公十七年》载鲁叔孙昭子问郯子，少昊氏以鸟名官之故，郯子说："吾祖也，我知之……我高祖少昊挚之立也，凤鸟适至，故纪于鸟，为鸟师而鸟名。凤鸟氏，历正也；玄鸟氏，司分者也……爽鸠氏，司寇也……"这个郯子与秦人同源，也为嬴姓，其所说的爽鸠氏、少昊就是在齐鲁。《左传·昭公二十年》载晏子与齐景公谈到齐的早期居民时，曾这样说："昔爽鸠氏始居此地……蒲姑氏因之，而后大公因之。"鲁的曲阜是少昊之虚，可见爽鸠氏居地就在曲阜，后来的蒲姑氏也是殷的同盟，亦当为鸟图腾部落，所以秦人的祖先最初活动于东方，大致是可以肯定的[1]。

从秦人崇拜句芒，也可以证明他们同殷人的关系。《墨子·明鬼下》记载这样一个故事：有一天秦穆公在庙中见到一个穿黑衣服的神，他十分害怕。谁知这个神说："你不要恐惧，我是上天派来护佑你的，能使你的国家昌盛，子孙繁茂。"秦穆公感激涕零地问道："神是什么名字？"神说："予为句芒。"原来这传说中的句芒神就是由人们对玄鸟的崇拜演化而来的，所以句芒乃是古代东方之神，在东方的一些部落都崇拜句芒。像秦穆公遇到句芒的故事，就反映了秦对句芒的信仰[2]。句芒是他们共同信仰的大神。

二、夏、商、周时代的秦人

从公元前21世纪开始，在中国土地上相继建立了夏、商和西周三个奴隶制王朝。

夏王朝时期的秦人祖先从记载中的夏启开始。

---

[1] 参见徐中舒《殷商史中的几个问题》，载《四川大学学报》，1979（2）。
[2] 参见丁山《中国古代宗教与神话考》，"社稷五祀""句芒即玄鸟"章节。

在夏王朝建立前夕，秦的祖先伯益曾帮助禹治水，并为舜驯服鸟兽，舜因此而赐秦人姓嬴氏（《史记·秦本纪》）。

公元前17世纪，商灭夏，从此商王朝代替夏王朝，在中国建立了第二个奴隶制国家。由于秦人的祖先同商人的祖先为近族，故秦人同殷人政治上的关系亦非常密切。

殷末，除一部分秦人在殷王朝西陲的渭水中游以外，大部分仍留在殷的东面，而他们的首领则忠实地为殷商奴隶主效劳。在殷商时期，秦人的祖先属于对殷商奴隶主统治驯顺的一个氏族部落。

公元前11世纪，突起于西方的周人一举灭殷。周人原居于渭水流域，灭殷前，他们还处于氏族社会末期，总人口只有六七万人[1]。周人灭殷以后，就把殷人变为自己本族的氏族奴隶，原来顺服于殷的各族当然也成了周人的奴隶。这样，在殷商时已开始阶级分化的秦人祖先，此时则全族变为周人的氏族奴隶。

周初，当武王死后，成王继位时，商纣的儿子武庚曾发动了一次大规模的反周叛乱。这次叛乱有居于周人统治下东方的不少氏族和诸侯国参加，居留在东方的秦人祖先嬴姓氏族也参与了叛乱。据《逸周书·作雒解》云："三叔及殷东徐、奄及熊盈以畔。"这里说的"徐""奄"都是嬴姓，而"盈"就是"嬴"[2]。可见，这些嬴姓之人此时尚坚决与西周统治者为敌。当时，辅佐成王的周公姬旦毅然调动大军东征，平定了叛乱。叛乱平定后，对参与叛乱的人予以残酷镇压，除大量杀戮以外，对剩下的"顽民"，采取强迫迁出原地的办法，如对奄，就"迁其君薄姑"（《史记·周本纪》）。嬴姓氏族被迁往各地，一部分迁往黄、淮流域。这些嬴姓氏族后来在那里建立了一些小国，到春秋时有的还存在着[3]。还有一部分参与叛乱的嬴姓氏族则被迁往西方。原来在殷商

---

[1] 参见李亚农《李亚农史论集》，667页。

[2] 奄，就是《史记·秦本纪》说的嬴姓的奄运氏。徐，也为嬴姓，见《左传·昭公元年》："周有徐、奄。"杜注："二国皆嬴姓。"又《汉书·地理志》"临淮郡徐县"下自注："故国盈姓。"而"盈"即"嬴"，这两个字通用。

[3] 如：徐国（《左传》庄公二十六年），在今安徽泗县附近。
谷国（《左传·桓公七年》），在今湖北谷城西。
黄国（《左传·桓公八年》），在今河南潢川西。
江国（《左传·僖公二年》），在今河南正阳县东南。
葛国（《左传·桓公十五年》），在今河南睢县北。
梁国（《左传·桓公九年》），在今陕西韩城西南。

西陲的一部分秦人祖先，因西周占据了殷人统治地区，已被赶向更西的西周边陲。这时，又有从东方迁来的部分嬴姓氏族，两部分加在一起，就成为最大的一股嬴姓氏族，他们被西周统治者赶向西方边陲，踏上了那遥远的、荒凉的黄土高原。这些人就是秦人的直接祖先。

西周初年，由于整个氏族都沦为周人的奴隶，所以当时秦人内部的阶级分化也暂时停滞下来。直到周穆王时代，才有造父替周穆王赶车，充当"御"的职务[1]。此时，他们最多也只是周奴隶主贵族的高级奴隶。因此，在当时留下来的历史文献中，没有关于秦人的记载，就不难理解了。

三、城市的繁荣

战国末年，农业和手工业的发展，促进了商品经济和城市的发展。秦国尤为突出，其商业、货币和城市经济达到了空前的繁荣。

战国末年，在全国各地出现了一些作为经济、政治中心的繁华的城市，如齐国的临淄，赵国的邯郸，楚国的宛（后归齐）以及宋国的陶（山东定陶附近）等（见史念海《春秋战国时代农工业的发展及其地区的分布》及《释〈史记·货殖列传〉所说的"陶为天下之中"兼论战国时代的经济都会》，见《河山集》）。秦国在封建经济发展的基础上，也出现了经济、政治的大城市。这些城市中，首推咸阳，其次是栎阳和雍。咸阳为秦新都城，自秦孝公十二年（前350年）由栎阳迁此，逐渐扩大，至统一前夕，其规模已相当宏伟。这里不仅有巍峨的宫殿，而且有手工业作坊和商业贸易的集中地——市。"市张列肆"，相当繁荣。建筑的布局也是经过周密计划的。据考古工作者初步发掘和勘探表明：在咸阳北原上建筑了具有特色、式样繁多的宫殿，宫殿的南方为手工业作坊及居民区，居民区以东为市，城有城门，市有市门，几条横贯城中的大道将咸阳自然划为几个区域。在这里，近几年不断发现秦国

---

[1] 据《史记·秦本纪》云：造父"以善御幸周穆王"，"为穆王御"。周穆王以秦人祖先造父为驭手是完全可能的。因为周穆王曾经"周行天下"（《左传·僖公二十年》）。《史记·秦本纪》及《列子·周王》都记有此事。《穆天子传》还记载了他从昆仑往西三千余里，到"西王母之邦"，折而北行约两千里，到"飞鸟之所解羽"的"西北大旷原"。这虽是小说的写法，也反映了周穆王时周的统治深入宗周以西很远的地方，徜徉于这里的秦人祖先，自然免不了要为周族奴隶主效劳的。

的货币、铜权、诏版以及印有铭文的陶片，反映出当日的繁华。城市的建筑是当时经济和手工业发展的具体表现。据记载，当日的咸阳"诸庙及章台、上林（皆宫名）""皆在渭南"，在昭襄王时造渭桥，亦曰"便门桥"（《水经注》）。秦王政时作离宫于渭河南北。据《三辅黄图》云："渭水贯都以象天汉，横桥南度以法牵牛，南有长乐宫，北有咸阳宫，欲通二宫之间，故造此桥，广六丈，南北三百八十步，六十八间，七百五十柱，百二十二梁。"此桥是木石结构，为文献记载中渭河上最早的桥。

咸阳以外的另一个大城市是栎阳，这里是"北却狄戎，东通三晋"的交通要道。虽然自迁都咸阳以后这里已不再是国都，但其经济地位并未削减，秦国统治者在这里囤积的粮草仅次于咸阳（见《仓律》），说明栎阳的重要性。雍是秦的故都，至战国末，它仍不失其重要性，因为秦君的宗庙陵寝均在此地，重要典礼仍在此举行。因此，雍城在各代都不断兴工修建，至秦始皇统一六国前夕，雍城的规模已相当宏大，宫殿、陵寝、手工业作坊和商业活动的市划分得十分规则。

四、"五德终始说"及其在秦代政治中的影响

任何一个阶级为巩固自己的统治，不仅需要加强国家机器，而且必须加强思想控制。秦代的地主阶级在建立封建中央集权的国家机器过程中，也需要找寻一种理论为自己的统治制造"合法"的根据。这样，"五德终始说"就成了秦代统治阶级加强统治的思想武器。在中国古代有一种"五行"学说，这种学说的起源很早，在《尚书·洪范》中就有"五行"思想，这种思想把宇宙间各种事物归纳为金、木、水、火、土五种物质形态。世界上的一切现象，都可用这五种物质形态去解释。这种思想产生的原因，大概是古人在与大自然的斗争中，对宇宙间纷繁复杂的事物产生了一种分类的要求，而对客观的物质又有了一定的认识，于是就用人们常见的金、木、水、火、土五种物质来概括客观世界林林总总的事物，可见"五行"思想及其学说开始产生之时，是具有一定唯物主义成分的。

但到战国时代，"五行"思想中金、木、水、火、土相生相克、循环不已的说法，运用到人事上，成为"五德终始说"。最早鼓吹"五

德"说的，有齐国人邹衍。他宣扬"五德转移，治各有宜，而符应若兹"（《史记·孟子荀卿列传》）。在他著的《主运》一书中，发挥了这一观点。他认为：做天子的一定要得到五行中的一德，天下就属于他了。但这一德到一定时期就衰落，于是五行中另一德便代之而起，这种"五德终始说"，就是历史上不断改朝换代的"理论根据"。这种学说为取得政权的统治阶级找到了一个十分方便的理由：只要宣布自己属于应代替前一个统治者的那一"德"，统治便合理了。实际上，这只是"受命于天"的另一种说法而已，是唯心主义的骗人术。

"五德终始说"虽产生于战国时代，但是只是在秦统一中国以后，它才对政治统治产生明显的影响，成为秦朝地主阶级统治人民、巩固其统治地位的重要思想工具。秦始皇统一中国以后，采用"五德终始说"，宣扬秦代周乃是水德代替火德。照邹衍的说法：五德的取代应有符应出现，但秦统一全国时并没见到什么符应。于是有人就顺承秦始皇的心意，编造了一个符应，说是五百年前秦文公出猎时，获得一条黑龙，这就证明在那时已经出现符应，以秦代周早就定下了。秦始皇听了大为高兴，于是根据"五德"说，"更命河曰'德水'，以冬十月为年首，色上黑，度以六为名，音上大吕，事统上法"（《史记·封禅书》），这就是依"五德"说规定下的制度。这些制度具有神秘色彩，能使人对秦的统治产生一种神秘感，所以秦朝统治者极力渲染它，尤其是代表水德的黑色和六之数，在秦代几乎无孔不入。统一以后的秦"衣服旄旌节旗皆上黑"（《史记·秦始皇本纪》），黑色成为秦代流行的颜色。"度以六为名"，几乎任何事物要与"六"相配合："数以六为纪，符、法冠皆六寸，而舆六尺，六尺为步，乘六马。"（《史记·秦始皇本纪》）符即虎符，法冠即御史戴的惠文冠（见陈直《史记新证》），车（舆）、步和乘马都要凑上"六"之数。不仅如此，在秦代各种制度中都设法与"六"这个数目相符。如秦统一全国以后"分天下为三十六郡"（《史记·秦始皇本纪》），而三十六者，乃六的乘数（六六三十六）。又如秦始皇统一全国后三年，秦始皇二十八年（前219年）封泰山、禅梁父。据《史记正义》引《晋太康地记》云："为坛于太山以祭天……为墠于梁父以祭地……墠皆广长十二丈，坛高三尺，阶三等，而树石太山之上，高三丈一尺（按：'一尺'二字疑为衍文），广三尺。"这里面提到的数字皆与六暗合：十二为六之倍数，三为六之半数，可见均与六有关。为使统治者的一切活动都神秘化，秦代统治阶级的行事也均尽可能地与六相配合，如迁天下豪富于咸阳的数目为"十二万户"，秦始皇令咸阳二百里内所修的宫观数目为"二百七十"（《史记·秦始皇本纪》）。十二万为六的两万倍，二百七十为六的四十五倍。就连写字作文也要与六相符，如秦代的刻石，以三句为一韵，一句四字，三句共十二字，为六的倍数。考秦代诸刻石其字数和韵数，无不为六之倍数。如碣石刻石共一百零八个字，为六的十八倍；泰山、芝罘、东观、峄山刻石皆一百四十四字，为六的二十四倍；会稽刻石二百八十八字，为六的四十八倍。碣石刻石为九韵，乃六的一倍半；会稽刻石二十四韵，为六的四倍；泰山、东观、芝罘、峄山刻石均为十二韵，乃六的倍数。不仅长文如此，就是短文也尽量与六相配，如阳陵虎符铭文："甲兵之符，右在皇帝，左在阳陵。"共三句十二字。三为六之一半，十二为六之二倍。这些与六相关的数字，绝不是巧合，它们都是秦代统治阶级迷信"五德"学说的具体表现。在统一以前，秦国的各种制度皆无此痕迹，如新郭虎符为统一前秦国所造，其上铭文与统一后之阳陵虎符不同，"甲兵之符，右在王，左在新，凡兴兵被甲用兵五十人以上，必会王符，乃敢行之，燔燧事，虽毋会符，行殹（也）"。这里，无论字数、句数皆与六无关。最新发现的杜虎符也为统一前之物，其上铭文与新郭虎符相同，而与阳陵虎符不同。由此可见，将六神秘化起来的"五德"说，乃是秦统一以后才流行起来的。秦统一后倡导这种学说，并将它们渗透到政治措施、典章制度和文字记述中。

五、崇仰神仙

战国至秦汉时期，方仙道（方士与"神仙家"的合称）崛起，在其宣传鼓动之下，以蓬莱为代表的"仙山"传说，深入人心，成为上至帝王、下及平民的普遍信仰。这为道教的形成奠定了基础。

自远古流传下来的"神话"系统，与战国秦汉时期的"仙话"系统，既有联系，也有区别。神话保留了远古的文化信息，对于研究文明起源、社会习俗、历史残影都有意义，故为文化人类学家奉为拱璧。神话以传说中位于西方的昆仑山为圣地，活动于其中的神人，自出生以来就具备超凡的身份与能量，甚至其中有创造宇宙万物的造世主。

其一，"仙人"的活动中心在以蓬莱为代表的东方仙岛，与昆仑山遥遥相对，这种地理方位的变迁，与方士多出于东方燕齐滨海之地直接相关。据《史记·封禅书》记载，在齐威王、宣王之时，齐人邹衍等人"论著终始五德之运"，及秦始皇统一天下，"齐人奏之，故始皇采用之。而宋毋忌、正伯侨、充尚、羡门高最后皆燕人，为方仙道，形解销化，依于鬼神之事……怪迁阿谀苟合之徒自此兴，不可胜数也"。

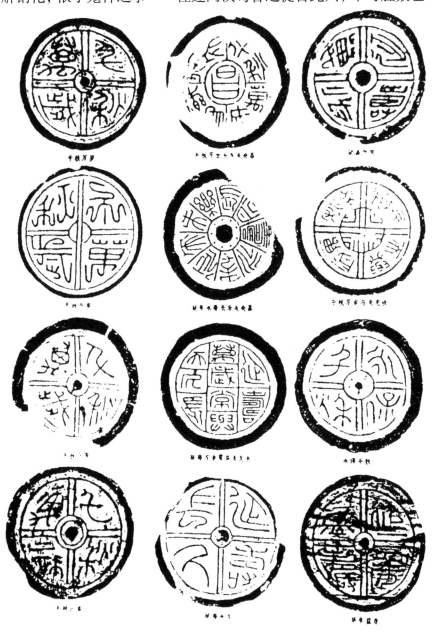

图 1-1-1　汉代吉祥语瓦当

又说，齐威王、宣王、燕昭王都曾经派人"入海求蓬莱、方丈、瀛洲。此三神山者，其传在渤海中"。秦始皇不计成本地派人入海，自己多次到燕齐滨海之地巡行，同样是蓬莱仙话的影响所致。人们对东海之中存在仙岛的坚定信念，可能与海市蜃楼的虚无缥缈奇观所产生的视觉冲击有关。

其二，"仙人"不是天生而成，凡人只要经过一定的修炼，就可以"升仙"。人人都有升仙的可能，这对芸芸大众而言，自然会产生很大的诱惑力。得道成仙的主要方式是隐居深山，摒弃人事，潜心修炼。东汉学者许慎所著《说文解字》对"仙"字的解释，就可以反映出汉人的这种思想认识。"仚（即"仙"字），人在山上貌，从人、山。"仙山信仰是对仙岛信仰的延伸。名山自然是修炼的最好去处，所以《史记·封禅书》开列了天下八大名山的所在方位。而东岳泰山为山岳之尊，也是修炼成仙的首选之地。于是，秦始皇、汉武帝之辈，不辞辛劳地往返于泰山，恭行封禅之礼，除了政治上的需要之外，追求个人的飞升成仙，也始终是强大的诱因。

其三，成仙的现实感召力是避免死亡劫难。成书于东汉的字书《释名》，把当时人的观念作了直截了当的表述："老而不死曰仙。"长生不死，在秦汉时期无疑是仙人的标志。仙人还有可以使人长生不死的"仙药"。对死亡的恐惧，驱使人们不顾一切地寻求长生之道。方仙道之说，是那样切合人们的需要。修炼得道者，自可"长视久生"，未曾得道者，如果能够遇见仙人，也就有可能得到不死之药。试看蓬莱仙岛的魅力所在是"不死之药皆在焉"。秦始皇巡行海上，是希望"遇海中三神山之奇药"（《史记·封禅书》）。西王母本来是远古神话中的重要神祇，又在秦汉方仙道体系中大放异彩，与她掌管长生不死之药有莫大关系。

由讲究养生到渴望长寿，进而追求成仙，从老庄之学到方仙道、道教，是一以贯之的。成仙之道固然很多，汉代人对"羽化成仙"似乎情有独钟、津津乐道。在先秦时期的《山海经》《楚辞》中，就有"羽人"之说，王逸在为《楚辞·远游》作注时说："《山海经》言，有羽人之国，不死之民。或曰：人得道，身生羽毛也。"这里反映的正是汉人的观点。

图 1-1-2　羽人羽虎

在汉人的想象中，"羽化"也有一个渐进的过程："为道学仙之人，能先生数寸之羽毛，从地自奋，升楼台之陛，乃可谓升仙。"（《论衡校释·道虚篇》）汉代人对"羽化"的描述非常明确："体生毛，

图 1-1-3　白虎、朱雀铺首衔环画像石

臂变为翼，行于云，则年增矣，千岁不死。"（《论衡校释·无形篇》）
在王子今《史记的文化发掘》一书中，收录了陕西咸阳周陵乡出土的
西汉羽人天马玉雕，展示了羽人联系天界的神秘意蕴。李零《中国方
术考》一书中讲到了"汉代鎏金羽人铜饰"这件艺术珍品，再现了汉
代对羽人的想象，体现出当时对羽化成仙的仰慕之心。

图 1-1-4　汉代银虎

图 1-1-5　骑鹿升仙画像砖

　　汉代盛行灵物崇拜，最著名的当推"四灵"，即（南）朱雀、（北）
玄武、（东）青龙、（西）白虎，它们既与天文、方位相关，也是天界、
祥瑞的象征，还是一种富有神秘意义的装饰图案，在汉代的建筑、画
像石、画像砖中极为常见。其中的白虎，是仙人的坐骑，有的升天图中，
就出现了以虎牵拉云车的形象。上述的羽人羽虎画像石，虎双肩生翼，

昂首咆哮，威武雄健，与羽人相配合，更显示出它在迎接成仙者序列中所起的作用。此外，在汉代的民间信仰中，虎还有噬食鬼魅的神通，也被用作辟邪的灵物。陕西神木纳林高兔村出土的汉代银虎，就展示了它噬食鬼魅的凶猛之态。除了四灵之外，与神仙思想关系密切的还有鹿、鹤等动物。它们是汉人心目中的瑞兽，有通灵的特殊功能，故被用作仙人的坐骑。修炼得道者骑鹿跨鹤而升仙，也是汉画中常见的题材。

经过方仙道和道教先后不遗余力的宣传，追求长生不死、成仙升天的思想，弥漫于朝野上下，形成了根深蒂固的信仰，并且对此后的历史与思想文化，产生了极为深远的影响。

汉代盛行的"泰山治鬼"之说，在文献记载和镇墓文等考古出土资料中都有反映。

汉代人把泰山视为冥间世界的最高管理机构之所在，其地位类似于后世所信仰的阎罗殿。泰山之神也被尊为"泰山府君"，俨然是冥间总管。在泰山府君之下，尚有泰山令、泰山录事、泰山伍伯等尊卑有序的冥间官吏群体的存在。

汉代镇墓文中有"生属长安，死属太（泰）山"之说，即人在世时归属京城统辖，死后则归泰山领属。一时颇为流行的纬书，干脆宣称"太（泰）山，天帝孙也，主召人魂"（李善注引《援神契》）。特别是从东汉到魏晋，有许多泰山府君管理冥间众鬼的佚事、传闻流传于世。泰山成为天下鬼魂往归之所，这与流传已久的泰山信仰直接相关。泰山为五岳之首的概念，在《史记·封禅书》中已表现得非常清楚。当时的方士把泰山说成是升仙的圣地，在经历了秦始皇、汉武帝、光武帝三次封禅大典之后，泰山的神圣性就更加独一无二了。

北斗是秦汉时期极受崇拜的天神，有"北斗君"的美称。北斗不仅在天象之学中有尊崇的地位，而且人们还赋予它主管鬼魂的功能，于是有"北斗司命"之说的流行。

北斗被视为天体的中心，有"运于中央，临制四方"（《史记·天官书》）之誉，是人间君权在天上的投影，既然如此，势必不能与其他任何物体（包括五岳之首的泰山）并列齐肩。

第二节　秦代的社会概况

一、大秦帝国

秦国是战国时期七个诸侯国之一。秦王嬴政十七年（前230年）灭韩，二十二年（前225年）灭魏，二十五年（前222年）灭赵、楚，二十六年（前221年）灭燕，二十七年（前220年）灭齐。由此建立起一个前所未有的中央集权的封建帝国，原属战国韩、赵、魏控制的山西归入秦国的版图。

此时秦国的地域范围，依《史记·秦始皇本纪》云："地东至海暨朝鲜，西至临洮、羌中，南至北向户，北据河为塞，并阴山至辽东。"

在政治制度方面，秦国实行中央高度集权的统治。秦王嬴政废除古来帝王的谥号，自称始皇帝。其为制曰："朕闻太古有号毋谥；中古有号，死而以行为谥。如此则子议父，臣议君也，甚无谓，朕弗取焉。自今以来除谥法，朕为始皇帝，后世以计数，二世、三世至于万世，传之无穷。"所以"度以六为名"，几乎任何事物均要与"六"相配合："数以六为纪，符、法冠皆六寸，而舆六尺，六尺为步，乘六马。"（《史记·秦始皇本纪》）符即虎符，法冠即御史戴的惠文冠，车（舆）步和乘马都要凑上"六"之数。阴阳学家邹衍，战国时期齐国人，其主要思想是"五德终始说"，他把春秋战国时期流行的五行说附会到王朝兴替上。把五行中的金、木、水、火、土的相生相克，转化为朝代更替的依据。《吕氏春秋·应同》篇中有关于这种学说的介绍。黄帝时"土气胜"、夏禹时"木气胜"、商汤时"金气胜"、周文王时"火气胜"，而代火者必将水，天且先见水气胜。《史记·封禅书》记：

"自齐威、宣之时，邹子之徒论著终始五德之运，及秦帝而齐人奏之，故始皇采用之。"《史记·秦始皇本纪》载："始皇推终始五德之传，以为周得火德，秦代周德，从所不胜。方今水德之始，改年始，朝贺皆自十月朔。衣服旄旌节旗皆上黑。数以六为纪……然后合五德之数。"五德终始之数，仍然是五行中相生相克的关系，即秦之水德克周之火德，周之火德克商之金德，而商之金德克夏之木德。大秦建立了新朝，黄天的符命为水德。在五行相克中，水尚黑，所以"衣服、旄旌、节旗皆尚黑"。而水在五行中位数居一，天"一"生水，纳入数字为"五"的土即成为六，实现了天和地的合一。

秦始皇二十八年（前219年）封泰山、禅梁父，据《史记正义》引《晋大康地记》云："为土云于太山以祭天……为禅于梁父以祭地……禅皆广长十二丈，土云高三尺，阶三等，而树石太山之上，高三丈一尺，广三尺。"这里的数字皆与六暗合：十二为六的倍数，三为六之半数，均与六有关。

皇帝以下，置丞相、卿、大夫百官，各司其职。为了有效统治地方，秦王朝划分海内疆域为三十六郡。将原来在秦国范围内实行的一套地方政权组织，推广到全国，即建立郡、县、乡、亭四级行政组织。秦王政二十六年（前221年）刚统一时，秦朝的三十六郡是六的自乘数（六六三十六）。所谓三十六郡，依《史记·秦始皇本纪》裴骃《集解》云，有三川、河东、南阳、南郡、九江、鄣郡、会稽、颍川、砀郡、泗水、薛郡、东郡、琅琊、齐郡、上谷、渔阳、右北平、辽东、辽西、代郡、巨鹿、邯郸、上党、太原、云中、九原、雁门、上郡、陇西、北地、汉中、巴郡、蜀郡、黔中、长沙凡三十五郡，与内史合为三十六。依《汉书·地理志》，可知西汉平帝时已有县邑1314个。上述秦代所定的官职制度与郡县制度，不但为西汉沿用，而且被后世朝代因袭。

二、秦时代山西政区

专制集权是秦始皇巩固统一的基本政纲。在地方，彻底废除群雄割据的封国建藩制度，实行中央政府严格控制下的郡县制。郡设郡守，为一郡最高行政长官，全权处理一郡政务；郡尉，协助郡守分管一郡军务、监察。郡下设县，县万户以上设县令，不足万户称县长，为一县最高行政长官，全权处理一县政务。县设县尉，负责一县军务；县丞，协助长官工作，兼管司法。县下设乡，乡有三老，执掌一乡教化，乡下设里，里有里典（正）。里下为伍，伍有伍老（长）。

秦代山西设有 5 郡，即太原郡、河东郡、上党郡、雁门郡及代郡。

（一）太原郡

郡治晋阳（今太原市西南古城营村）。辖境相当于今忻州、吕梁、晋中和阳泉地区。

（二）雁门郡

郡治善无（今右玉县西南古城村）。辖境相当于今朔州、大同中西部和忻州西北部及内蒙古乌兰察布市东部地区。

（三）代郡

郡治代县（今河北省蔚县代王城）。辖境相当于今大同、朔州东部、河北西北部及内蒙古乌兰察布市东部地区。

（四）上党郡

郡治长子（今长子县）。辖境相当于今长治、晋城市境及晋中和顺、榆社县。

（五）河东郡

郡治安邑（今夏县西北禹王村）。辖境相当于今临汾、运城。

三、秦始皇巡游山西

秦王政第一次巡视山西是在秦王政十九年（前 228 年）。秦王政曾经生活在赵国，备受凌辱。这次巡视，他首先去的是赵都邯郸。太原是赵国的初都，秦王政从井陉口西上太原。又由太原而西，渡河到上郡（这里也是赵国旧地）。秦王政此次巡视邯郸、太原、上郡等赵国旧地，主要是显示威风，观察赵地。

秦王政二十六年（前 221 年），秦王嬴政始称秦始皇。

秦始皇第二次巡视山西是在秦王政二十九年（前218年）。这一次东巡的主要目的是巡游山东，"封禅泰山，立石颂德"。秦始皇从山东返回时登上恒山，取道上党而回。之后西入河东，由蒲津渡河而西。上党是秦、赵两国决死之战的地方，史称"长平之战"，赵国战败，而秦国取得了胜利。河东则是三晋的老家，为秦国心腹之患。秦始皇此次巡行，至阳武博浪沙遭到张良与力士的狙击，差一点送了性命。这可能是秦始皇巡视上党及河东的原因。

秦王政三十七年（前210年），秦始皇南巡后北返至沙丘巨鹿（今河北省平台县东南），病死在车上。尸身从井陉入山西，经太原北上至九原（今内蒙古包头市西），再从直道南归咸阳。秦始皇此次北巡边塞，目的是为北伐匈奴做准备。

四、秦代建设情况

自周平王封襄公为诸侯，至始皇统一中国，前后共551年（前771年—前221年）。但统一后建立起来的中央集权大帝国，仅仅维持了17年。大秦帝国时建筑活动十分频繁，动用全国的人力来修筑万里长城、咸阳宫殿、骊山秦始皇陵和通行全国的驰道。秦王政三十五年（前212年），始建阿房宫。

《三辅黄图》称："阿房宫，亦曰阿城，惠文王造，宫未成而亡。始皇广其宫，规恢三百余里，离宫别馆，弥山跨谷，辇道相属，阁道通骊山八十余里，表南山之巅以为阙，络樊川以为池。以木兰为梁，以磁石为门，怀刃者止之……"《三辅旧事》谓："阿房宫东西三里，南北九里，庭中可受万人，车行酒，骑行炙，千人唱，万人和。"秦始皇生前动用七十万人修建宫室，但未完成。二世元年（前209年）下诏复作，终未完工而秦亡。

举世闻名的万里长城始建于战国。秦始皇平六国之后，以残酷的法令手段将燕、赵、秦长城扩建并连为一体，这是一项空前绝后的巨大工程。经年累月征发数十万人进行着极为沉重的劳动，长城西起临洮，东至辽东，沿广阔的黄河，险峻的阴山，经蒙古草原，蜿蜒曲折，全长五千余里。

秦始皇穷奢极欲，在秦都咸阳本来有豪华宏丽的宫殿，但秦始皇不满足，在与东方六国战争过程中，就在咸阳大兴土木，《史记·秦始皇本纪》记载："秦每破诸侯，写放其宫室，作之咸阳北阪上，南临渭，自雍门以东至泾、渭，殿屋复道周阁相属。"这说明秦统一之后大修宫殿。最大的宫殿是阿房宫。《史记·秦始皇本纪》写道："乃营作朝宫渭南上林苑中。先作前殿阿房，东西五百步，南北五十丈，上可以坐万人，下可以建五丈旗。周驰为阁道，自殿下直抵南山，表南山之巅以为阙。为复道，自阿房渡渭，属之咸阳，以象天极阁道绝汉抵营室也。阿房宫未成；成，欲更择令名名之。作宫阿房，故天下谓之阿房宫。"这里仅描述了前殿的规模，故二世时有"营阿房宫""未就""复作阿房宫"的记载。后来项羽火烧阿房宫，大火三月不息，其规模之大可见一斑。而今经过不断调查、探掘，证明其时宫殿规模确实不小，文献记载是有根据的。

在消灭六国以后，秦更是大肆修建宫殿，如统一后的次年（前220年），"作信宫渭南"（《史记·秦始皇本纪》）。信宫又称咸阳宫，"因北陵营殿，端门四达，以制紫宫，象帝居。引渭水贯都，以象天汉；横桥南渡，以法牵牛"（《三辅黄图》）。这个朝宫的前殿，就是有名的阿房宫。其工程之大是不难想象的。此外，现知秦始皇时营建的宫殿尚有兴乐宫（见《三辅旧事》《宫殿疏》）、梁山宫（见《汉书·地理志》）等。秦王朝时宫殿之多数不胜数。《史记·秦始皇本纪》记载，"关中计宫三百，关外四百余"，又"咸阳之旁二百里内宫观二百七十"。

在今咸阳市西起窑店镇毛王沟，东至柏家嘴，北起高干渠，南至咸铜铁路以北，东西六千米、南北两千米的地段，发现有大量带有纹饰的秦砖、秦瓦以及水管道等遗物。考古资料说明，秦始皇所修建的宫殿规模之大，构筑之豪华，绝非后人虚构。

秦始皇初即位，就在骊山为自己修墓。统一后，又发全国刑徒七十余万人继续建造。据记载：骊山的始皇陵，"穿三泉，下铜而致椁，宫观百官奇器珍怪徙藏满之。令匠作机弩矢，有所穿近者辄射之。以水银为百川江河大海。机相灌输，上具天文，下具地理。以人鱼膏为烛，度不灭者久之"（《史记·秦始皇本纪》）。仅从现发掘的秦始皇陵东侧的兵马俑坑，就可证明上述记载绝非夸大。它们的建造，在客观上创造了中国自古以来的建筑奇迹。

为了维持秦王朝庞大的国家机器，满足秦始皇等少数地主贵族的穷奢极欲，秦始皇以国家政权名义，向全国征发无休止的徭役，索取沉重的赋税。历史文献记载的有关秦的赋役制度，如田租、口赋，"一岁屯戍，一岁力役"（《汉书·食货志》）等，在统一以后，滥发徭役，横征暴敛早已代替有固定限度的徭役、赋税制度，一些规模浩大的工程，如修骊山始皇陵用"七十余万人"，前后历时数十年。此外，还有"北筑长城"用四十余万人，"南戍五岭"又用五十余万人（见《续汉书·郡国志》引《帝王世纪》）。这几项工程加在一起，就超过一百六十万人，其中许多人是刑徒。其实，秦王朝把全国变成了一个大监狱，严刑酷罚使"赭衣塞路，囹圄成市"（《汉书·刑法志》）。

秦代的徭役远不只上述几项，为封建官府输送粮草，即所谓"转输"，也是一项征发大批劳动力的徭役。这一项徭役所需人数，要超过任何其他一项徭役，因为无论是戍守边境还是兴建工程，劳动的人要吃饭，而且还要供统治者挥霍。"男子疾耕不足于粮饷，女子纺绩不足于帷幕。百姓靡敝，孤寡老弱不能相养，道死者相望……"（《汉书·主父偃传》）。这种徭役同戍边一样，给人民带来极大灾难，往往是"戍者死于边，输者偾于道"（《汉书·晁错传》）。由于徭役的繁重，男子不够，便由女子担负转输的苦役，"丁男被甲，丁女转输"（《汉书·严安传》）。据估计，秦时可统计的人口大约有 2000 万，而每年所征发的徭役人数不下 300 万。服徭役的人数竟占全国总人口的 15% 以上。

秦帝国的大统一，是对中国先秦古代社会各方面的一次全盘整顿与总结。古文献中多有"汉承秦制"的记载。例如肇行于秦代的若干建筑制式以及表现在建筑中的传统习俗与风格，就多为汉代沿用。

秦王朝存在时期虽然十分短暂，但是给中国古代建筑所带来的影响是巨大的。

第三节　两汉时期的山西

一、汉王朝的建立

秦王朝以武力统一全国后，无休止地大兴土木，与民众矛盾日益尖锐和激化。公元前260年，秦白起为将军，活埋了赵军降卒40多万人，只留下240人归赵，至今山西高平市仍保留有遗址（长平大战故址）。秦军之野蛮和残酷，在长平之战中可见一斑。据统计，自秦孝公以后，至秦始皇十三年止，秦国军队在各战役中杀人总数可达165万，而白起为将时就斩首92万，其手段十分残忍。[1]

秦二世元年（前209年）七月，秦二世下令征调贫民去戍边。900多个贫苦农民，被征发到河北密云戍守，陈胜、吴广皆为屯长。"会天大雨，道不通，度已失期，失期，法皆斩。"（《史记·陈涉世家》）于是陈胜自立为王，开始了反抗秦国的斗争，中国历史上第一次农民大起义就这样揭竿而起。爆发起来的反秦运动势如破竹，横扫百里。这支队伍很快发展到战车六七百辆，骑兵千人，步兵数万。

秦始皇以残忍的手段铲灭六国，种下了仇恨的种子。如秦、赵的长平之战。如韩国人张良用家财求客刺秦始皇，为韩国报仇，并求得能使用铁锤120斤的力士，趁秦始皇东游时，狙击于博浪沙；后张良聚集少年百余人，投靠在刘邦义军的麾下。在不到4年的时间内，这个被视为坚不可摧的庞大帝国就土崩瓦解。原来幻想的千秋万世伟业，仅仅存在了17个春秋。

---

[1]　林剑鸣.秦史稿［M］.上海：上海人民出版社，1981：268。

刘邦遂以胜者而王天下，建国号曰汉。自高祖刘邦开国，先后凡13 世，共 214 年（前 206 年—8 年），史称西汉或前汉。王莽代汉建立"新朝"，为期仅 15 年，即被农民起义推翻。汉宗室刘秀，再度恢复汉朝统治。自光武帝刘秀中兴，至献帝刘协禅位于曹魏，亦传 13 代，计 196 年（25 年—220 年），史称东汉或后汉。

汉代是继秦以后，在中国建立的第二个强大的封建王朝，统治时期有 400 余年之久。其版图东、南二面濒临渤海、黄海、东海及南海，东北则展延至辽东与朝鲜半岛北部，北界直达阴山之下，西北远抵酒泉、敦煌一带，西南则遥及交趾（今越南），其疆土比秦朝时期更为广阔。

二、西汉时期山西区划

至于国内各地之行政建置，除诸侯王之封国以外，郡、县之制度，大体仍沿用秦代旧规，在旧制的基础上数量有所发展。《汉书·地理志》中载："（秦）分天下作三十六郡。汉兴，以其郡太大，稍复开置，又立诸侯王国。武帝开广三边，故自高祖增二十六，文、景各六，武帝二十八，昭帝一。迄于孝平，凡郡国一百三，县邑千三百一十四，道三十二，侯国二百四十一。地东西九千三百二里，南北万三千三百六十八里。"

汉初封异姓王魏王豹于山西中部和南部，又封韩王信于山西中部和北部。汉文帝刘恒最先被封为代王，山西中部和北部均为刘恒代国领地。汉武帝时代，山西北部雁门、代郡列入汉九边郡之数。取消代国，山西全境成为汉王朝直接统治下的郡、县建置。汉武帝元封五年（前106 年），设置 13 州刺史部，山西时属并州刺史部，分监 9 郡：太原、上党、代郡、朔方、五原、云中、定襄、雁门、上郡。

（一）太原郡

汉高祖二年（前 205 年），汉灭魏，置河东、太原、上党郡。汉高祖六年（前 201 年），汉以太原郡 21 县为韩国，封韩王信，都太原。汉高祖七年（前 200 年），刘邦立兄刘喜为代王，都代（今河北省蔚县），代国辖 53 县。同年，匈奴攻代，代王喜弃国自归，汉立皇子如意为代王。汉高祖十一年（前 196 年），汉立皇子刘恒为代王，都晋阳。汉文帝元年（前 179 年），代王刘恒即位，为汉文帝。汉分代国为二，封皇子刘武为代王，封皇子刘参为太原王，太原王都晋阳。汉文帝二年（前 178 年），并太原、代为一国，国号"代"，都晋阳，以皇子刘参为代王。汉武帝元鼎三年（前 114 年），代王刘义徙封清河王，代国废，置太原郡。太原郡辖 21 县：晋阳（治今太原市西南晋源镇古城营一带）、葰人（治今繁峙县圣水村）、界休（治今介休市东南）、榆次（治今榆次区）、中都（治今平遥县西南桥头村）、兹氏（治今汾阳市南巩村）、狼孟（治今阳曲县）、盂（治今阳曲县北大盂镇）、邬（治今介休市东北邬城店）、平陶（治今文水县西南平陶村）、京陵（治今平遥县北京陵村）、汾阳（治今岚县南古城村）、阳曲（治今定襄县）、大陵（治今文水县东北大城南村）、原平（治今原平市）、祁（治今祁县祁城村）、上艾（治今平定县南新城村）、虑虒（治今五台县北古城村）、阳邑（治今太谷县东阳邑村）、广武（治今代县西古城村）、于离（治不详，约在今汾阳市西部），郡治晋阳。

（二）河东郡

汉初为魏国封地，魏国都安邑。汉高祖二年（前 205 年），汉灭魏，置河东郡。河东郡辖 24 县：安邑（治今夏县西北禹王城村）、大阳（治今平陆县茅津渡东）、猗氏（治今临猗县南铁匠营村）、解（治今临猗县西古城村）、蒲反（治今永济市西古蒲州城）、河北（治今芮城县北中龙泉村）、左邑（治今闻喜县东镇）、闻喜（治今闻喜县）、汾阴（治今万荣县西南庙前村西）、濩泽（治今阳城县西泽城村）、端氏（治今沁水县东西城村）、临汾（治今襄汾县西南晋城村）、垣（治今垣曲县东南古城村）、皮氏（治今河津市西太阳村）、长修（治今新绛县西泉掌村）、平阳（治今临汾市西南金殿村）、襄陵（治今襄汾县北古城村）、彘（治今霍州市）、杨（治今洪洞县东南范村）、北屈（治今吉县北麦城村）、蒲子（治今隰县）、狐讘（治今永和县西南）、骐（治今乡宁县东南关王庙乡）、绛（治今曲沃县南凤城村），郡治安邑县。

（三）上党郡

汉初为魏、赵两国属地，汉高祖二年（前205年），汉韩信灭魏破赵，汉置上党郡，上党郡辖14县：长子（治今长子县）、屯留（治今屯留区南古城村）、余吾（治今屯留区西北余吾镇）、沾（治今昔阳县）、涅氏（治今武乡县西北故城镇）、襄垣（治今襄垣县北故县村）、壶关（治今长治市）、泫氏（治今高平市）、高都（治今晋城市东北高都镇）、潞（治今潞城区东北古城村）、猗氏（治今安泽县）、阳阿（治今阳城县阳陵村）、谷远（治今沁源县）、铜鞮（治今沁县南古城村），郡治长子县。

（四）雁门郡

战国始置郡，辖14县：善无（治今右玉县西南古城村）、繁畤（治今应县东魏庄村南）、中陵（治今平鲁县北）、阴馆（治今朔州市东南夏官城村。阴馆置县时在汉景帝后元三年，原称楼烦乡）、楼烦（治今宁武县境）、武州（治今左云县东北古城村）、汪陶（治今山阴县东）、剧阳（治今应县北东、西辉耀村一带）、崞（治今浑源县西毕村）、平城（治今大同市北）、埒（治今神池县）、马邑（治今朔州市），另外两县在省外。郡治善无县。

（五）代郡

汉武帝元鼎三年（前114年），代国废，置代郡，郡治代县（今河北省蔚县）。代郡辖18县：道人（治今阳高县东南古城村）、高柳（治今阳高县）、班氏（治今怀仁市东北桑干河一带）、延陵（治今天镇县北新平乡）、狋氏（治今阳高县桑干河南）、平邑（治今阳高县西南）、参合（治今阳高县东北莫家堡）、平舒（治今广灵县西平水村）、灵丘（治今灵丘县东固城村南）、卤城（治今繁峙县东固伏村），另外8县在省外。

（六）西河郡

汉武帝元朔四年（前125年）置西河郡，辖36县，郡治平定（今陕西省府谷县西北），其中16县无考。今山西境内可考者8县：离石

（治今离石区）、中阳（治今中阳县西）、皋狼（治今方山县南村）、平周（治今孝义市东）、蔺（治今柳林县北）、临水（治今兴县西北故县村）、土军（治今石楼县）、隰成（治今柳林县西）。

三、"无为而治"下的西汉王朝

自汉高祖刘邦死后，至汉武帝即位之前，西汉统治阶级奉行"无为而治"。在这半个多世纪内，西汉社会经济得到较快的恢复和发展，为汉武帝时期的鼎盛奠定了基础。

西汉王朝建立之初，各种制度大都因袭秦代。刘邦不少政治主张，都来自他周围的谋士，比如西汉治国的政治原则、理论方针，大部分是陆贾设计的。陆贾在《新语》这部政论散文集中提出："夫道莫大于无为，行莫大于谨敬。""君子之为治也，块然若无事，寂然若无声，官府若无吏，亭落若无民。"这里已有"无为而治"的原则。刘邦实际上已接受了这一原则，采取"与民休息"（《汉书·景帝纪》）的政策。

惠帝、吕后当政后，"无为而治"的道家思想就顺理成章地被奉为指导思想。从惠帝至景帝，统治阶级有意识地推行"无为而治"和贯彻"与民休息"的政策，这是道家思想在政治上的运用。不过，它不是一般的道家思想，而是"老庄之学"和"黄帝之学"的结合。所以，历史上都把这一时期的政治称为"黄老政治"。

四、刘恒封代与文帝巡幸山西

汉高祖十一年（前196年），汉立皇子刘恒为代王，都晋阳。同时将太原郡地划归代国，代国共辖53县，成为当时封国中的第二大国。

汉文帝刘恒在山西为代王16年，在做皇帝的23年中7次巡视山西。刘恒称帝第二年（前178年）3月，分代国为二国，封皇子刘武为代王，刘参为太原王。

文帝前元三年（前177年）六月，因匈奴入侵，文帝自甘泉（今陕西省淳化县西北）巡视高奴（今陕西延安市东北延河北岸），又由高奴东入山西，巡视太原，并亲自召见代国旧臣，举功行赏，诸民里赐牛酒，"复晋阳中都民三岁"。游留太原十余日。

五、汉文帝祭汾阴后土祠

汉文帝十五年（前165年），赵人新垣平言："长安东北有神气，成五采，若人冠冕焉。或曰东北神明之舍，西方神明之墓也。天瑞下，宜立祠上帝，以合符应。"于是，文帝于渭水边建五帝庙。渭阳五帝庙殿中设五帝像，开五门。第二年，新垣平又说："周朝的大鼎沉没于泗水（今江苏省徐州市一带）中，今河水决口改道，泗水通河水，周鼎可能逆河而上流到汾阴，我见东北方的汾阴地上空有金宝气，当是周鼎的宝气，应建祠迎周鼎。"于是，汉文帝在汾阴立庙，欲迎接周鼎出世。

传说黄帝采首山之铜，铸鼎于荆山下，鼎铸成，就有龙迎黄帝。黄帝骑龙，与臣七十余人都登天。而夏禹铸九鼎，象征九州，为夏、商、周传国之宝。《史记·周本纪》载，武王攻入纣王的宫中，纣王自焚，武王命南宫、史佚二人保住九鼎。迁九鼎于洛邑（今河南省洛阳市）。周定王元年（前606年），楚庄王问周定王使臣王孙满九鼎之大小、轻重，于是有楚庄王问鼎中原之传说。公元前256年，秦灭周，周鼎下落不明，有说九鼎被周王沉于泗水。秦王政二十九年（前218年），秦始皇南巡至彭城（今江苏省徐州市），十分虔诚地入祠祷告，求周鼎出世，认为鼎是国家的象征。

六、汉武帝祀后土祠

元鼎四年（前113年）十月，汉武帝到雍（今陕西省乾县东），祠五畤。议曰："今上帝，朕亲郊，而后土无祀，则礼不答也。"（《汉书·郊祀志》）太史公、祠官宽舒说："天地乃万物之主，后土应立在近水高地上，设五坛，服黄衣，和祭上帝同礼。"四年，帝自夏阳巡幸汾阴。河东太守没想到天子突然到来，一切供应来不及准备便因惶恐不安而自杀。十一月，汉武帝一行立后土祠于汾阴脽上。武帝登坛祭拜，汾阴后土祠始于此。公元前37年汉文帝亦在汾阴建祠，文帝建汾阴祠是为了迎周鼎。汉时汾阴后土祠建在黄河岸边土丘上，汾阴县建在脽上，后土祠在县西。

山西省万荣县荣河镇庙前村，西汉元鼎元年（前116年），汉武帝在这里祭后土。元鼎四年（前113年），武帝首次来汾阴脽上祭后土，并建立后土祠，史称"汾阴后土祠"。汾阴后土祠"背汾带河"，依山傍水，地势开阔，汉代在此建汾阴县。

后土，相传名"句龙"，是共工氏之子。后土皇祇亦名"承天效法土皇地祇"，道教神明，掌阴阳生育、万物之美与大地山河之秀的女神，称为后土娘娘、后土圣母等。《周礼·大司乐》称"地示"。《礼·月令》称"后土"。从周代开始便以后土为社神祭祀，历代帝王因袭这一传统，为后人祈求人寿年丰，国泰民安。《梁书·武帝纪》称"后地"。《旧唐书·礼仪志》称"皇地祇"。《宋史·徽宗纪》：政和七年（1117年）上"地祇"徽号为"承天效法厚德光大后上皇地祇"。南宋吕元素《道门定制》卷二注："后土，即朝廷祀皇地祇于方止（丘）是也。王者所尊，合上帝为天父地母焉。"

汉武帝十分迷信神鬼。他即位后仅有祭天的地方，而无祭后土的地方，"失对偶之义"。元鼎元年（前116年）五月，得鼎汾水之上。于是，汉武帝"定郊祀之礼，祀太一于甘泉，就乾位也（在京西），祭后土于汾阴泽中方丘也，汾脽出鼎，皇祐元始（大福也）"。汉武帝所以定汾阴脽上祭后土，一是这里的地貌符合祭后土用方丘的要求，更重要的这里出宝鼎，会带来大福的。

元鼎四年（前113年），汉武帝自夏阳（今陕西韩城）东幸汾阴。汾阴男子公孙滂洋等见汾旁有光如泽，"上遂立后土祠于汾阴脽上"，"如宽舒等议，上亲望拜，如上帝礼。礼毕，天子遂至荥阳而还"（《史记·孝武本纪》）。六月，又得宝鼎于后土祠旁，据《汉书》记载，此鼎无款识（铭文）。后"乃以礼祠迎鼎至甘泉"（即西汉甘泉宫），用以祭天。这是汉武帝第一次到汾阴祭后土，也是汾阴最早开始建立后土祠，距今已有2100多年的历史。

汉武帝第一次祭后土，用的是祭天之礼，即大祭。根据唐代依西周和汉代礼仪制定的关于祭后土的仪规，祭后土的时间应是夏至之日（后世定为农历三月十八日）。祭坛应是方丘（依天圆地方之说）。坛高二层，下层方十丈，上层五丈。地祇与配祭帝王设位于坛上，神州及五岳、四镇、四渎、四海、五方、山林、川泽、丘陵、坟衍、原隰并皆从祀。神州在坛之第二等；五岳以下三十七座在坛下外壝之内；丘陵等三十座在壝外。用的祭牲：地祇及配帝用苍犊（小牛）二头（先献血和毛），神州用黝犊一头；四镇以下加羊、猪各五头。祭坛上铺槁稭；祭器用陶匏。祭器包括笾十二、豆二十、簋一、簠一、甑一、俎一。从祭的祭器酌减。"笾"，盛果实、干肉等的竹器；"豆"，盛食物器皿；"簋"，盛食物；"簠"，盛谷物；"甑"，锅也；"俎"，盛牛、羊等祭品之器具。

祭天用生肉，祭地（后土）用半生不熟的肉，祭小鬼神才用熟肉。祭祀前三个月，要把祭牲（赤色小牛）系在牢中做准备。主祭人汉武帝及太后前七天便开始半斋戒状态，前三天实行严格的斋戒。祭祀那天，汉武帝穿衮衣，象征天；戴冕，冕前端有用玉珠装饰的十二条流苏，这是取法于十二月之数。乘坐没有装饰的车子，取质朴之义。武帝亲自牵着祭牲，儿辈面对面协助，大臣们依次跟随。登祭坛时唱《清庙》诗，坛下管乐吹奏《象》之舞曲，用八列（八佾）舞队跳《大武》或《大夏》之舞。

据《汉书·武帝纪》记载，元封四年（前107年），汉武帝再次"自代还幸河东，祠后土"。下诏曰："朕躬祭后土地祇，见光集于灵坛，一夜三烛。幸中都宫，殿上见光。其赦汾阴、夏阳、中都死罪以下。赐三县及杨氏皆无出今年租赋。"

元封六年（前105年）三月，汉武帝第三次"行幸河东，祠后土"。下诏曰："朕礼首山，昆田出珍物，化或为黄金。祭后土，神光三烛。其赦汾阴殊死以下，赐天下贫民布帛，人一匹。"

太初二年（前103年）三月，汉武帝第四次"行幸河东，祠后土。令天下大酺五日。"下诏曰："朕用事介山，祭后土，皆有光应。其赦汾阴、安邑殊死以下。"

天汉元年（前100年）三月，汉武帝第五次"行幸河东，祠后土"。

汉武帝从元鼎四年（前113年）开始，至天汉元年（前100年）的十四年中，先后五次亲自到汾阴祭后土，可见其对汾阴的重视。他在五次汾阴祭后土中，有感而发，用汉赋形式，写下了脍炙人口的《秋风辞》：

> 秋风起兮白云飞，
> 草木黄落兮雁南归；
> 兰有秀兮菊有芳，

怀佳人兮不能忘；

泛楼船兮济汾河，

横中流兮扬素波；

箫鼓鸣兮发棹歌，

欢乐极兮哀情多；

少壮几时兮奈老何。

万荣后土庙秋风楼三层内，现存有元大德十一年（1307年）董若冲刻石的《秋风辞》碑。另在二层有清同治十三年（1874年）《汉武帝秋风辞碑》。

由长安到汾阴祭后土，有水陆两路。陆路由潼关过河，经现在的芮城、永济、临猗到汾阴。水路由潼关乘船，由黄河逆水而上到汾阴。从《秋风辞》中的"泛楼船兮济汾河，横中流兮扬素波"词句推测，武帝可能是乘船到汾阴的。

七、宣、元、成三朝后土之祭

继汉武帝刘彻开创祭祀汾阴后土祠先例后，汾阴后土祠一跃而成为西汉帝王祭祀圣地。继汉武帝之后的宣、元、成三代均例行祭祀，其祭汾阴后土祠的热情有增无减。

（一）汉宣帝祭祀汾阴后土祠

据《汉书·宣帝纪》载，神爵元年（前61年）三月，汉宣帝"行幸河东，祠后土"。诏曰："东济大河，天气清静，神鱼舞河，幸万岁宫，神爵翔集……其以五年为神爵元年。"赏赐天下勤劳王事官吏爵二级，民一级，并令免除当年田租；并制诏太帝，凡大的江海百川，现在没有祭祀的，从今以后命祠官每年都要祭祀，"自是五岳四渎皆有常礼"。

五凤三年（前55年）三月，汉宣帝巡河东，祀汾阴后土祠。下诏曰：以往匈奴侵犯边境，百姓受害，今单于称臣，边境安宁。"朕饬躬斋戒，郊上帝，祠后土，神光并见……屡蒙嘉瑞，获兹祉福……减天下口钱，赦殊死以下，赐民爵一级……加赐鳏、寡、孤、独、高年帛。"汉宣帝在位25年，凡两祀后土祠，国富民康，号称"中兴"。

（二）汉元帝祭祀汾阴后土祠

据《汉书·元帝纪》载，初元四年（前45年）三月，汉元帝巡视河东。赦汾阴县徒，巡行所过处无出租赋。祀后土。

永光五年（前39年）三月，汉元帝巡视河东，祀后土。

建昭二年（前37年）三月，汉元帝巡视河东，祀后土祠，增加三河（河东、河内、河南）郡太守俸禄。

汉元帝在位16年，凡三祀后土祠。

（三）汉成帝祭祀汾阴及扬雄作《河东赋》

据《汉书·成帝纪》记载，汉成帝建始元年（前32年）祭后土已移至长安北郊。但20年后，成帝仍来汾阴祭后土。建始元年十二月，汉成帝拜甘泉、汾阴祠。

永始三年（前14年）十月，皇太后诏有司复甘泉、泰畤、汾阴后土之祭。

永始四年（前13年）三月，汉成帝巡视河东，祀后土祠，下令所过无出田租。

元延二年（前11年）三月，汉成帝巡视河东，祀后土祠。西汉大文学家扬雄据此年成帝巡河东祀后土经过，写《河东赋》。扬雄身为宫廷文学侍臣，他所作的《河东赋》歌颂的是帝王的威仪天下。《河东赋》保存在《汉书·扬雄传》中，它有助于我们了解汉代汾阴后土之祀的经过和汉代帝王巡视河东的情景。据扬赋可知成帝在河东曾祀后土，游龙门（今河津市禹门口），临安邑（今夏县禹王村），览盐池，祀介子推于介山（今介休市孤山），登历山（今永济市中条山）。最后登上西岳华山，以远望天下：西面是西周故墟，东面是殷汤旧地，北面是尧舜遗风。

元延四年（前9年），汉成帝巡视河东，祀后土。

绥和二年（前7年）三月，汉成帝"行幸河东，祠后土"。

汉成帝前后四次到汾阴祭后土，是继武帝之后，西汉在汾阴祭后土最多的帝王。汉哀帝建平三年（前4年）仍恢复汾阴祭后土。此后不久，根据校尉刘歆等67人的提议，又复长安北郊祭后土。

汉成帝在位26年，凡四祀后土祠。成帝之后，王莽执政，天下渐乱，至西汉亡国，再没有皇帝祀汾阴后土祠。东汉建武十八年（42年）三月，光武皇帝刘秀祀后土祠。从此以后一直到唐开元十一年（723年）的670余年间，汾阴后土祠帝王之祀仅有十六国氐族前秦苻坚一例。

第四节　汉代建筑

汉初建筑，吸取秦朝灭亡的教训，对豪华奢侈的风气深恶痛绝。贾生（贾生名谊，文帝召为博士）曰："淫侈之俗，日日以长……生之者甚少，而靡之者甚多。天下财产，何得不蹶？"（《汉书·食货志》）

汉宣帝五凤二年（前56年）诏，谓"今郡国二千石，或擅为苛禁，禁民嫁娶不得具酒食相贺召"（《汉书·宣帝纪》），这个禁令仅施于平民。当时其他阶层也有自觉遵守的，如杨震"子孙常蔬食步行"。

禁奢的法令，曾收到一时之效果。《三国志·毛玠传》言："玠与崔琰，并典选举。务以俭率人。"当时天下之士，莫不以廉洁自律。当时的风尚也影响到建筑，一般情况下，建筑也要求节省材料，土坯陶瓦为当时建筑的普遍形式。

汉代建筑屋顶仍然是以木构架为主体，这是因为木质本身材质轻，具备建筑构架所要求的抗弯抗压性质。当时这也是节省资源的途径，因为木材资源是可以再生的，汉代建筑和秦代不同的是，汉初对土木建筑的选择比较慎重，不轻易大兴土木，建造宫室，建未央宫是出于"厌胜之术"（所谓"厌胜之术"即扬吉而压凶之说，"厌胜"是方士的一种术语，用以制胜灭灾）。

秦汉之世，营造技术是十分高超的，一方面这是因为秦始皇无休止地大兴土木建设，取得了丰富的建设经验，也造就出一大批营造匠人。建筑材料制作也有突飞猛进的发展，陶制品材料广泛使用于屋顶，瓦的制作更为精细。另一方面，木构建造技术的发展，使建筑工具越来越精巧。

陕西兴平
茂陵李夫人墓瓦当

陕西兴平茂陵瓦当

陕西兴平茂陵瓦当

西安北郊瓦当

洛阳瓦当

西安北郊瓦当

西安西郊汉建筑遗址瓦当

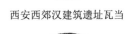

山西洪洞县古城汉瓦当

朝鲜乐浪出土汉瓦当
（《中国历史参考图谱》
第七辑　65）

秦汉奔鹿瓦当
（《文物》1963年11期）

辽宁宁城汉瓦当
（《文物》1977年12期）

陕西西安茂陵西汉十二字瓦当
（《文物》1976年6期）

河南郑州市古荥镇汉冶铁遗址出土瓦当
（《文物》1978年12期）

图 1-4-1　汉代瓦当一览

汉代砖有所发展，有空心砖、方砖、条砖、异型砖等多种，制作也更为精细。汉代文献资料里说秦始皇筛土建阿房之宫。《汉书·货殖列传》里提到制瓦技术很高，但砖很少用于房屋建设。《后汉书·酷吏传》中说："……廉洁无资，常筑墼以自给，"所谓"墼"就是土坯，当时土坯是建筑墙体的主要材料。

一、宫室建筑

秦亡，汉高祖刘邦定都栎阳，萧何与太子守栎阳，栎阳城在今西安市阎良区东北古城屯，此城为秦献公所筑，曾是秦国的旧都，城中有栎阳宫。

高祖五年（前202年）五月决定以长安为都，修长安宫城（长安本是秦之离宫），九月开始修葺扩建秦兴乐宫。

汉丞相萧何负责修建长安城，《汉书·高帝纪》载：高祖七年，萧何"作未央宫，立东阙、北阙、前殿、武库、太仓"。高祖见宫阙甚壮，怒曰："天下匈匈，苦战数岁，成败未可知，是何治宫室过度也。"萧何对曰："天下方未定，故可因以就宫室。且夫天子以四海为家，非令壮丽无以重威，且无令后世有以加也。"

未央宫的"壮丽"是为了"重威"，意思是加强皇帝的威势。这是一种"厌胜之术"。皇宫壮丽无比，就可以压倒一切，树立权威。在高祖七年（前200年），开始了建未央宫的工程，整个工程由萧何主持，施工则由少府杨城延负责。"未央宫"命名"未央"是当时的吉祥语，"未央"是未尽、未完之意，寓意汉王朝江山永固。《三辅黄图校释》解释说，未央宫位于长安城中西南隅。西北为乾，西南为坤，坤代表地。西南在十二支中展于未，未地代表地的中心，即在地的中央。故其宫命名为未央宫。"未央宫周回二十八里，前殿东西五十丈，深十五丈，高三十五丈。营未央宫因龙首山以制前殿。"利用龙首山的丘陵作为前殿的台基，不必夯土筑台，节省劳力。据《汉书·翼奉传》载，直到汉文帝时，"未央宫又无高门、武台、麒麟、凤皇、白虎、玉堂、金华之殿。独有前殿、曲台、渐台、宣室、温室、承明耳"。未央宫经过武帝的扩建和增饰，才臻于完备。《汉书·翼奉传》载："孝文皇帝躬行节俭，外省徭役。其时未有甘泉，建章及上林中诸离宫馆也……

孝文欲作一台，度用百金，重民之财，废而不为。其积土基，至今犹存。又下遗诏，不起山坟。故其时天下大和，百姓洽足，德流后嗣。"可见，当时认为土木建筑是奢侈的行为。

由汉高祖始三代皇帝积累起来的财富，到武帝时开始放纵奢侈。元鼎二年（前115年）起柏梁台，《三辅旧事》云："以香柏为梁也。"

元鼎二年（前115年）春，"起柏梁台。作承露盘，高二十丈，大七围，以铜为之；上有仙人掌，以承露，和玉屑饮之，云可以长生。宫室之修，自此日盛。"（《资治通鉴》卷二十）

《史记·孝武本纪》载，元封三年（前108年），"又作甘泉宫，中为台室，画天、地、泰一诸神，而置祭具以致天神"。

太初元年（前104年）起，建建章宫和明光宫。

王莽虽躬行节俭，但其所作九庙，规模极大。起八风台于宫中，花费万金。

东汉迁都洛阳，又大建宫殿。其华丽奢侈见班固的《东都赋》描述："皇城之内，宫室光明，阙庭神丽，奢不可逾，俭不能侈。"蔡质所著《汉官典职仪式选用》记述："德阳殿周旋容万人。陛高二丈，皆文石作坛。激沼水于殿下。画屋朱梁，玉阶金柱……自到偃师，去宫四十三里，望朱雀五阙，德阳，其上郁律与天连。"

二、官邸和民居建筑概况

汉代官邸建筑也是很可观的。《汉书·高帝纪》诏曰："为列侯食邑者，皆佩之印，赐大第室。"《汉书·夏侯婴传》有："赐婴北第一。"颜师古注："北第者，近北阙之第，婴最第一也。"权贵亲戚之家也纵恣修建豪华大宅。其后，又有侯览等起大宅。吕强言："外戚四姓贵幸之家，及中官公族无功德者，造起馆舍，凡有万数，楼阁连接，丹青素垩，雕刻之饰，不可单言。"西汉后期国力已走向衰落，然而奢侈之风更甚，已非先汉能比了。

例如，东汉外戚梁冀，"乃大起第舍，而寿（冀妻）亦对街为宅，殚极土木，互相夸竞……柱壁雕镂，加以铜漆，窗牖皆有绮疏青琐，图以云气仙灵。台阁周通，更相临望；飞梁石蹬，陵跨水道。金玉珠玑，异方珍怪，充积臧室"（《后汉书·梁冀传》）。只不过范围比帝王之宫室略小罢了。当然这是比较突出的例子，甚至可能是越制兴建（因为梁冀越制行为颇多），但一般王公贵人的府第，包括附带之苑囿，都是相当奢华的。《西京杂记》中记载："茂陵富人袁广汉，藏镪巨万，家僮八九百人。于北邙山下筑园，东西四里，南北五里，激流水注其间。构石为山，高十余丈，连延数里。养白鹦鹉、紫鸳鸯、牦牛、青兕，奇兽怪禽、委积其间。积沙为洲屿，激水为波潮，其中致江鸥海鹤，孕雏产鷇，延漫林池。奇树异草，靡不具植。屋皆徘徊连属，重阁修廊，行之，移晷不能遍也。"这后者当然不是王公贵人，而是一般富豪，其屋宇园林也相对为小，只有"延亘数十里"的十分之一，"连延数里"，但走遍他的府第也需要点时间。至于一般地主、富豪的宅第，有不少画像砖、石可以见其概貌。一般都有庭院，由堂、屋、廊、阁等建筑组成。例如成都画像砖中能见到其布局是：进大门为前院，北、东、西三面有回廊，再入中门则为后院，东西两侧仍为回廊，北面则为堂、房等建筑，还有高楼建筑，或为瞭望之用。其他各地，如山东、河南等均有描绘庭院的画像砖、石出土，基本构成大同小异，有一些门阙、旁台、楼阁还比较突出。

汉景帝时，关于民间建筑的选址情况也有反映，《汉书·晁错传》中晁错言："古之徙远方以实广虚也，相其阴阳之和，尝其水泉之味，审其土地之宜，观其草木之饶。然后营邑立城，制里割宅，通田作之道，正阡陌之界。先为筑室，家有一堂二内，门户之闭，置器物焉。民至有所居，作有所用。"

由画像砖石、壁画、建筑明器等所反映的汉代民居，有坞堡、大中小型住宅、塔楼、楼屋、仓囷、亭榭、井亭、作坊、碓房、畜栏、厕所等。秦汉时期大多数地面上的木构民居，基本形式是一堂二室，前为堂，后为室，室之左右为房，居室，一堂二内。

大多数贫民的住房，如《汉书·吾丘寿王传》有"由穷巷，起白屋"之说，师古注曰："白屋，以白茅覆屋也。"

贫民居住又因地而异，有的地方仍可以穴居，《后汉书·逸民传》中就有"凿穴为居""因穴为室"的记载。北方少数民族，匈奴、鲜卑皆以"穹庐为舍"（《汉书·匈奴传》）。师古注曰："穹庐，旃帐也。其形穹隆，故曰穹庐。"当然穹庐也好，累石也好，多少还有些贫富差别。

三、秦汉时期的太原城

战国末期，秦国日益强盛，统一六国已是大势所趋。秦庄襄王二年（前248年），秦将蒙骜攻打赵国，占领了晋阳一带37城，并在晋阳置太原郡，从此以后，"太原"这一名词就专属于现在的太原地区了。第二年，秦庄襄王死，赵国又收复了晋阳。秦王嬴政元年（前246年），秦国二次平定晋阳，重置太原郡。当时太原郡辖地东至今五台、阳泉一线，西至黄河，南至霍山以北，北至勾注山以南。太原郡是秦始皇统一六国之前所设之郡，郡治一直在晋阳，所以晋阳城也开始叫太原城。

公元前206年，刘邦推翻了秦朝统治。又用数年的时间消灭了项羽等割据势力，统一了全国，建起汉朝。汉初，刘邦实行诸侯国和郡县并行制，先是在太原设置韩国，以韩王信为王，治地晋阳。韩王信借口晋阳远离边境，不便与匈奴作战，请求"国被边，匈奴数入，晋阳去塞远，请治马邑（今山西省朔州）"，得到刘邦同意。前201年秋，匈奴围攻马邑。韩王信遣使求和，刘邦闻讯怀疑韩王信叛汉，派人前往责备。韩王信举旗反汉，将马邑城献于匈奴，与匈奴联军南逾勾注山，攻占了晋阳。汉高祖七年（前200年）冬，刘邦亲率大军30万讨伐韩王信与匈奴，与汉将周勃、樊哙等军在晋阳会合，终于击败韩王信，夺回了晋阳。

汉高祖十一年（前196年），刘邦为防御匈奴进犯，合并太原、雁门二郡为代国，挑选众皇子中"贤知温良"的刘恒为代王，仍以晋阳为都。刘恒任代王共17年，轻徭薄赋，把晋阳治理得井井有条，成为阻挡匈奴南下的坚强屏障。刘恒的生母薄姬，一直受刘邦冷落，正宫吕后迫害刘邦的嫔姬，除薄姬外，大多被幽禁，唯薄姬一贯谨慎持重，又因常受冷落，故能随子出入晋阳。刘邦死后，汉将周勃等人灭吕后乱党，众臣议立皇帝人选，都痛恨吕氏家族强暴，而盛称薄后之仁善，于是立刘恒为帝，是为汉文帝。刘恒尊其母为皇太后，并派舅父薄昭接薄太后回京都长安。当车驾离开晋阳数十里时，薄太后深恋生活十数载的晋阳，要在晋阳境内再住一晚，住宿处即今太原市北的阳曲镇皇后园村。"皇后园村"即因薄太后住宿而得名。另外，山西省西北的河曲县有一"娘娘滩"，相传也是薄姬躲避吕后迫害的住所，滩上有圣母祠，是为纪念薄太后所建的祠庙。

汉文帝二年（前178年），文帝下诏将原代国一分为二，封次子刘武为代王，辖境太原郡以北故代国地区。封三子刘参为太原王，辖境太原郡地，都晋阳。汉文帝三年（前177年），刘恒不忘故地，"因幸太原，见故群臣，皆赐之……留游太原十余日"（《汉书·文帝纪》）。汉文帝五年（前175年），刘恒又合并代、太原两国为代国，以代王刘武为淮阳王，以太原王刘参为代王，仍都晋阳。代国自此又恢复文帝为代王时辖境。刘参为代王17年，死后其子刘登嗣位。刘登在位29年，死后其子刘义继位。汉武帝元鼎二年（前115年），太原郡、雁门郡等改由中央直接管理。汉武帝元封五年（前106年）四月，为加强中央集权，汉武帝刘彻创"州刺史"制，将全国分为13个刺史部，以便监察各郡国，晋阳为并州刺史部治所。从此以后，晋阳又开始叫"并州"。今太原市简称"并"亦是溯源于此。

东汉沿袭西汉旧制，晋阳一直是并州刺史部和太原郡的治所。东汉末年，朝野混乱，外戚、宦官轮掌实权，相互倾轧。黄巾军起义后，军阀纷纷割据，东汉政权名存实亡，并州晋阳先为袁绍所占领，后又为袁绍外甥高干所踞。时至汉献帝建安十八年（213年），中国北方被曹操一一收服。曹操废除并州刺史部，"幽、并二州并入冀州"。

后来魏、蜀、吴三国鼎立，晋阳属魏。魏文帝曹丕于黄初元年（220年）复置并州，改太原郡为太原国，仍以晋阳为其治地。后又废国复置郡。并州领太原、上党、西河、雁门、新兴、乐平6郡。太原郡辖晋阳、阳曲、榆次等12县。在这一时期，阳曲县从原址（今山西省定襄）徙迁到晋阳北面的黄土寨（今太原市阳曲县黄寨）。

秦汉两朝，中原多次受北方匈奴的威胁骚扰，晋阳位置首当其冲，故而一直是北方的雄关重镇。封建皇帝始终选派亲信子弟坐镇晋阳，皇帝也不时亲临视察，可见晋阳战略位置之重要。汉朝对晋阳的农业生产及水利灌溉十分重视，东汉元初三年（116年），"春正月甲戌，修理太原旧沟渠，溉灌官私田"（《后汉书·孝安帝纪》）。汉代晋阳不仅农业生产发达，商业、手工业、畜牧业等均有一定的发展。

1961年，文物部门从晋阳城遗址东北15千米的东太堡村发掘出西

· 河南灵宝县张湾汉墓出土水阁
（《文物》1975年11期）

汉代水阁陶楼明器
（《中国营造学社汇刊》）
（五卷二期）

· 河南陕县刘家渠汉墓M3出土陶楼
（《考古学报》1965年1期）

汉代居住建筑之水阁

· 湖南常德市出土东汉陶楼
（《湖南省文物图录》）

· 河南南阳市杨官寺汉墓出土画像石
刻四层楼阁（《南阳汉代画象石》）

· 湖南常德市西郊东汉墓出土陶楼
（《考古》1959年11期）

· 河南出土汉代陶楼（《文物》1990年12期）

· 河南灵宝县张湾汉墓出土陶楼
（《文物》1975年11期）

· 湖北宜昌市前坪东汉墓陶楼明器
（《考古学报》1976年2期）

图 1-4-2　汉代居住建筑之楼屋

图 1-4-3 汉墓明器中的民居形式

汉清河太后墓，清河太后是代恭王刘登之妃，代刚王刘义之母。墓中出土的"清河太后中府钟"和"晋阳钫"，分别铸有"清河太后中府钟容五斗重十七斤第六"和"晋阳钫容六斗五升重廿斤九两"的字样。钟和钫是汉代盛放水酒等液体的青铜器。这些正是晋阳作为汉代诸侯国都城时期的遗物。

四、汉代建筑的形式

山西汉代建筑发现较少，根据建筑的发展规律，山西汉代建筑形制和其他地区形制没有明显差异。

汉代吸取秦朝亡国的教训，一切从简，从而在一定意义上也保护了许多建筑资源。虽然汉代烧制砖瓦的技能很高，但法令规定不准用于建筑的墙体，墙体只能用土坯垒砌。但土坯怕雨水冲刷，所以汉代建筑有较大的屋顶。

汉代屋面形式有单坡、两坡悬山、四阿顶等几种。其中以四阿顶之构造较为复杂，并大多运用在等级较高的建筑上。从汉壁画建筑的屋顶形式看，没有设置45°转角斗栱，建筑屋顶转角没有升起，分析屋顶转角不设角梁，而是设置扇形椽以解决平衡问题。画像石中反映出来的汉代建筑屋顶形式，屋顶是倾斜的直坡形，坡面挺直而没有弧度。推测屋顶的梁架是"人"字形大叉手式的，即承担屋顶的大梁必然倾斜角度很大（如现在建筑屋架的上弦）。大叉手式大梁两端搭在山墙前后檐柱上，而梁顶搭在特设的立杆上，这就组成了一个等腰三角形，而在腰梁上再搭檩椽。然后铺设做屋面、铺瓦。从汉代瓦的长度在60～80厘米来看，适合于在直坡的情况下铺设，而不适于在弧度大的面上铺设。

至于屋面之脊，汉代屋顶的屋脊已经形成，已知有正脊、戗脊、垂脊等数种。正脊、戗脊之尽端，亦有多种不同的处理方式。吻已成为稳定的式样。汉代的建筑屋檐柱头支承斗栱形式已趋于规范性造型。

汉代斗栱的使用已经相当广泛，但形制尚未确定，正处于积极的探索期，以形成多种多样的斗栱形式。

五、汉代楼阁

（一）楼阁出现的原因

在高大台基上建房，需要动用众多的劳力和海量土方，实为事倍功半。秦朝灭亡的教训，使统治者醒悟，民可以载舟也可以覆舟，所以初汉以"节俭"为本，很重视"民"的重要性，高台建筑在不得已而为之的情况下才为之。不做高台显示不出建筑的雄伟，这也催生了楼阁建筑的发展。

（二）楼阁的产生及发展

春秋时代以前，不见有楼的记载，居高者是在高台上建房子，直到战国时代才有楼的记载。《孟子·尽心下》："孟子之滕，馆于上宫。"注曰："上宫，楼也。"孟子接待宾客的馆所在楼上。《史记·平原君列传》："平原君家楼临民家。民家有躄者……平原君美人居楼上，临见，大笑之。"平原君家的楼当是战国时代的楼阁。

《后汉书·黄昌传》言："陈人彭氏，造起大舍，高楼临道。"《三国志·周群传》言："（群）于庭中作小楼，家富多奴，常令奴更直于楼上视天灾。"东汉时期楼阁建筑多起来。楼阁产生的原因，可能如吕思勉所著《秦汉史》中所说："实承城楼及巢车之制也。"因为《汉书·陈胜传》言：胜攻陈，"守丞与战谯门中"。谯门就是城门楼。谯也称为巢，所谓巢车者，就是兵车之上为楼以观望敌情。可见楼的起源主要因战争的需要，而后建楼成俗，有登高望远之意。

汉代出现楼阁建筑，也和当时迎接仙人，建造神仙之居不无关系。《史记·孝武本纪》中记载，元封二年（前109年）春，公孙卿言见神人东莱山，若云"见天子"。公孙卿曰："仙人可见，而上往常遽，以故不见。今陛下可为观，如缑氏城，置脯枣，神人宜可致。且仙人好楼居。""于是上令长安作蜚廉、桂观，甘泉则作益延寿观。使卿持节设具而候神人。乃作通天台，置祠具其下，将招来神仙之属。"可见，汉代的豪华宫殿也和迎神有关系。

（三）从汉明器看楼阁的形式

平陆圣人涧汉墓出土的明器釉陶楼阁，称谓"池中望楼"。"池中望楼"通体上釉，呈黄绿色，高 83 厘米，分三层。第一层高 29 厘米，楼柱直插池塘之中，池深 9 厘米，口外径 42 厘米，内径 37 厘米；第二层高 27 厘米，四周有栏杆，从形象上看这是二十分之一比例缩小的楼阁，是东汉作品。

从陶楼看汉楼阁，平陆汉代楼阁，四柱三层。底层出平座，柱身上部出斜撑，斜撑上端支撑出挑梁头，梁头上安装斗栱，支撑挑出的平座、栏杆。推测平台宽度应满足人物活动，栏杆实际高度应为 90 ～ 100 厘米。斗栱和斜撑组合高度约为柱高的三分之一。柱高为 3.5 ～ 4 米。从构造的可能性上，柱顶应伸入二层的平台底部位，以保证底柱和二层柱脚对接。为保持平座稳定，柱身出斜向支撑，斜杆底部设置额枋穿插柱间。斗栱高度约 50 厘米，斗栱和斜支撑十分符合结构稳定要求。底层四面有拱形的洞口，洞口上部设窗口，窗扇有横棱装饰，推测可能是一种景观性眺望楼。阁楼底层构造使后人了解到山西汉代建筑的基本形式和营造方法，从这座陶楼中也反映出二层楼阁平台栏杆设置的必要性，为安全考虑，栏杆的高度应遮挡住人物的臂部，所以应为 100 厘米以上，平台宽度应在 80 厘米以上，这是二层人物和栏杆的比例与结构的可能取得的大致尺度。从形象可以看出栏杆不设望柱，而是以间设置蜀柱，栏杆上部由扶手固结一周。

从栏杆高度和斗栱比例来看，实际的栱长可能接近 100 厘米，栱断面为 20 厘米 × 20 厘米。

从陶楼二层平台以上四根角柱可以看出，二层柱和底层上下位置柱近于重合，说明二层柱脚和底层柱顶是对接的，反映出汉代楼阁木结构的构造特征，二层柱身上部伸出两个垂直方向相交较长的梁头，目的是设置斗栱承托上部的屋檐。伸出的这段较长的挑梁，其后尾成为额枋，兼挑梁、额枋为一身，从汉代门阙的形式来看，斗栱已成为造型的必设构件。

汉代出挑的梁头加设一斗二升的斗栱，是有其功能意义的，挑出的梁头上设置坐斗，才能使"栱"坐入斗中，固定在挑梁端头。同样，栱端头设"升"，才能咬合稳定上部檐额。汉代的斗还未规范。从斗座过渡到称之为"耳平"这一部分没有形成固定不变的造型模式。汉代称"栱"为"枡"或是类似的名称。这一部件还是原始性的，所以在很多情况下，栱端没有卷刹。根据汉代建筑构造可能性推测，出挑梁头的后部需要贯穿柱身，兼有挑梁的作用。这样就符合了结构稳定的基本原理，斗栱承托檐枋，枋上设槫，槫上铺望板、泥背、瓦等。从陶楼的构造形式看，四个转角部位不设斜梁和角梁，因而没有屋角生起的现象，转角处槫的铺设推测为扇形布置的，槫的后尾集中到出檐的根部，为了稳定屋面槫，槫尾需要伸入梁架内侧，由于构造的必要，槫尾伸入内侧越长，屋檐越稳定。

从陶楼三层可以看到，三层平面明显小于二层平面，四柱向内侧收缩，明显地看到是为二层出檐的必要，为搭接槫后尾让出位置，陶楼的造型较真实地反映出汉代楼阁的实际情况。从现象看，三层柱位内缩，柱脚应在二层的承力点上，或许设有承受弯曲压力的横梁，三层柱脚座在加设的二层柱顶横梁上。从汉代陶楼各层柱位相同、没有明显的错位看，汉代建筑对水平梁设置还没有成熟。

陶楼第三层屋顶的檐口构造做法和第二层檐口的做法相同，仍然是出挑的梁头端头设一斗二升斗栱承托檐檩，檩上铺槫搭至脊部，并作出脊顶。从方形楼阁的形式来看，四面屋檐是相同的，屋顶随着坡度升起收缩屋顶脊部，使屋顶出现短脊，而不是形成攒尖，说明汉代楼阁有主侧面区别的标志。也可能由于木构件的构造性质无法集在一点，脊顶结构部件是一条短梁，而不是一种中心锚固构造。虽然出现四面屋顶，但屋顶构造是不一样的。汉明器陶楼屋顶两个正吻置于正脊两端说明正脊有一定的水平长度。而从屋顶侧面看只能看到一个，说明

图 1-4-4　平陆圣人涧陶楼

正脊收缩于屋脊中缝。屋顶构件相交于顶点，说明有脊檩存在。从屋顶构件上分析可能在汉代已出现简单式歇山屋顶。

从陶楼的构造形式看出挑梁，在一个水平层上相交，必然出现上下咬合相交形式，而不是上下叠加形式。两个方向出挑构件的水平相交，说明汉代建筑木质结构搭设技术已有一定水平，加工木材的工具有了进步。从汉代陶楼明器中可以发现，对四阿顶的转角这个重要位置的处理，沿用两个垂直方向斗栱，以周边等高的形式承挑檐口，说明汉代屋顶周边合缝，已经具有规范性。从周代至汉代的器物或明器雕刻建筑屋顶的文样看，这段漫长的历史过程仍然停留在大叉手式梁架上，即屋顶的梁是倾斜放置的，转角处不设角梁。屋面斜直，而不是卷曲，这反映出搭设屋顶的梁架形式。运城东汉绿釉陶楼（如图1-4-5），就是汉代楼阁式建筑的典型实例。

多层木柱梁式楼阁的出现是汉代建筑的一种表现形式，而这时高台建筑渐趋衰落。

汉代楼阁以三四层者居多，最高者可达七层。其类型依照用途，有住宅、仓屋、望楼、水阁等。建于陆地之实例较多，且常以独立的单体形式出现，有的位于庭院内。

在外观上，多层楼阁除了显示高以外，其总体轮廓又有上下等宽、下宽上窄及下窄上宽等多种形状。除在不同程度上暴露出柱、梁、枋等结构构件外，还在檐下及平座下施以各式斗栱，并袭用汉代建筑所常见的门、窗、勾栏等形式，对日后中国佛教建筑中的楼阁式木塔有直接影响。

图1-4-5　运城东汉陶楼造型

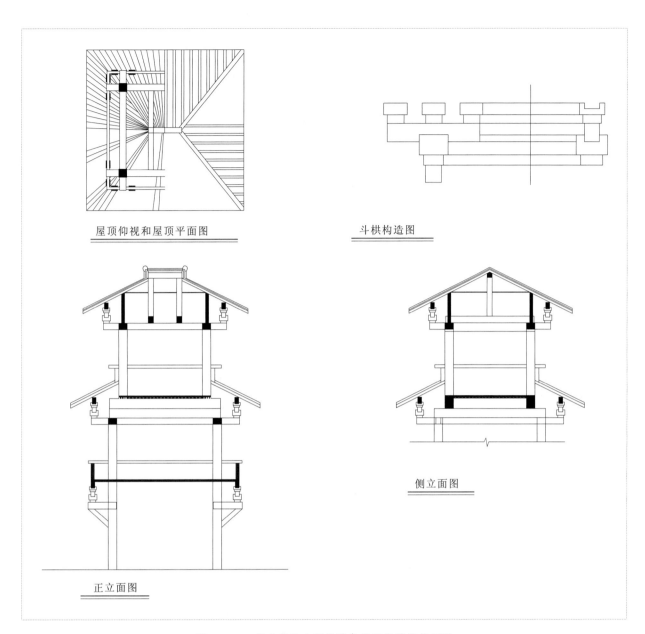

屋顶仰视和屋顶平面图

斗栱构造图

侧立面图

正立面图

图 1-4-6　依平陆圣人涧陶楼复原汉代楼阁推测图

第二章

十六国时期和北魏、北齐时期的建筑

第一节　十六国时期的汉国

一、汉国的建立

进入中原地区的各少数民族，受到西晋统治阶级的奴役和压榨，不断举行反抗和斗争。到了西晋政权崩溃前夕，少数民族的贵族大都挣脱西晋王朝的统治，形成一种独立的势力。尤其在并州（今山西）地区，太康之初原有民户 59200 户，由于中原战乱，并州境内的汉族居民大都流徙江南，并州胡汉势力的分布和力量对比发生重大变化。到了永嘉之际，汉族人民大部分流亡南下，只剩下民户两万，匈奴族则占据了多数。因此进入汾河流域的匈奴族人在其部落酋长刘渊统率之下，首先独立起来，建立政权。

刘渊，生年不详，卒于西晋永嘉四年（310 年），匈奴左贤王刘豹之子。在晋武帝司马炎时，刘渊为北部都尉。自称是汉朝的外孙，故冒姓刘。"八王之乱"时，成都王司马颖推渊为北单于。渊至左国城，匈奴贵族共推渊为大单于。公元 304 年渊改成汉王，建立汉国，改年号为元熙，建廷左国城（今方山县南村）。永嘉二年（308 年）七月，迁都蒲子城（今山西交口县境），至此在左国城建都的时间共 3 年又 11 个月。次年（309 年）正月，又由蒲子迁都平阳（今山西临汾市西北）。

二、政区

公元 304 年，刘渊建立汉国（汉赵）。汉国全盛时期，辖今山西雁门关以南的广大地域。

（一）司隶校尉部

汉嘉平四年（314年）正月，设左、右司隶，各领户20余万。右司隶部治平阳，领平阳、河东二郡。

1.平阳郡，郡治平阳县（治今临汾市金殿村）。辖11县：平阳（治同郡治）、杨县（治今洪洞县古县村）、端氏（治今沁水县西城村）、永安（治今霍州市）、狐（治今永和县西南）、襄陵（治今襄汾县襄陵村）、绛邑（治今曲沃县凤城村）、濩泽（治今阳城县泽城村）、临汾（治今襄汾县晋城村）、北屈（治今吉县麦城村）、皮氏（治今河津市西太阳村）。

2.河东郡，郡治安邑县（治今夏县禹王城村）。辖8县：安邑（治同郡治）、闻喜（治今闻喜县）、垣县（治今垣曲县古城镇村）、大阳（治今平陆县茅津渡东）、猗氏（治今临猗县铁匠营村）、解县（治今临猗县古城村）、蒲坂（治今永济市古蒲州城）、河北（治今芮城县中龙泉村）。

（二）并州

州治晋阳，辖4郡33县，1护军。

1.太原郡，郡治晋阳县（治今太原市古城营村）。辖13县：晋阳（治同郡治）、阳曲（治今阳曲县石城村）、榆次（治今榆次区）、于离（治今汾阳市西）、盂县（治今阳曲县大盂镇村）、狼孟（治今阳曲县）、阳邑（治今太谷区阳邑村）、大陵（治今文水县大陵村）、祁县（治今祁县祁城村）、平陶（治今文水县平陶村）、京陵（治今平遥县京陵村）、中都（治今平遥县桥头村）、邬县（治今介休市邬城店村）。

2.上党郡，郡治壶关县（治今长治市）。辖10县：壶关（治同郡治）、潞县（治今潞城区古城村）、屯留（治今屯留区故城村）、长子（治今长子县）、泫氏（治今高平市）、高都（治今泽州县高都村）、铜鞮（治今沁县古城村）、涅县（治今武乡县故城镇）、武乡（治今榆社县社城镇）、襄垣（治今襄垣县故县村）。

3.乐平郡，郡治沾县（治今昔阳县西南）。辖5县：沾县（治同郡治）、乐于（治今昔阳县）、上艾（治今平定县新城村）、寿阳（治今寿阳县)、阳(治今左权县)。

4.新兴郡,郡治九原县(治今忻州市)。辖5县:九原(治同郡治)、定襄(治今定襄县)、云中(治今原平市楼板寨村)、广牧(治今寿阳县古城村)、晋昌(治今定襄县西北),另有秀容(治今岚县古城乡)1护军。

(三)幽州

州治离石,辖郡县不详。西河郡治离石,此西河郡是否属幽州,不得而知,姑附于此。

西河郡:郡治离石县(治今离石区),辖4县:离石(治同郡治)、隰城(治今汾阳市)、中阳(治今中阳县)、介休(治今介休市)。

(四)冀州

州治冀氏县,即今安泽县冀氏镇。

三、左国城

左国城,魏晋匈奴左都所居。地势险要,匈奴"汉"(国都——左国城),是中国历史上第一个由内迁的少数民族在山西建立的国家政权。

左国城遗址共由四座城池组成,坐落在黄土丘陵上,形制特殊,最外围总周长9932米。古城最早部分为战国皋狼邑遗址,城周长1280米,总面积0.064平方千米。第二座城池是在皋狼邑的基础上扩建而成的汉代皋狼县城,城墙的夯土基础保存基本完整,城周长2135米,总面积0.31平方千米。左国城是在皋狼县城的基础上扩建的内外两城。内城周长3180米,总面积0.54平方千米;外城周长4315米,总面积0.69平方千米。沿外城墙周围有马面遗迹10处。该城的外围防御系统沿主通道共发现有城门遗址5座,其中2座保存基本完整。该城西临北川河,南临界河,北以土桥沟为天堑,可巡视北川开阔地带和东南下昔沟的地面,构成该城外围的屏障。城东南角为全城的制高点,海拔1193.4米,夯土城墙高峻陡峭,端点十字型交叉。这个制高点可俯瞰城内外各个角落,控制全城,是全城的指挥中心。

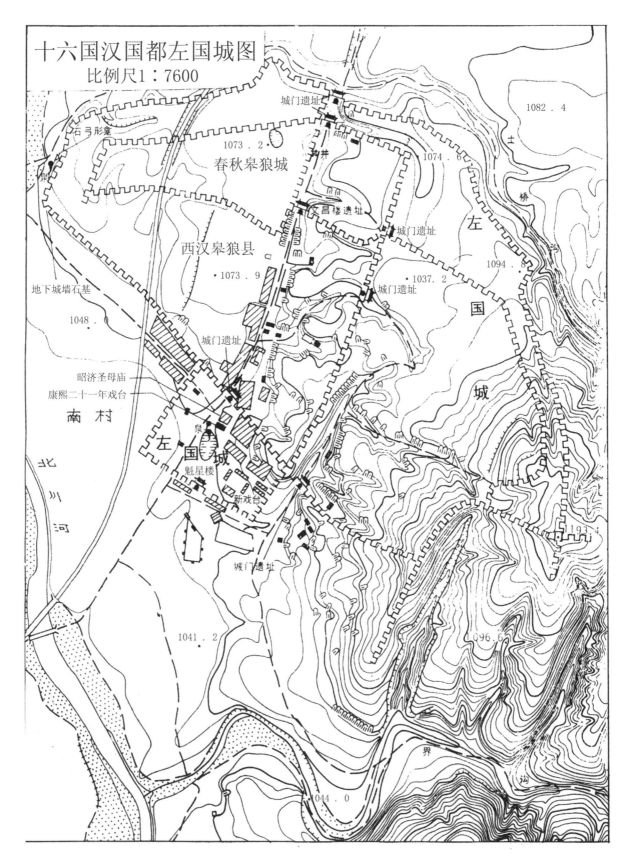

图 2-1-1 十六国汉国都左国城图

左国城从皋狼邑始，至隋大业三年（607年），先后用了1000多年，废弃至今1400多年。刘渊建立的汉政权，虽先后仅存在26年，但在中国历史上留下了独特的一页，在中华民族史上占有重要地位。左国城作为古都，虽不及燕京、长安、汴梁繁华浩大，但影响很大。

四、平阳城

刘渊父子所建的汉国都城平阳，是在魏晋郡级城市的基础上改建成的，同时也是五胡十六国时期第一个少数民族政权的都城。

平阳城（今临汾市金殿村）系秦汉故城，城西山前有大泉称龙泉，龙泉下流汇为湖，称平湖。为了纪念平阳立城（刘渊于公元309年正月迁都平阳），当时于泉水近处立龙子祠。《元和郡县志》载："龙子祠在姑射山东平水之源，其地茂林翁郁，俯枕清流，实晋之胜境也。"

刘渊定都平阳后，建宫室官署。310年刘渊卒后，其子刘聪即位，大兴土木，广建宫室。318年楼观有40余所，当时设左、右司隶。平阳作为汉国都城，控制人口6万户，先后共11年。

平阳城的形状和城门数史籍失载，只留下西面的西明门、西阳门和东面的建春门三个门名。这三个门名都和东汉洛阳的门名和方位相同，所以有理由推测，在刘渊定都后，把平阳四面的门名改用东汉洛阳的门名，以仿洛阳。洛阳有十二门，刘渊在平阳增辟数门，以符洛阳门数，也是有可能的。平阳除大城外，还有平阳小城，又在城西立单于台，都是军事据点，作为大城的羽翼。

平阳城内建有宫殿、官署、太庙、市等。史载刘渊建都时就建有南宫和北宫，主殿名光极前殿，有东西室，主殿位置在南宫，故在两宫中南宫应是主宫。前殿以后为后宫，连通前殿后宫之间的门有阙，后宫建有昭德殿、温明殿、建始殿等，共40余殿。宫城门数不详，史载有云龙门之名。云龙门是魏晋洛阳北宫东门之名，可知其宫殿规制也有效仿魏晋之处。除南北两宫外，还建有东宫，先后供兄弟和太子居住，宫中有延明殿。从宫分南、北看，城中宫室是顺城市南北轴线布置的。

除宫殿外，平阳城内还陆续建成太庙、武库和相国府、御史台等官署。相国府是刘聪之子刘粲在做相国时所建，制度模拟宫室。城内仍沿用当时通行的市里制，分为若干里，主要的市为东市。

五、北朝时期的晋阳

西晋末年，刘渊起兵反晋，都左国城，称汉王，欲取晋阳。西晋并州刺史刘琨加筑壁垒，扩建城垣，据《晋乘蒐略》卷十一引《都邑记》记载，扩建后的城垣"长四千三百二十丈"，《元和郡县志》卷十三说"高四丈，周回二十七里"。刘琨凭城坚人和，坚守晋阳达 8 年之久，有力地遏阻了刘渊向东向北的发展。公元 316 年，晋阳被后赵明帝石勒攻占。后赵灭亡后，后赵并州刺史张平占据晋阳，割新兴、西河、太原、上党、上郡之地与氐族所建的前秦和鲜卑所建的前燕抗衡。公元 358 年，张平被前秦苻坚打败，降前秦。不久，张平下属叛降前燕，前燕慕容占据晋阳 12 年。公元 370 年，前秦派大将王猛、杨安大举征伐前燕，围攻晋阳。晋阳城高池深，兵多粮广，正面进攻难以奏效，王猛便在城外挖掘城道潜军入城，袭取晋阳。王猛又以晋阳为依托，在潞川大败前燕军队，致前燕灭亡。公元 383 年淝水之战后，前秦衰落。苻坚之子苻丕于 385 年入居晋阳称帝，晋阳遂为前秦都城。第二年十月，关中鲜卑族首领慕容永率兵东进，攻入晋阳，遂建立西燕。次年五月，慕容垂大败西燕，乘胜占领晋阳，西燕遂亡。后燕凭晋阳为军事重镇，占据了黄河以北广大地区。其时代北鲜卑族拓跋魏势力日渐强大。为阻止拓跋氏南下，后燕特别加强了晋阳的防御力量，以辽西王慕容农为并州牧，镇守晋阳，都督西部六州军事。公元 396 年，拓跋珪乘并州早霜、饥荒乏食之机，南出马邑（今山西朔州市），攻占晋阳，再以晋阳为依托，乘胜东出井陉，占据后燕大部地区。拓跋珪占据晋阳后，"遂取并州，初建台省"，任用汉族士大夫，"招抚离散，劝课农桑"（《资治通鉴·晋纪》），由游牧经济向农业经济迅速转化。北魏势力日益强大，于 398 年由漠北的盛乐（今内蒙古的林格尔）迁都平城（今山西大同），不久统一北方。

北魏后期，爆发六镇起义，居住在秀容川（今朱家川）的契胡酋长尔朱荣占据晋阳。于 528 年南下洛阳，控制了北魏政权。尔朱荣意欲迁都晋阳，因拓跋氏贵族反对而未果，后返回晋阳，以晋阳为依托，遥执北魏朝政。530 年，尔朱荣入洛阳朝贺，被魏庄帝杀死。其从子尔朱兆据晋阳。立太原太守长广王元晔为帝，随后攻取洛阳，俘魏庄帝，又回师晋阳。532年，尔朱荣部将高欢发动兵变，打败尔朱兆，入据晋阳，建大丞相府及晋阳宫，以此为政治、军事大本营，建立东魏，都邺城。高欢回镇晋阳，遥执朝政。晋阳实际上是东魏的统治中心，号称"霸府"。公元550年，高欢之子高洋废东魏孝静帝自立，建北齐，都邺。由于晋阳是北齐的创业之地，北齐历代皇帝多住于此，称晋阳为"别都"，是北齐的政治、军事、经济、文化中心。北齐统治者在晋阳大兴土木，建造宫殿，并在晋祠和西山修筑离宫别墅，凿建石窟寺庙，其规模大大超过了首都邺城。

秦并六国后，初分天下为36郡。太原郡为其一，郡治晋阳城。西汉仍置太原郡，属并州刺史部，领晋阳等21县。东汉太原郡为并州刺史治，郡领晋阳等16县。建安十八年（213年）将并州归入冀州。三国魏黄初元年（220年），并州复置，与太原郡同治晋阳，郡领晋阳等14县。甘露三年（258年）五月，魏帝以并州之太原、上党、西河、乐平、新兴、雁门六郡和司州之河东、平阳等八郡，封司马昭为晋公。西晋并州仍旧置。晋武帝泰始元年（265年），封从叔父司马瑰为太原王，由是太原郡改称国，都晋阳城，国领晋阳等13县。十六国时，并州地先后为前赵、后赵、前燕、前秦、后秦、后燕、大夏等国据有。至于太原郡，唯前赵称之，余皆称太原国，郡国治所均在晋阳城，但领县为数不等。北魏称太原郡，与并州同治晋阳城，郡领晋阳等10县。

第二节 北魏时期的建筑

一、北魏的建国

拓跋氏是鲜卑族部落联盟中的一个构成单位。拓跋族原来居住地，在今天的黑龙江省嫩江流域大兴安岭附近。拓跋部的兴起是在成帝拓跋毛时期，《魏书·序纪》称他为"远近所推，统国三十六，大姓九十九"。三十六国是三十六个部落而结成的部落联盟，拓跋部是三十六个部落中的一个部落，这三十六个部落是九十九个大氏族所构成的。

拓跋部到了宣帝拓跋推寅时期，正是东汉初年。这时北匈奴西迁，南匈奴保塞，草原上出现权力真空状态，鲜卑部在拓跋推寅的领导下，也开始"南迁大泽，方千余里，厥土昏冥沮洳"（《魏书·序纪》）。

拓跋部迁居漠北时代，还是一个小部落。其后兼并了没鹿回部。魏曹髦甘露三年（258年），迁居定襄之盛乐（今内蒙古和林格尔县北），是年四月，举行祭天大典，开了一个由部落贵族和武士所操纵的部落大会，"诸部君长皆来助祭"（《魏书·序纪》）。在这一次大会中，拓跋部正式取得部落联盟的领导权，拓跋力微也巩固了世袭的大酋长地位。部内有诉讼之事，由大酋长和四部大人（由部落联盟中选出来的）商议判决。拓跋部这一阶段还没有形成正式的国家。到了公元259年，力微少子禄官统部，拓跋部仿匈奴旧制，分为中、东、西三部。公元308年，猗卢总摄三部控弦骑士四十余万，成为塞上一支强大的力量。时值西晋末年，中原大乱，西晋并州刺史刘琨要依靠拓跋部的帮助来和刘聪、石勒对抗，在公元310年，刘琨请求晋朝封猗卢为代公；公元314年，又晋封为代王，并割陉岭以北（今山西代县西勾注山以北）马邑、阴馆、楼烦、繁峙、崞五县之地与猗卢。猗卢得很多晋人的归附，拓跋部的势力更为强盛。猗卢再传至拓跋郁律时期，拓跋部虽仍不得逞志于中原，但在草原上发展迅猛，西兼乌孙故地，东吞勿吉以西，控弦上马将有百万。传至拓跋什翼犍，什翼犍曾为质子于石赵历十年之久，受汉文化浸润较深。公元338年在繁峙（今山西浑源县西）北郎代王位后，始置百官，分掌众职。始制法律，规定反逆、杀人、奸、盗等罪的刑罚。代国至此正式具有国家规模。什翼犍于公元340年定都于云中的盛乐宫，公元341年又于盛乐故城南筑盛乐新城，代国开始有了定居的政治中心。定居以后，种植穄（糜子）田，农业开始发展起来。公元376年，前秦苻坚出兵20万击代，什翼犍大败，逃往阴山之北，部落离散。什翼犍不得已退回漠南，回到云中，被其子寔君所杀，秦遂灭代。

代国灭后，什翼犍之孙拓跋珪，公元386年纠合旧部，在牛川（今内蒙古锡拉木林河）召开部落大会，并即代王位，同年又改国号曰魏，称登国元年。拓跋魏成为塞外唯一的强国。

拓跋珪进兵中原，攻取晋阳、中山等名都重镇，即今山西、河北二省之地。公元398年，拓跋珪定都平城，即皇帝位，是为北魏道武帝。

二、政区

北魏自道武帝拓跋珪复国以后，国势日强。公元396年，北魏占据山西北部、中部及东南部。公元428年，北魏攻占山西西南部地区，至此，今山西全境为北魏所有。

山西北部成为北魏京郊地区。

北魏地方行政区划为州、郡、县三级制，州置刺史，郡置太守，县置县令。以下据《魏书·地形志》将都城平城周围的恒州、朔州和云州，逐一介绍。

（一）恒州

元兴中，北魏于都城平城设置司州。太和十八年（494年）迁都洛阳后，北魏以平城为北京，设置恒州。孝昌中没于战乱。东魏天平二年（535年），恒州寄治于肆州秀容郡城（今忻州市）。原恒州领8郡18县（其中梁城郡及下辖2县今属内蒙古）。

1.代郡，郡治平城（今大同市），孝昌中陷，天平二年（535年）置，领4县：平城（治同郡治）、太平（治今大同市口泉镇）、永固（治今大同市北方山一带）、武周（治今左云县东古城村）。

2.善无郡，郡治善无县（治今右玉县古城），领2县：善无（治同郡治）、沃阳（治今内蒙古境内）。

3.繁畤郡，郡治繁畤县（治今应县东魏庄），天平二年（535年）置，领2县：繁畤（治同郡治）、崞山（治今浑源县毕村）。

4.高柳郡，郡治高柳县（治今阳高县），北魏永熙二年（533年）置，领2县，其中高柳（治同郡治）县在今山西境内。

5.北灵丘郡，天平二年（535年）置，领2县：灵丘（治同郡治）、莎泉（治今广灵县莎泉村）。

6.桑干郡，该郡不见于《魏书·地形志》，但在孝文帝时桑干郡已见记载，郡治今山阴县东。领2县：桑干、马邑。

7.平齐郡，该郡不见于《魏书·地形志》。据《魏书·慕容白曜传》载："皇兴二年（468年），崔道固及兖州刺史梁邹守将刘休宾并面缚而降。白曜皆释而礼之。送道固、休宾及其僚属于京师，后乃徙二城民望于下馆（今朔州市夏关城），朝廷置平齐郡怀宁、归安二县以居之。"由此知北魏于公元468年设平齐郡，辖怀宁、归安2县。

（二）朔州

原汉五原郡（今内蒙古包头市北），延和二年（433年）置为镇，后改名为怀朔镇。孝昌二年（526年）改为朔州（治今内蒙古和林格尔县）。后陷，寄治并州界（今寿阳县）。领5郡，此5郡大多寄治今寿阳县境。

1.太安郡，郡寄治今寿阳县太安驿，辖狄那、捍殊2县。

2.神武郡，郡寄治今寿阳县北，辖尖山（治今寿阳县尖山村）、殊颓（县治不详）2县。

3.广宁郡，郡寄治今寿阳县西，辖县不详。

4.太平郡，郡寄治今寿阳县太平村，辖太平、大清、永宁3县。

5.附化郡，郡寄治今寿阳县古城村，辖附化、息泽、五原、广牧4县。

（三）云州

旧置朔州，后陷。永熙二年（533年）改称云州，寄治今文水县云周村，领4郡9县。

1.盛乐郡，永熙二年置。

2.云中郡，辖延民、云阳2县。

3.建安郡，永熙二年置。辖永定、永乐2县。

4.真兴郡，永熙二年置，辖真兴、建义、南思3县。

三、北魏的社会背景和均田制度

《资治通鉴·齐纪二》载，太和十年（486年），魏诏均田。魏初，民多荫附于豪强之家，以求庇荫，"荫附者皆无官役，而豪强征敛，倍于公赋。给事中李安世上言：'岁饥民流，田业多为豪右所占夺，虽桑井难复，宜更均量，使力业相称。又，所争之田，宜限年断，事久难明，悉归今主，以绝诈妄。'魏主善之。由是始议均田"。规定："男夫十五以上，受露田四十亩，妇人二十亩，奴婢依良。丁，牛一头受田三十亩，限止四牛。所授之田，率倍之，三易之田，再倍之，以供耕作及还受之盈缩。人年及课则受田，老免及身没则还田，奴婢、牛随有无以还受……初受田者，男夫给二十亩，课种桑五十树、枣五株、榆三根。非桑之土，夫给一亩，依法课莳榆、枣。奴各依良。限三年种毕，不毕，夺其不毕之地……桑田皆为世业身终不还，恒从见口。有盈者无受无还，不足者受种如法，盈者得卖其盈……诸宰民之官，各随近给公……"

《资治通鉴·陈纪十》载，开皇五年（585年），初置义仓、貌阅户口、作输籍法。度支尚书长孙平奏请，"令民间每秋家出粟麦一石以下，贫富为差，储之当社，委社司检校，以备凶年，名曰'义仓'……时民间多妄称老、小以免赋役……命州县大索貌阅……大功以下，皆令析籍，以防容隐……请为输籍法，遍下诸州，帝从之，自是奸无所容矣"。

四、北魏平城

（一）平城前期建设概况

平城（今大同市）以西汉初年汉高祖刘邦"平城之围"闻名于世。当年曾有匈奴 40 万铁骑与西汉 30 万精锐云集于此。由于平城所处的地理位置及其构成军事重镇所特有的自然条件，历史上称之为南来北往的咽喉。

北魏皇使元年（396 年）八月，拓跋珪亲率大军 40 万南出马邑，越勾注攻占晋阳，山西中部均为北魏所有。继而东下井陉，攻占后燕都城中山（今河北省定州市），后燕衰亡。时后秦占据平阳、河东两郡之地。在这种形势下，于平城建都已无"一旦寇来，难卒迁动"的顾虑，北魏天兴元年（398 年）七月，拓跋珪迁都平城。

北魏天兴元年（398 年）正月，拓跋珪由后燕都城中山南达邺城，巡登台榭，遍览宫城。及至北还，徙山东 6 州吏民及徒何、高丽杂夷 36 万，百工技巧 10 万余口，以充实京师。

平城的早期，据《南齐书》载，北魏鲜卑拓跋氏定都平城后，"截平城西为宫城"，宫城"四角起楼，女墙、门不施屋，城又无堑"，"开四门，各随方色"。

平城外郭城，不仅包括宫城、太子宫（即东宫），还包括平城南部的大片地区。《读史方舆纪要》引《城邑考》云："城东五里无忧坡上有平城外郭，南北宛然。"《太平寰宇记·河东道》引《冀州图》云："古平城在白登台南三里，有水焉，其城东西八里，南北九里。"北魏王朝都城的平城，由内城（即故平城，其中包括宫城、太子宫）和外郭城两部分组成。

天兴元年（398 年）八月，即北魏定都平城后的第二个月，道武帝"诏有司正封畿，制郊甸"，划定了京畿和郊甸的范围。京畿的范围是"东至代郡，西及善无，南极阴馆，北尽参合"（《魏书·食货志》）。

又于同年十一月"典官制，立爵品"，仿照中原王朝初步建立了官僚体制。北魏平城是由南、北两个部分组成的，北部是宫城，南部是郭城。关于北魏平城的宫城的位置，《读史方舆纪要》卷四十四《山西六》"大同府大同县"条载："平城宫，在府北门外，后魏故宫也……

今仅有二土台，东西对峙，盖故阙门也。又，城西门又有二土台，盖辽金宫阙云。"

北魏平城郭城的范围，《魏书》卷三《太宗纪》泰常七年（422年）下载："（九月）辛亥，筑平城外郭，周回三十二里。"

（二）平城的位置和规模

可靠的早期文献印证，"东郭外，太和中阉人宕昌公钳耳庆时，立祇洹舍于东皋"（《水经注·漯水》）。东皋一般是指东边的岸或水旁地。如果这一点可以明确，那么此宗教建筑"祇洹舍"就应位于御河东岸，这样，平城东郭也就没有达到御河以东。考古发掘结合史料记载证实，御河以东、马铺山以南是北魏贵族官僚等上层人物的墓葬区，此区域应不在平城郭城的范围之内。

至于东郭的准确边界，我们还可以参考有关学者对汉代平城县、北魏平城宫城等地区原始地貌的判识："城内、城南较平坦，向东临河，向西为较高的阶地，向北则城的西北角也与高地相邻。因此向东、西、北三面发展都会受到地形的影响，汉代的地下文化堆积也正好分布在这块三面受阻的平坦地上。"[1]这样的地貌对汉代平城县以及北魏平城的城市建设规模和建设范围等都有极大的影响。

既然平城宫城与外城的东界受到了当时城址地形中紧邻的由南至北流经的河流如浑水（今御河）的限制，那么平城东郭边界的位置也应受到同样的限制，被制约在外城东界的附近，甚至很可能与之重合。从当时城市总体来看，宫城以北早已是道武帝拓跋珪天兴二年（399年）所筑鹿苑的范围："二月丁亥朔，诸军同会，破高车……以所获高车众起鹿苑，南因台阴，北距长城，东包白登，属之西山，广轮数十里。凿渠引武川水注之苑中，疏为三沟，分流宫城内外。"（《魏书·太祖纪》）还有其后陆续在苑中建起的大量殿宇台榭。外城的北界也应该没有划入鹿苑之中，而是与宫城北墙基本重合，至明元帝拓跋嗣泰常七年（422年）筑平城外郭时，不可能在宫城以北分割出一块"北郭"，将皇家的"后花园"划为新郭中的居民区域。北魏平城宫城中的宫女都在直接进行

---

[1] 曹臣明，韩生存. 汉代平城县遗址初步调查［J］. 山西省考古学会论文集. 太原：山西古籍出版社，2000：74.

经济生产活动，"婢使千余人，织绫锦贩卖，酤酒，养猪羊，牧牛马，种菜逐利"（《南齐书·魏虏传》），想必鹿苑之中产出亦不少。平城外城北界未能超出宫城北界。

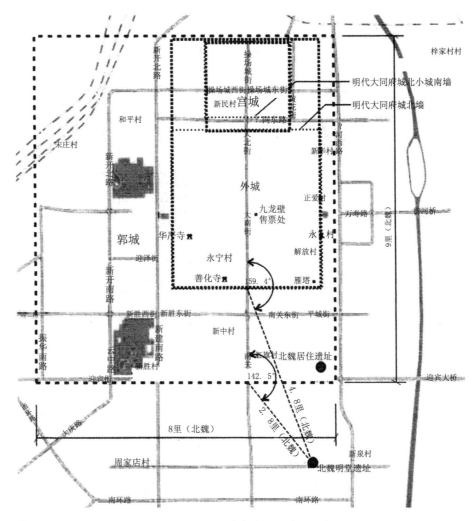

图 2-2-1　北魏平城郭城平面范围示意图

（三）平城的城门与城墙

关于北魏平城城门的记载，最早是在天兴二年（399年）七月，"增启京师十二门。作西武库"（《魏书·太祖纪》）。其中建设西武库应是为了增强平城的战备力量，此时因北魏只占据了山西、河北部分地区，平城仍然受到周边割据势力的极大威胁。然而，增加的这12座门则恰好不利于战备，之所以建设或许是对周制都城"方九里，旁三门"的附会，或许是为了拟制汉晋以来长安、洛阳以及建康等都城的外城十二门制度，此时道武帝拓跋珪想必还没有从城市建设的角度对长安、洛阳周回数十里的都城规模加以分辨，而当时平城除了可能增葺修缮的汉平城县的城墙外，外城和郭城的城墙尚未兴建，全部城市还是依托在汉平城县基础上不到一千米见方的城垣范围内（独立的宫城也尚未形成），规模太小。因此，在实际施行时，一种可能是增开了一些装饰性城门（也许很少使用），以达到附会每面三门的意思，如果真是均匀环列十二座城门，那么对这座小城来说是不堪设想的；另一种可能是维持原有的城门不变，每门旁再增开二门成一组并列设置。可能这十二个城门各自都有门名，但并没有流传下来。天兴元年（398年），"十二月，置八部大夫、散骑常侍、待诏管官。其八部大夫于皇城四方四维面置一人以拟八座，谓之八国"（《魏书·官氏九》）。其中说明了皇城（汉平城县基础上）的方正，也可能包含着四方四门的意思，因"四维"即城四角没有门，第二年又加开八门与之呼应，也合常理。

平城宫城的城门，还有这样的记载，"（太武帝拓跋焘）截平城西为宫城，四角起楼，女墙，门不施屋，城又无堑……伪太子宫在城东，亦开四门，瓦屋，四角起楼，妃妾住皆土屋"（《南齐书·魏虏传》）。既然太子宫称"亦开四门"，那么前面提及的宫城显然也应是四门。又有，"内侍长董丑奴营（王叡）坟墓，将葬于城东，高祖登城楼以望之"（《魏书·王叡传》）。这说明在孝文帝拓跋宏时期平城外城的东门也有城楼，而且东门的城楼应当具有唯一性，否则不会如此简洁。在孝文帝拓跋宏初年，还有一个记载说平城有一官员名郑羲，"性又啬吝，民有礼饷者，皆不与杯酒脔肉，西门受羊酒，东门酤卖之"（《魏书·郑羲传》）。这也一定程度上说明了东、西门在城市中的标志性和唯一性。此外，这里的东、西门交易之所也可能与《木兰诗》中提到的东、西市有关[1]："昨夜见军帖，可汗大点兵，军书十二卷，卷卷有爷名。阿爷无大儿，木兰无长兄。愿为市鞍马，从此替爷征。东市买骏马，西市买鞍鞯，南市买辔头，北市买长鞭。"

平城外城东门、西门应各有一座城门，而南、北门是否只有一

---

[1] 力高才.《木兰诗》始于北魏平城末期京畿考［J］. 山西大同大学学报（社会科学版），2009（4）：46.

门还没有直接的证据。关于"西郭门"之明确称呼是由于发生了这样一个事件："太武帝拓跋焘舆驾征凉州,命(穆)寿辅恭宗……而吴提果至,侵及善无,京师大骇。寿不知所为,欲筑西郭门,请恭宗避保南山。惠太后不听,乃止。遣司空长孙道生等击走之,世祖还,以无大损伤,故不追咎。"(《魏书·穆崇传》)《资治通鉴》卷一百二十三对此事的记载如下:"柔然敕连可汗闻魏主向姑臧,乘虚入寇,留其兄乞列归与嵇敬、建宁王崇相拒于北镇,自率精骑深入,至善无七介山,平城大骇,民争走中城,穆寿不知所为,欲塞西郭门。"

表2-1　参照当时中国主要都城推测北魏平城宫城可能的城门名

	魏晋洛阳	东晋建康	北魏平城宫城可能参照的城门名	北魏洛阳
南垣西起第一门	津阳门	陵阳门	南: 宣阳门、 开阳门	津阳门
南垣西起第二门	宣阳门	宣阳门		宣阳门
南垣西起第三门	平昌门	开阳门		平昌门
南垣西起第四门	开阳门	清明门		开阳门
东垣南起第一门	清阳门	东阳门	东: 东阳门、 建春门	青阳门
东垣南起第二门	东阳门	建春门		东阳门
东垣南起第三门	建春门			建春门
北垣东起第一门	广莫门	延熹门	北: 广莫门、 大夏门	广莫门
北垣东起第二门	大夏门	广莫门		大夏门
北垣东起第三门		玄武门		
北垣东起第四门		大夏门		
西垣北起第一门	阊阖门	西明门	西: 阊阖门、 西明门	承明门
西垣北起第二门	西明门	阊阖门		阊阖门
西垣北起第三门	广阳门			西明门

平城郭城的城墙并不十分高,但足以阻止柔然轻骑突击。

之后唐代的军事著作《卫公兵法》所载的一种当时常见的守城战

具——"拒马"，或可对照阻挡当时骑兵的最低城墙高度进行一定推测，"拒马枪，以木径二尺，长短随事，十字凿孔，纵横安检，长一丈，锐其端，可以塞城中门巷要路，人马不得奔驰"（《通典·兵五》引《卫公兵法·攻守战具》）。显然，平城郭城城墙的平均高度也应在两丈（6.66米）以上。

出现于北魏5世纪中期（与平城时期同期）的《张邱建算经》中所记载的城市测绘应用，也从一个侧面反映了当时城市工程勘察建设的较高水平："今有城，不知大小，去人远近。于城西北隅而立四表，相去各六丈。令左两表与城西北隅南北望，参相直。从右后表望城西北隅，入右前表一尺二寸；又望西南隅，亦入右前表四寸；又望东北隅，亦入左后表二丈四尺。问城去左后表及大小各几何。答曰：城去左后表一里二百步；东西四里四十步；南北三里一百步。"

在如此繁荣发达的学术背景下，再看同期的实际城墙工程实例。同为鲜卑族的夏国主赫连勃勃曾于北魏永兴五年（413年）始建一座统万城（今陕西靖边北白城子），后为北魏太武帝拓跋焘所破，"城高十仞，基厚三十步，上广十步，宫墙五仞，其坚可以砺刀斧"（《魏书》卷九十五）。以1仞为汉制7尺（2.33米）计，则城墙高10仞等于70尺（23.33米），宫墙高5仞等于3丈5尺（11.66米），我们可以将其作为平城城墙的建设尺度参考。因此，在当时来看，筑起高五丈以上的城墙当属平常。另外，道武帝拓跋珪天赐二年（405年），"六月，发八部五百里内男丁筑灅南宫，门阙高十余丈"（《魏书·太祖纪》），既然门阙已经有十余丈，那么城墙高数丈也是理所应当的。

而且平城宫城和外城中的不少地段（操场城附近）还依托了汉代平城县的城墙建设，因此其城墙总体建设尺度必然不会很低。

其中在北部操场城的东、北、西三面以及府城北墙中段的墙体中，经历年的调查，发现一墙之内皆存在着早、中、晚三期的墙体相贴相靠成为一体的现象。较晚一期的墙体依次倾斜靠压在前一期墙体上，从早到晚排列的方向，除府城北墙内是由南向北即由操场城的外侧向其内侧排列外，其余三面都是由操场城的内侧向外方向发展。[1]

---

[1] 曹臣明，韩生存. 汉代平城县遗址初步调查［J］. 山西省考古学会论文集. 太原：山西古籍出版社，2000：74..

尽管关于平城城墙的整体建造水平还缺乏足够的考古证据来全面评估，但是结合上述内容我们可以推测，如果平城外城和宫城的城墙建造符合当时一般的都城等级规范，那么其高度有4～5丈（13.33米～16.66米），下阔4丈（13.33米）左右，上阔2丈（6.66米）左右应没有问题。

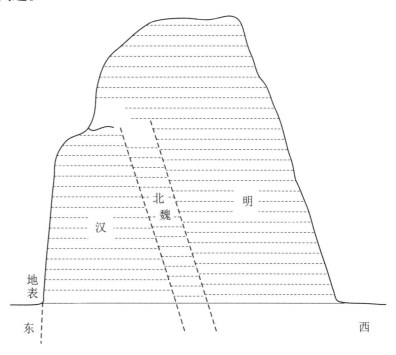

图 2-2-2　大同市操场城西墙（可能为北魏平城宫城西墙）剖面图

当然，平城城墙的建设实施可能也经历了一个由弱到强的发展过程。太武帝拓跋焘太延二年（436年），"夏四月甲申，皇子小儿、苗儿并薨"（《魏书·世祖纪》）。同时，《魏书·灵征志》又有这样的记载："世祖太延二年四月甲申，京师暴风，宫墙倒，杀数十人。"宫墙倒致人命，与两皇子亡于同一天，很可能事有因果。如此则可认为北魏平城前期因自身武力卓越，而致使对城墙的整体建设力度不够，至少当时平城宫殿的宫墙、城墙远不如统万城那么坚固。而这种情况因后来更筑时可能有所改善，"佛狸（太武帝拓跋焘）破梁州、黄龙，徙其居民，大筑郭邑"（《南齐书·魏虏传》）。

表 2-2　中国 5 世纪及以前城市城墙（宫墙）建设尺度比较

城墙所在或名称	所代表年代	城高（尺数）	下阔（尺数）	上阔（尺数）	原文记载
汉长安（宫）城	汉惠帝五年（前190）	三丈五尺（35）	一丈五尺（15）	九尺（9）	九月城成，高三丈五尺，下阔一丈五尺，上阔九尺
赫连统万城	413年	十仞（70）	三十步（180）	十步（60）	城高十仞，基厚三十步，上广十步
赫连统万城宫墙	413年	五仞（35）			宫墙五仞
《九章算术》城	1—100年	五丈（50）	四丈（40）	二丈（20）	今有城，下广四丈，上广二丈，高五丈
《孙子算经》城	301—499年	三丈八尺（38）	五丈四尺（54）	二丈（20）	今有筑城，上广二丈，下广五丈四尺，高三丈八尺
《张邱建算经》城	401—499年	四丈（40）	三丈（30）	一丈（10）	今有筑城，上广一丈，下广三丈，高四丈

（四）郭城和城郊建设

北魏定都平城后不久便在宫城之外建立了外城。天赐二年（405年），"六月，发八部五百里内男丁筑灅南宫，门阙高十余丈；引沟穿池，广苑围；规立外城，方二十里，分置市里，经涂洞达。三十日罢"（《魏书·太祖纪》）。

平城郭城建于北魏明元帝拓跋嗣泰常七年（422年）四月，"辛亥，筑平城外郭，周回三十二里"（《魏书·太宗纪》）。这是在宫城和外城建设渐趋完备的情况下，为适应大量人口迁入和城市防卫的需要而建成的，"自道武皇始元年（396年）至献文帝皇兴四年（470年），在长达 75 年的时间里持续向平城徙民，总数累计超过 85 万口，平城居民规模持续攀升"[1]。

面对如此众多的人口，北魏的统治者施行里坊制度来加强郭城以及外城居民经济生产的管理和规范。中国都城历史上最早的里坊制度

---

[1]　任重. 平城的居民规模与平城时代的经济模式［J］. 史学月刊，2002（03）：109.

就是出现在北魏平城。虽然对此还存在争议,《南齐书》中关于平城实行里坊制的记载确实是最早可见的有关描述文字,"其郭城绕宫城南,悉筑为坊,坊开巷。坊大者容四五百家,小者六七十家。每南坊搜检,以备奸巧"(《南齐书·魏虏传》)。每坊大约呈方形,其间为方格形的道路网。所搜集大同周边出土的北朝以后墓志材料中的记载[1],可以推想出一些与北魏平城可能有关的坊里名称,如任贤坊、北平坊、新政坊等。平城实行的里坊制到北魏孝文帝拓跋宏迁都洛阳后又进一步加以体系化和规范化,对后世历代中国甚至东亚地区都城的规划建设都产生了深远的影响。

按照城市发展的一般规律,直到外城的经济发展和人口密度真正达到了一定规模,外城才真正成为平城都城整体的有机组成部分,"明年六月,发八部人,自五百里内缮修都城,魏始邑居之制度"(《魏书·天象志》)。

平城外城中的大部分地区应为居民聚居区。其中,在靠近宫城南门的区域还有一部分豪门贵族的大型宅第。例如,"世祖临幸其(卢鲁元)第,不出旬日。欲其居近,易于往来,乃赐甲第于宫门南。衣食车马,皆乘舆之副"(《魏书·卢鲁元传》)。又有,"(屈子垣)与襄城公卢鲁元俱赐甲第,世祖数临幸"(《魏书·屈遵传》)。还有阉官张祐府第也在宫城之南,"太后嘉其忠诚,为造甲宅。宅成,高祖、太后亲率文武往燕会焉。拜散骑常侍、镇南将军、尚书左仆射,进爵新平王,受职于太华庭,备威仪于宫城之南,观者以为荣"(《魏书·张祐传》)。

关于二十里的外城规模,成书于北魏平城时期的《张邱建算经》有这样的举例:"今有城周二十里,欲三尺安鹿角一枚,五重安之;问凡用鹿角几何?答曰:六万一百枚;城若圆,凡用鹿角六万六十枚。"这是著名的"城外鹿角"问题,其中"城周二十里"规模的设定或许与当时都城平城周回二十里的外城设防有关。天赐二年所规划的这个"方二十里"的城市规模,与后来辽代西京城墙,"敌楼、棚橹具。广袤二十里"(《辽史·地理志五》),其规模竟然是相当的。这种

[1]　殷宪.大同地区出土唐代墓志中的大同城[J].魏晋南北朝史论文集.成都:巴蜀书社,2006:206.

前后延续性也在一定程度上得到了有关考古调查材料的证实。

郭城内寺院的数量很多，据《魏书·释老志》载："京城内寺新旧且百所，僧尼二千余人。"其中较有名气者为五级大寺、永宁寺、天官寺、建明寺、报德寺和皇舅寺等。

除有司州、代尹和平城县衙署外，也有一定数量的民居。在平城的近郊也有不少营建。平城的近郊大体上是由东面的小白登山、西面的武州山、北面的方山以及南面的垒水圈成的范围。

在东郊，建有东苑，它"东包白登，周回三十里"（《魏书·太宗纪》）。苑内主要建筑是太祖庙，又称东庙，建于永兴四年（412年）。

西郭外有郊天坛，建于道武帝天赐二年（405年）。郊天坛西苑内多珍禽猛兽。泰常三年（418年），明元帝"筑宫于西苑"（《魏书·太宗纪》）。据《水经注·漯水》载："（武周川）自山口枝渠东出，入苑（指西苑），溉诸园池。苑有洛阳殿，殿北有宫馆。"洛阳殿及殿北宫馆即明元帝所筑之宫。西苑以西的武州山下有灵岩石窟，即今举世闻名的云冈石窟。

位于北郊的北苑也是北魏王室主要的礼佛场所。南郊的重要建筑是明堂和大道坛庙。明堂建于太和年间，"上圆下方，四周十二堂九室……加灵台于其上，下则引水为辟雍，水侧结石为塘，事准古制"（《水经注·漯水》）。大道坛庙是始光二年（425年）由少室道士冠谦建议而修建，它是北魏平城时代道教的主要建筑之一。太和十五年（491年）被迁往"都南桑干之阴，岳山之阳"（《魏书·释老志》），更名崇虚寺。

（五）平城的发展规模

在宫城兴建的前后，大量的拓跋部、汉族和其他少数民族平民被迁到雁北。旧城与宫城之间是人口比较密集的地区。北魏王朝为了便于管理这个地区，于泰常七年（422年）在其外围修筑了郭城，在其内部规划成里坊。至此平城进入繁荣的阶段。据《魏书·释老志》载，太和十五年（491年）秋，诏曰："……昔京城之内，居舍尚希。今者里宅栉比，人神猥凑。"

北魏以前平城四郊本是大片的荒野之地。北魏天兴二年（399年）二月，北魏军队大破高车30余部。俘获7万余口，马30余万匹，牛羊140余万头（只），高轮车20余万乘。高车和匈奴是近属，高车族"俗多乘高轮车"（《新唐书·回鹘传》），因此得名"高车"。《魏书·太祖纪》载："以所获高车众起鹿苑。南因（白登）台阴，北距长城，东包白登（今大同市马铺山），属之西山（今大同市西雷公山），广轮数十里。凿渠引武川（今大同市西十里河）水注之苑中，疏为三沟，分流宫城内外。又穿鸿雁池。"明元帝时期，将鹿苑一分为三，形成后来的东苑、西苑和北苑，并开始苑内的营建。苑圃本系统治者狩猎、游乐的场所，庶民不得进入樵采和耕作。从献文帝时期起，由于平城及其周围地区人口的猛增，耕地的需求量也日益增长，北魏王朝不得不开放山禁，退苑还耕，这客观上加速了平城郊区及其以外地区的扩展。后来平城南北出现鼓城和永固二县是与此有密切关系的。

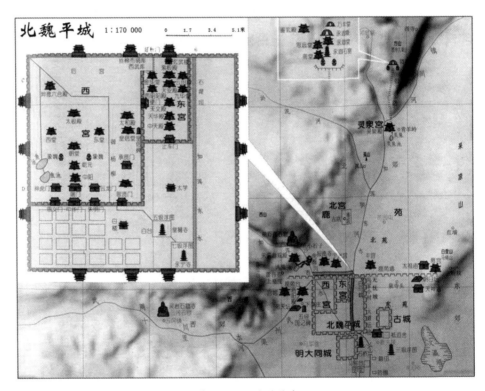

图 2-2-3　北魏平城

北魏迁都洛阳以后，平城的营建减少了。但是，由于北魏平城时代将近百年的苦心经营，孝文帝迁都洛阳以后平城仍不失为北魏王朝北部最重要的都城。直到孝昌年间，它才骤然衰落下去。

北魏王朝建都平城历时97年，可以分为前后两个时期：前期从天兴元年（398年）到延兴元年（471年），计74年；后期从延兴元年到太和十七年（493年），计23年。前74年，北魏虽然已定都平城，他们也修建了宫殿、太庙、太社之类的建筑，但花力气更大的是在苑囿的建筑上。后23年，魏孝文帝仰慕汉文化，在京城建设上下功夫，日渐显出中原文化的特点。

（六）平城的宫阙建设

1.宫殿建筑考证

北魏作为南北朝时期第一个统一北方地区的政权，其近三分之二的时间是以平城为都的。自道武帝拓跋珪天兴元年（398年）定都开始，在随后的近百年中陆续进行了一系列的宫殿建设。

北魏平城分宫城、外城和郭城三部分，总体来看，采取的是以北部宫城为核心具有南北轴线指向性的城市布局。其中，宫殿集中在北部宫城之内，居民区划分为若干里坊，分布在城市南部的外城和郭城中。

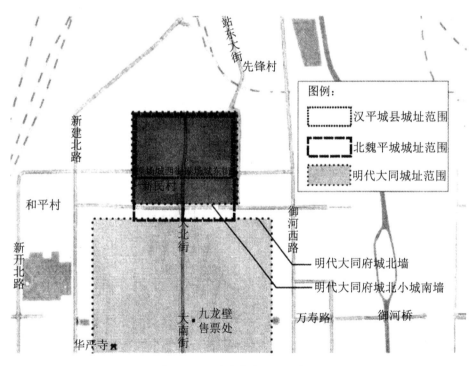

图 2-2-4　平城宫城位置示意图

这座宫城是在汉代平城县的基础上建设起来的，应居于外城以北和郭城的北部。当时南朝人对平城宫城的布局有如下记载："截平城西为宫城，四角起楼，女墙，门不施屋，城又无堑……伪太子宫在城东，亦开四门，瓦屋，四角起楼。"（《南齐书·魏虏传》）作为与游牧民族控制的草原地区接壤的北边县城，汉晋之际的平城县屡有兴废，平城县以及与之相关的北魏宫城位于今山西省大同市平城区北部的操场城（亦称北小城，即明清城墙之北关城）一带。

近几年在这个地段内发现了众多汉代和北魏遗迹的叠压情况，也为平城不同时期的位置确定提供了较为有力的支持。其中最重要的发现是："操场城的东、北、西墙及明代府城北墙中段存在着三层夹墙，除明代府城北墙的夹墙为由北向南叠压外，其余三面均是由外向内、从晚期向早期依次倾斜靠压着，可分早、中、晚三期夯土。"[1]

"城址轮廓大致为横向的长方形，东西长近980米，南北宽约600米，与汉代边疆地区县一级城址规模相当。"[2]而北魏平城宫城的主体就叠压在汉平城县遗址之上，除了北魏文化层出土瓦件年代和等级的考证外，还有上述四面城墙、三层夹墙等遗迹中的夯土高级技术特点等证据，得以将北魏宫城的周界范围确定下来。

清顺治《云中郡志》所记"郡厉坛"，云"在府城外西北"。关于此厉坛，同书所记"天王台"有更明确的记述："府城北二里，元魏所建离宫，今改郡厉坛。"也就是说，府城外西北的郡厉坛是由北魏离宫改建的，道光《大同县志》记载的位置更为准确："厉坛在北门外迤西。"我们按照《云中郡志》"府城北二里"的距离推算，则北魏离宫位于操场城的北门之外百余米。晚至清代，人们还能准确辨识大同府北之厉坛的位置曾经是北魏的离宫，也足见操场城北墙（北魏宫城北墙）以南才会是宫城。

道武帝拓跋珪定都平城之初，天兴二年（399年）有记载道："二月丁亥朔，诸军同会，破高车……以所获高车众起鹿苑，南因台阴，北距长城，东包白登，属之西山，广轮数十里。凿渠引武川水注之苑中，疏为三沟，分流宫城内外。"（《魏书·太祖纪》）这不仅说明平城之内有宫城，也解释了宫城（操场城北墙为界）以北的北魏遗迹稀少的问题。当然，也不排除会有少量北魏离宫别殿等散布于平城宫城以北的非常辽广的鹿苑之中。

[1] 曹臣明.平城考古若干调查材料的研究与探讨［J］.文物世界，2004（04）：9.
[2] 张志忠.大同古城的历史变迁［J］.晋阳学刊，2008（02）：29.

2. 道武帝、明元帝时期的宫殿建设（398—423年）

北魏近百年间平城宫殿建设一直在持续，并创造了灿烂的建筑文化。北魏平城建都初期的城市建设在很大程度上是参照了其前代邺城、洛阳、长安的城市建筑模式，"后太祖欲广宫室，规度平城四方数十里，将模邺、洛、长安之制，运材数百万根。以题机巧，征令监之。召入，与论兴造之宜"（《魏书·莫含传附孙题传》）。

天兴元年（398年）春正月，大军即攻克慕容燕控制下的邺城，道武帝对邺城有了相当充分的认识，即所谓"帝至邺，巡登台榭，遍览宫城，将有定都之意"（《魏书·太祖纪》），而且道武帝亦被邺城的城市宫阙所吸引。只是由于新占据之地不够安定而且后方并不稳固，因此没有以邺城为都，而是在同年七月将都城从盛乐向东南迁到了平城，"迁都平城，始营宫室，建宗庙，立社稷"。由于道武帝拓跋珪对邺城格外中意，邺城的城市和宫殿情况势必会最大限度地影响他在平城"再造"邺城的建设方略。因此我们有理由相信邺城模式应当是北魏平城建设的主导模式。按照《南齐书·魏虏传》的记载，"什翼圭（道武帝拓跋珪）始都平城，犹逐水草，无城郭"，此时的平城很可能还没有修复原汉平城县的完整城墙，但已经开展了主要宫殿的新改建工程，并建有宗庙和社稷坛等。就在那一年冬十月，起天文殿，随后便在此殿进行了非常重要的登基大典，"十有二月己丑，帝临天文殿，太尉、司徒进玺绶，百官咸称万岁"（《魏书·太祖纪》）。此天文殿为大朝，一如曹魏邺城之文昌殿和后赵之太武殿。

天兴四年（401年），在平城又兴建了一些建筑，"五月，起紫极殿、玄武楼、凉风观、石池、鹿苑台"（《魏书·太祖纪》）。从名称上来看，这些建筑大多是园林景观性质的建筑，很可能此时平城宫城主轴线上的主要建筑已齐备，而开始于宫禁后部着手建立一些非正式朝仪所用的建筑或游憩类建筑以及小型园林等。

天赐元年（404年），道武帝拓跋珪进一步建立了西宫，"冬十月辛巳，大赦，改元。筑西宫。十有一月，上幸西宫，大选朝臣，令各辨宗党，保举才行，诸部子孙失业赐爵者二千余人"（《魏书·太祖纪》）。既然临幸西宫有专门的记载，就不是其起居常例，或者说，道武帝拓跋珪在定都平城初期，除了朝仪正殿天文殿外，还应有与之对应的后

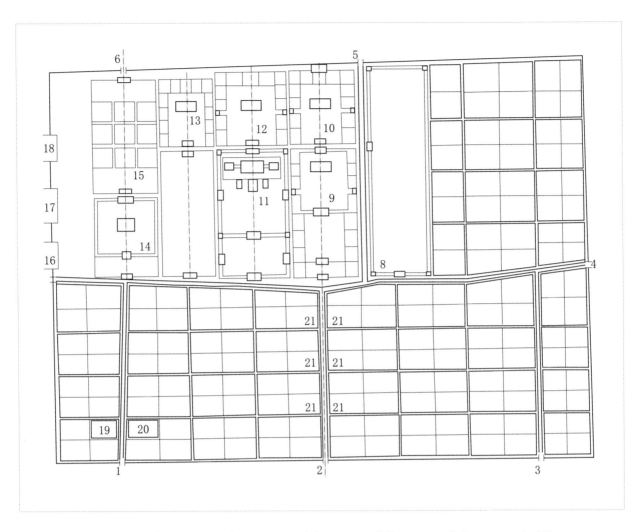

1.凤阳门； 2.中阳门； 3.广阳门； 4.建春门； 5.广德门； 6.厩门； 7.金明门；
8.东宫； 9.朝堂； 10.晖华殿； 11.太武殿； 12.金华殿； 13.琨华殿； 14.显阳殿；
15.九华宫； 16.金凤台； 17.铜爵台； 18.冰井台； 19.太社 20.太庙 21.衙署

图 2-2-5 十六国后赵石虎邺城平面复原图

宫之地，相对于这样完备的前朝后寝坐落其中，才有"西宫"可言。事实上，他也只有少量时间居于西宫。

根据道武帝拓跋珪之孙太武帝拓跋焘出生地的记载，平城很早便已有东宫存在，"世祖太武皇帝，讳焘，太宗明元皇帝之长子也，母曰杜贵嫔。天赐五年生于东宫，体貌瑰异，太祖奇而悦之"（《魏书·世祖纪》）。这说明不晚于天赐五年（408年），道武帝拓跋珪已经在平城宫建起东宫作为其子拓跋嗣之宫，而与其天赐元年（404年）所建西宫对应。因此，拓跋焘作为储君拓跋嗣之子便出生于东宫中。甚至不排除东、西二宫同时建立。"西宫"可能有泛指东宫以西的意思。

而与天文殿相对应的后寝之处应为天安殿。到天赐六年（409年），"冬十月戊辰，（道武帝拓跋珪）崩于天安殿"（《魏书·太祖纪》）。具体情况是清河王拓跋绍弑父道武帝拓跋珪，之后他就紧闭宫门以隔绝群臣到达天安殿（当时的暗杀现场）以及整个西宫，"明日，宫门至日中不开，绍称诏召百僚于西宫端门前北面而立，绍从门扇间谓群臣曰：'我有父，亦有兄，公卿欲从谁也？'王公已下皆惊愕失色，莫有对者"（《魏书·清河王传》）。朝仪正殿天文殿应与正门端门对应，天文殿则在当时西宫范围，但与西宫其余宫殿是不同的轴线和院落关系。与上述事件有关的记载中，还提到有一座延秋门，"（拓跋烈）刚武有智略。元绍之逆，百僚莫敢有声，惟烈行出外，诈附绍募执太宗。绍信之，自延秋门出，遂迎立太宗"（《魏书·昭成子孙传》）。延秋门应是位于端门外、止车门内所围合之院落朝西开的侧门。在曹魏邺城宫城也有此门[1]，与之对应的是朝东开的侧门——长春门。

需要指出的是，道武帝所居之天安殿其形制实为一正两厢，"太祖天赐六年（409年）四月，震天安殿东序。帝恶之，令左校以冲车攻殿东西两序屋毁之"（《魏书·灵征志》）。因其秉承汉代以来的东、西厢（序）制度，又无始筑记载，我们推测天安殿很可能是在原来汉平城县衙署之类的主要建筑的基础上，为适应道武帝拓跋珪定都平城快速改造而来的。而天文殿在天安殿前，形成宫城中前朝后寝的南北向主要政治轴线（未必是整个宫城平面的对称中心）。

---

[1] 如左思《魏都赋》云："岩岩北阙，南端迢遥。竦峭双碣，方驾比轮。西辟延秋，东启长春。"

当平城宫中轴线上的主要建筑齐备后，道武帝拓跋珪还另建有一座昭阳殿。天兴六年（403年），"冬十月，起西昭阳殿"（《魏书·太祖纪》）。鉴于其名称以"西"来强调，很可能与随后建立的西宫关系非常密切，这想必也与道武帝拓跋珪拜其子拓跋嗣为相国，并为之立东宫（太子宫）做准备有关。昭阳殿建成之后，天赐元年（404年），"秋九月，帝临昭阳殿，分置众职，引朝臣文武，亲自简择，量能叙用；制爵四等，曰王、公、侯、子，除伯、男之号；追录旧臣，加以封爵，各有差"（《魏书·太祖纪》）。推测昭阳殿的这次亲御很可能是道武帝拓跋珪针对其子拓跋嗣实际主政所表现的一种姿态，即为了使选拔官吏之权仍保留在自己手中以均衡政治而来，因此昭阳殿位于天文殿中轴线以西，构成西宫与天文殿中轴线并列的另一条南北向轴线，并且依其功能在前朝位置。其后没几年道武帝驾崩，昭阳殿就未见更多的记载。

北魏都城尚在盛乐时很可能就已有东宫。例如道武帝拓跋珪的母亲贺氏就曾被选入东宫，"献明皇后贺氏，父野干，东部大人。后少以容仪选入东宫，生太祖"（《魏书·皇后列传》）。其时，"东宫"应理解为太子宫的代称，类似的入选东宫的记录又如文成帝拓跋濬之母后，"景穆恭皇后郁久闾氏，河东王毗妹也。少以选入东宫，有宠"（《魏书·皇后列传》），孝文帝拓跋宏之母后，"献文思皇后李氏，中山安喜人，南郡王惠之女也。姿德婉淑，年十八，以选入东宫"（《魏书·皇后列传》）。

此外，当时太子立储的东宫往往设有一套小型行政建置，例如在太武帝时宠臣穆崇的一个儿子便在东宫为侍官，"子真，起家中散，转侍东宫，尚长城公主，拜驸马都尉"。同时，穆崇还有一子是从东宫陪太子读书开始为官的（太武帝时或之前），"子伯智，八岁侍学东宫，十岁拜太子洗马、散骑侍郎"（《魏书·穆崇传》）。类似的穆崇家族子孙侍学东宫的实例，到孝文帝拓跋宏时期仍然有很多。可见东宫作为一种固定的职能宫殿或行政机构是北魏平城时期长期存在的。明元帝拓跋嗣为储君时也居东宫，"王洛儿，京兆人也。少善骑射。太宗在东宫，给事帐下，侍从游猎，夙夜无怠"（《魏书·王洛儿传》）。又有，"车路头，代人也。少以忠厚选给东宫，为太宗帐下帅"（《魏书·车路头传》）。

而在明元帝拓跋嗣后期，有很多大臣在东宫辅政，"太宗寝疾，世祖监国，洁（刘洁）与古弼等选侍东宫，对综机要，敷奏百揆"（《魏书·刘洁传》）。又如，"太宗时，选（卢鲁元）为直郎。以忠谨给侍东宫，恭勤尽节，世祖亲爱之"（《魏书·卢鲁元传》）。可见东宫不晚于拓跋焘监国期间便成为国家政务的中心。

因明元帝拓跋嗣素来"身有微疾"，泰常七年（422 年）将政务交由其太子拓跋焘代理，"于是使浩奉策告宗庙，命世祖为国副主，居正殿（天文殿）临朝。司徒长孙嵩，山阳公奚斤，北新公安同为左辅，坐东厢西面；浩与太尉穆观，散骑常侍丘堆为右弼，坐西厢东面。百僚总己以听焉。太宗避居西宫，时隐而窥之，听其决断，大悦"（《魏书·崔浩传》）。这也说明西宫的主体院落与天文殿院落以及东宫院落在其时都是各自独立的。那么到目前为止，根据以上的推断，在道武帝、明元帝时期的平城宫城中至少已有东宫轴线、天文殿主轴线、西宫昭阳殿轴线三条南北向的轴线可以得到确定。

关于道武帝拓跋珪时期的其他平城宫殿，有天兴三年（400 年）的记载，"秋七月壬子，车驾还宫。起中天殿及云母堂、金华室"（《魏书·太祖纪》）。此中天、云母、金华三殿（简称为"中天殿组群"）在《魏书》中无后续记载，很可能用于内寝。在南朝人所撰《南齐书》中有相关提及："佛狸（拓跋焘）所居云母等三殿，又立重屋，居其上。饮食厨名'阿真厨'，在西，皇后可孙恒（赫连氏）出此厨求食……殿西铠仗库屋四十余间，殿北丝绵布绢库土屋一十余间。"（《南齐书·魏虏传》）可见中天殿组群应属于后宫。中天、云母二名未见记载，而金华之名与后赵石虎邺城皇后之殿同名，也可算作与后宫身份对应之旁证。中天殿组群很可能形成一正两厢的院落格局，如中天殿居中，堂、室各分左右[1]，它们形成后宫中较大的宫殿组群（甚至可能超过了与之并列的天安殿组群）并一直沿用，后来还成为太武帝拓跋焘的居所。中天殿组群的西部有专用御厨等辅助房间，那么与负责后勤供应的太

---

[1] 虽然理论上不排除中天殿、云母堂、金华室也可能形成前、中、后三殿布置的情况，但考虑到这样形成的院落组群纵向基址规模过大，与其他宫殿院落尺度不协调，故推此可能性较小。

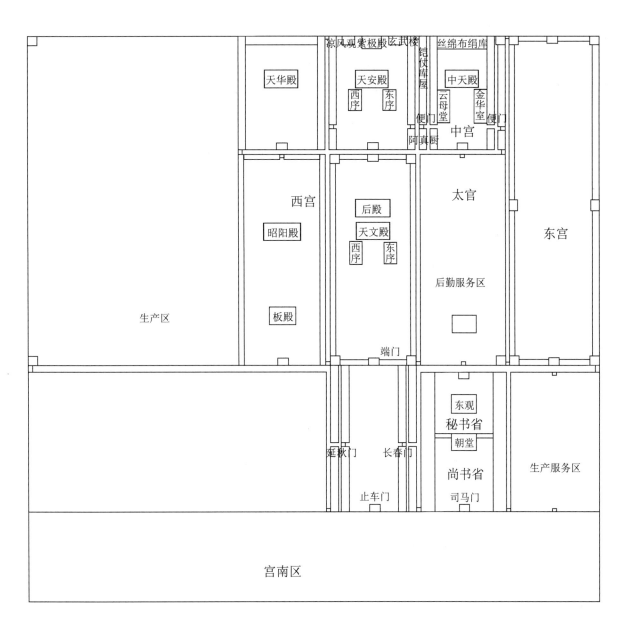

图 2-2-6　道武帝、明元帝时期北魏平城宫殿推测

官必然近便。参照历史文献和考古发现材料分析可知，只有中天殿组群以南可能存在较大面积的次要位置以容太官之居所。另外，"殿西铠仗库屋四十余间"也可能与天兴二年（399年）八月所建西武库有关。

从建设年代看，此时西宫尚未建，道武帝拓跋珪应居于天安殿，那么中天殿组群只能位于天文殿旁侧。而只有居东才利于靠近太官等宫城中的后勤供应系统，由此可推知，中天殿组群的所在位置就应居于东宫轴线和天文殿主轴线之间的一块不小的区域。

实际上，东、西二宫之间在道武帝拓跋珪时期已有"中宫"之名存在，"魏氏王业之兆虽始于神元，至于昭成之前，世崇俭质，妃嫱嫔御，率多阙焉，惟以次第为称。而章、平、思、昭、穆、惠、炀、烈八帝，妃后无闻。太祖追尊祖妣，皆从帝谥为皇后，始立中宫，余妾或称夫人，多少无限，然皆有品次"（《魏书·皇后列传》），此处中宫即应是指后宫。关于中宫，正史中后来还有以下的记载："高宗崩，故事：国有大丧，三日之后，御服器物一以烧焚，百官及中宫皆号泣而临之。"（《魏书·皇后列传》）这说明至少文成帝拓跋濬驾崩时，中宫仍一直存在。而且中宫是作为内廷与外朝百官对应的政治象征，当在宫城中居于重要的地位。又如，太武帝拓跋焘为宦官宗爱所害，"始（宗）爱负罪于东宫，而与吴王余素协，乃密迎余自中宫便门入，矫皇后令征延等。延等以爱素贱，弗之疑，皆随之入。爱先使阉竖三十人持仗于宫内，及延等入，以次收缚，斩于殿堂。执秦王翰，杀之于永巷而立余"（《魏书·宗爱传》）。此中提到的中宫当是拓跋焘与皇后的后宫，即前述中天殿组群之所在。

如果此中宫中天殿组群能够明确，则又为道武帝、明元帝时期的平城宫城增加了一条南北向轴线，与前述三条南北向轴线一同构建了北魏平城宫城初期的主要宫殿框架。

与天安殿、天文殿同时存在的宫殿还有天华殿，但文献记载不明确，仅知其名和建造时间——天兴二年（399年）七月始建，十二月建成。因建造年代较早，当与天安等早期宫殿距离不远。或许天华殿之名的来源与佛教的早期经典《妙法莲华经》（后简称《法华经》）中"譬喻品"有关，"诸天伎乐，百千万种，于虚空中，一时俱作，雨诸天华"。若果真如此，则此殿应不会居于宫城中与朝仪政务关系重大的位置。

明元帝拓跋嗣为储君时居于东宫之内，永兴元年（409年）即位后，明元帝拓跋嗣开始居于西宫，并在正殿天文殿中亲政，"（永兴元年十二月）己亥，帝（明元帝）始居西宫，御天文殿"（《魏书·太宗纪》）。又有，"太宗幸云中，斤留守京师。昌黎王慕容伯儿收合轻侠失志之徒李沈等三百余人谋反，斤闻而召伯儿入天文殿东庑下，穷问款引，悉收其党诛之"（《魏书·奚斤传》）。天文殿是作为王公大臣可达的进行升位朝仪大典之所在，而且，天文殿应有东（西）、廊厢。明元帝拓跋嗣亦尚未立储（拓跋焘尚年幼），因此可能仍以居中宫中天殿以及后宫天安殿为主，也不排除会居于自己原来的东宫。几年之后，"太宗永兴四年（412年）三月，上幸西宫，获白鼠一"（《魏书·灵征志》）。有此祥瑞，为明元帝更多地来到西宫提供了理由，但西宫仍不是明元帝的唯一居所，甚至在相当长的一段时间内，除了在其中举行听政、飨宴、颁赐等正式活动外，大部分时间还居于别处。与此相关的记录颇多，例如，"（永兴四年）八月庚戌，车驾还宫。壬子，幸西宫，临板殿，大飨群臣将吏，以田猎所获赐之，命民大酺三日"（《魏书·太宗纪》）。这里还提到西宫内还有一座板殿（其位置也不会超过西宫外朝附近位置）。这座能用于飨全体臣吏（或部民）并充纳大量田猎野味之用的板殿很可能是一座具有较大室外空间的非正式宫室（不排除是临时建筑），设于西宫之内。同时也与空旷的西宫中原本可能就有养殖等产业之基础有关。

　　直到泰常八年（423年），明元帝拓跋嗣又将西宫兴筑扩建，而此时的东宫则已成为泰常七年（422年）监国的明元帝长子拓跋焘的储宫。当时，刚刚大胜刘宋而开疆拓土的君王已有创制更壮丽宫殿的雄心，"冬十月癸卯，广西宫，起外垣墙，周回二十里。十有一月己巳，帝崩于西宫，时年三十二"（《魏书·太宗纪》）。其中提到的"起外垣墙，周回二十里"，所指应不是西宫内而是指外城，此外垣墙与天赐二年（405年）道武帝拓跋珪所制外城规模对应，"规立外城，方二十里，分置市里，经涂洞达。三十日罢"（《魏书·太祖纪》）。

　　在魏晋之时的尚书省及朝堂，"形成宫中东侧的次要轴线，与太极殿处的主轴线东西并列"[1]，这里提到的朝堂既然不在西宫中，也与东宫无关，可能的位置应如当时都城之常例，即在中宫之南，天文殿以东。

之后不久，明元帝拓跋嗣又进一步将一般政务全面托付亲信大臣处理，"神瑞初，诏玄伯与南平公嵩等坐止车门右，听理万机事"（《魏书·崔玄伯传》），这又从朝堂分出了一些功能至此。政务均由"八公"在止车门的门殿内共同主持，"（太宗）又诏斤与长孙嵩等八人，坐止车门右，听理万机"（《魏书·奚斤传》）。此事又见《资治通鉴》卷一百十五："白马侯崔宏、元城侯拓跋屈等八人坐止车门右。"《资治通鉴》在此处的原注云："臣子至宫门皆下车而入，故谓之止车门。"

止车门之名最早可见于司马迁《史记·魏其武安侯列传》，"武安已罢朝，出止车门"。百官上朝或觐见时，至止车门须下车辇下马，步行进宫。汉初止车门便已成为很多有严格礼仪要求的宫殿必备宫门之一，而魏晋以降，后赵、南朝宋等都城均可见止车门位列正殿前宫门之一。

类似这样多次出现的"八公"坐止车门的记载，均是在大朝之门殿理政的意思，规格亦高于朝堂之中。

3. 太武帝、文成帝、献文帝时期的宫殿建设（425—458年）

太武帝拓跋焘即位后，在始光二年（425年）三月，"庚申，营故东宫为万寿宫，起永安、安乐二殿，临望观，九华堂"。不久以后，"秋九月，永安、安乐二殿成，丁卯，大飨以落之"（《魏书·世祖纪》）。此宫之正殿为永安殿（含前殿），后来可能就以正殿之名而又称此宫为"永安宫"。而且"永安""安乐"之名与宫中前朝后寝的布置层次可能有联系。随着整个宫城的正殿位置东移，这一时期平城宫城的整体面貌有了重大改观。

与之相比，此时西宫的地位则降低很多。428年以后，太武帝拓跋焘在西宫门内安置礼遇收服的十六国之夏国国主赫连昌，"后侍御史安颉擒昌，世祖使侍中古弼迎昌至京师，舍之西宫门内，给以乘舆之副，又诏昌尚始平公主，假常忠将军、会稽公，封为秦王。坐谋反，伏诛"（《魏

[1] 傅熹年. 中国古代建筑史（第二卷：两晋、南北朝、隋唐、五代建筑）［M］. 北京：中国建筑工业出版社，2001：104.

书·赫连昌传》）。这说明当时太武帝拓跋焘已不在西宫居住，才会在那里安置或软禁敌国国主。其间再无君王使用西宫的记录。而中宫（中天殿组群等）则一直由太武帝后赫连氏居住，直至崩于文成帝初年。

太武帝拓跋焘延和元年（432年）正月立皇子拓跋晃为太子（时年五岁），因其所居永安宫即是此前的东宫，同年七月，就从西宫中划出一部分开始营建新的东宫，"是月，筑东宫"。工程进行到延和三年（434年），"秋七月辛巳，东宫成，备置屯卫，三分西宫之一"（《魏书·世祖纪》）。此"新东宫"与永安宫的"前身东宫"虽然都是太子宫的代称，但所在位置完全不同，新东宫之"东"不是相对于整个宫城格局的方位，而主要是沿袭太子东宫的传统称谓。新东宫既然是从明元帝末扩展（主要向西）之后的西宫（此时已被冷落多时）中分出，其大致位置当在原西宫东部的天文殿主轴线以及与之相邻的西宫昭阳殿轴线约两路宫殿的范围，而且在这块已有过建设的熟地上建新东宫也更易于展开。而西宫剩下的三分之二想必仍然由宫人宦官等进行经济生产活动，所谓"婢使千余人，织绫锦贩卖，酤酒，养猪羊，牧牛马，种菜逐利"（《南齐书·魏虏传》）之地，平城宫中开展这样大规模生产活动的空阔土地，可能指的是这里。一直到孝文帝拓跋宏在位时期，宫人的这种生产仍然是宫城内的主要日常生活内容，如太和十一年（487年），"冬十月辛未，诏罢尚方无益之作，出宫人不执机杼者"（《魏书·高祖纪》）。

这座新东宫之所以备置屯卫，其一，此前西宫长期被冷落，与东部永安宫相比，虽然面积很大，但一直是宫城中较为冷僻空旷的地方，而且宫墙等禁卫设施一直处于失修状态。例如，"世祖太延二年（436年）四月甲申，京师暴风，宫墙倒，杀数十人"（《魏书·灵征志》）。对应西宫中的薄弱区域屯兵宿卫则顺理成章。其二，西宫过去一直就有经济生产活动，太武帝拓跋焘在新东宫旁边屯兵除了保护和监控新东宫，还可以让这些兵士在西宫宫人开垦不足的区域生产屯田，避免国有土地闲置。

新东宫与永安宫的距离较远，"初，浩之被收也，（高）允直中书省。恭宗使东宫侍郎吴延召允，仍留宿宫内。翌日，恭宗入奏世祖，命允骖乘。至宫门……既入见帝"（《魏书·高允传》）。这反映新东宫临近中书省——在新东宫（即原正殿天文殿主轴线及其以西轴线附近位置）门侧，而新东宫至永安宫要乘马车。

太武帝拓跋焘后来主要居于永安宫后寝以及中宫，直到正平二年（452年），"三月甲寅，帝崩于永安宫，时年四十五"（《魏书·世祖纪》）。因太子拓跋晃早逝，随后，其子文成帝拓跋濬即位于此，"正平二年十月戊申，即皇帝位于永安前殿"（《魏书·高祖纪》），当时宦官谋逆，文成帝年幼，"（源）贺及渴侯登执宗爱、贾周等，勒兵而入，奉高宗（文成帝拓跋濬）于宫门外，入登永安殿"（《魏书·刘尼传》）。显然，永安殿是当时平城的朝仪正殿，"给事中郭善明，性多机巧，欲逞其能，劝高宗大起宫室。允谏曰：'臣闻太祖道武皇帝既定天下，始建都邑。其所营立，非因农隙，不有所兴。今建国已久，宫室已备，永安前殿足以朝会万国，西堂温室足以安御圣躬，紫楼临望可以观望远近。'"（《魏书·高允传》）当时仅永安宫中的宫室就完全满足了文成帝的所有居住生活要求，此"西堂温室"应为永安殿的西堂和附属建筑。以太子身份监国的拓跋晃则一直居于前述新东宫中，"恭宗总摄万几，征为东宫四辅，与宜都王穆寿等并参政事。诏以弼保傅东宫，有老成之勤，赐帛千匹、绵千斤"（《魏书·古弼传》）。又有："恭宗初总百揆，黎与东郡公崔浩等辅政，忠于奉上，非公事不言。诏曰：'侍中广平公黎、东郡公浩等，保傅东宫，有老成之勤，朕甚嘉焉。其赐布帛各千匹，以褒旧勋。'恭宗薨于东宫，黎兼太尉，持节奉策谥焉。"（《魏书·张黎传》）新东宫俨然已经成为当时朝廷要地。而且，拓跋晃之子拓跋濬，"真君元年（440年）六月生于东宫"（《魏书·高宗纪》）。而拓跋晃本人，"正平元年（451年）六月戊辰，薨于东宫，时年二十四"（《魏书·世祖纪》）。其间，太平真君十一年（450年）二月，"是月，大治宫室，皇太子居于北宫"（《魏书·世祖纪》）。此间也未见有新筑宫室的记载，估计这次应是大规模修缮工程，工程完毕后，太子拓跋晃从北宫离宫返回，仍居于东宫。

关于北宫，道武帝拓跋珪天赐四年（407年），"秋七月，车驾自濡源西幸参合陂。筑北宫垣，三旬而罢，乃还宫"（《魏书·太祖纪》）。从字面上看，这里"筑北宫垣"的一种可能是筑北宫之"垣"，说明此时即有"北宫"。天赐三年（406年）六月，"发八部人，自五百里

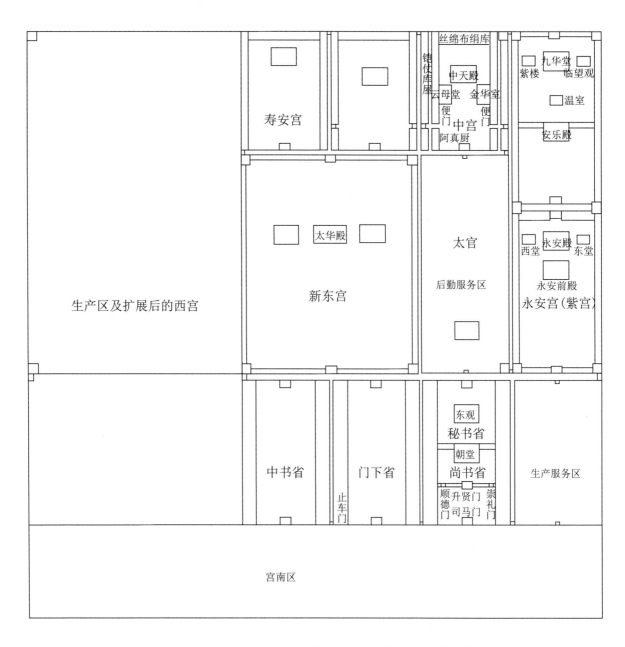

图 2-2-7　太武帝、文成帝、献文帝时期北魏平城宫殿推测图

内缮修都城，魏于是始有邑居之制度"（《魏书·天象志》）。说明"筑北宫垣"之前已经将北边的宫垣刚刚修缮过了。历史文献中未见其时再有修筑某方面宫垣的记载。《水经注·漯水》对北宫这座离宫也有记载："如浑水又南径北宫下，旧宫人作薄所在。如浑水又南，分为二水，一水西出南屈，入北苑中。"

文成帝拓跋濬太安二年（456年）立储后便准备将永安宫作为太子宫留给太子拓跋弘（时年两岁），自己则在幼年时所居的新东宫兴建太华殿为正殿以代替原有旧殿，太安四年（458年）三月，"起太华殿……九月……辛亥，太华殿成。丙寅，飨群臣，大赦天下"（《魏书·高宗纪》）。朝仪正殿居于朝堂之西更符合魏晋以来的旧制，文成帝拓跋濬也试图通过建太华殿以复归这种常例。因太子东宫在永安宫被确立，而新东宫到此也就完成了其二十余年（432—458年）的历史使命。

和平元年（460年）有如下记录，"夏四月戊戌，皇太后常氏崩于寿安宫"（《魏书·高宗纪》）。文成帝拓跋濬的乳母常氏（保太后）所居的这座寿安宫未见别的记载，但其移居寿安宫的时间可以确定，当在兴安元年（452年）十一月，"尊保母常氏为保太后"（《魏书·高宗纪》）。因文成帝拓跋濬登极，此时常氏才有名分可言。而常氏入主寿安宫之时，文成帝拓跋濬的生母闾氏已故，"世祖末年薨"（《魏书·皇后列传》），而太武帝拓跋焘的皇后，居于中宫中天殿组群的赫连氏仍然健在，"高宗初崩"（《魏书·皇后列传》）。这就意味着，在当时平城宫城整个后寝（东西永巷以北）从大的南北轴线关系上来看，永安宫后寝是文成帝所居之用，中宫是赫连氏的老居所，只有新东宫对应的两条南北向轴线（原天文殿主轴线和西昭阳殿轴线）的后寝位置可资利用。这里应是清净之处，用于颐养很合适，既是寿安宫之所在（因面积很广，只占了其中一路），又与常氏太后的身份是匹配的。

到458年，文成帝拓跋濬在新东宫的基础上改建太华殿时，太华殿后寝应占据了西侧剩下的那一路，直至和平六年（465年），"五月癸卯，帝崩于太华殿，时年二十六"（《魏书·高宗纪》）。而此时的中宫可能也已纳入了文成帝拓跋濬的后宫，以太后身份临朝听政的文明太后就应为此宫之主（既不会居皇帝正殿太华殿的后寝，也不会居东宫的后寝，更不会偏居寿安宫）。文成帝驾崩的时候记载有一座顺德门，"高宗崩，乙浑专权，隔绝内外，百官震恐，计无所出。郁率殿中卫士数百人从顺德门入，欲诛浑"（《魏书·神元平文诸帝子孙传》）。对照推测平城宫城中的崇礼和顺德二门可能在司马门和朝堂之间的升贤门东、西两侧。由于文成帝拓跋濬英年早逝，其正殿太华殿的建置还未全面完善。

拓跋弘被文成帝拓跋濬立为太子之后，便长期居于永安宫。此时永安宫由于再次成为太子宫，则又被称为东宫，"显祖在东宫，擢为太子侍讲"（《魏书·司马楚之传》）。后来，孝文帝拓跋宏与其子拓跋恂被立储也均是在此东宫。《南齐书·魏虏传》对此时东宫的描述为："伪太子（应指孝文帝拓跋宏，同文中提到最晚者为"伪太子宏"）宫在城东，亦开四门，瓦屋，四角起楼。"太和年间，"（李修）集诸学士及工书者百余人，在东宫撰诸药方百余卷，皆行于世"（《魏书·李修传》）。可见，当时东宫之内还设有重要的研究机构。

献文帝拓跋弘即皇帝位后，曾在太华殿亲政了一段时间。但史载他"雅薄时务，常有遗世之心"（《魏书·显祖纪》），加之其父文成帝拓跋濬之文明皇后长期临朝听政，在皇兴三年（469年）便立其子拓跋宏为太子（两岁），献文帝拓跋弘则逐步疏离政事，两年后终于禅位于孝文帝拓跋宏，"（皇兴）五年秋八月丙午，即皇帝位于太华前殿"（《魏书·高祖纪》）。而献文帝拓跋弘自己作为太上皇退隐于宫城之外的崇光宫中，皇兴五年（471年）八月，"己酉，太上皇帝（献文帝拓跋弘）徙御崇光宫，采椽不斫，土阶而已。国之大事咸以闻。承明元年（476年），年二十三，崩于永安殿"（《魏书·显祖纪》）。其间他回平城宫中时则应在永安宫中居住。

文成帝拓跋濬时期，根据《魏书·高允传》的记载，"给事中郭善明，性多机巧，欲逞其能，劝高宗大起宫室。允谏曰：'臣闻太祖道武皇帝既定天下，始建都邑。其所营立，非因农隙，不有所兴。今建国已久，宫室已备，永安前殿足以朝会万国，西堂温室足以安御圣躬，紫楼临望可以观望远近。'"其中的紫楼与孝文帝拓跋宏出生的"紫宫"所指可能有一致之处，"皇兴元年（467年）八月戊申，生子平城紫宫"（《魏书·高祖纪》）。孝文帝拓跋宏出生于献文帝拓跋弘之储宫永安宫（东宫），后来宫中永安殿已非朝仪正殿，反倒是后部紫楼成为永安宫中的标志性建筑物，因而永安宫很可能改为以"紫"为名。另外，我们注意到《水经注·㶟水》中提到太和殿（文明太后所居）的东北方向有"紫宫寺"，"太和殿之东北，接紫宫寺"，此寺很可能是为纪念孝文帝拓跋宏故居之紫宫而对应改建的寺宇。

4. 孝文帝时期的宫殿建设（477—492 年）

太和殿是文明太后冯氏的居处。太和元年（477 年）春正月，为了与改元"太和"呼应，孝文帝拓跋宏"起太和、安昌二殿"（《魏书·高祖纪》）。时至"秋七月……己酉，太和、安昌二殿成。起朱明、思贤门"（《魏书·高祖纪》）。而太和殿所对应的宫门应为朱明门；安昌殿所对应的宫门应为思贤门。这两座完整的宫殿组群的前身应为此前文明太后所居的中宫及以西的太华殿后的部分寝宫。至太和十四年（490 年），"（文明太后）崩于太和殿，时年四十九。其日，有雄雉集于太华殿"（《魏书·皇后列传》）。

太和十四年（490 年）冬十月，文明太后安葬后，孝文帝拓跋宏在太和殿设祔祭，"庚辰，帝居庐，引见群僚于太和殿，太尉、东阳王丕等据权制固请，帝引古礼往复，群臣乃止"（《魏书·高祖纪》）。"既而，帝引见太尉丕及群臣等于太和殿前，哭拜尽哀，出幸思贤门右"（《魏书·礼志》）。此后的太和殿就作为一座太后庙堂使用，称为"太和庙"，如太和十五年（491 年）十一月，"甲子，帝衮冕辞太和庙，临太华殿，朝群官"（《魏书·礼志》）。而安昌殿作为太和殿以西并列的宫殿，当在太华殿的正北偏东，相当于此前天文殿后之天安殿（以及后来可能的寿安宫）的位置。随着太和十六年（492 年）太华殿改建太极殿的扩展，"破安昌诸殿，造太极殿东、西堂及朝堂"（《水经注·㶟水》），挤占了安昌殿所在宫院南部的一些基址，太和殿院落的西北角得以直接与太极殿东堂毗邻，而安昌殿实际院落变小，到太和十六年（492 年）则成为明确的内寝之地，"十有一月乙卯……以安昌殿为内寝"（《魏书·高祖纪》）。

关于安昌殿宫院南部被压缩的问题，或许可以用东西向宽大来加以解释。因占据原来的新东宫两条轴线宽度的太华殿（后来的太极殿）后寝位置同样十分宽大，便有所建设，"（太和）三年（479 年）春正月癸丑，坤德六合殿成……二月……壬寅，乾象六合殿成"（《魏书·高祖纪》）。史不详述，鉴于坤象地，乾象天、象君、象阳，此二殿很可能形成南北相对的关系。从时间上来看此二殿的建设很可能是在477年，太和、安昌二殿建设是太华殿后寝的延续。后来压缩广阔的后寝进深，将其南划出一部分给宏大的太极殿院落也是合理的。

郦道元《水经注·漯水》提到太和殿与建于太和十六年（492年）的太极殿之关系以及太和殿的情况，"（太极殿）东堂东接太和殿，殿之东阶下有一碑，太和中立，石是洛阳八风谷之缁石也。太和殿之东北，接紫宫寺，南对承贤门，门南即皇信堂"。

太极殿的前身就是太华殿。孝文帝拓跋宏在位前期，太华殿作为朝仪正殿使用频繁，并达成了此前少有的综合功能，如颁定律令、宣明敬老、飨宴朝会等，如《魏书·高祖纪》所载，孝文帝拓跋宏太和元年（477年）八月，"乙酉，诏群臣定律令于太华殿"。同年，"冬十月癸酉，晏京邑耆老年七十已上于太华殿，赐以衣服"。又如太和九年春正月，"癸未，大飨群臣于太华殿，班赐《皇诰》"。又"十有六年春正月戊午朔，飨群臣于太华殿"。

太华殿还有很多当时正殿不常见的功能，例如孝文帝拓跋宏对酷吏胡泥的诘责宣判也是在太华殿进行的，"（胡泥）将就法也，高祖临太华殿引见，遣侍臣宣诏责之，遂就家赐自尽"（《魏书·胡泥传》）。太华殿还举行重要朝臣的婚礼，如文明太后优待宠臣王叡，"初叡女妻李冲兄子延宾，次子又适赵国李恢子华。女之将行也，先入宫中，其礼略如公主、王女之仪。太后亲御太华殿，寝其女于别帐，叡与张祐侍坐，叡所亲及两李家丈夫妇人列于东西廊下。及车引，太后送过中路。时人窃谓天子、太后嫁女"（《魏书·王叡传》）。太华殿的用途空前扩展，导致对朝仪正殿建筑规模、空间划分、空间品质、功能组织等需求不断提高，很可能就是在这样的使用过程中，孝文帝拓跋宏对太华殿的规模和形制不太满意。因此，太和十六年（492年），他便着手修建新太极殿代替太华殿，以利于改制，"（太和）十有六年春正月戊午朔，飨群臣于太华殿……二月戊子，帝移御永乐宫。庚寅，坏太华殿，经始太极殿。辛卯，罢寒食飨"（《魏书·高祖纪》）。建太极殿期间，孝文帝拓跋宏暂时迁驻永乐宫。这座永乐宫位于北苑内，建于太和元年（477年）八月，"庚子，起永乐游观殿于北苑"（《魏书·高祖纪》)。

孝文帝拓跋宏决策坚定，加之此前营建太庙、明堂等大型建筑，工匠们积累了丰富的建造宫城经验，就在太和十六年（492）开工当年，这座工程浩大的太极殿就建成了，"冬十月……庚戌，太极殿成，大飨群臣"（《魏书·高祖纪》）。太极殿建成之时已近隆冬，"时太极殿成，将行考室之礼，引集群臣，而雪不克飨。高祖曰：'朕经始正殿，功构初成，将集百僚，考行大礼。然同云仍结，霏雪骤零，将由寡昧，未能仰答天心，此之不德，咎竟焉在？卿等宜各陈所怀，以匡不逮。'"（《魏书·楼伏连传》）可见太极殿是当时孝文帝拓跋宏最为关注的朝仪正殿，随即投入正常使用，"十有七年春正月壬子朔，帝飨百僚于太极殿"（《魏书·高祖纪》）。

当然，平城这座太极殿以及相关建置与孝文帝拓跋宏倾慕汉制、追溯正统的施政态度有极大关联。史载作为朝仪正殿的太极殿最早创建于三国时代之曹魏洛阳宫中，后为西晋沿袭，"历代殿名，或沿或革，唯魏之太极。自晋以降，正殿皆名之"（《初学记》卷二十四）。晋室南渡后，建康宫中亦有太极殿，应当是仿照西晋洛阳太极殿形制而建造。孝文帝拓跋宏所建平城太极殿应当详细参照了西晋洛阳太极殿以及南朝建康太极殿，如曾派南朝归降的蒋少游对此两地加以详细的测量调查，"后于平城将营太庙、太极殿，遣少游乘传诣洛，量准魏晋基趾。后为散骑侍郎，副李彪使江南……少游又为太极立模范，与董尔、王遇等参建之，皆未成而卒"（《魏书·蒋少游传》）。平城太极殿作为西晋洛阳太极殿的一个仿本，其形制如何虽未见详载，但可以看出是南朝建康太极殿——西晋洛阳太极殿的高仿本。

南宋人王应麟《玉海》中引东晋徐爰之《晋纪》提到东晋建康太极殿初创时期的情况："孝武宁康二年（374年），尚书令王彪之等改作新宫，太元三年（378年）二月，内外军六千人始营筑，至七月而成，太极殿高八丈，长二十七丈。"这个形制一直延续至梁武帝时期。

据《景定建康志》引南宋以前旧志所云："太极殿，建康宫中正殿也，晋初造，以十二间象十二月，至梁武帝，改制十三间，象闰焉，高八丈，长二十七丈，广十丈。内外并以锦石为砌，次东有太极东堂七间；次西有太极西堂七间，亦以锦石为砌。更有东西二上阁，在堂殿之间，

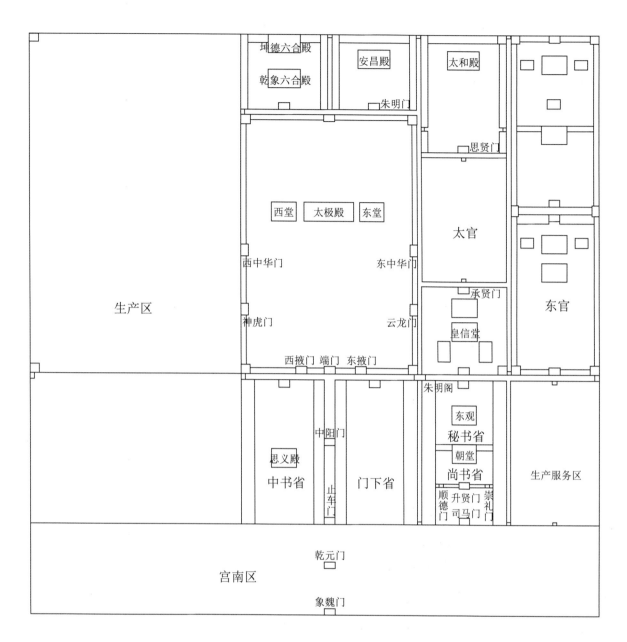

图 2-2-8 孝文帝时期北魏平城宫殿推测图

方庭阔六十亩。"梁武帝萧衍与北魏孝文帝拓跋宏大致为同时代之君王。梁武帝很可能是受了北魏兴建平城和洛阳太极殿的影响，于天监十二年（513年）改造太极殿。从太极殿基本的东西堂制度来看，平城太极殿很可能在面广方向上增长了很多，导致其整体基址规模的极大扩张，甚至不得不挤占周边宫殿的原有位置。

从孝文帝拓跋宏为建平城太极殿所颁诏书中，我们或许也可以管窥当时他革故鼎新推袭周礼汉制的雄心："昔轩皇诞御，垂栋宇之构；爰历三代，兴宫观之式。然茅茨土阶，昭德于上代；层台广厦，崇威于中叶。良由文质异宜，华朴殊礼故也……但朔土多寒，事殊南夏，自非裁度当春，兴役徂暑，则广制崇基，莫由克就。成功立事，非委贤莫可；改制规模，非任能莫济，尚书冲器怀渊博，经度明远，可领将作大匠；司空、长乐公亮，可与大匠共监兴缮。其去故崇新之宜，修复太极之制，朕当别加指授。"（《魏书·李冲传》）由此我们还可得知平城太极殿工程的主持者是李冲等人。

郦道元《水经注·漯水》对于太和十六年（492年）的建设情况记录如下："破安昌诸殿，造太极殿东、西堂及朝堂，夹建象魏，乾元，中阳，端门，东、西二掖门，云龙，神虎，中华诸门，皆饰以观阁。"

象魏门是宫廷外高大的门阙，因其魏（巍）然而高，用于悬示教令，故谓之"象魏"。史载最早可见于春秋时鲁国曲阜都中。平城的象魏门当为宫城之外门阙，应当非常之魁伟。在筑此门观前八九十年，北魏就曾建起形制巨大的宫廷门阙。天赐二年（405年），"六月，发八部五百里内男丁筑灅南宫，门阙高十余丈"（《魏书·太祖纪》）。显然象魏门高达十余丈也应不在话下，而且象魏门很可能与后世《辽史·地理志》中提到的"元魏宫垣占城之北面，双阙尚在"之语有所关联。

乾元门的门名，北魏前未见有信史载，而中阳门名此前可见后赵石虎邺城的正（宫）门，可以推测乾元门应是夹于象魏门和中阳门之间的一道南向宫门（作为多道宫门中之一）。而端门也是宫殿中常用的南向正门，多见用于大朝正殿之前的路寝之门，这里应为太极殿之宫门，而且在道武帝时期的正殿天文殿前就已设置。至于东、西二掖门，可能为大朝殿下通往后殿之左右的两小门。

郦氏《水经注》中所反映的太极殿建设活动，是为了将平城宫殿的大朝正殿所在的轴线全面仿照汉晋以来沿袭下来的宫室门阙制度，如太极东西堂，恢复都城三朝五门制度，其中"夹建"并"饰以观阁"的上述这一大组门阙，都是居于太极殿之前。平城宫殿历经数次大规模的改建改造，较大地改变了原来参照的邺城模式，施行了汉化新政，体现于对传统正殿前部空间的建设。

平城太极殿只使用了不到三年，太和十九年（495年）孝文帝拓跋宏将都城从平城迁至洛阳，"高祖欲迁都，临太极殿，引见留守之官大议"（《魏书·神元平文诸帝子孙传》）。孝文帝拓跋宏迁都洛阳前的决策以及留守善后部署等也都是在太极殿进行的，"十有八年春……二月……壬申，至平城宫。癸酉，临朝堂，部分迁留……三月……壬辰，帝临太极殿，谕在代群臣以迁移之略"（《魏书·高祖纪》）。

太和七年（483年），"冬十月戊午，皇信堂成"（《魏书·高祖纪》）。"十五年春正月丁卯，帝始听政于皇信东室"（《魏书·高祖纪》），"又议政于皇信堂"（《魏书·高闾传》）。皇信堂的建设与君王试图更多参与国务的意旨有关。如太和十六年，"五月癸未，诏群臣于皇信堂更定律条，流徒限制，帝亲临决之"（《魏书·高祖纪》）。皇信堂类似于"内尚书省"。又如，"高祖、文明太后引见公卿于皇信堂"（《魏书·神元平文诸帝子孙传》），下至公卿上至王公均可及此，"文明太后、高祖并临皇信堂，引见王公"（《魏书·南安王桢传》）；"太和中，高祖宾礼旧老……文明太后，高祖引见（毕众敬）于皇信堂，赐以酒馔，车一乘、马三匹，绢三百匹，劳遣之"（《魏书·毕众敬传》）。在皇信堂中既称诏见引见，就说明其位置应在宫禁之地。

因皇信堂居宫禁，便常于其中施内廷仪轨，"时诏延四庙之子，下逮玄孙之胄，申宗宴于皇信堂，不以爵秩为列，悉序昭穆为次，用家人之礼。高祖曰：'行礼已毕，欲令宗室各言其志，可率赋诗。'特令澄为七言连韵，与高祖往复赌赛，遂至极欢，际夜乃罢"（《魏书·任城王传》）。皇信堂此时有如宫内聚会之客厅，"高祖尝与简（齐郡王简）俱朝文明太后于皇信堂，简居帝之右，行家人礼"（《魏书·齐郡王简传》）。依照太和十六年（492年）的规制，"十有一月乙卯，依古六寝，权制三室，以安昌殿为内寝，皇信堂为中寝，四下为外寝"（《魏书·高祖纪》），皇信堂所承担的是这样的交通内外的窗口职能。

推测其中的"四下外寝"当指宫南的中书、门下、秘书、尚书各省。《水经注·漯水》也提到皇信堂的具体位置，"太和殿之东北接紫宫寺，南对承贤门，门南即皇信堂，堂之四周，图古圣、忠臣、烈士之容，刊题其侧，是辩章郎彭城张僧达、乐安蒋少游笔。堂南对白台，台甚高广，台基四周列壁，阁道自内而升，国之图箓秘籍，悉积其下。台西即朱明阁，直侍之官，出入所由也"。太和殿的前身中天殿组群之南可能是太官之地，如为南接者则必是太官等，文中称为"南对"，所指重点是大型建筑区域的对位关系。太和殿南之思贤门与皇信堂北之承贤门所对应的意旨也颇明确。这里出现的朱明阁与前面提到的安昌殿之朱明门的南北呼应联系的意味也较明确。

5. 继太和殿之后建成的几座宫殿

太和四年（480年）九月建成宫殿两座，"乙亥，思义殿成。壬午，东明观成"（《魏书·高祖纪》）。关于思义殿，还有孝文帝拓跋宏太和十六年春正月驾临的记载，"戊辰，帝临思义殿，策问秀孝"。所谓策问是以政事、经义等设问以求秀才、孝廉、贤良以及各曹官员之对策而加以考核，对此"临思义殿策问秀孝"事，《玉海》有注云："太和初，孙惠蔚郡举孝廉，对策于中书省。"此当策问之用的思义殿应在中书省之内。按照魏晋以来尚书、中书、门下及秘书各省常例，"中书之官旧矣，谓之中书省，自魏晋始焉。梁陈时，凡国之政事，并由中书省……后魏亦谓之西台"（《通典》卷二十一）。再结合新东宫与中书省离得近的情况，可知中书省大致应位于止车门至端门一线以西，与之对应，称为"东台"的门下省则位于止车门至端门一线以东。平城宫城北部的平城东宫、中宫、西宫、永安宫等帝后朝寝宫禁之地可称为"宫北"，将与思义殿相关的中书省、门下省以及后面提到的秘书省和尚书省等称为"宫南"（或"南宫"），其附近可能还在隙地建有少量亲近君王的高级仕宦的宅邸，如"天赐四年，诏赐（庚）岳舍地于南宫，岳将家僮治之"（《魏书·庚业延传》）。

中书省、门下省同在宫南的秘书省。《魏书·礼志》中有秘书丞李彪常年主持秘书省工作的记载，"彪等职主东观，详究图史，所据之理，其致难夺"。其中，东观为秘书省藏书、校著之处，当时成为"典司经籍"之秘书省的代称。汉代以来秘书省的一个重要职能就是监录图书，在汉惠帝永平年间，"复别置秘书监，并统著作局，掌三阁图书。自是秘书之府，始居于外"（原注曰："汉初，御史中丞掌兰台秘书图籍之事，至魏晋，其制犹存，故历代营都邑，置府寺，必以秘书省及御史台为邻。"）[1]秘书监（省）自此便不布置在宫闱禁地，而与各省居于宫南之一区。又如北周庾信《皇夏乐》诗所云："南宫学已开，东观书还聚。"显然，秘书省位于东观所在之宫南当为常例。

秘书省还有另外的职能。因为秘书省掌握国家核心图籍资料，所以在辨识疑难、起草文书方面有绝对的发言权。在太和末年孝文帝拓跋宏迁都洛阳之时，"车驾南伐，彪兼度支尚书，与仆射李冲、任城王澄等参理留台事。彪素性刚豪，与冲等意议乖异，遂形于声色，殊无降下之心。自谓身为法官，莫能纠劾己者，遂多专恣。冲积其前后罪过，乃于尚书省禁止彪"（《魏书·李彪传》）。这条记录一方面可反映秘书丞李彪具有"法官"的职责，即执掌法律解释、判断疑问刑狱等；另一方面也反映其所执掌的秘书省与所兼理的度支尚书职下尚书省有邻近关系。而度支尚书掌管尚书省诸曹中有关全国财赋的度支、金部、仓部、起部等四曹，说明平城南宫尚书省的这四曹与秘书省邻近。从东观藏国家核心图籍安全和秘书省治事清净的角度看，秘书省相对尚书省更靠近宫北区域。

关于与思义殿同期完成的东明观，其完整记录为太和四年（480年）七月，"壬子，改作东明观"。至八月，"壬午，东明观成"（《魏书·高祖纪》）。这说明东明观很早之前便已存在。又根据太和十五年孝文帝拓跋宏在东明观的记载，"五月己亥，议改律令，于东明观折疑狱"（《魏书·高祖纪》）。既然此东明观与秘书省所承之责有关，那么此东明观很可能也位于秘书省之内。尽管不免有望文生义之嫌，但此东明观与东观、白台等所指是否为同一，也未可知。

按照魏晋之常例，朝堂是尚书省的最重要建筑，"形成宫中东侧的次要轴线，与太极殿处的主轴线东西并列"[2]，各曹部吏有事则在朝堂参议，如有必要则将疑难者责成专人入宫禁内启闻君王。而当时的

---

[1]　［唐］杜佑.通典（卷二十六）［M］.北京：中华书局，1988，733.

[2]　傅熹年.中国古代建筑史（第二卷：三国、两晋、南北朝、隋唐、五代建筑）［M］.北京：中国建筑工业出版社，2001，104.

君王亲临朝堂次数往往较少，主要是参与一些事务决策并考察官吏，即所谓"考百司而加黜陟"。例如太和十七年（493年）五月，"甲子，帝（孝文帝拓跋宏）临朝堂，引见公卿已下，决疑政，录囚徒"（《魏书·高祖纪》）。君王亲临朝堂往往被当作一件重要的事情记录下来。如太和十八年闰二月，"壬申，至平城宫。癸酉，临朝堂，部分迁留"（《魏书·高祖纪》）。太和十八年九月，还是在平城宫，"壬午，帝临朝堂，亲加黜陟"（《魏书·高祖纪》）。因此，尚书省与宫北联系并不紧密（尤其是孝文帝拓跋宏建皇信堂为中寝执事后）也合理。

6. 白台与白楼

《魏书·太宗纪》中提及明元帝拓跋嗣泰常二年（417年），"秋七月，作白台于城南，高二十丈"。其中"白台"所指，很可能就是《水经注·漯水》记载的皇信堂以南秘书省内储藏典籍的那座东观，"堂（皇信堂）南对白台，台甚高广，台基四周列壁，阁道自内而升，国之图箓秘籍，悉积其下。台西即朱明阁，直侍之官，出入所由也。其水夹御路，南流迳蓬台西。魏神瑞三年（416年），又建白楼，楼甚高竦，加观榭于其上，表里饰以石粉，皛曜建素，赭白绮分，故世谓之白楼也。后置大鼓于其上，晨昏伐以千椎，为城里诸门启闭之候，谓之戒晨鼓也"。

存放"国之图箓秘籍"的秘书省之东观与白台很可能指同一座建筑。白台以南还有一座高大的白楼，可能已在平城宫城之外，发出鼓声来控制平城所有城门的启闭。就其位置来看，也与唐人张嵩《云中古城赋》中"玄沼泓法涌其后，白楼巇壤兴其前"的城南白楼对应。而且，宫城以南（外城中）的白楼近似整个平城（宫城及其以南的外城）的平面几何中心，设鼓于此也较为合理。

但是，《南齐书·魏虏传》记载平城中称为"白楼"的建筑还在宫禁中有一处："自佛狸（太武帝拓跋焘）至万民（献文帝拓跋弘），世增雕饰。正殿（太华殿）西筑土台，谓之白楼'。万民禅位后，常游观其上。台南又有伺星楼。正殿西又有祠屋，琉璃为瓦。宫门稍覆以屋，犹不知为重楼。"按此说法，这座宫中白楼的位置大致为原西宫的西轴线附近。

7. 平城宫殿的东、西堂

在北魏定都平城之初的内寝天安殿中就有汉制宫殿的东西两厢形

制。其实，汉代之后朝仪正殿采用东、西二堂制者更多，刘敦桢先生总结如下："逮三国鼎立，魏都洛阳，明帝因汉南宫故址，营太极殿为大朝，又建东、西堂供朝谒、讲学之用。自是以后，迄于南北朝末期，兼为听政、颁令、简将、饯别、举哀、斋居之所。而二堂位于太极左右，南向成一横列"；"自曹魏迄陈，以太极殿为大朝，东西堂为常朝，疑由汉之东、西厢演变而成。"[1] 实际上，在北魏之前北方割据政权宫殿东、西堂制度的应用也已极为常见，如十六国时期之前赵刘渊都平阳；后赵石勒都襄国、石虎都邺城；前秦苻坚、后秦姚兴都长安；后燕慕容宝都中山、慕容盛都龙城等[2]。随着拓跋鲜卑兵锋所指，这些割据政权宫殿的东、西堂制度，也尽收北魏君王眼底。北魏平城后期改建朝仪正殿时，参照了东、西堂制度。

东、西堂制度很可能在文成帝拓跋濬时期就已在平城宫中采用了。《魏书·高允传》记载，"给事中郭善明，性多机巧，欲逞其能，劝高宗大起宫室。允（高允）谏曰：'昔太祖其所营立，非因农隙，不有所兴。今建国已久，宫室已备，永安前殿足以朝会万国，西堂温室足以安御圣躬。'"其中的"西堂"，很可能就与魏晋以降的东、西堂制度有关。

到了孝文帝拓跋宏时期，东、西堂制度显然已经完备。例如，西堂用于议政等活动，"世祖大集群臣于西堂，议伐凉州平"（《魏书·奚斤传》）。而举哀、引见、饯行等活动则见诸东堂。

（七）宫城以外的主要建筑

城南的主要建筑，根据史料记载：宫城南，南郭城内的主要建筑有太庙及云母三殿。《南齐书·魏虏传》曰："南门外立二土门，内立庙……凡五庙，一世一间，瓦屋。其西立太社，佛狸（指太武帝）所居云母等三殿，又立重屋，居其上……饮食厨名'阿真厨'，在西，皇后可孙恒出此厨求食……殿西铠仗库屋四十余间，殿北丝绵布绢库土屋一十余间。"又云："正殿西筑土台，谓之白楼……台南又有伺星楼。正殿西，又有祠屋，琉璃为瓦。"

[1] 刘敦桢.刘敦桢全集（第四卷）［M］.北京：中国建筑工业出版社，2007，73.
[2] 刘敦桢.刘敦桢全集（第四卷）［M］.北京：中国建筑工业出版社，2007，77.

土门内的太庙，《魏书》载：天兴二年（399年）十月，"太庙成，迁神元、平文、昭成、献明皇帝神主于太庙"。这里，神元是指拓跋力微，平文是指拓跋郁律，昭成是指拓跋什翼犍，献明是指道武帝父拓跋寔。《魏书》载：永兴二年（410年）十二月，"立太庙于白登之西"。

《魏书》又载：太和十五年（491年）十月，"明堂，太庙成"。十一月，"迁七庙神主入新庙"。太庙由宫城南、南郭内迁到东郭城外。又从东郭外迁到南郭城外。太社，位于太庙西，太和十五年（491年）十一月"迁社于城内文西"。

太武帝所居云母三殿，《魏书》载，天兴三年（400年）四月，"起中天殿及云母堂、金华室"。围绕云母三殿，附属建筑有御厨、武器库、布帛仓库、伺星楼、祠屋等。

五、北魏的殿堂建筑复原推测

北魏平城即今大同市，20世纪60年代以来，大同市区周围陆续发现大量北魏建筑遗存，其中有一处北魏殿堂建筑遗址，位于明清大同府城北端操场城的东侧，该遗址被命名为大同操场城北魏一号遗址。

（一）殿堂遗迹情况

夯土台基平面呈长方形，坐北朝南。附属于夯土台基的踏道至少有四条：一条位于北部正中，两条位于南部。台基东缘的土坯砖砌台阶残迹，有可能是一条朝东的踏道。

台基周边发现有黄泥墙皮、台基包砖、台基周围地面和一些夯土墙基的痕迹。

（1）夯土台基情况：夯土台基的做法是先从

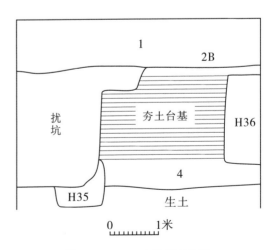

图 2-2-9 T408 西壁剖面图
1.扰土　2B.黄褐色土　4.浅灰色细软土

原地表下挖基槽，深1～1.6米，然后向上逐层起夯，从底至顶（现存夯土台基面）总高1.7～2.5米。夯层厚度一般为8～13厘米，个别为15～16厘米。夯窝平面为大小不等的圆底椭圆形，直径6～7厘米。夯土的土质为浅黄色土掺黑灰色土。

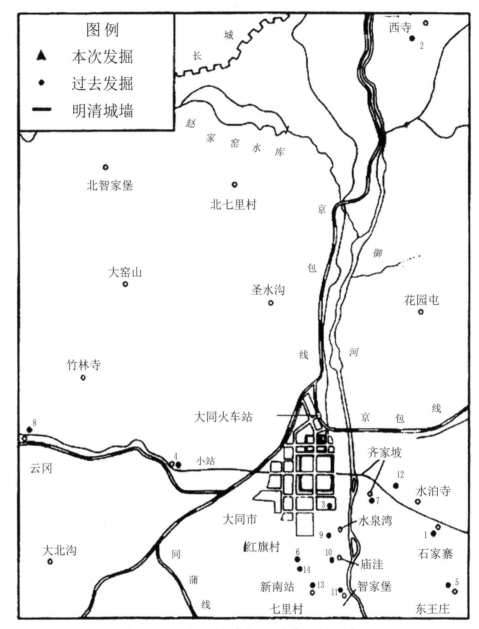

图2-2-10　大同操场城北魏一号遗址位置示意图
1. 司马金龙墓 2. 永固陵 3. 遗址 4. 封和突墓 5. 元淑墓 6. 墓群 7. 墓葬
8. 云冈石窟 9. 明堂遗址 10. 墓葬 11. 石椁壁画墓 12. 宋绍祖墓

（2）黄泥墙皮及台基包砖：夯土台基除西面之外，另三面均有黄泥墙皮紧贴于夯土台基外侧壁，厚2～2.5厘米，残高10～30厘米。

台基的北部、东部均发现用青砖包砌台基的遗迹。台基东部T710

发现的砖墙残存最高，平铺10层砖，高于台基前地面0.61米，最下一层砖则砌在低于原地平面的槽内。青砖的规格主要有两种：一种为29.5厘米×14厘米×5厘米，另一种为27厘米×12.5厘米×4.5厘米。砖的底面都有细绳纹。砖墙为水平横向错缝叠砌，既有整砖，也有残砖。墙体略有收分，表面齐整。

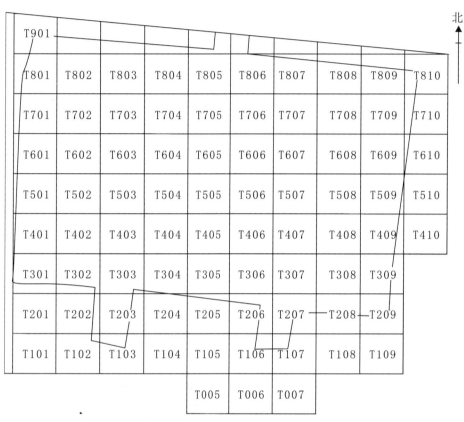

图 2-2-11　北魏一号遗址发掘探方分布图

（3）踏道及台阶

夯土坡道位于北部正中，南部东、西对称两道相距14.9米。从解剖情况看，南部东侧踏道上部与下部的夯土错位叠压，至少使用并修整过两次。早期（下部）的踏道表面、靠近东边的地方有方形柱穴K22。晚期踏道（上部）整体向东偏移，在踏道的西边发现两个柱穴即K19、K20。

南部西侧踏道：夯土筑成，筑法与夯土台基一致。踏道的两边也发现了一些柱穴，这表明应有护栏设施。

北部踏道：残余宽度3.9米。

东部踏道：夯土台基东缘正中发现向外凸出踏道残迹，宽约4.2米，向东伸出部分残长约 1 米。

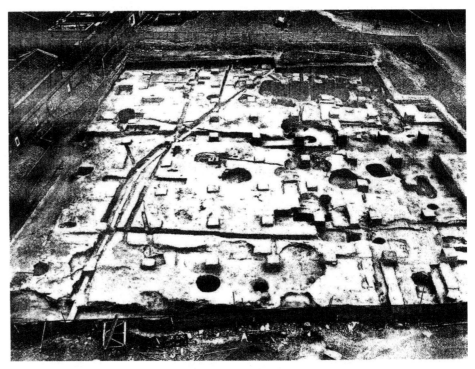

图 2-2-12　发掘出土的北魏一号遗址（由西向东摄）

（二）殿堂遗址考证

该遗址主体是一座已经被破坏的殿堂台基，出土遗物主要是建筑构件，数量最多的是北魏磨光黑色筒瓦和板瓦，占九成以上，其次是汉代的筒瓦和板瓦。北魏文字瓦达 169 件，均刻画或戳印文字于筒瓦舌面和板瓦背部。此外还出土有瓦当、瓦钉、石柱础、石雕残片、磨光青砖、花纹砖、绘红彩的白灰泥皮、黑灰色的陶制鸱尾残件等，证明这里曾存在过一座大型殿堂建筑。

北魏在平城建都近百年，北魏一号遗址正在平城范围内。在遗址表面、周围和灰坑填中出土大量北魏筒瓦、板瓦、瓦当碎片以及汉代的筒瓦和板瓦残片，尤其是"大代万岁"和"皇□□岁"两种文字瓦当。这些特殊瓦当在这样大型的建筑遗址中出现，说明原建筑品级很高，皇室气息浓厚。再从其形制考虑，该建筑台基面积如此之大，前有两条踏道，后有一条踏道。可以肯定这是一处北魏皇家宫殿。

由于该台基被严重破坏，柱穴痕迹尽失，建筑的开间已难确定。如果据前后坡道位置，按一般建筑布局结构规律推测，此建筑的开间当在 9 间左右。

　　这次发掘的北魏夯土台基遗址压在汉代文化层上，汉代文化层中出土大量的绳纹、布纹、菱形纹筒瓦、板瓦和日用陶器残片，说明这里与汉平城遗址有一定关系。

（三）大同操场城北魏一号遗址出土的北魏遗物

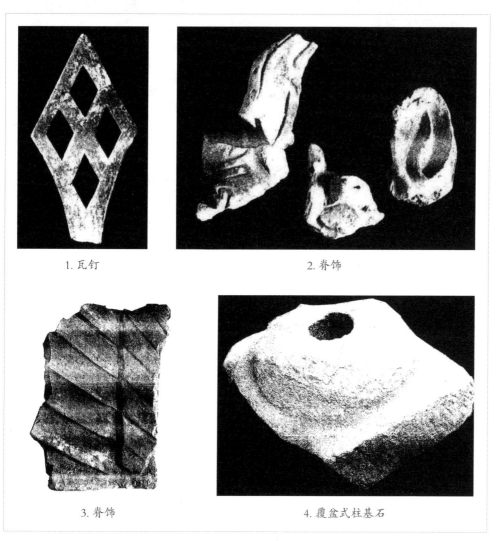

1. 瓦钉　　　　　　　　　　　　2. 脊饰

3. 脊饰　　　　　　　　　4. 覆盆式柱基石

图 2-2-13　出土遗物一

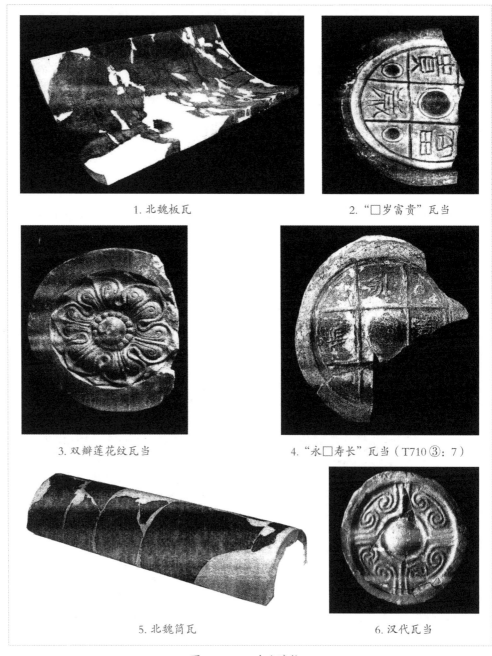

1. 北魏板瓦

2. "□岁富贵" 瓦当

3. 双瓣莲花纹瓦当

4. "永□寿长" 瓦当（T710③：7）

5. 北魏筒瓦

6. 汉代瓦当

图 2-2-14　出土遗物二

（四）夯土台基分析

夯土台基平面呈长方形，坐北朝南，方向187度（以东缘砖墙为基线）。遗址发掘台基东西长44.4米、南北宽31.5米，折合北魏中尺为158.5尺×112.5尺。从东、南两面的情况看，高出地面的建筑台基，地表以上残高0.1～0.85米。在台基的东部和北部，发现青砖遗迹，夯土台基的部分地方被青砖包砌着。夯土台基东部发现平铺了10层砖基，最下面的一层砖低于原地平面（图2-2-15），砖墙基高于原地平面约 0.61 米。用来砌筑墙基的青砖的规格一种为 29.5 厘米 ×14 厘米 ×5 厘米，另一种为 27 厘米 ×12.5 厘米 ×4.5 厘米，与大同北魏墓葬出土的砖相比，操场城北魏一号遗址出土的砖的规格尺寸均较小，砖的底面都有细绳纹。砖墙既有整砖，又有残砖，水平横向之间错缝叠砌。台基有略微的收分，表面齐整，砌筑砖基时砖的内侧长短不一。台基西面使用了砖基，台基的东、南、北三面的侧壁使用的都是黄泥墙皮，黄泥墙皮厚 2 ~ 2.5 厘米，残高为 10 ~ 30 厘米。台基南侧和北侧踏道的侧面也使用黄泥墙皮。台基前的黄土地面与黄泥墙皮的底部原来连接为一体。这种情形说明砖墙是晚于黄泥墙皮而补砌的。

图 2-2-15　操场城北魏一号遗址台基砖（摘自《大同操场城北魏建筑遗址发掘报告》）

　　台基南面西端有前后两个时期相互叠压的夯土墙基遗迹。从相互叠压的层位上看，可推断墙基是早于以黄土地面为代表的更早一期的北魏遗迹，原来应该是属于操场城北魏一号遗址建筑的附属性建筑。墙基范围东西宽约6米，南北长约9米，并且仍向南、向西延伸，墙基的宽度为0.95～1.05米，残高为0.1～1米。从北向南看，分别有四条东西向的墙基，第三条墙基部分叠压在了第二条墙基之上，第三条稍稍偏北。第四条墙基大部分受到了晚期补修的破坏。从西向东看，共发现两条纵向墙基，西侧的墙基被东西向（横向）的第三、四条墙基叠压。对墙基之间叠压现象的分析表明，它应该有过两次修建，此处基址在一定历史时期存在着东西厢房。

夯土台基现有斜坡踏道三条（图2-2-16）：一条位于北部正中，北侧10米远处的夯土台基规模与操场城一号遗址相当，很有可能前后二殿连接的是操场城一号遗址北部正中的斜坡踏道；南部台基的两条踏道东、西对称布置，相距14.9米；夯土台基的东缘正中偏南有用土

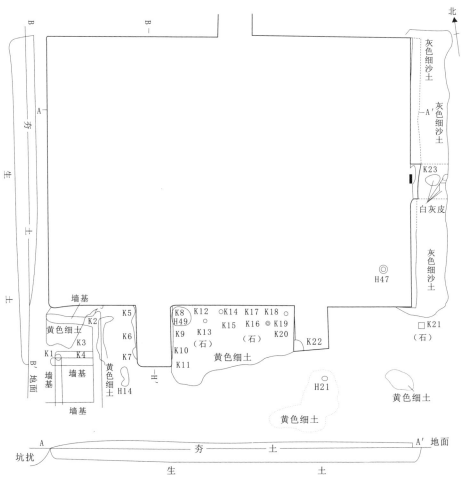

图2-2-16　北魏一号遗址夯土台基平面和剖面图
（摘自《大同操场城北魏建筑遗址发掘报告》）

坯砖砌的台阶残迹，推测应该为台阶。夯土台基的西侧因为破坏的原因，不能判断是否有台阶或踏道的存在，但是从中国古代建筑发展历程看，西部应该存在与东部对称的台阶或踏道。

南部东侧踏道：夯筑方法与台基一致，夯土台基与踏道的相接处有一条明显的界线，可见二者并不是夯筑为一体的。踏道东西宽度约为4.2米。踏道南端被后期灰坑打破，残存的南北向长为5.5米。踏道东缘距离夯土台基的砖外缘为10.15米。踏道南端的夯土厚约1.2米，上、下两部分错位叠压，说明踏道存在前后期。后期时，下部踏道夯土64～86厘米，有五层夯土。踏道厚度不等，踏道下叠压着汉代文化层。深30厘米的长方形柱穴K22（28厘米×21厘米）位于下部踏道表面东边，形成的扰坑破坏了柱穴以西的位置，扰坑发掘后没有发现遗迹。上、下两部踏道存在错位，上部踏道整体略向东偏移8至15厘米，踏道北部偏移的距离比较大。踏道的两边立壁，有黄泥墙皮抹面，与地面相连处为黄色细土层。上部踏道可分为三层，每层厚8～16厘米。踏道的西边，发现有K19和K20两个柱穴，开口在黑灰色土层（第3C层）中，并打破这一层，然而在黑灰色土层中，没有发现地面或硬面，柱穴中下层为黑灰色土（较松软），上层的填土为黄色细土（较松软），推测柱穴中的黄色细土为柱穴上口的黄色土塌落所致，K19和K20柱穴应该是与晚期的踏道在同一时期。

南部西侧踏道：夯筑方法与台基一致（图2-2-17），北端与夯土台基南缘相接，南端与地面相接，和夯土台基相接处有一条明显的界线，踏道与台阶也不是一个整体。测得踏道东西宽度同样约为4.2米，南北长约7.2米。南端略低，踏道测得的坡度为4度。从对踏道西边的局部考古发掘解剖看，踏道南端部位夯土基础较厚的地方厚约1米。踏道的西缘与夯土台基西缘距离为10.6米。与东侧踏道一样，踏道的两边同样发现了柱穴，东边一列4个（K8-K11），西边一列3个（K5-K7）。西边的一列柱穴较为规整，为外框方形，中央圆柱形。考古发掘显示晚期地层打破了开口上的黄色土层。踏道东边的K9、K10两个柱穴，开口处在黄色土层中，K8、K11是圆形柱穴，这两列柱穴推测应该是与黄土地面处于同期，即后期踏道。

图 2-2-17　大同操场城北魏一号遗址台基南部西侧踏道
（摘自《大同操场城北魏建筑遗址发掘报告》）

北部踏道：夯筑方法与台基一致，踏道损毁严重，踏道的东缘与台基连接处破坏严重，踏道的残余宽度 3.9 米，如果补齐踏道残缺部分，踏道正好就位于夯土台基北缘中央，因为发掘场地和发掘条件的限制，向北延伸的长度没有得到具体的发掘。踏道的西缘距离夯土台基西侧边缘为 20.4 米，其东缘距离夯土台基东缘为 20.16 米。

东部台阶：台阶南北宽约 4.2 米，东西长约 1 米。南缘与台基连接处为夯土，但中央和北缘则是用土坯砖相连接的。晚期地层打破台阶的东端，北缘距夯土台基北侧外缘 14.83 米，南缘距夯土台基南缘 12.43 米。方形柱穴 K23 西距夯土台基 1.4 米，证明台阶的最东端，应在柱穴以西。

夯土台基损毁严重，台基南侧总长为 44.05 米（由西向东分段长度分别为 10.6 米、4.2 米、14.9 米、4.2 米、10.15 米）；台基北侧总长度为 44.46 米（由西向东分段长度分别为 20.40 米、3.9 米、20.16 米），可知台基南侧损毁较严重，北侧保存较完好。台基东侧总长为 31.46 米（由南向北分段长度分别为 12.43 米、4.2 米、14.83 米），东部踏道不在东侧台基的正中，这样做一定有其内在原因。

台基的周围，经过考古发掘，其东侧和南侧存在较大面积的台前地面，并有散水的坡度设计，台前地面与台基的黄泥墙皮相连，是同一时期使用的。台前地面倾斜为 5 度。但是在南侧东西两踏道之间，有密集的柱穴打破台前地面。打破地面的时期也是北魏平城后期，这说明柱穴是在建筑使用后期加上去的，要比黄泥墙皮的使用时间稍晚一些。

台基侧面是用黄泥墙皮或砖来装饰或砌筑的，在东部台阶前地面较为特殊，发现几处白灰皮，白灰皮的宽度与台阶宽度相同，南北长度为4.2米左右的地面较平坦，其南北两边地面略呈坡状。台阶相连南北两侧，白灰皮也有几处，可想而知北魏宫城建筑当时已经用白灰皮来装饰了，也可能采用了丹墀的做法。台基四周地面使用了坚硬的灰色沙土，采用了散水的做法，院落地面使用黄色细土加以平整。

1. 台基工程做法

从夯土台基堆积情况来看，夯土台基的做法是先从原地表向下挖基槽，深1～1.6米，然后向上逐层起夯，从底至顶（现存夯土台基面）总厚1.7～2.5米。现存的顶部高度不相同，底部深度基本相同，即原来下挖的基槽的底部较为平坦。夯层厚度一般为8～13厘米，有的夯层为15厘米或16厘米。夯窝平面为大小不等的圆底椭圆形，直径为6～7厘米。从台基东北、西北以及南部西侧踏道等处的解剖得知，夯窝的形态、大小均相同。夯土的土质为浅黄色土掺黑灰色土。虽然踏道和台基的夯筑方法一样，但从考古发掘来看，台基和踏道的夯筑是分别进行的，非整体夯筑。

2. 台基分析

夯土台基是北魏建筑遗存最可靠的部分，对台基的分析直接影响到对平面和建筑形式的探索。

（1）台基高度分析：现存台基的厚度、深度可以从考古发掘得出，比如夯土台基在探坑T408中被现代扰坑打破，可以从此处进行探视。探坑T408显示的夯土台基有15层夯层，每层厚在8～16厘米之间，总计夯土层厚1.7米。在T510中，测得夯土厚2.2米，在原地面以上的部分残留厚0.6米，1.6米的厚度在原地面以下。台基的西北部最厚，钻探厚度为2.5米。

南部西侧踏道夯土筑成，南北长约7.2米。南端略低，呈斜坡状，坡度为4度。北端与夯土台基南缘相接，南端与地面相接，这样确定的高度是50.3厘米。我们看到的是夯土地面，结合台基夯土研究来看，可以推出夯土台基高度为56厘米。台基东侧台阶依据考古报告可知，其北缘东端地面上（西距夯土台基1.4米处）有一个方形柱穴K23，证明台阶（或踏道）的最东端应在柱穴以西，分析认为遗址原台基高度为三北魏中尺，等于84厘米。

（2）夯土台基至少经过两次利用。台基的西面外壁由黄泥墙皮及台基包砖共同构成，但是另外三面没有使用砖基，夯土台基的外侧壁使用黄泥墙贴面。从发掘资料看，黄泥墙皮贴面的厚度在2～2.5厘米之间，因为台基破坏严重，黄泥墙残的部分高度在10～30厘米之间。台基的南侧和北侧踏道的两侧均有黄泥墙皮存在。黄泥墙皮与台基前黄土地面是连接在一起的，可以推测二者应该是同一时期。

在台基的东部和北部，发现青砖遗迹，夯土台基的部分位置使用青砖包砌。如位于东部的T710考古探测区，发现平铺了10层砖基，最下面的一层砖低于原地平面，砖墙基高于原地平面约0.61米。用来砌筑墙基的青砖规格一种为29.5厘米×14厘米×5厘米，另一种为27厘米×12.5厘米×4.5厘米，与大同北魏墓葬出土的砖相比，操场城北魏一号遗址出土的砖规格尺寸均较小，砖的底面都有细绳纹。砖墙既有整砖，也有残砖，水平横向之间错缝叠砌。台基有略微的收分，表面齐整，砌筑砖基时砖的内侧长短不一。有的砖基紧靠于黄泥墙皮的外侧，而有的是在黄泥墙皮上面叠压砖基。在T309中，则发现有砖墙叠压在残存的黄泥墙皮之上。这些情况说明砖墙的出现应该是晚于黄泥墙皮的。考古报告上提到东部台阶前与台阶相连处的地面较为特殊，与台阶宽度相同的地面较平坦，其南北两边地面略呈坡状，还发现几处白灰皮，《北魏永宁寺塔基发掘简报》中提到"墙基内外的地面上，皆铺有一层白灰硬面"[1]，可知当时殿堂建筑已经使用了白灰。

（3）在传统建筑中，室内地面称为墀。依古礼，惟天子以赤饰堂上[2]。南北朝时期的宫室地面情况不详[3]，但可以从其他考古资料、文

[1] 中国社会科学院考古研究所洛阳工作队.北魏永宁寺塔基发掘简报［J］.考古，1981
（03）：223.

[2] 许慎《说文解字》："墀，涂地也。从土犀声。《礼》：天子赤墀。"段玉裁注："尔雅，地谓之黝。然则惟天子以赤饰堂上而已。"

[3] 秦都咸阳考古工作站.秦都咸阳第一号宫殿建筑遗址简报［J］.文物，1976（11）：15.

献信息入手探讨。

表2-3　秦汉—隋唐期间宫殿建筑地面处理信息汇总表

宫殿建筑	地面描述
秦咸阳宫一号遗	地面为红土色
汉长安未央宫	前殿为"丹墀"，后宫为"玄墀"
《魏都赋》中记邺城三台	周轩中天，丹墀临焱
《梁赋》	屡见"金墀"一词
北朝石窟和墓室地面	多有雕刻纹饰
云冈第九、十窟檐柱中心线以外的地面	发现雕有甬路纹饰，当中作龟纹，边缘饰联珠及莲瓣纹
龙门北魏宾阳中洞的窟内地面	正中雕甬路，边饰联珠、莲瓣，与云冈同，甬路两侧各雕两朵大圆莲，圆莲之间刻水涡纹，似乎表现为莲池
北魏皇甫公窟地面	正中雕甬路，边饰联珠、莲瓣构图
北齐南响堂山第五窟地面	中心雕刻圆莲，四角饰忍冬纹
东魏茹茹公主墓墓道地面	绘有连续的忍冬花叶纹饰，雕刻纹样有可能是表现当时建筑中的地面铺装形式，也可能是殿内铺设蔚毯的表示

在南北朝时期的遗迹文物发现中，很少有铺地砖，仅内蒙古的古城白灵淖曾经发现过三角形砖，厚5厘米，可能是用来作铺地砖的。用花砖铺设阶前踏道在北齐石刻中有所反映，但是这种做法唐代才普遍流行。在秦汉考古发掘中，大量空心砖、铺地砖已经被广泛使用。综上推测可见，南北朝时期也可能使用花砖铺设室外踏道、地面。

夯土台基高度为84厘米，且外围主要使用黄泥墙皮，但是后期维修中使用的是砌筑青砖，夯土台基有平滑收分。地面可能使用了"丹墀"这种饰面，也可能采用了铺地方砖。

3. 踏道分析

从发掘报告上看出，遗址上发现有斜坡踏道三条：两条在台基南部，呈东、西对称分布，两踏道相距14.9米，北侧有正中一条踏道，可能是连接前后宫殿作用的踏道。夯土台基的东缘，正中偏南处有向外凸出的台阶遗址，台阶使用土坯砖砌筑，这或许是另一条踏道。台基的西缘，一条近现代扰沟破坏了遗址，不能判断是否存在踏道，但《西京赋》中有"右平左城"的记载；《景福殿赋》有："王者宫中，必左城而右平。"因此西缘既有可能是台阶，也有可能是踏道。

南部西侧踏道：夯筑方法台基一致，但夯土台基与踏道的相接处有一条明显的界线，台基和踏道不是一个整体。踏道东西宽度约4.2米，南北长约7.2米。北端与夯土台基南缘相接，南端与地面相接。南端略低，呈斜坡状，坡度为4度。从坡度分析，应该是踏道。从残存遗址来看，应该是和南部西侧踏道相同构造。

从现场遗址来看，北部应该也是踏道。因操场城遗址属于前后殿的形式，台基北侧10米处也是同一时期的大型夯土台基，北侧踏道可能具连通前后殿的功能。

东部台阶夯土台基东缘正中发现了向外凸出的台阶（或踏道）残迹，南北宽约4.2米，向东伸出部分残长约1米。其北缘东端地面上（西距夯土台基1.4米处）有一个方形柱穴K23，证明台阶（或踏道）的最东端应在柱穴以西；南缘与柱穴K23相对的地面被晚期灰坑打破，未发现遗迹。可以肯定为台阶形式，因为从遗址南踏道上存在的柱穴可以推断太和殿台基有栏杆设置。

（五）遗址平面形式分析

从台基分析出夯土台基东西长44.4米（折合营造尺158.5尺）、南北宽31.5米（折合营造尺112.5尺）。

1. 南北朝时期的面阔、进深

魏晋南北朝时期，木构建筑中仍然使用厚夯土墙，使用夯土墙是结构稳定的需要。如果没有夯土墙在两侧作为稳定结构，柱列各柱就会平行地同时向一侧倾倒或沿同一方向扭转，稳定性差，所以必须要有夯土墙来保持结构的稳定。

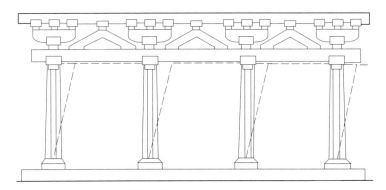

图 2-2-18　前檐木构纵架，柱上承阑额，纵向不稳定
（摘自傅熹年主编《中国古代建筑史》第二卷第306页）

2. 遗址上平面尺度分析

（1）在台基南部有两条踏道相距 14.9 米，踏道呈东、西对称分布。

（2）南部东侧的踏道和台基的夯筑方法相同，考古发掘时表面已经残损严重，踏道的东西宽约 4.2 米，残长 5.5 米。发现柱穴的存在，经考古证实，柱穴应与黄土地面及晚期的踏道为同一使用时间。

（3）南部西侧的踏道和台基的夯筑方法相同，踏道与夯土台基相接处，存在明显的一条界线。踏道的东西宽度也是 4.2 米，南北长约 7.2 米。南端略低，呈斜坡状，坡度为 4 度。西边有 K5 至 K7 一列 3 个。西边的一列均为外框方形，中央为圆柱形。发现时开口上的黄色土层已被晚期地层打破。东边的柱穴 K9、K10 开口在黄色土层中，K8、K11 只发现了圆形柱穴，K8 穴内填土上层有黄色细土，可能为穴口塌落所致，所以这两列柱穴应当与黄土地面同期（晚期的踏道为同一使用时间）。

（4）南侧东、西二踏道之间有密集的柱穴存在，这些柱穴的存在应该是起着支撑作用的。

（5）夯土台基东缘，正中偏南的地方向东伸出来的台阶，残长部分约 1 米，台阶的南北宽约 4.2 米。东缘的台阶从规模、筑造方式看，等级较低。

（6）北部踏道东缘与夯土台基相接处已残缺，残余宽度 3.9 米，如果加上残缺部分，则北部踏道恰好位于夯土台基北缘中央，宽度也在 4 米略多一些，长度尚不清楚，向北延伸至发掘区外。

（7）从庑殿顶木作技术上看，角柱和金柱（或檐柱）应该呈 45° 角，即开间和面阔的进深相等。

以上是能够得到的准确信息，从原有建筑形式、功能等角度做出复原设计：

（1）操场城一号遗址夯土台基南面东、西二踏道对称分布，相距 14.9 米（14.9 米折合北魏中尺约为 53 尺），北侧正中也存在一个踏道，夯土台基东、西二踏道之间为三开间，依照中国古代建筑营造规律，南侧东、西踏道的中线应该与对应开间的中轴线重合，北侧踏道中线应该与当心间中轴线重合。

（2）结合南侧两踏道的东、西二踏道的夯土宽为 4.2 米（折合北魏中尺为 15 尺），如果加上台基东西两侧的 10 多米的距离，结合 K5 至 K10 这几个柱穴位置，可以推断两踏道所对应的开间不会小于 4.2 米。

（3）台基东侧的台阶南北宽约 4.2 米（折合北魏中尺 15 尺），而且台阶的北缘距夯土台基北侧砖墙外缘 14.83 米（砖墙外缘向内至夯土台基裸壁约 0.2 米），南缘距夯土台基南缘对齐外缘为 12.43 米，明显看出台阶是中部偏南的。

（4）南侧台明有一定的高度，也有一定的宽度。台明是进入大殿的平台，需要有一定的宽度，根据总面阔长度和柱距的位置，台明设置宽度为 1.5～4.0 米。面阔（即东西）9 间布置 10 个柱位。

（5）在进深上，认为进深方向有两种可能，进深（山面）6 间布置 7 个柱位和进深（山面）5 间布置 6 个柱位。

（6）夯土台基应该存在收分，从操场城一号遗址考古发掘报告已经测出台基略有收分，但具体如何收分没有记载。关于基址的收分，可以北魏洛阳永宁寺塔的塔基收分作为参考依据。

（7）台基南侧的东、西二踏道之间密集柱穴应该是支撑上面祭台的。因为在太和十四年（490 年）文明太后死后，太和殿曾作为太和庙使用，室外祭台就位于东、西二踏道之间。

根据以上所述，以南、北、东侧四条踏道控制柱网的布置，进行平面布局（见表 2-4 所示）。

表 2-4　操场城一号遗址平面的面阔、进深推想尺寸

	序号	面阔×进深（单位：尺，1尺≈28厘米）	备注
理论性的柱网布置	1	（面阔）12、14、16、18、18、18、16、14、12；（进深）12、14、16、16、16、14、12；	带副阶围合式
	2	（面阔）14、14、16、18、18、18、16、14、14；（进深）14、16、18、18、16、14；	围合式或带前廊
认为东部台阶位置偏南建筑有对应关系	3 √	（面阔）15、15、17、17、17、17、17、15、15；（进深）15、15、17、17、15、15；	能够和遗址信息契合，开间规整，带围廊
	4 √	（面阔）14、16、16、17、18、17、16、16、14；（进深）14、16、17、17、16、14；	能够和遗址信息契合，带围廊

続表

	序号	面阔×进深（单位：尺，1尺≈28厘米）	备注
	5	（面阔）15、15、15、18、18、18、15、15、15；（进深）15、15、17、17、15、15；	和遗址信息契合一般，带前廊
认为东部台阶位置偏南是有随意性	6√	（面阔）12、14、16、17、18、17、16、14、12；（进深）12、14、16、16、14、12；	考虑台基规模，南北台基，带围廊
	7	（面阔）14、14、16、17、18、17、16、14、14；（进深）14、16、18、18、16、14；	考虑台基规模，南北台基，有前廊

该遗址夯土台基进深方向为31.5米，得出面阔9间，进深6开间或7开间，局部减柱的平面轴网布局。

3. 从营造尺开间变化规律总结的理论性的平面柱网布局

在大同城北的小北城内外至火车站附近曾发现大量北魏瓦，火车站东北方曾经发现成排的覆盆柱础，间距5米，柱径50厘米。平城当时的大安寺金堂的当心间尺度根据总体尺度及面阔间数的推测，达到18尺，太和殿是除了当时太极殿主轴线之东的第二条轴线的主要建筑，当心间极有可能是当时的最高规格。

如图2-2-19推断，符合当心间18营造尺的要求，同时也符合围廊式布局的空间尺度，平面柱网布置规整；缺点是台明的四角与角柱的连线不是45°，也就是说柱网之外东西两侧的台基与南北两侧的台基相差近2米，这和中国传统古建筑的建造规律是不相符的。

遗址上双阶之间应该为三开间，取北魏中尺18尺，然后台基南侧东、西两踏道应对应着建筑的一个开间，推测为北魏中尺16尺，从营造尺的变化规律我们可以假设外侧两个开间分别为14尺和12尺，符合递变规律。当心间梢间数字分别为18和12，可以看成9×2和6×2。我们知道9在周易八卦里代表阳，6代表阴。有一定的风水含义在里面。再看宋《营造法式》里，多处可以看到开间的尺度18尺和12尺。这是从台基的大小上作理论性推测，有很多因素还没有考虑在内。推测应该是围廊式的平面布局（图2-2-19）。

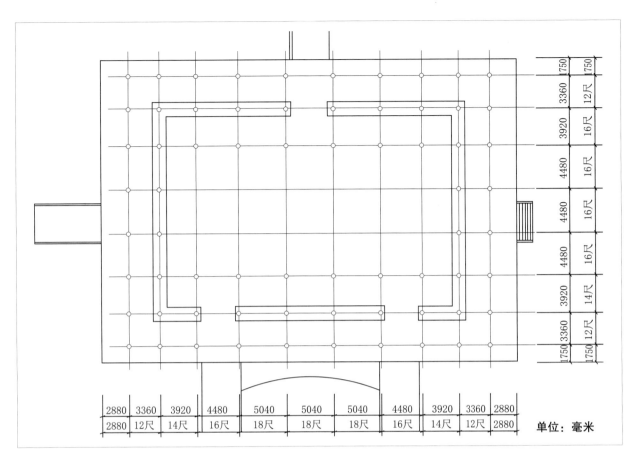

2880	3360	3920	4480	5040	5040	5040	4480	3920	3360	2880
2880	12尺	14尺	16尺	18尺	18尺	18尺	16尺	14尺	12尺	2880

单位：毫米

图 2-2-19　理论性平面轴网布局（围廊式）

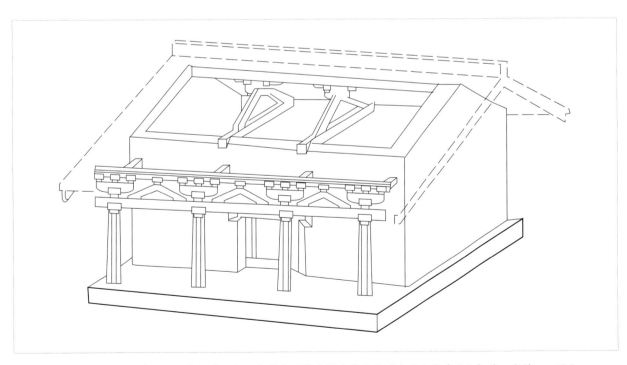

图 2-2-20　外檐廊木构，夯土墙围护，木构架（摘自傅熹年主编《中国古代建筑史》第二卷第 306 页）

中国传统建筑的角梁是斜45°，而且笔者调研唐大明宫的含元殿遗址、麟德殿遗址和青龙寺大殿遗址，柱网之外的台基四周长度尺寸应该近乎相等，即台基角柱和台基角的连线也应该是45°。

如图2-2-21这样的轴网布局，符合台明的四角与角柱的连线是45°，而且满足了当心间是18营造尺。这种柱网布局方式的缺点是内部空间进深过大，柱子多，采光会受到影响。经过推测，可以得出一种理论性的轴网布局，（面阔）14、14、16、18、18、18、16、14、14；（进深）14、16、18、18、16、14。这种布局除了画出的围廊式之外，也可以是围合式、前廊式（图2-2-20）。前廊式能够缓解因室内进深过大而带来的采光问题。北魏时期，阑额和柱的组合还不成熟，房屋仍是中心为厚墙承重的混合结构，前廊结构需要夯土墙的扶持，外廊依附主体以保持稳定。这种类型的构架围护体系，在北齐所开凿的邯郸响堂山石窟第七窟，北周所凿天水麦积山石窟第四窟、第二十八窟有所体现。

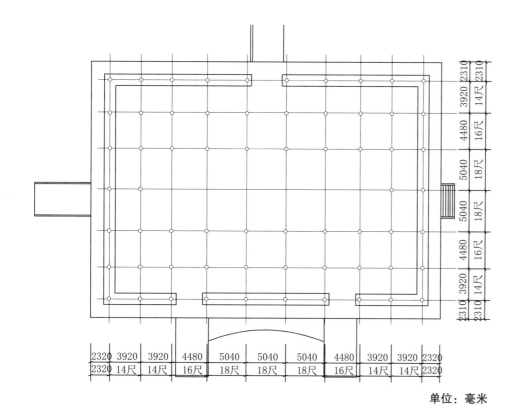

单位：毫米

图2-2-21　理论性平面轴网布局（围合式）

4.考虑南、北两侧踏道的位置时平面柱网布局

北魏平城时期，宫殿建筑还是以夯土墙为主，在《南齐书·魏虏传》中有对太武帝时平城的描述："伪太子宫在城东，亦开四门，瓦屋，四角起楼。妃妾住皆土屋。"孝文帝迁都洛阳，重建的北魏洛阳宫室中，重要的殿堂衙署的墙壁也多是土筑。北魏洛阳太极殿的墙壁也是夯土夯筑的，有西序生菌的记载，《魏书·崔光传》中，崔光上表说："墙筑工密，粪朽弗加，沾濡不及，而兹菌歘构，厥状扶疏，诚足异也。"[1]如果台基东侧踏道所对的是建筑的山墙，那么就有可能不用对应平面柱网，可以随机安排踏道的位置。

这是一种前廊或墙体围合的柱网布局。（面阔）12、14、16、17、18、17、16、14、12；（进深）12、14、16、16、16、14、12。如图2-2-22，这样的柱网布局，满足了当心间18尺和梢间12尺，同时也符合南北两侧的踏道布置，但是这种布置方式，北侧的台明就很小了，不能满足人们的通行之需，梁架布置和屋顶的形式与内部空间也不协调。

如图2-2-23在平面布置时，面阔九开间，进深六开间，（面阔）15、15、17、17、17、17、17、15、15；（进深）15、15、17、17、15、15。柱网布置是在推断围合式布局（图2-2-21）的情况下，将南面一排柱子作为前廊柱，室内空间为五开间。认为东侧台阶在中部偏南，是为配合整体建筑营造的，应该有对建筑屋脊中线的确定性。这样的布置方式，扩大了大殿朝见时的前面等待空间，东侧台阶的中线与屋脊投影线重合，有了一定的对应性，室内柱网合理，满足了使用要求。缺点是北侧台明3.7米，空余过大。

---

[1] 《魏书》卷67，《列传》55，崔光传。中华书局标点本④ P1490。

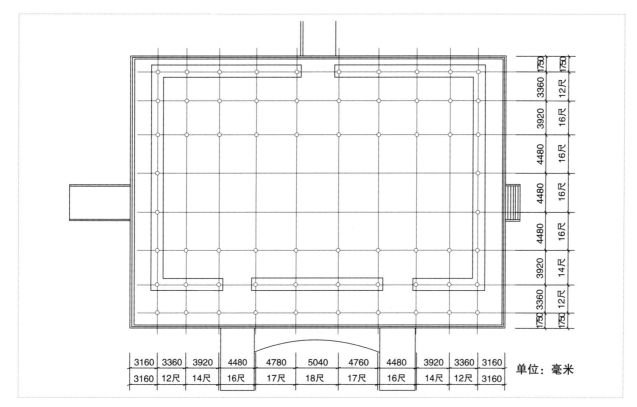

图 2-2-22　不考虑东侧台阶的位置时平面轴网布局（围合式）

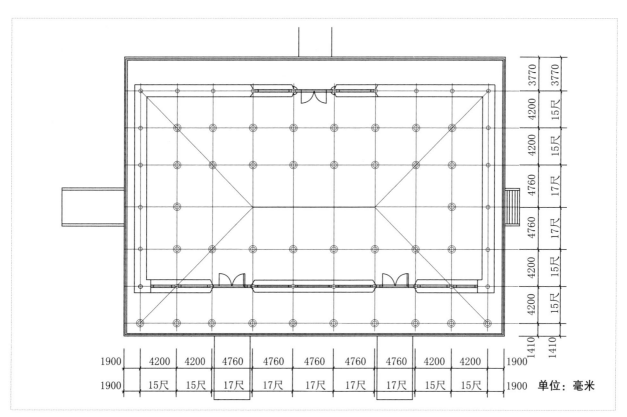

图 2-2-23　满足遗址信息时的平面轴网布局（前廊式）

5.考虑基址所有条件位置时平面柱网布局

孝文帝北魏平城时期，太和殿是继太极殿轴线以东另外一条轴线上最重要的殿堂建筑。作为文明太后处理政务的太和殿，应该有作为等候召见的序列空间，围廊式的布局比较符合大殿的形制，且踏道的布置不应该存在随意性。

围廊式布局是较高级的建筑形式，能解决采光问题，因夯土台基东面中部偏南，推断进深为六开间、面阔九开间的平面轴网布局。认为是一种中心是厚墙承重的混合结构房屋，围廊结构需要夯土墙的扶持，外廊依附主体以保持稳定。通过分析柱网布局与台基规模、踏道位置的结合，得出三种柱网布置方式（图2-2-24、图2-2-25、图2-2-26）。这样的集中布置方式，东侧台阶对应柱与柱之间且中线重合，柱网推断与东侧台阶遗址信息十分符合。我们重新推测为什么东部台阶会放在中部偏南的位置，因为古人是很注重礼制需求和实用功能的，在太和殿作为文明太后行政办公和宴请大臣的场所时，仆人不可能走南面的东、西二踏道，在东侧偏南的位置开设台阶，一是从礼制上考虑，二是从实用方面来考虑。

图2-2-24，（面阔）14、16、16、17、18、17、16、16、14；（进深）14、16、17、17、16、14。这样的柱网布置方式满足了当心间18尺的要求，与基址信息也十分符合。缺陷是营造尺的变化规律不规则，没有规律可循，而作为平城盛期时重要的大殿，从礼制上考虑开间和进深布置应该符合一定的规律。

图2-2-25，（面阔）15、15、17、17、17、17、17、15、15；（进深）15、15、17、17、15、15。这样的柱网布置方式营造尺变化有规律，与遗址信息十分符合且四条踏道所对应的开间均为4.76米。缺点是当心间不是18尺，台基角柱和台基角的连线也不是45°，柱网外台明四周不等，相差近0.5米。图2-2-25这种平面柱网布局应该属于太和殿遗址柱网排列的一种合理布局形式。

图2-2-26，（面阔）15、15、17、17、17、17、17、15、15；（进深）15、15、15、15、15、15。这样的柱网布置方式营造尺变化有规律，与遗址信息十分符合且进深方向尺寸一样，台基角柱和台基角的连线接近45°，柱网外台明四周相差近0.3米。缺点是当心间不是18尺，

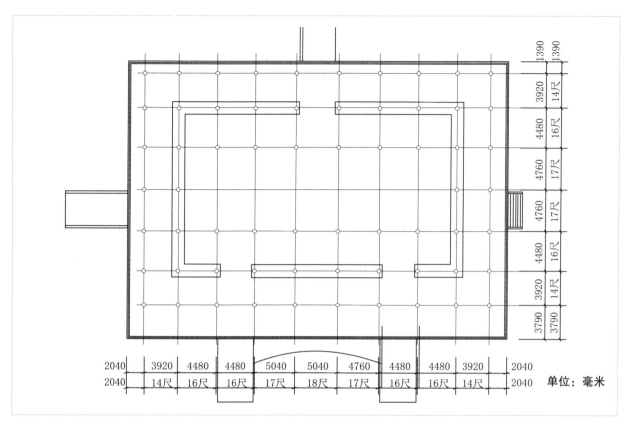

図 2-2-24　満足遺址信息時的平面軸網布局（囲廊式）

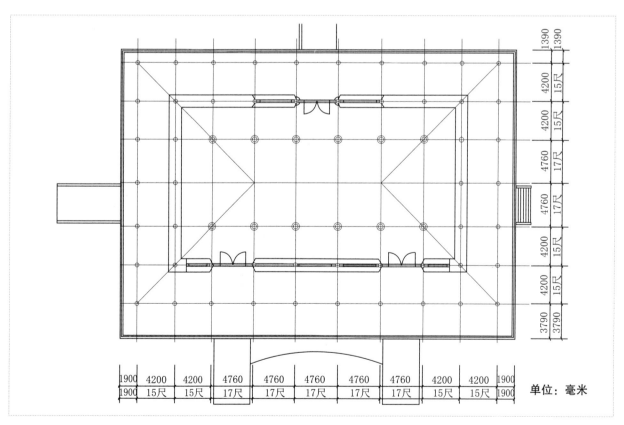

図 2-2-25　満足遺址信息時的平面軸網布局（囲廊式）

南侧台明将近4米，有些过大，但是也可能是为了满足前朝等候区的需求，图 2-2-26 这种平面柱网布局应该属于太和殿遗址柱网排列的一种合理布局形式。

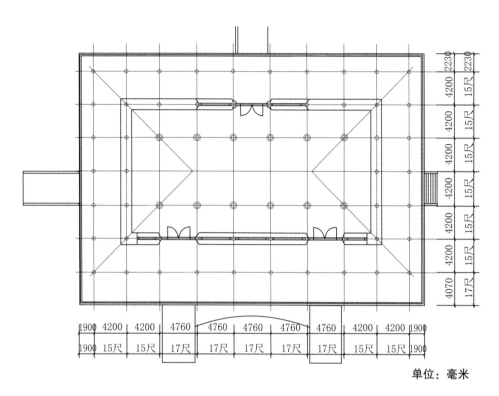

单位：毫米

图 2-2-26　满足遗址信息时的平面轴网布局（围廊式）

综上所述，我们从遗址信息和文献中得出的限定条件有：

（1）轴网布置为营造尺的整数倍，并应该有变化规律。

（2）中国传统建筑的角梁是斜 45°，而且笔者调研唐大明宫的含元殿遗址、麟德殿遗址和青龙寺大殿遗址，柱网之外的台基长度、四周尺寸应该近乎相等，即台基角柱和台基角的连线也应该是 45° 或接近 45°。

（3）开间布置应该和基址四条踏道有对应关系。

图 2-2-25 和图 2-2-26 更加符合推测。平面布局看起来与基址很契合，东侧台阶也和柱网有对应性，对应的是围廊柱的柱子，在建筑功能方面，符合建筑功能的空间（图 2-2-27）。

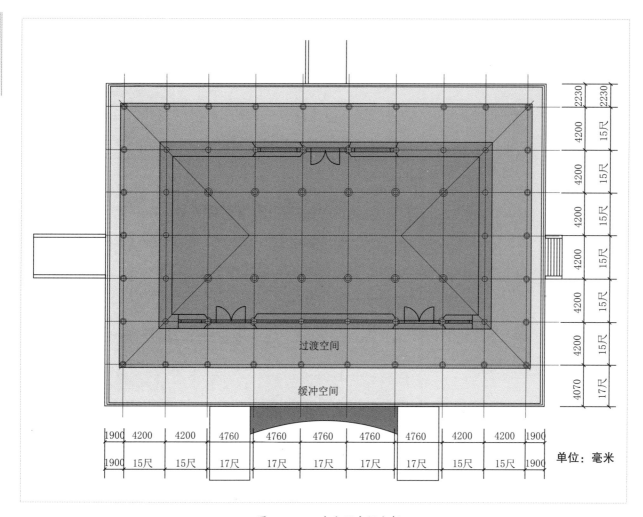

图 2-2-27　太和殿空间分析

单位：毫米

（六）柱子与夯土墙

在操场城一号遗址现场，发现了梁柱残木，松质，圆柱，残高25厘米，残径13厘米，一侧有烧痕。据说此圆木柱出土后一分为三，发现的这段只是其中一段。

从石窟和壁画上看，柱身断面通常有正八角形、方形、圆形，柱身有的平直上下径相等，有的是做成梭柱。柱与柱之间的结合是简单的支撑体系，横向之间的联系不够牢固，需要夯土墙来保持构架横向稳定。

据石刻、壁画上所表现诸建筑，屋身部分的开间比例多为方形或竖长形。方形的如麦积山石窟第28窟、30窟之檐柱，竖长形的如云冈39窟檐柱，龙门古阳洞三座屋形龛和麦积山第4窟、第43窟、第49窟和定兴北齐义慈惠石柱。也有明间方形梢间竖长形的，如云冈第11、12窟前室三间殿。可知当时建筑的开间比例多作竖长形。推其原因，可能仍是当时构架的纵向支撑系统较弱，不宜做大开间。

北魏洛阳太极殿的墙壁也是用夯土夯筑的。1973年发表的洛阳发掘的汉魏洛阳一号房址从位置看，应是宗正寺或太庙中建筑，它的进深达11.8米，四壁用夯土筑成，墙中无木柱，是用夯土墙承重的土木混合法构建房屋。在北魏洛阳营建宫室建筑的时候使用夯土墙为主。

据殷宪所著文章《大同北魏宫城调查札记》中，对平城遗址和遗迹的记述是准确翔实的，认为北魏平城时期即便是宫城内，夯土墙体也是主要的承重维护结构。在魏晋南北朝时期的夯土墙体做法中，建筑中仍沿用秦汉时期的夯土承重墙结构做法，在墙体的表面，嵌入隔间壁柱，柱身半露。柱间又以水平方向的壁带作为联系构件。操场城一号遗址的考古发掘中，在东侧台阶与地面的连接处，发现几处白灰皮。据文献记载，南朝建康同泰寺和郢州晋安寺，墙面也都有涂饰红色的做法。又西晋国戚王恺，"用赤石脂泥壁"（《晋书·外戚传》）。

（七）殿堂建筑构架形制分析

北魏时期的木构建筑实物已不存在，只能参考石窟和墓葬的雕刻、壁画中用图像来表现的北魏时期的建筑。建筑的当心间面阔与进深的比例为竖长形和方形，竖长形比例见于云冈第39窟、第11窟、第12窟前室的檐柱布置，麦积山第4窟、第43窟、第49窟，定兴的义慈惠石柱，龙门古阳洞；方形比例的有麦积山第28窟、第30窟的檐部。图像资料可以为我们提供一个参考就是南北朝时期开间以竖长形为主。在现存日本飞鸟时代建筑中，法隆寺金堂明间的面阔和柱高比为6：7（位于1：1～1：2之间），法隆寺金堂的面阔12营造尺，柱高14营造尺，法隆寺五重塔一层10营造尺，柱高12营造尺，明间面阔和柱高比值5：6（位于1：1～1：2之间），二者都是竖长的比例。傅熹年著《傅熹年建筑史论文集》中也对开间比例进行了探讨，在1：1～1：3之间，推测建筑开间为竖长形的原因，应该是当时构架的纵向支撑系统较弱，尚不宜做大开间的缘故。

在大进深的建筑中，大叉手式梁架的斜梁需要加长，并铺设辅助的杆件。这在构造处理上是十分困难的。而如果把大叉手式斜梁放平，即水平梁形式，这样较为容易操作和施工。几个水平叠加起来，即构成抬梁。屋顶的荷载通过各梁架的传递分散在梁端，而梁端坐落在柱头上，梁端和柱头的结构关系十分重要，各时代建筑在这个位置处理问题上产生了巧思妙想。

平城北魏殿堂建筑可以看出轴网的布局有两种，一是面阔九、进深六开间；一是面阔九、进深七开间。可以提出两种梁架构造形式。

1.面阔九、进深六开间

进深方向为偶数开间，在这种情况下，东侧台阶所对应的墙体位置应该是柱子之间的位置，从当时构造推断，此时墙体为夯土承重墙，从这一点分析我们认为，可以用局部抬梁来完成构架的建构。

推测梁架结构（如图2-2-29、图2-2-30）所示。此种情况是局部抬梁式，椽子布置均匀，柱子的位置对应着檩。这种构架构造简单，受力合理，但是檩距过密，檩之间的水平投影距离为2.1米。

麦积山第28窟（北魏） 麦积山第43窟（西魏）

云冈石窟第9窟（北魏） 宁懋石室（北魏）

敦煌第433窟（隋） 龙门古阳洞（北魏）

图 2-2-28　魏晋南北朝时期的柱子与阑额之间的搭接关系

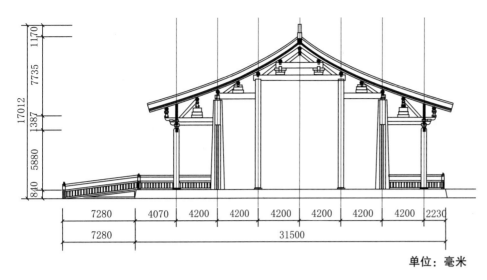

单位：毫米

图 2-2-29　面阔九、进深六开间构架分析（围廊式）一

推测梁架结构（如图 2-2-31、图 2-2-32）所示，抬梁采用大跨度的抬梁，此种抬梁式构造可以让檩距相对远一些，减少了一步椽子。这样檩距可以加长，而且室内空间可以同一高度做平棊藻井。

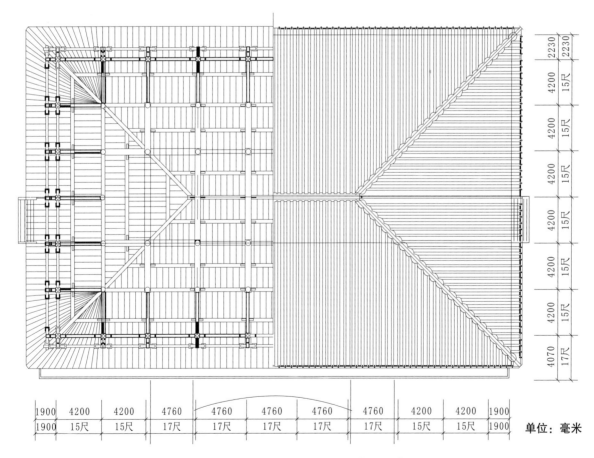

单位：毫米

图 2-2-30　面阔九、进深六开间构架分析（围廊式）二

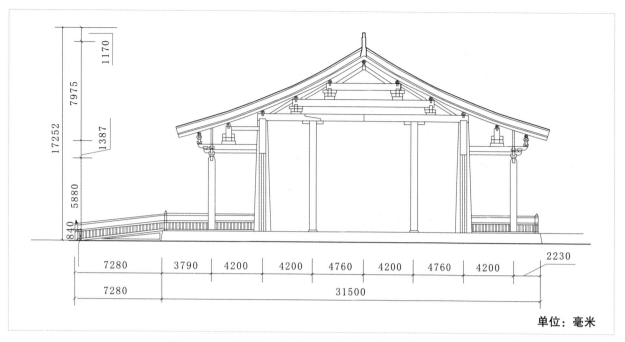

图 2-2-31　面阔九、进深六开间构架分析（围廊式）三

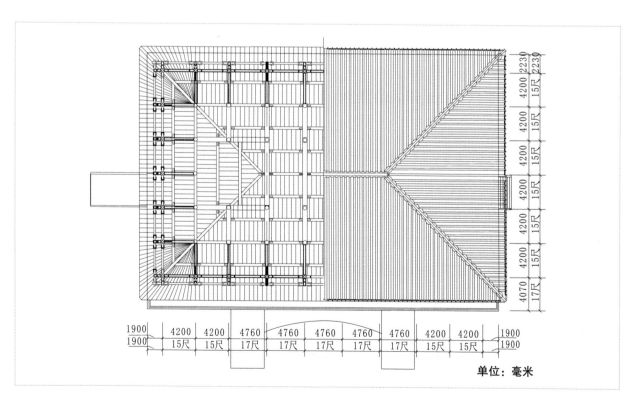

图 2-2-32　面阔九、进深六开间构架分析（围廊式）四

2.带副阶，面阔九、进深六开间

在北魏时期的石窟、壁画、墓葬中，绝大部分表现的屋顶是单檐屋顶，但据汉代已存在副阶形式的重檐，从构造原理上做成副阶形式的建筑也是可行的，此时墙体为夯土承重墙，庑殿顶的脊檩和角梁需要合理的支撑结构，副阶的屋顶，檩推测是插到主体建筑的柱子上，此种做法，增加了建筑采光面积，并且内部柱网排列整齐规整，适合大殿朝见、办公、宴请功能之需。推测其柱网排列和构造，在中间两排柱子局部进行减柱造，需要推测梁架结构（如图2-2-33）。

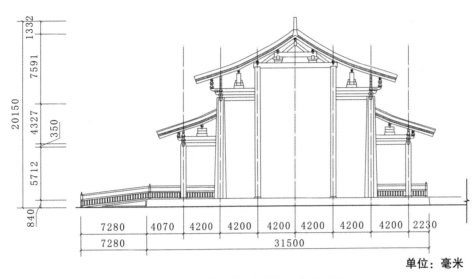

单位：毫米

图 2-2-33 带副阶形式的构架分析对比

（八）北魏平城宫殿建筑形式的推测

1. 建筑的屋顶

四阿顶是建筑屋顶常规做法，屋顶四个坡面相交，形成五条折线，这在大型殿堂建筑中是较容易做到的。

在平城的宫殿建造中，采用了四阿顶，而没有采用歇山顶。面阔九间的大殿应为宫中主要殿堂建筑，按北魏礼制应为最高级别的屋顶形式。除此以外，歇山顶需要歇山部位的山面封堵，而封山面需要做木或砖墙面，增加了这个部位梁的重量，而且构造措施复杂，因而北魏歇山建筑也不会有大的发展。

从筒瓦的长度尺寸看（70～80厘米），其不宜在直坡屋顶上使用。直坡屋面受到屋面荷载的影响，会微微产生凹形。长度较小的瓦，小型的瓦，便于铺在凹面的屋顶上。

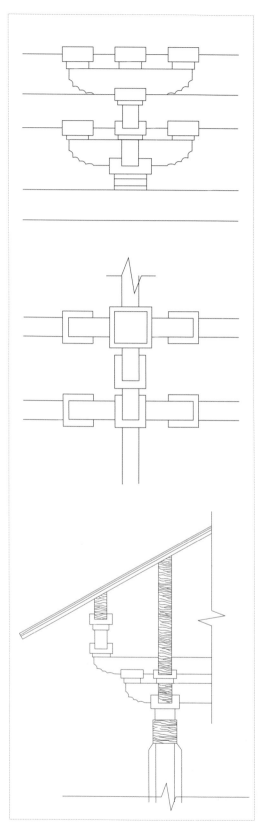

图 2-2-34　北魏殿堂斗栱推测图

屋顶的交界面往往做合缝处理，选择用板瓦或灰泥等铺盖起来是必经的处理手法，从而形成脊的形式。从画像石和出土的明器来看，汉魏时期的脊和吻的式样，只是一种粗糙的凸起形象，而没有文化的雕琢。

2.斗栱铺作的设置

汉代，檐口斗栱铺作已显出建筑形制的共性。檐口部位有最佳的视角区域，斗栱表现在檐口部位具有极佳的视角位置，因此必然刻意加工来提升斗栱的表现力度。

从北魏石窟开凿及石窟内容所表现的木构形象来看，这个时代工匠的技术有了突飞猛进的发展。一方面是通过大兴土木千锤百炼；另一方面，建筑制材工具有显著的改善。

北魏以来，建筑的斗栱部件不但没有消失，而且在形式表现上有强化的趋势。大殿檐口柱头部位设置了斗栱支撑檐枋的形式。斗栱为出两跳再加设横托木支承檐部构件。斗栱的造型参考响堂山石窟窟檐斗栱的造型。

北魏时代石窟壁画反映出的建筑转角檐口表现形式有起翘，说明已经架设了角梁，为了结构的合理表现而设置转角斗栱也是有可能的。

汉及北魏在画像石及遗物斗栱铺作中，没有对昂的表现。唐以后斗栱中出现的昂究竟如何演化而来还是值得推敲的。按屋架的结构规律，它本是大叉手梁架的出头，而昂嘴却采用了平出梁头，以防碰檐檩做斜面形。昂是斗栱铺作结构原始的造型，它在建筑中的表现说明有很久远的历史，也说明在斗栱造型中，昂是一种不可缺少的构件。

3.锯的进步和建筑形式

秦汉时期，已有铁制工具的使用，锯的发明可以说明铁器的时代革命（战国后期就发明了铁锯）。《淮南子》："良匠不以刀锯，不能制木。"锯是南北朝匠人们必不可少的工具。当时的锯已经具备了"解"的功能。锯的长足进步使木构材料发生了变革，使圆木从破砍的使用变为方整锯材。随着木构材料加工形状的改变，也引发建筑构造形式的改变，因而从南北朝时起，建筑风格发生了变化。

北魏开始，建筑形式有丰富化的趋势，这与建筑工具的进步不无关系，东汉以后文献中所记载的"锯""板"等材料的变化，说明制作建筑材料的"锯"有长足的进步，逐渐使框锯代替了刀锯。框锯的锯条长，可以很快地将树木制作成板或矩材。

北魏贾思勰《齐民要术·种麻子》："《氾胜之书》曰：'……其树大者，以锯锯之。'"在晋以前的文献中提及锯等皆曰"断""截"等，无一例释义为"解"。最早释锯为"解"义者，见于南朝梁顾野王《玉篇·金部》："居庶切，解，截也。"把锯的作用描述得很清楚。"解"和"截"是对木材纵横两个方向的不同操作，表明在南朝梁代时锯已有"解割"的功能。如果是这样，南北朝时期建筑构件的加工、制作就有了突破，增加了建筑材料制作的类型和品种，同时也使材料的利用更加充分，在制材的效率上也有了显著提高。在结构上，构件的规格更为统一和准确。

对于大直径的木构件，截面偏重多边形或方形，这可能和锯的进步有关。用锯来操作能够获得多边形木材。通过原材料的加工，多边形木材能控制规格和便于操作，而且多边形材料更能够发挥木构件的力学合理性，这需要锯来完成。北齐时代天龙山石窟的窟门出现的多边形柱式，应当和锯的发展有一定的关系。

北朝和南朝，由于锯的进步，木材加工提高到新的水平。所以这个时候建筑形式也随着构件制作工具的提高而产生新的变化。例如，斗栱的形式有所发展（响堂山石窟仿当时木构建筑的形式而出现多层斗栱）。斗栱构件出现多样化，而局部制作趋于标准化、规则化。

（九）北魏殿堂建筑推向方案

1. 平城一号殿堂遗址方案一

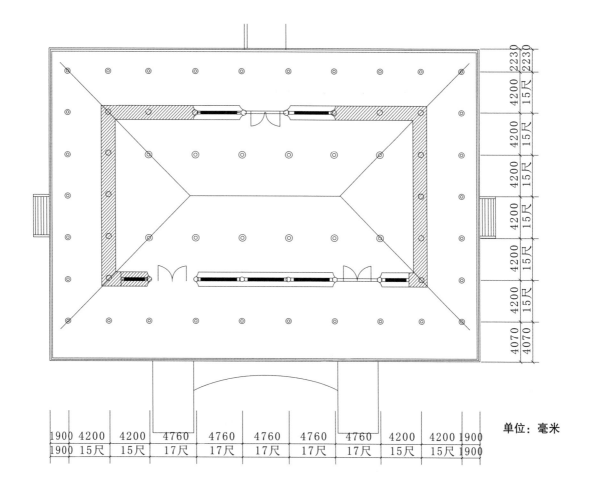

单位：毫米

图 2-2-35　方案一平面图

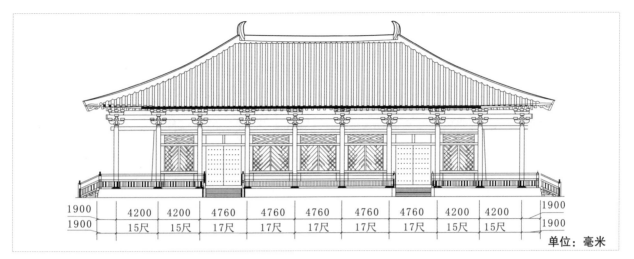

1900	4200	4200	4760	4760	4760	4760	4760	4200	4200	1900
1900	15尺	15尺	17尺	17尺	17尺	17尺	17尺	15尺	15尺	1900

单位：毫米

图 2-2-36　方案一南立面图（门窗 1）

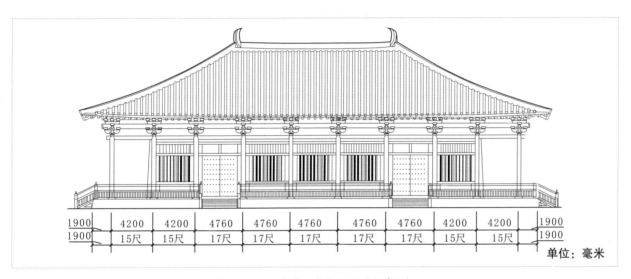

1900	4200	4200	4760	4760	4760	4760	4760	4200	4200	1900
1900	15尺	15尺	17尺	17尺	17尺	17尺	17尺	15尺	15尺	1900

单位：毫米

图 2-2-37　方案一南立面图（门窗 2）

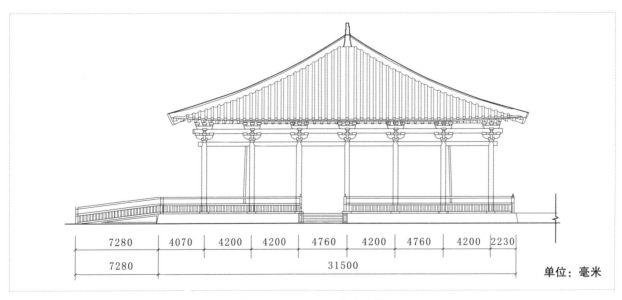

7280	4070	4200	4200	4760	4200	4760	4200	2230
7280	31500							

单位：毫米

图 2-2-38　方案一东立面图

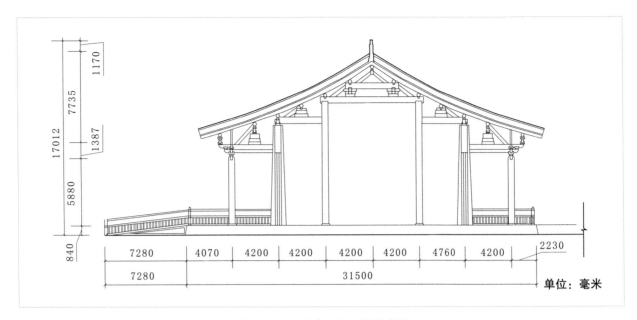

图 2-2-39　方案一当心间剖面图

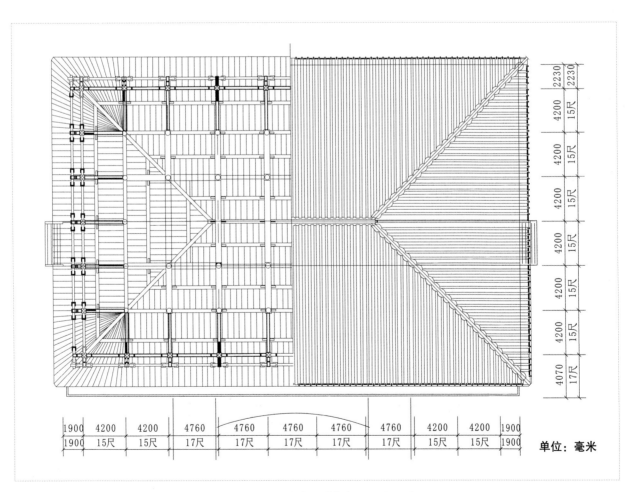

图 2-2-40　方案一屋架仰视、俯视图

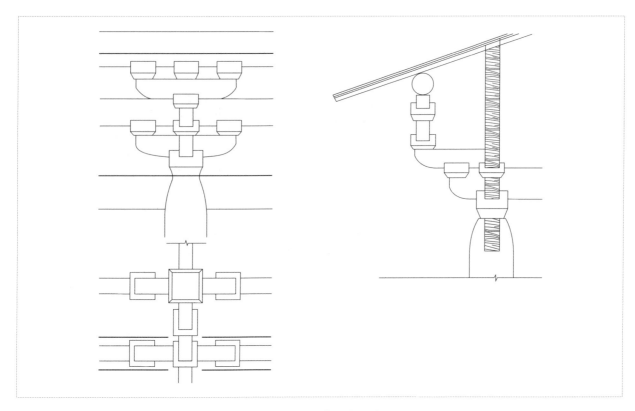

图 2-2-41　方案一斗栱详图

2. 平城一号殿堂遗址方案二

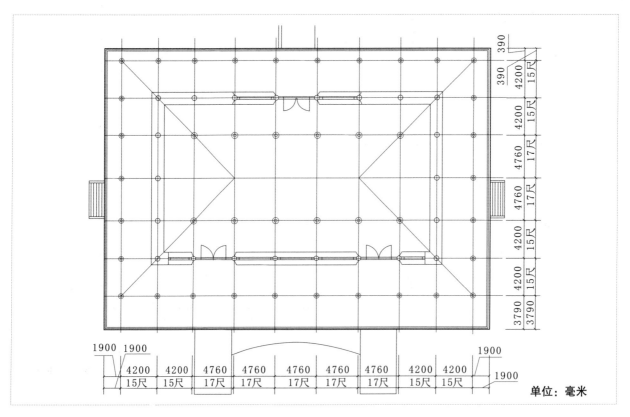

图 2-2-42　方案二平面图

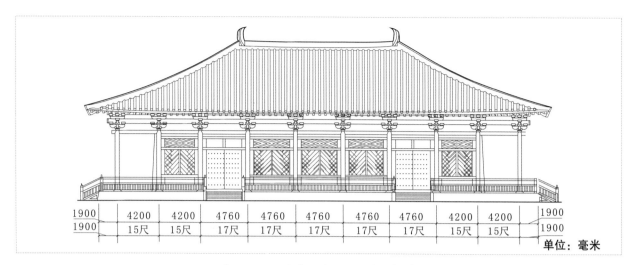

1900	4200	4200	4760	4760	4760	4760	4760	4200	4200	1900
1900	15尺	15尺	17尺	17尺	17尺	17尺	17尺	15尺	15尺	1900

单位：毫米

图 2-2-43　方案二南立面图（门窗 1）

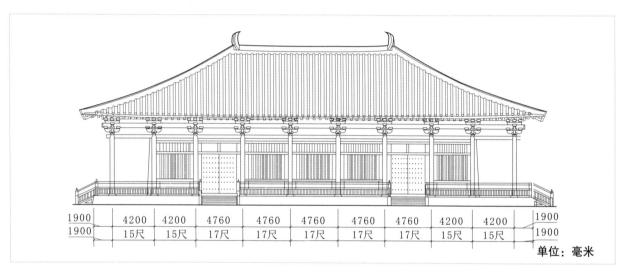

1900	4200	4200	4760	4760	4760	4760	4760	4200	4200	1900
1900	15尺	15尺	17尺	17尺	17尺	17尺	17尺	15尺	15尺	1900

单位：毫米

图 2-2-44　方案二南立面图（门窗 2）

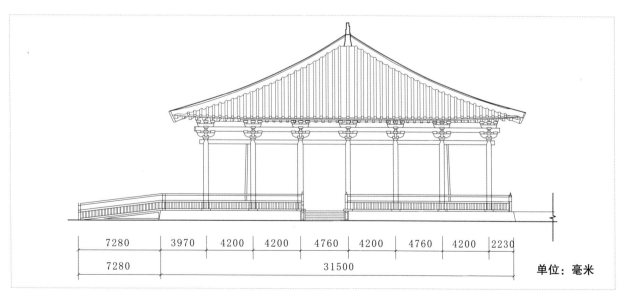

7280	3970	4200	4200	4760	4200	4760	4200	2230
7280				31500				

单位：毫米

图 2-2-45　方案二东立面图

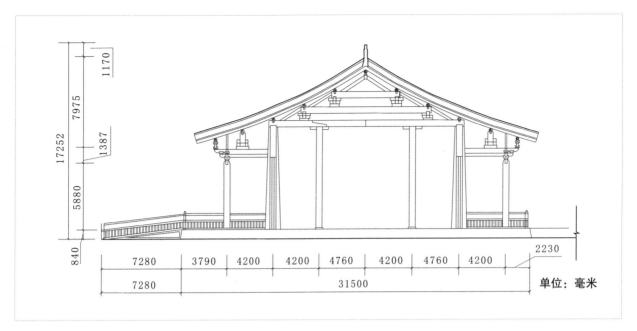

图 2-2-46　方案二当心间剖面图

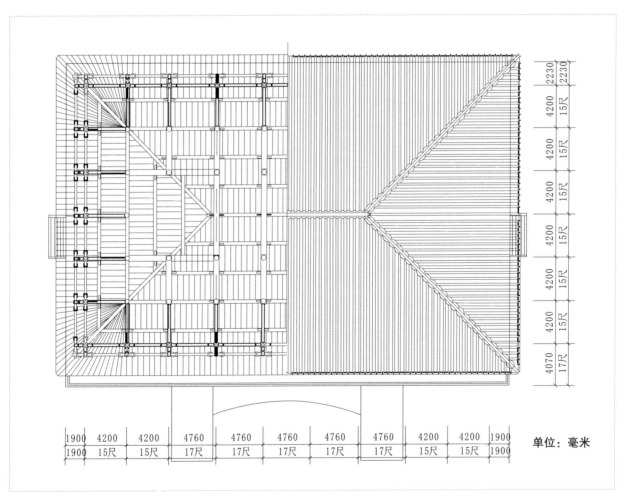

图 2-2-47　方案二屋架仰视、俯视图

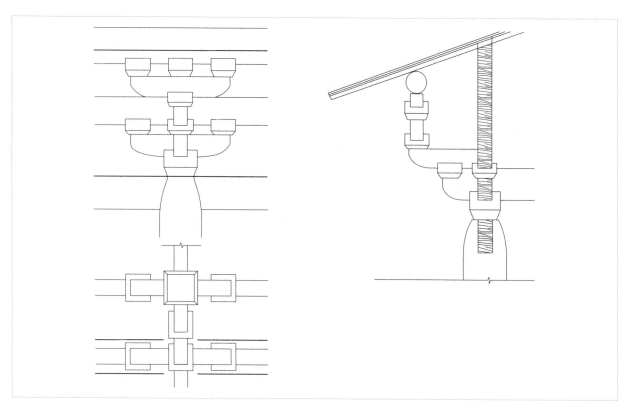

图 2-2-48　方案二斗栱详图

3. 平城一号殿堂遗址方案三

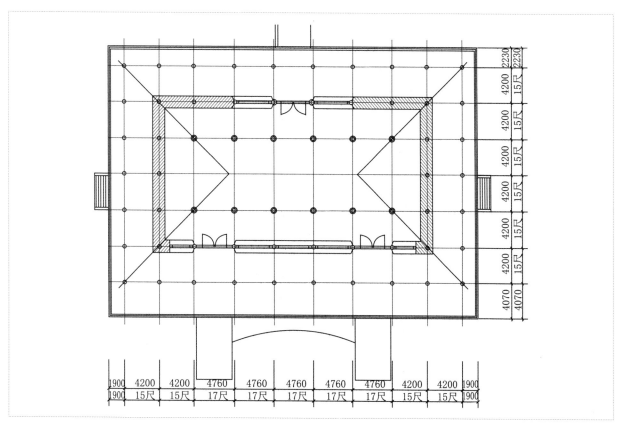

图 2-2-49　方案三一层平面图

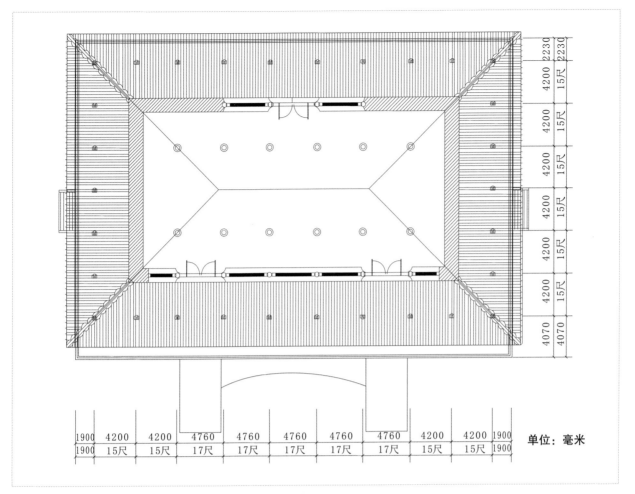

图 2-2-50　方案三一层平面图

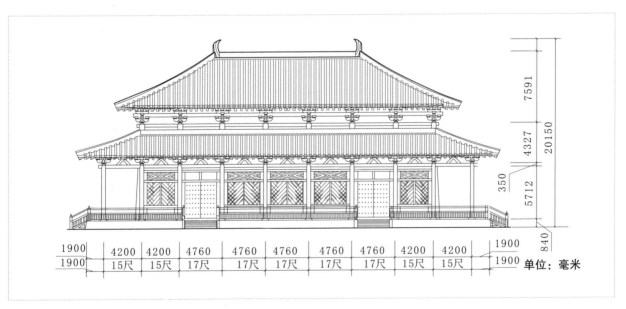

图 2-2-51　方案三南立面图（门窗 1）

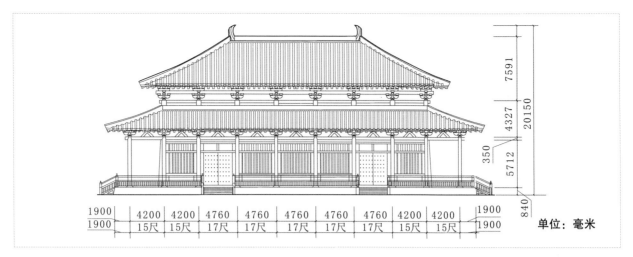

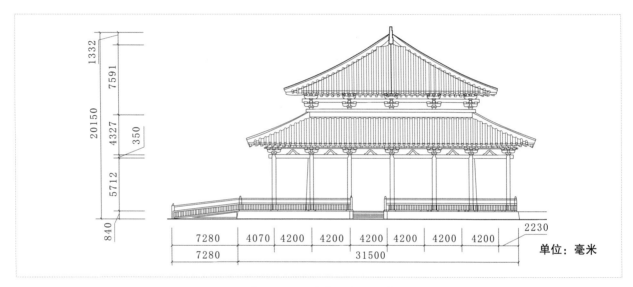

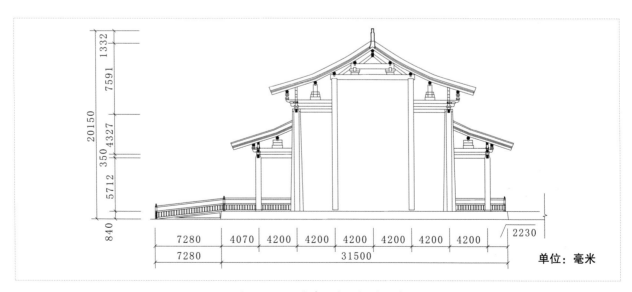

图 2-2-52　方案三南立面图（门窗 2）

图 2-2-53　方案三东立面图

图 2-2-54　方案三当心间剖面图

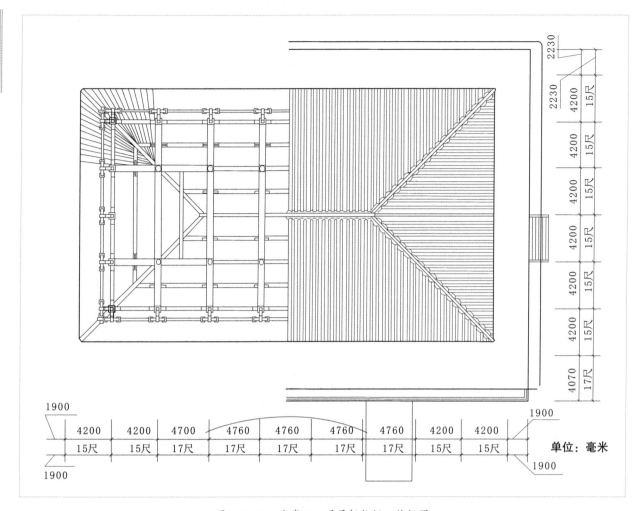

2230
2230
4200 15尺
4200 15尺
4200 15尺
4200 15尺
4200 15尺
4200 15尺
4070 17尺

1900

4200 | 4200 | 4700 | 4760 | 4760 | 4760 | 4760 | 4200 | 4200
15尺 | 15尺 | 17尺 | 17尺 | 17尺 | 17尺 | 17尺 | 15尺 | 15尺

1900

1900

1900

单位：毫米

图 2-2-55　方案三二层屋架仰视、俯视图

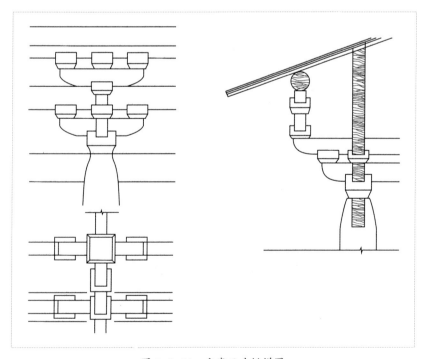

图 2-2-56　方案三斗栱详图

六、北魏平城礼制建筑

从东汉末年开始至魏晋南北朝，这400多年的历史是中国历史持续时间最长，涉及范围最广的大动荡、大分裂时期，少数民族大规模内迁、政权频繁更迭。山西成为这一时期交往与融合的中心，北魏皇族更以炎黄子孙后裔自居。

鲜卑拓跋部进入雁北地区后，天兴元年（398年）太祖拓跋珪定都平城，"始营宫室，建宗庙，立社稷"。二年（399年）十月，"太庙成，迁神元、平文、昭成、献明皇帝神主于太庙"。又在宫中另立神元、思帝、平文、昭成、献明五世皇帝庙。

412年，北魏又在平城以东的白登山为道武帝拓跋珪立庙，俗称东庙。《魏书》载，太和三年（479年）五月，"雷震东庙东中门屋南鸱尾"，说明东庙有东南门。既有东中门，也应有南、北、西中门，可知东庙也是四面开门。既有东中门，也还应有东外门，东内门，可知东庙有三重围墙。据此可知，东庙是有三重围墙、四面开门的巨大建筑群。

北魏孝文帝在平城的末期就曾在太和十五年（491年）改建太庙，命蒋少游赴洛阳量魏晋故庙基址，然后依式建造。

考《魏书》《水经注》《隋书》《资治通鉴》等史籍，古人对平城的这一建筑群只称明堂。如《魏书·高祖纪》载，太和十五年（491年）夏四月"经始明堂，改营太庙……冬十月……明堂、太庙成"。《魏书·礼志》记载，同年十月，太尉还奏曰："窃闻太庙已就，明堂功毕，然享祀之礼不可久旷。"《魏书·尉元传》载，太和十六年（492年）"养三老五更于明堂，国老庶老于阶下。高祖再拜三老，亲祖割牲，执爵而馈，于五更行肃拜之礼。赐国老、庶老衣服有差"。《魏书·李外传》载："冲机敏有巧思，北京明堂、圆丘、太庙，及洛都初基，安处郊兆，新起堂寝，皆资于冲。"道光十年《大同县志》称"州有魏故明堂遗址"。

（一）郊坛明堂考论

郊祀天地、大享明堂往往是古代君王最重视的祀典，主要是在郊坛、明堂举行祭天、祀地、享祖等祭祀典礼。按照古代礼学框架，郊礼和明堂礼均属于五礼制度之首的吉礼，其礼制基础是天赐符运于天子的观念深入人心，"夫圣人之运，莫大乎承天。天行健，其道变化，故庖牺氏仰而观之，以类万物之情焉。黄帝封禅天地，少昊载时以象天，颛顼乃命南正重司天以属神，高辛顺天之义，帝尧命羲和敬顺昊天，故郊以明天道也"（《通典》卷四十二）。郊天的重要作用之一就是以明确和严格的仪式来展示统治者王道大统之正义，自东汉光武帝登极行告天礼以来，相沿成为制度。魏晋以降，郊天配祖既是国家祭礼的主体，也构成了整个社会信仰的主干。

拓跋鲜卑历代君王均对祭祀天地的礼仪毕恭毕敬。在北魏定都平城以后，施行一系列有关礼制，并对郊坛和明堂等相关建筑不断进行体系化的建设，成为北魏统治者汉化过程中参循汉制进行封建化制度创建的重要标志。

北魏不断对有关礼制进行着殚精竭虑的谨慎探索，"国之大事，唯祀与戎，庙配事重，不敢专决"（《魏书·礼志》），其主要积累和建设经历都是在平城时期完成的。"从魏晋到南朝实行的几乎是相同的郊祀制度，在北魏以后的北朝，在郊祀上采用了别的制度，到了唐代集这类制度之大成。"[1]尤其北魏平城后期，孝文帝拓跋宏在政治制度改革背景下建设的圜丘和明堂等礼制建筑，一方面更多地接受儒家经典，特别对周礼等古制备加推崇；另一方面则是对在建都平城初期逐步创构的仪制改造和整理。到隋统一南北朝后，在很大程度上又沿袭了北魏以来的郊祀制度，因此北魏处于上承汉晋、下启隋唐的地位，为唐代以后礼学制度逐渐体系化、定型化作出了巨大贡献。

天兴元年（398年）道武帝拓跋珪为定都平城做了多方面准备工作，以使得平城获得名正言顺的国都地位。首先，"秋七月，迁都平城，始营宫室，建宗庙，立社稷"（《魏书·太祖纪》），这些事项是为平城建都所做的具体的、静态的中观都城基础建设工作。其次，"八月，诏有司正封畿，制郊甸，端径术，标道里，平五权，较五量，定五度"（《魏书·太祖纪》）。大到都城郊邑四至的建设性规度定位，小到居民的时历、径向、规矩、尺度、量度、权衡等等，所有这些内容则都是在中观城市建设基本确立的基础上，将城市空间向着宏观和微观两个极端层面深入，以构建抽象、动态层面的都城时空体系。

---

[1] 金子修一.关于魏晋到隋唐的郊祀、宗庙制度［M］.日本中青年学者论中国史（六朝隋唐卷）.上海：上海古籍出版社，1995：338.

从更高的层次上说，古人对国家政权的确认，是由掌握这样时空体系的天子行祭天之礼，从而将近天与上天沟通的礼制职权交由天子专属，从而赋予天子居于更高层次空间领域来指导天下的权力。天子掌握了全面的时空话语权力，便能为自己赢得天下正朔之义，因此，施行祭祀天地之礼的郊坛、明堂之类建筑都是任何都城建设的重要组成部分。

1. 郊坛

拓跋鲜卑历来对祭天活动非常关注。早在曹魏甘露三年（258 年），被北魏后代尊为"始祖神元皇帝"的拓跋力微携部众迁至定襄之盛乐定居的同年，便组织了整个部落首领都必须参加的正式祭天活动，"夏四月，祭天，诸部君长皆来助祭，唯白部大人观望不至，于是征而戮之，远近肃然，莫不震慑"（《魏书·序纪》）。这次事件说明祭天是拓跋鲜卑确立统治权威过程中一项至为重要的礼仪活动，如对礼敬上天不尊崇，则意味着与族群主体的背离。最早的设坛记述是在拓跋什翼犍时代，建国五年，"秋七月七日，诸部毕集，设坛埒，讲武驰射，因以为常"（《魏书·序纪》）。此时所设之坛很可能就是祭天之用，想必坛的形制还较为原始。

道武帝拓跋珪时任代王，"登国元年（386 年）春正月戊申，帝即代王位，郊天，建元，大会于牛川"（《魏书·太祖纪》）。关于这次祭祀的记载还有"太祖登国元年，即代王位于牛川，西向设祭，告天成礼"（《魏书·礼志》）。

北魏定都平城之时，天兴元年（398 年）夏四月孟夏，道武帝拓跋珪按照惯例祭天，"帝祠天于西郊，麾帜有加焉"（《魏书·太祖纪》）。明确提到了在平城西郊设立祭坛并划定坛的界域，所用卤簿的规模也扩大了。此外，《魏书·乐志》中还有天兴元年前后曾于孟秋月西郊祭天的"旧礼"："孟秋祀天西郊，兆内坛西，备列金石。"在这一年还在南郊祭祀了天地，"天兴元年，定都平城，即皇帝位，立坛兆告祭天地"。具体情况是，《魏书·天象志》载，十二月"群臣上尊号，正元日，遂禋上帝于南郊。由是魏为北帝，而晋氏为南帝"。虽然当时并不是中原传统冬至郊天之日，但这是为了配合当时道武帝拓跋珪平城登基大典而举行的告天地仪式，这样才能以其"正统"而与南朝分庭抗礼。

至天兴二年（399 年）道武帝拓跋珪开始正式按照汉制在南郊正月祭天，《魏书·礼志》载，"二年春正月甲子，初祠上帝于南郊，以始祖神元皇帝配，降坛视燎，成礼而反"。此时开始配祀始祖神元帝拓跋力微，"二年正月，帝亲祀上帝于南郊，以始祖神元皇帝配。为坛通四陛，为壝埒三重。天位在其上，南面，神元西面。五精帝在坛内，壝内四帝，各于其方，一帝在未。日月五星、二十八宿、天一、太一、北斗、司中、司命、司禄、司民在中壝内，各因其方。其余从食者合一千余神，餕在外壝内。"随后，除了每年祭天，还在北郊祭地，配祀神元帝后，"明年（400 年）正月辛酉，郊天。癸亥，瘗地于北郊，以神元窦皇后配。"而且祭坛四陛三壝的规模，且所祭祀神主均有汉制可循。

从此，每年正月，北魏在平城南、北郊分祀天地神祇的祭祀仪典逐渐开始形成，继而在道武帝拓跋珪前期又确立了二至分祀天地于圜丘方泽的制度，《魏书·礼志》载，"其后，冬至祭上帝于圜丘，夏至祭地于方泽，用牲帛之属，与二郊同"。

《周礼·大司乐》贾公彦疏云："言圜丘者，案《尔雅》：土之高者曰丘。取自然之丘圜者，象天圜。既取丘之自然，则未必要在郊，无问东西与南北方皆可。地言泽中方丘者，因高以事天，故于地上；因下以事地，故于泽中。取方丘者，水锺曰泽，不可以水中设祭，故亦取自然之方丘，象地方故也。宗庙不言时节者，天地自相对而言。"

南郊与圜丘共用同一祭天之坛，北郊与方泽共用同一祭天之坛，即在郊坛使用上实现郊丘合一，郊泽合一，只是正月之祭和二至之祭时所用的称呼稍有不同，但祭祀对象也都是天帝，所以往往后来

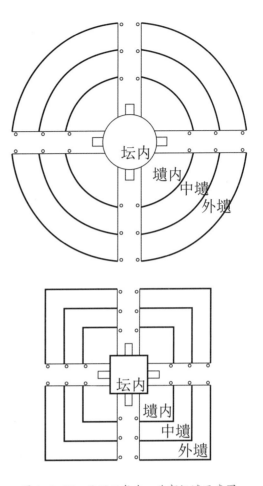

图 2-2-57 天兴二年南、北郊坛壝示意图

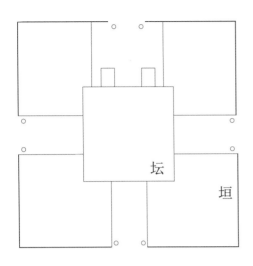

图 2-2-58　天赐二年西郊坛墙示意图

在称呼上逐渐混淆，"太祖初，冬至祭天于南郊圜丘……夏至祭地于北郊方泽。"实际上，这种郊丘合一的祭天之礼也符合两晋以来以及当时南朝的常规，"晋初弃圜丘方泽，于两郊二至辍礼"。

从坛制来看，它充分借鉴了汉制。《魏书·礼志》载："天赐二年（405年）夏四月，复祀天于西郊，为方坛一，置木主七于上。东为二陛，无等，周垣四门，门各依其方色为名。牲用白犊、黄驹、白羊各一。祭之日，帝御大驾，百官及宾国诸部大人毕从至郊所。帝立青门内近南坛西，内朝臣皆位于帝北，外朝臣及大人咸位于青门之外，后率六宫从黑门入，列于青门内近北，并西面。廪牺令掌牲，陈于坛前。女巫执鼓，立于陛之东，西面。选帝之十族子弟七人执酒，在巫南，西面北上。女巫升坛，摇鼓。帝拜，后肃拜，百官内外尽拜。祀讫，复拜。拜讫，乃杀牲。执酒七人西向，以酒洒天神主。复拜，如此者七。礼毕而返。自是之后，岁一祭。"

此时的西郊祭天活动参照汉制南郊祭天，其内容和过程可能较以前要复杂很多。西郊祭天活动还让皇后等六宫女性参与，甚至主祭也是女巫。

关于西郊天坛的情况《南齐书·魏虏传》还有如下记载："城西有祠天坛，立四十九木人，长丈许，白帻、练裙、马尾被，立坛上，常以四月四日杀牛马祭祀，盛陈卤簿，边坛奔驰奏伎为乐。城西三里，刻石写《五经》及其国记，于邺取石虎文石屋基六十枚，皆长丈余，以充用。"坛东的《五经》等碑记是在太武帝时期所建，"著作令史太原闵湛、赵郡郄标素诌事浩，乃请立石铭，刊载《国书》，并勒所注《五经》。浩赞成之。恭宗善焉，遂营于天郊东三里，方百三十步，用功三百万乃讫"（《魏书·崔浩传》）。郦道元《水经注》还记有郊天坛与平城西郭的关系，"城周西郭外有郊天坛，坛之东侧有《郊天碑》，建兴四年立"。

直至孝文帝拓跋宏执政中期，西郊祭天仍然在进行，《魏书·礼志》载，"十年四月，帝初以法服御辇，祀于西郊"。但不晚于太和十二年（488年），祭天郊坛制度就作为孝文帝拓跋宏汉化改革的一个重要部分开始紧锣密鼓地进行调整，太和十二年闰七月，"闰月甲子，帝观筑圆丘于南郊"。又有，"十二年十月，帝亲筑圜丘于南郊"。

筑圜丘的原因要从明元帝拓跋嗣时期说起。《魏书·礼志》载，"泰常三年（418年），为五精帝兆于四郊，远近依五行数。各为方坛四陛，坎壝三重，通四门。以太皞等及诸佐随配。侑祭黄帝，常以立秋前十八日。余四帝，各以四立之日。牲各用牛一，有司主之。又六宗、灵星、风伯、雨师、司民、司禄、先农之坛，皆有别兆。祭有常日，牲用少牢。立春之日，遣有司迎春于东郊，祭用酒、脯、枣、栗，无牲币。又立五岳四渎庙于桑干水之阴，春秋遣有司祭，有牲及币。四渎唯以牲牢，准古望秩云。其余山川及海若诸神在州郡者，合三百二十四所，每岁十月，遣相官诣州镇遍祀。有水旱灾厉，则牧守各随其界内祈谒，其祭皆用牲。王畿内诸山川，皆列祀次祭，若有水旱则祷之"。之后，平城地区便大建各类祭坛，如代表上天各时的青、赤、黄、白、黑五帝各自的祭坛。尽管这样使得各种天神祭祀制度通过分化而得以充实化和体系化，但是各种仪制的繁文缛节则牵扯了君王过多精力，也造成了祭祀用飧馔负担过于沉重。到孝文帝拓跋宏时期，开始他还谨行不辍，"天地、五郊、宗庙二分之礼，常必躬亲，不以寒暑为倦"（《魏书·高祖纪》）。后来，针对有关祭祀的问题，大臣们反复加以探讨，基本确认以圜丘集郊天大祭为一身，《魏书·礼志》载，"今祭圜丘，五帝在焉，其牲币俱禋，故称肆类上帝，禋于六宗。一祭而六祀备焉。六祭俱备，无烦复别立六宗之位"。孝文帝拓跋宏主导了关于圜丘之禘祫与宗庙之禘祫关系的经学理论讨论，最后形成结论："王以禘祫为一祭，王义为长。郑以圜丘为禘，与宗庙大祭同名，义亦为当。今互取郑、王二义。禘祫并为一名，从王。禘祫是祭圜丘大祭之名，上下同用，从郑。若以数则黩，五年一禘，改祫从禘。五年一禘，则四时尽禘，以称今情。禘则依《礼》文，先禘而后时祭。便即施行，著之于令，永为世法。"孝文帝拓跋宏决定新筑圜丘将主要祭天礼仪加以统一，并且配飨所有远祖以来所有神主，"立圜丘以昭孝，则百神不乏飨矣"。太和十三年（489年）圜丘及方泽建成，"十三年正月，帝以大驾有事于圜丘。五月庚戌，车驾有事于方泽"。到太和十五年（491年）十一月，"庚申，帝亲省齐宫冠服及郊祀俎豆。癸亥冬至，将祭圜丘，帝衮冕剑舄，侍臣朝服。辞太和庙，之圜丘，升祭柴燎，遂祀明堂，大合"。显然，此时已建构起了一套以新的圜丘和明堂为核心的完整祭天之礼及其礼制建筑规范。

这座新建的圜丘以及其他郊坛尚未有考古探明其所在。由于汉晋以来南郊制坛模式大致接近："（东汉光武帝刘秀）建武二年（26年）正月，初制郊兆于雒阳城南七里，依鄗。采元始中故事，为圆坛八陛，中又为重坛，天地位其上，皆南向，西上，其外坛上为五帝位，青帝位在甲寅之地，赤帝位在丙巳之地，黄帝位在丁未之地，白帝位在庚申之地，黑帝位在壬亥之地，其外为壝，重营皆紫，以像紫宫，有四通道以为门。"（《后汉书·祭祀志》）想必平城郊坛之建制也与此有所关联。

随着汉化程度的加深和对中原文化的接受和理解，北魏统治者不仅借鉴模仿中原传统郊坛制度，而且开始主动对其进行建构和改革，孝文帝拓跋宏本人就是一位经学知识渊博的专家。另外，孝文帝拓跋宏对西郊郊天则逐步加以废除，《魏书·高祖纪》载，太和十六年（492年）三月，"癸酉，省西郊郊天杂事。乙亥，车驾初迎气于南郊，自此为常"。到太和十八年（494年），"三月庚辰，罢西郊祭天"。从此彻底取消了基于原始自然神崇拜的西郊祭天礼仪，郊坛制度完全借鉴儒家经学礼仪而成。因此，区分西郊还是南郊祭天是界定北魏统治阶层汉化改革深入程度的一个标志。

2. 明堂

圜丘、方泽及南北郊等郊坛中进行的都是祭祀活动，而明堂则是一种具有礼教综合功能的建筑。据史料记载，早在上古神农时代即有明堂的创设，历黄帝合宫、尧衢室、舜总章，至夏后氏世室、殷人重屋、周代明堂，明堂开始有了相对明确的形制和尺度概念。关于明堂的礼仪功能也逐渐清晰，最早的明确记载是周天子会见诸侯之地，不晚于战国时期就将祭天配祖、布政朝觐、颁朔教化、养老尊贤等功能集为一体。

所谓明堂，即"明正教之堂"，"正四时，出教化"，是明正教之处。辟雍者，"辟"通"璧"，"象璧圜雍之以水，象教化流行"，是宣教化之所。明堂辟雍是古代皇帝明正教宣教化将教化传播于天下的场所，是中国古代最高等级的皇家礼制建筑之一。据《孝经》记载，明堂起源于公元前11世纪西周初期。然而据《三辅黄图》记载，早在黄帝之时，便已有用以天子祭祀布政的建筑。

《三辅黄图》载："明堂所以正四时，出教化，天子布政之宫也。黄帝曰合宫，尧曰衢室，舜曰总章，夏后曰世室，殷人曰阳馆，周人曰明堂。"

在吕不韦的《吕氏春秋》里，将明堂建筑描述成天子因时而居的宫殿建筑。天子按照不同的月令，居住在明堂中与月令相对应的房间中，穿着与月令相对应颜色的服装，吃着与月令相对应的食物，听着与月令相适应的音乐，出门乘坐与月令相对应的车马。如："孟夏之月，天子居明堂内的左室（左个）之中；初夏之月，天子居明堂内的中央房间（太庙）；季夏之月，天子居明堂内的右室（右个）之中。"如此等等，每一年都有一个轮回。

由北朝古乐府民歌《木兰辞》"归来见天子，天子坐明堂"的记载可以看出，明堂是帝王会见重臣的场所。杜甫在其《石鼓歌》中说："大开明堂受朝贺，诸侯佩剑鸣相磨。"由此可见，诸侯在朝贺天子的时候，都会随身佩戴剑，佩剑相互摩擦叮当作响，营造出一种宏大而隆重的场面。

"明堂"在不同的时代有着不同的叫法。夏曰"世室"，商曰"重屋"，直到周代才称为"明堂"。历来各朝代因其存在时间的长短、政权是否稳定、思想是否统一、国力是否强盛等因素，决定着明堂辟雍的构建。

《大戴礼记·盛德》篇记述云："明堂上圆下方，上圆法天，下方法地，十二堂法日辰，九室法九州。"

《后汉书·祭祀传》记载汉明帝于永平二年（59年）正月辛未："祀五帝于明堂，光武帝配。五帝坐位堂上，各处其方，黄帝在未，皆如南郊之位。光武帝位在青帝之南少退，西面。牲各一犊，奏乐如南郊卒事，遂升灵台以望云物。"

明堂礼成，皇帝又登灵台"望云物"。

元和二年（85年）二月，汉章帝东巡泰山时，"壬申，宗祀五帝于孝武所作汶上明堂，光武帝配，如洛阳明堂祀"（《后汉书·祭祀志》）。

总之，两汉尚处于明堂礼制发展的初步时期。这一时期明堂还没有形成单一的祭祀功能，而是与封禅、养老、教育等功能密不可分。由汉武帝时期独创的明堂形制与明堂礼，逐步与经典的儒家周公礼相吻合，说明儒家思想对明堂礼制发展的影响逐渐增强，明堂礼在此时得到初步发展。

在中国历史上，魏晋南北朝是分裂时间最长的一段时期，此时的中华文化步入了一个新的大融合的历史时期，由两汉时期的独尊儒术发展成为儒、释、道三教合一。伴随着社会的动荡，南北的分治，民族的迁徙，胡汉文化的交融，带有时代烙印的明堂制度逐渐呈现出分散支离、各自为政的特点。

三国和晋代各国都没有建设明堂。

南北朝时期的北魏不仅一度统一了中国北方，而且在同时期北方各少数民族政权中受汉化影响最深，因而，对于明堂这类汉文化的代表性礼制建筑也是大规模建设的。

北魏学者李谧在他的《明堂制度论》中收录了各家对于明堂制度的观点和看法。文章中，李谧不仅进行了中肯的描述和批评，还提出了自己的见解。此外贾思伯、封轨、袁翻也都有关于明堂的论述。

《魏书》卷九十记载李谧的言论："凡论明堂之制者虽众，然校其大略，则二途而已。言五室者，则据《周礼·考工记》之记以为本，是康成之徒所执。言九室者，则案《大戴·盛德》之篇以为源，是伯喈（蔡邕）之伦所持。此之二书，虽非圣言，然是先贤之中博见洽通者也。但各记所闻，未能全正，可谓既尽美矣，未尽善也……小戴氏传礼事四十九篇，号曰《礼记》，虽未能全当，然多得其衷，方之前贤，亦无愧矣。而《月令》《玉藻》《明堂》三篇，颇有明堂之义，余故采撷二家，参之《月令》，以为明堂五室，古今通则。其室居中者，谓之太室；太室之东者，谓之青阳；当太室之南者，谓之明堂；当太室之西者，谓之总章；当太室之北者，谓之玄堂。四面之室，各有夹房，谓之左右个，三十六户七十二牖矣。室个之形，今之殿前是其遗像耳。个者，即寝之房也。但明堂与寝，施用既殊，故房、个之名，亦随事而迁耳……《考工记》曰：'周人明堂，度以九尺之筵。东西九筵，南北七筵，堂崇一筵。五室，凡室二筵。室中度以几，堂上度以筵。'……《礼记·玉藻》曰，天子'听朔于南门之外，闰月则阖门左扉，立于其中'。郑玄注曰：'天子之庙及路寝，皆如明堂制。明堂在国之阳，每月就其时之堂而听朔焉。卒事，反宿路寝亦如之。闰月非常月，听其朔于明堂门下，还处路寝门终月也。'……

《记》云：东西九筵，南北七筵。五室，凡室二筵。置五室于斯堂，虽使班、倕构思，王尔营度，则不能令三室不居其南北也。然则三室之间，便居六筵之地，而室壁之外，裁有四尺五寸之堂焉。岂有天子布政施令之所，宗祀文王以配上帝之堂，周公负扆以朝诸侯之处，而室户之外，仅余四尺而已哉？假在俭约，为陋过矣。论其堂宇，则偏而非制；求之道理，则未惬人情，其不然一也。"

北齐、北周都未建明堂。

南朝各代为了表示自己是正统的"天赋皇权"，都要建一座横面宽大一些的大殿，用以替代明堂，而其本质上就是一座太庙，但是其形制发生了根本性的变化。

魏晋南北朝时期明堂的祭祀、配享对象等受王肃、郑玄的影响较大，逐步摆脱封禅、养老的功能，渐进转化为单一的祭祀功能。然而此时关于明堂礼制的理论论争不断，明堂礼制尚属于整合期。

君王专建明堂有明确记载者，可上溯至汉武帝元封二年（前109年）所建泰山奉高明堂。《汉书·郊祀志》记载："初，天子封泰山，泰山东北阯古时有明堂处，处险不敞。上欲治明堂奉高旁，未晓其制度。济南人公玉带上黄帝时明堂图，明堂中有一殿，四面无壁，以茅盖，通水，圜宫垣，为复道，上有楼，从西南入，名曰昆仑，天子从之入，以拜祀上帝焉。于是上令奉高作明堂汶上。"中间一殿楼居、环水垣墙等是基本建筑特征。

在西汉平帝元始五年（5年），王莽掌权，于长安南郊建立了一座明堂。1950年在西安市郊汉长安城南位置发掘出一处初步判断为明堂的礼制建筑遗址（大土门遗址），使当时这座明堂的大致形制和规模得到了考古发掘的证实："遗址的中心为中心建筑，在一个圆形夯土台上；中心建筑的四周是一个方形的院落，它的四角各建有曲尺形的配房，各配房的四面的中距又有东、西、南、北四门的建筑，配房的外侧又有围墙与四门连接，整个构成一个方形建筑体，位于方形夯土台上；在围墙的四周，又有一圆形的大圜水沟片。"[1] 其中心建筑平面似"亚"字形，南北 42 米，东西 42.4 米，四周方形院落，周围再圜水，即这座明堂的总体概貌。

东汉光武帝中元元年（56年）在东都洛阳建起一座明堂，《后汉书·儒林传序》载，"中元元年，初建三雍（指辟雍、明堂、灵台），明帝即位，亲行其礼。天子始冠通天，衣日月，备法物之驾，盛清道之仪，坐明堂而朝群，后登灵台以望云物，袒割辟雍之上，尊养三老五更，缫射礼毕，帝正坐自讲。诸儒执经问难于前，冠带缙绅之人，圜桥门而观听者盖亿万计"。关于这座明堂的形制有历史文献的直接描述，北魏郦道元《水经注·谷水》中就曾提及"（明堂）汉光武中元元年立，寻其基构，上圆下方，九室重隅十二堂，蔡邕《月令章句》同之，故引水于其下为辟雍"。又如，《通典》卷四十四载，"建武初营明堂，上圆下方（法天地）。八窗四闼（法八风四时）。九室十二座（法九州岛，十二月）。三十六户，七十二牖（法三十六旬，七十二风）"。此明堂的形制也通过已发掘的与同类建筑的辟雍（或明堂）遗址有所证实，"（辟雍）遗址面积约 170 平方米，四面各筑一门，中心为边长 45 米的方形夯土殿基……（明堂）整个遗址东西 386 米，南北近 400 米，东、南、西三面围墙尚有遗迹可寻，遗址中心为直径 60 余米的圆形夯土台基"[2]。

相关历史文献记载，这座东汉明堂一直沿用到曹魏时期。而自西晋末洛阳就有建成明堂的明确记载，整个北方只有北魏孝文帝太和十五年（491 年）冬在平城建成了明堂。

《魏书·高祖纪》载，孝文帝拓跋宏太和十年（486 年），"九月

---

[1] 唐金裕.西安西郊汉代建筑遗址发掘报告［J］.考古学报，1959（2）：46.
[2] 中国社会科学院考古研究所.新中国的考古发现和研究［M］，北京：文物出版社，1984，520.

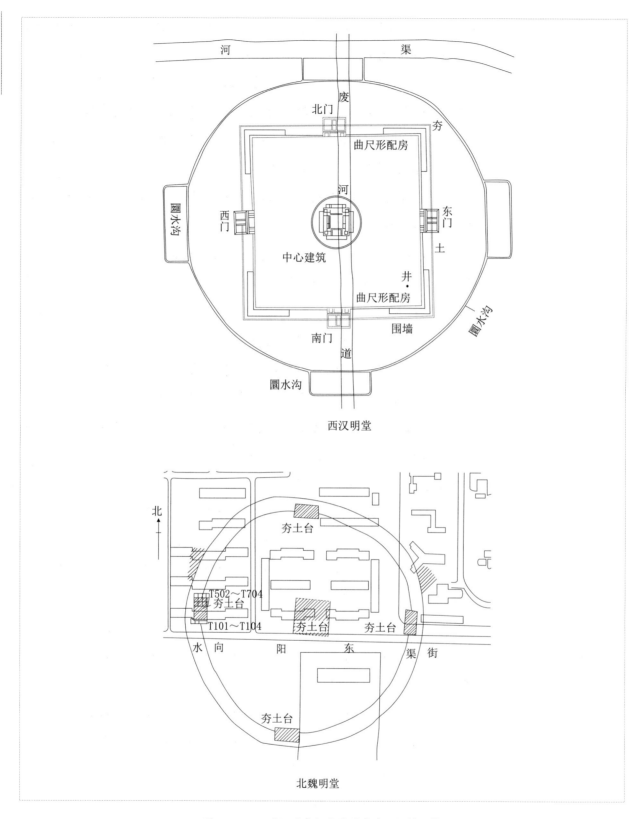

河 渠

废

北门

夯

曲尺形配房

圆水沟

西门

河

东门

土

中心建筑

井

曲尺形配房

围墙

圆水沟

南门

道

圆水沟

西汉明堂

北

夯土台

夯土台

T502～T704

夯土台

T101～T104

夯土台

夯土台

水 向 阳 东 渠 街

夯土台

北魏明堂

图 2-2-59　西汉明堂与北魏明堂遗址规模比较

辛卯，诏起明堂、辟雍。冬十月癸酉，有司议依故事，配始祖于南郊"。此年所建明堂很可能由于制度未定或工料不足等并未建成，甚至未开工。而明堂真正的建设一直延至太和十五年四月，"己卯，经始明堂，改营太庙"。同年十月，明堂便建成了。明堂的主持设计者是李冲，"冲机敏有巧思。北京明堂、圜丘、太庙，及洛都初基，安处郊兆，新起堂寝，皆资于冲"（《魏书·李冲传》）。随后，平城明堂就投入使用，《魏书·高祖纪》载，太和十六年（492年）正月，"己未，宗祀显祖献文皇帝于明堂，以配上帝。遂升灵台，以观云物；降居青阳左个，布政事。每朔，依以为常。辛酉，始以太祖配南郊"。至此，以太祖拓跋珪神主配飨南郊，而将以前一直配祀南郊的始祖神元帝拓跋力微神主移至此时已建成的圜丘。从太和十二年到迁都洛阳的前一年，孝文帝拓跋宏在平城大兴土木，并且在改建的过程中，进行了一连串有关礼仪、祭祀问题的讨论决定。"明堂辟雍，国礼之大"。明堂是北魏皇家集各类礼制之大成的最高等级的建筑。

郦道元《水经注·漯水》对平城明堂建筑及其周边的情况描述如下："其水自北苑南出，历京城内。河干两湄，太和十年累石结岸，夹塘之上，杂树交荫，郭南结两石桥，横水为梁。又南径藉田及药圃西、明堂东，明堂上圆下方，四周十二堂九室，而不为重隅也。室外柱内，绮井之下，施机轮，饰缥碧，仰象天状，画北道之宿焉，盖天也。每月随斗所建之辰，转应天道，此之异古也。加灵台于其上，下则引水为辟雍，水侧结石为塘，事准古制，是太和中之所经建也。"可见明堂平面上层为圆形，下层为方形，依秦以来九室十二堂的基本布局，而没有如两汉明堂置四角重隅台观（高台建筑），结合上文可知，平城明堂中室内房间大致布置情况为：玄室在北、明堂在南、青阳在东，总章在西，四方各室又各有左、右两个（即小室）。而平城明堂室外柱廊之下，还可能有靠水力驱动的具有较高技艺水平的天文演示机械装置，这也是前代明堂所没有的。

灵台很可能成为平城明堂的多层建筑中的一层露台，辟雍圜水也是明堂的一个组成部分[1]，那么，所谓三雍，即辟雍（圜水）、灵台、

---

[1] 辟雍相对于明堂历来有多种说法，或为辟雍、明堂、灵台三者为三雍，是三座不同的独立建筑；或为辟雍为明堂环水之名等等。

明堂得以在平城明堂实现三位一体。《隋书·宇文恺传》载，"后魏于北台城南造圆墙，在璧水外，门在水内迴立，不与墙相连。其堂上九室，三三相重，不依古制，室间通巷，违舛处多。其室皆用墼累，极成褊陋。"可见，较之两汉时三雍分置之常例，平城明堂并不全依照古制，尽管建设水平和规模并不一定突出，但在建造形制和建筑理念是有所创见的。

北魏平城明堂辟雍遗迹已经在20世纪90年代被发现并进行考古发掘，遗址位于大同市明代府城南约两千米，情况如下："平城明堂遗址平面呈圆形，占地近百亩，直径达290米。主体建筑明堂位于遗址中央，现存为一方形夯土台基，边长约43米。外围是圜形水沟即辟雍，周长约900米，宽6~16米，深1.4米左右，两侧用砂岩块石垒砌，圜形水沟内侧设东、南、西、北四门与中央建筑相对应。"[1]又有"整个明堂遗址的外部为一个巨大的环形水渠。环形水渠的外缘直径为289~294米，内缘直径为255~259米，水渠宽18~23米。水渠内侧岸边的四面分别有一个高两米多的凸字形夯土台，突出部位伸向渠内。夯土台长29米，宽162米。环形水渠以内的陆地中央，地表下有一个正方形的夯土台，高2米多，边长42米。其余四个夯土台的东、西两边与中间夯土台的方向一致。"[2]

关于平城明堂的形制建构，后世甚至北魏后期有很多不同意见，《隋书·牛弘传》载，"后魏代都所造，出自李冲，三三相重，合为九室。檐不覆基，房间通街，穿凿处多，迄无可取。及迁宅洛阳，更加营构，五九纷竞，遂至不成，宗配之事，于焉靡托"。又如《北史·袁翻传》"又北京制置，未皆允帖，缮修草创，以意良多"。并且，到北魏迁都至洛阳讨论新建明堂时，已经有很多人对平城明堂九室的形制产生怀疑，"寻将经始明堂，广集儒学，议其制度。九五之论，久而不定"（《魏书·封懿传》）。而持五室观点的儒生往往占上风。平城明堂建造时很可能并未加以讨论，而是直接按照设计实施者李冲或者决策者孝文

[1] 刘俊喜，张志忠.北魏明堂辟雍遗址南门发掘简报［J］.山西省考古学会论文集（三）.太原：山西古籍出版社，2000；112.

[2] 王银田，曹臣明，韩生存.山西大同市北魏平城明堂遗址1995年的发掘［J］.考古，2001（3）：26.

帝拓跋宏对明堂的理解而制成的。

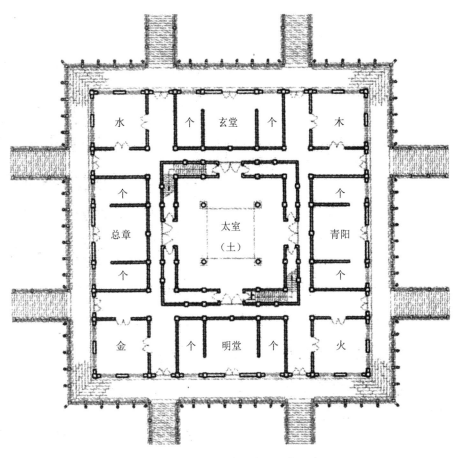

图 2-2-60　北魏平城明堂平面推测图

　　平城明堂是目前罕见的中国古代明堂建筑基址实存之一（另外三座已发现的实存基址为西汉、东汉明堂和唐代洛阳明堂），它的发现对明堂建筑研究具有极大的促进作用。尽管北魏平城明堂遗址在考古发掘时已残损严重，但近期还是有建筑历史学者依据考古发掘材料中的稀少材料，以汉代明堂为范本对平城明堂进行了建筑复原推测。诚然并无足够证据可以佐证，但作为一种设计思想和其中所包含的象征内容，则值得深入研究[1]，而且作为典型的工程准备，可能和可实施性思路已取得了较为明确的效果。另外，著名的北朝《木兰诗》有"归来见天子，天子坐明堂"之说。因此，北魏平城明堂的发现还为考证《木兰诗》故事原型人物可能出自平城附近地区提供了一定佐证。

---

[1]　王世仁. 明堂形制初探［J］. 王世仁建筑历史理论文集. 北京：中国建筑工业出版社，2001：33.

（二）北魏平城明堂

1. 平城明堂修建背景

《南齐书·魏虏传》载，北魏太和十五年（491 年）四月孝文帝拓跋宏颁旨："思遵先旨，敕造明堂之样……群臣瞻见模样，莫不金然欲速造，朕以寡昧，亦思造盛礼。卿可即于今岁停宫城之作，营建此构。兴皇代之奇制，远成先志，近副朕怀。"随诏尚书李冲营造明堂，十月建成。《魏书·高祖纪》载，翌年，"宗祀显祖献文皇帝于明堂，以配上帝。遂升灵台，以观云物；降居青阳左个，布政事。每朔，依以为常"。太和十八年（494 年）十月，孝文帝七庙神主，车驾迁洛。平城明堂只用了三年。

北魏自道武帝拓跋珪天兴元年（398 年）定都平城，至孝文帝拓跋宏太和十九年（495 年）迁都洛阳，历时 97 年。其间，孝文帝在位的 17 年间，极力推行汉化，依汉制进行了大规模的礼制建筑建设，明堂就是其中最有代表性的一座礼制建筑。

（1）自然环境

位于黄土高原东北边缘的今大同市区附近地区为北魏都城平城所在地，位处晋北盆地的中心，东有御河，西、北两面环山，中、南两面是由桑干河及其支流冲击而成的平川，整体地势东南低西北高，且大部分地区海拔在千米以上。

按照谭其骧先生的分析，平城附近地区在战国以前还处于以畜牧射猎为主要生产活动方式的时代，所以原始植被还未被大量破坏，直至秦汉移内地汉族居民戍边郡，局面才有所变化[1]。这里的地形、土壤、气候等自然条件可农可牧，以务农为本的中原居民到此大量展开了农业生产，"先为室屋，具田器"（《汉书·晁错传》）。

有关历史文献与已知考古发现对照现实，平城地区应不晚于汉代就曾有郡县建立城郭。

《元和郡县图志》卷第十四《河东道三》记载云："云中县。本汉平城县，属雁门郡。汉末大乱，其地遂空。魏武帝又立平城县，属

---

[1] 谭其骧.何以黄河在东汉以后会出现一个长期安流的局面——从历史上论证黄河中游的土地合理利用是消弭下游水害的决定性因素［J］.学术月刊，1962（02）：4.

新兴郡。晋改属雁门郡。后魏于此建都，属代尹，孝文帝改代尹为恒州，县属不改。"

从总体上来看，气候的显著变化会对农业和畜牧业产生极大的影响，而且在历史长河中，气候和生态环境的变化很可能是一个引发民族迁徙的重要因素。北方游牧民族多年来赖以生存的草原，在东汉末年越来越不适于居住，游牧民族开始大量南迁进入中原地区，以避开寒冷的气候。

随着自然环境的制约，拓跋鲜卑族的部民随着其他北方少数民族内迁的大潮，历尽艰辛辗转几千里，向中原一路迁徙而来。

（2）人文环境

北魏是由拓跋鲜卑建立的国度，它是南北朝时期一个非常重要的王朝，曾经一度统一了中国北方地区。但北魏王朝在不断南迁的过程中，不停地吸取汉文化的传统。北魏道武帝拓跋珪、太武帝拓跋焘、文明冯太后、孝文帝拓跋宏都是汉文化的崇拜者和追求者，作为汉族文化的精华——礼制，自然也就成为这些北魏统治者学习、效仿的重要内容。

《魏书》撰者魏收在《魏书·序纪》中对拓跋鲜卑族入主中原并建都的史实评价云："有魏奄迹幽方，世居君长，淳化育民，与时无竞。神元生自天女，桓、穆勤于晋室。灵心人事，夫岂徒然？昭成以雄杰之姿，包君子之量，征伐四克，威被荒遐，乃立号改都，恢隆大业。"

对于北魏平城来说，尽管它是一个传统汉地城市（城镇），但就文化结构而言，北魏都城平城是游牧文化和农耕文化结合的产物，因其所表现的城市原初状态及其历史发展动力的独特性，使得北魏平城成为中国历代都城中农、牧两种文化类型融合的重要代表。

北魏时期兴建的礼制设施，主要集中在平城和洛阳。以孝文帝时期为界，北魏都城礼制建筑的修建，大体可以分为前后两个阶段，第一阶段主要是在道武帝拓跋珪时期，拓跋珪在平城广置宫室庙宇，奠定了平城礼制设施的基本规模。这是其规划、建造礼制建筑的指导原则，这一原则是天兴元年（398年）十一月议曹郎中董谧撰定的。《魏书·太祖纪》记载云："郊庙、社稷、朝觐、飨宴之仪。"

北魏都城礼制建筑建设的第二阶段主要是在孝文帝时期，先是在"量准魏晋基址"的前提下，在平城新修、改建了一批礼制建筑。太和十九年（495 年）迁都洛阳以后，又在洛阳新修礼制建筑，其指导方针同孝文帝在平城修建的礼制建筑是一致的。

至孝文帝的太和十年（486 年），恰好是北魏建国一百年。就在这一年，孝文帝决定建设明堂，恢复明堂礼，以宣示自己至高无上的皇权，巩固统治地位。此后又过了五年，建设工程才真正开始。《高祖本纪》与《礼志四》篇章都明确记载工程竣工于当年十月。为什么诏书颁发了五年之后才开始明堂建设工程，史无明文，不敢臆测。

孝文帝太和十六年（492 年）在明堂辟雍举行了一次隆重的尊老敬贤仪式。《魏书·尉元传》《北史·游明根传》都有记载：孝文帝尊尉元为三老，尊游明根为五更。这是对德高望重老者的尊称。总之，这三年里孝文帝等人频繁地往来于明堂辟雍，说明这一重要设施，发挥了应有的作用。

《魏书·高祖纪》记载云："太和十有六年春正月……宗祀显祖献文皇帝于明堂，以配上帝。"又："九月甲寅朔，大序昭穆于明堂，祀文明太皇太后于玄室。"

在明堂"听朔布政"与利用灵台时，《魏书·高祖纪》记载："十六年春正月……遂升灵台，以观云物。降居青阳左个，布政事。每朔，依以为常。"

由此可以得知孝文帝每个月都需要到明堂处理国家大事，而且《魏书·成淹传》也记载了孝文帝在明堂会见南朝来使。

平城明堂在孝文帝迁都洛阳后，便不再使用。随后随着起义的大规模爆发，明堂辟雍和宫殿也遭焚毁。至此，仅存在了三十三年的平城明堂，就从现实中消失了。

2. 平城明堂修建历史沿革及遗址现状

有关明堂形制的记载可见下述文献：

《三辅黄图》卷五《明堂》篇曰："明堂者，明天道之堂也，所以顺四时，行月令，宗祀先王祭五帝，故谓之明堂。辟雍，圆如璧，雍以水，异名同事，其实一也。"

桓谭《新论》曰："王者造明堂，上圆下方，以象天地，为四面堂，各从其色，以效四方。天称'明'，故命曰'明堂'。"

由以上这些记载可以看出，明堂外围的环形水渠即"辟雍"。

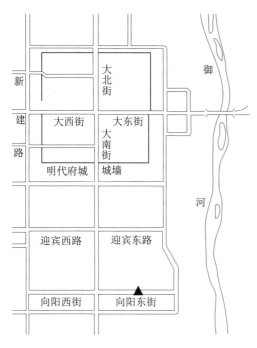

图 2-2-61 平城明堂位置示意图
（图片来源：《山西大同市北魏平城明堂辟雍
遗址 1995 年的发掘》）

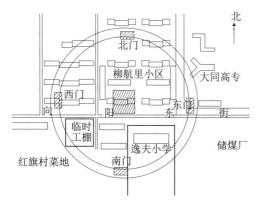

图 2-2-62 遗址勘测总平面图
（图片来源：《山西大同市北魏平城明堂辟雍
遗址 1995 年的发掘》）

据中国已有的明堂记载可知，北魏平城明堂的形制是独一无二的。平城明堂的独特性在于它不同于其他明堂，它是明堂、辟雍、灵台三合一的建筑形式。

（1）平城明堂修建历史沿革

太和十五年（491 年）冬天建成的平城明堂，是由当时的将作大臣李冲主持兴建的。《魏书·高祖纪》载，孝文帝于太和十六年（492 年）正月，"宗祀显祖献文皇帝于明堂，以配上帝，遂升灵台，以观云物；降居青阳左个，布政事。"同年秋天，"九月甲寅朔，大序昭穆于明堂，祀文明太皇太后于玄室。"

北魏平城明堂的形制可见文献记载：

《水经注·漯水》载："明堂上圆下方，四周十二户九堂，而不为重隅也……加灵台于其上，下则引水为辟雍，水侧结石为塘，事准古制。"

作为都城重要礼制建筑的明堂，是北魏定都平城以后修建的最后一批建筑。太和十七年（493 年）秋七月，孝文帝以南征萧齐为名迁都洛阳，至太和十九年（495 年），"六宫及文武尽迁洛阳"，明堂也随之失去了作为都城礼制性建筑的作用。

（2）平城明堂遗址现状

北魏平城明堂的位置在今大同市区，《水经注·漯水》有较详细的记载。1995 年 5 月，有关单位在大同市柳航里、大同高等专科学校发现了一处大型礼制建筑遗址，其后发掘者考定为北魏孝文帝太和十五年修建的明堂遗址；随后对该遗址进行了大面积的钻探和发掘清理，发现其与《水经注》所载明堂的漯水相吻合。

发掘简报发表了《北魏平城明堂遗址位置

图》[1]，图中明堂遗址位于大同市区东南 2.5 千米处，御河西侧，北魏平城的南郊。与唐《通典》所载"国之阳，三里之外，七里之内"的丙巳方位相吻合（见图 2-2-62）。遗址平面呈圆形，占地近 6 万平方米，直径达 290 米。主体建筑明堂位于遗址中央，现存一方形夯土台基，边长约 43 米。

平城明堂遗址外圈是圆形水沟即辟雍，周长约 900 米，外周水道直径 289 ~ 294 米，内圆直径为 255 ~ 259 米，水渠宽 18 ~ 23 米。东西南北有 4 座夯土的门堂基址，长约 29 米，宽约 16.2 米，高约 2.5 米。两侧用砂岩石块层层垒砌，水渠内侧岸边的四面分别有一个高 2 米多的凸字形夯土台，突出部位伸向渠内。

1995 年全面考古勘探，发掘了南、西二门和部分水渠。西门遗址夯土基：南北长约 29 米，东西宽约 16.2 米；西部凸入水渠 9.9 ~ 10.3 米，南北包括石坝基共约 29 米。已建成住宅小区。南门遗址夯土基：只发掘了西部，约总长的 4/5，夯土基南北宽约 16.9 米，南部凸入水渠中约 10.45 米。由于大同市近期在建设明堂公园，故而南门夯土遗址被保留下来。

图 2-2-63　西门夯土台遗址现状

图 2-2-64 南门台基遗址（图片来源：大同市古建所提供）

中心建筑位于遗址中央，是整个平城明堂遗址的核心建筑。由于20世纪30年代曾在此处范围内修筑过飞机场，因此遗址遭到很大破坏，地面遗存极少。仅能考古探测到中心建筑下部夯土台基的总尺寸为42～43平方米。平面形制、细节数据等相关数据无法从遗址中考证。其他可供复原平城明堂的参考，还有两汉时期及唐东都洛阳的明堂遗址。以上材料都是从考古角度对明堂平面形式的一个直观反映。

2010年，位于大同市南郊（现划归平城区）的北魏明堂遗址公园修复工程开工，为地下一层，地上两层，建筑高度为27米，占地600平方米。

图 2-2-65 鸟瞰大同明堂公园复原工程

图 2-2-66　明堂中心建筑

3.北魏平城名堂建筑形制

（1）文献中所见北魏平城明堂建筑

明堂是北魏皇家集各类礼制之大成的最高等级的建筑，是拓跋鲜卑族汉化的最鲜明代表。《魏书·任城王传》记载云："唯明堂辟雍，国礼之大。"

最早记述明堂制度的文献是《礼记·明堂位》："昔者周公朝诸侯于明堂之位……明堂者，明诸侯之尊卑也……太庙，天子明堂。"

然而书中只是记载了明堂建筑的形式和尺寸，没有记载明堂礼的含义。

《礼记·祭义》："祀乎明堂，所以教诸侯之孝也。"

《周礼·考工记》："夏后氏世室，堂修二七，广四修一。五室，三四步，四三尺，九阶，四旁两夹，窗，白盛。门堂，三之二，室，三之一。殷人重屋，堂修七寻，堂崇三尺，四阿，重屋。周人明堂，度九尺之筵。东西九筵，南北七筵，堂崇一筵。五室，凡室二筵。"

此类文献的记述都只有明堂建筑的大致形象，例如"殷人重屋"仅仅记载了建筑的进深，而未对建筑的面阔加以说明；而殷周时期的明堂建筑未记录其建筑色彩。

另据《太平御览》所引的《明堂阴阳录》记载云："明堂之制，周旋以水。水行左旋以象天，内有太室，象紫宫，南出明堂，象太微，西出总章，象五潢，北出玄堂，象营室，东出青阳，象天市。"

《礼记》中的个别篇章，则对明堂的功能有了较为明确的说法："明堂者，所以明诸侯尊卑也，外水曰辟雍。"

由此可知，春秋战国时期甚至更早，明堂建筑乃是一座集礼仪、祭祀为一体的建筑。

另据《魏书·高祖纪》篇章记载："（太和十年）九月辛卯，诏起明堂、辟雍。冬十月癸酉，有司议依故事，配始祖于南郊。""（太和十五年四月）已卯，经始明堂，改营太庙。"同年十月，平城明堂落成，随后便投入使用。"（太和十六年正月）已未，宗祀显祖献文皇帝于明堂，以配上帝。遂升灵台，以观云物；降居青阳左个，布政事。每朝，依以为常。辛酉，始以太祖配南郊。"又："九月甲寅朔，大序昭穆于明堂，祀文明太皇太后于玄室。"

从上述文献可以看出，北魏平城的这座明堂其功能已经逐步向祭天配飨发展。

郦道元编纂的《水经注》对于平城的这座明堂建筑只有粗略的记载，由文章记载可见受信任的技术官员李冲在主持兴建平城明堂时，大量考证古制，将其与两汉时期的明堂制度相融合，创立了北魏新的制度。

但是隋代的将作大臣宇文恺对于北魏平城明堂的评价却是，《隋书·宇文恺传》："圆墙在璧水外，门在水内，迥立不与墙相连。其堂上九室，三三相重，不依古制。室间通巷，违舛处多。"

由此可见，宇文恺是以汉代台榭式的建筑作为明堂的正统形式。

（2）北魏明堂所用营造尺与建筑模数

南北朝时期，日本国以朝鲜半岛为中介，大量输入中国文化。据日本学者的研究，日本飞鸟式建筑就是在经由百济传入的中国南朝文化和佛教影响下诞生的。由于实物资料匮乏，因而研究南北朝和唐代前期建筑具有很大困难。但如果能以日本现存飞鸟、奈良时代遗构进行分析，可以成为我国南北朝和唐代建筑的形式佐证，且飞鸟时代遗构，已被日本学者公认为反映了中国南北朝后期的建筑特点。[1]

据北魏和北齐时期的天龙山石窟、云冈石窟所雕的北朝建筑形象看，他们的栱枋已经规格化，尽管没有唐代那么成熟，却已经明显表现出"以材为祖"的特点。

在日本发表的《国宝法隆寺金堂修理工事报告书》中，公布了大

---

[1] 傅熹年.日本飞鸟、奈良时期建筑中所反映出的中国南北朝、隋唐建筑特点[J].文物，1992（10）：48.

量的测量数据，可知泥道栱的尺寸为 0.75×0.6 高丽尺，其断面高宽比为 5∶4。根据法隆寺金堂的测绘数据可以知道，该建筑使用的材高为 0.75 高丽尺，折合今尺为 26.7 厘米，约合 0.95 北魏尺。

在中国现存的唐、辽等较早期木构建筑中，除以材为模数外，还以柱高为扩大模数，在多层建筑中尤为明显。在唐、辽建筑中，进深四椽的建筑，其脊高恰为柱高的 2 倍，其实例有蓟县（今蓟州区）独乐寺山门。进深大于四椽的建筑，其中平槫的标高也恰为檐柱高的 2 倍，实例有五台县佛光寺大殿和蓟县独乐寺观音阁。在楼阁等多层建筑中，也以一层柱高为扩大模数。以上实例对北魏建筑的复原推测，都具有十分重要的参考价值。

据日本学者的测绘研究发现，法隆寺金堂的设计，均以一材高 26.7 厘米为模数，其开间约为 252 分° ，柱高约为 250 分° 。本文的复原推测将以此模数关系作为参照，虽不精确，但是比例关系可以借鉴。

据现存日本飞鸟式建筑看，法隆寺金堂明间面阔 12 材高，柱高 14 材高，法隆寺五重塔一层明间面阔 10 材高，柱高 12 材高，都是竖长的比例，可知当时建筑的开间比例多做竖长形。推其原因，可能仍是当时构架的纵向支撑体系较弱，不宜做大开间。

在北魏时期，建筑的用尺不严格，吴承洛先生在《中国度量衡史》一书中认为，一北魏尺应当合 27.81 ～ 29.5 厘米。

今以平城明堂遗址推算，文献记载云"堂方一百四十四尺"，其中"堂"根据《说文解字》载，意为"堂，殿也"。另有解释为"坛"意，即人工筑成的方形土台，亦或指屋基等。第三种解释为"明堂"，古代国君行礼、理政、祀神的处所。《淮南子·本经》："堂大足以周旋理文，静洁足以享上帝、礼鬼神，以示民知节俭。"高诱注："堂，明堂。所以升降揖让修礼容……"《文选·张衡〈东京赋〉》："度堂以筵，度室以几。"薛综注："堂，明堂也。"此处的"堂"，应指明堂的总面阔。假设明堂中心主体建筑不退台基，且根据考古报告的台基边长 42 米，及文献记载"堂方一百四十四尺"可以推算出，一魏尺约合今 29.2 厘米。然而从逻辑判断，柱础不退台是不可能的，因而可以得出一北魏尺的长度，即在 27.8 厘米至 29.2 厘米之间，该尺寸在前述魏尺长度以内。本文为了计算方便，现取整为一北魏尺等于 28

厘米。虽然不一定是当时真实的单位长度，但也不会影响对整座建筑物的研究分析。

（3）平城明堂建筑群的基址规模

文献记载的平城明堂位于一座由墙体和门殿围合而成的圆形平面院落之中。

《隋书·宇文恺传》记载云："（明堂）圆墙在璧水外，门在水内迴立，不与墙相连。"

然而 1995 年刊登的考古报告中，却不知为何并没有提到此"圆形水道"外周的"圆墙"。

郦道元在其《水经注》一书中，记载平城这座北魏明堂云："其水自北苑南出，历京城内。河干两湄，太和十年累石结岸，夹塘之上，杂树交荫，郭南结两石桥，横水为梁。又南径藉田及药圃西、明堂东。明堂，上圆下方。四周，十二堂、九室，而不为重隅也。室外柱内，绮井之下，施机轮；饰缥碧，仰象天状，画北道之宿焉，盖天也。每月随斗所建之辰转，应天道。此之异古也。加灵台于其上，下则引水为辟雍，水侧结石为塘。事准古制。是太和中之所经建也。"

根据《水经注》的记载，辟雍是明堂的外周水道。在平城明堂遗址的中心有一个边长 42 米正方形的地下夯土台基，应当是主体建筑所在，但目前的夯土厚度只有两米多，并且由于被现代建筑压住，还没有进行发掘清理，所以无法知道主体建筑的平面结构，更不知道其上如何构筑灵台。

《北魏明堂辟雍遗址南门发掘简报》探测外圈环水情况为（见图 2-2-67）："整个明堂遗址的外部为一个巨大的环形水渠。环形水渠的外缘直径为 289~294 米，内缘直径为 255~259 米，水渠宽约 18~23 米。水渠内侧岸边的四面各有一个厚 2 米多的凸字形夯土台，突出的部位伸向渠内。环形水渠

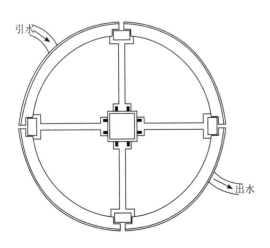
图 2-2-67　北魏平城明堂总平面推测图

引水

出水

以内的陆地中央，地表下有一个正方形的夯土台，厚2米多，边长42米。"

以北魏尺为今28厘米计，则环水直径约为100尺，这座院落占地面积约为6.6万平方米。显然这座明堂建筑群的规模是相当大的。

据考古报告称，明堂主体建筑本身是立在一个正方形的台座上的，其台基"方一百四十四尺"，折合今尺约为1764平方米，即2.6亩。将其放置在一个99亩的院落中，院落面积为明堂建筑基座面积的近40倍，由此也可以想象这座建筑的空间之平阔而空敞。

另外，在雍水的外岸，还种着树木花草，再往外是一圈圆形的围墙，这就形成了一个100多亩地的圆形大院，气势恢宏不凡（见图2-2-68）。这座明堂在建设史上，可以说是功能齐全，就是连西汉末年建造的雄伟的明堂辟雍，也不能与之相比。

此外，就总体规模来看，王莽汉长安明堂，东汉洛阳明堂与北魏平城明堂相差不是很大。但平城明堂"不依古制"，明堂之上出灵台，集祭祀、布政、观象为一体是空前的。北魏明堂其建筑构件硕大、精美，辟雍宽达15米，全部是砂岩块石垒壁，反映了孝文帝时期建筑的革新精神与雄浑气势。

以上推测分析，着眼于历史文献，以期获得一个基本尺寸框架内部的相互逻辑关系，构建出平城明堂的形制。

（4）平城明堂层高与总高推测

北魏平城明堂主体建筑地表无遗存，所以无法得知上部建筑的平面形式，更不知其上如何构筑灵台。现仅从考古报告可知，地下夯土台基为42平方米，地下埋深约2米。推测地上建筑应有2层，原因如下：

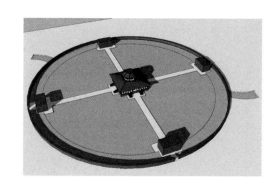

图2-2-68　北魏平城明堂庭院透视图

《水经注·漯水》记载明堂形式为"上圆下方"，下层建筑的四角没有曲尺形的配房，而上层建筑是作为"通天屋"的灵台。"明堂，上圆下方。四周，十二堂、九室，而不为重隅也……加灵台于其上，下则引水为辟雍，水侧结石为塘。"

从同时期的北朝壁画及石刻中都可见其建筑形象。在北朝壁画中所见的楼阁形象为上下层相叠，中间还没有唐以后常用的平坐层，上层的栏杆直接压在下层屋顶上，和日本受南北朝末期影响的飞鸟式法隆寺金堂、五重塔的上下层关系十分相似。

据宋敏求《长安志》记载，在崇仁坊北门之东有宝刹寺，原注云："本邑里佛堂院，隋开皇中立为寺。佛殿后魏时造，四面立柱，当中构虚，起二层阁，榱栋屈曲，为京城之奇妙。"据这段记载，此殿为二层楼阁。从"四面立柱，当中构虚"句分析，它的中间部分应该是上下贯通的，可能和公元984年辽代所建蓟县独乐寺观音阁的内部空间形式近似，在时间上却早了450年左右，为此类结构之刍形。这种做法在北魏至唐时期不普遍，当时人感到新奇，故赞为"京城之奇妙"。

根据傅熹年先生的说法，南北朝时期建筑的台基，应是将汉以来在夯土基外用立柱和横枋加固边缘的做法和随佛教艺术传入的须弥坐形式结合起来，在汉式台基蜀柱之下又加一条下枋，与原有的枋、柱结合，就出现了有上枋、下枋中加隔间版柱的最简单的须弥座形式。台基周边的木栏杆则使用较秀美的钩片棂格（见图2-2-69）。

图 2-2-69　云冈石窟第二期洞窟所见栏杆形象
（图片来源：《中国古代建筑史》（第二卷））

《三辅黄图》称通天台，《明堂论》称通天屋高八十一尺，应为明堂总高度。

4.关于平面的讨论

北魏明堂的格局和形象有着丰富的象征含义。据桓谭《新论》、东汉《礼记》《三辅黄图》《白虎通义》等的记载，可以判断出平城明堂的大概形象是以东汉洛阳明堂为参照修建的。

李谧在他的《明堂制度论》中指出，部分儒臣依据《周礼》的记载，确信明堂建筑当为"五室"之制，然而另有学者依据《礼记》认为当为"九室"。文献记载，分别录如下：

《周礼·考工记》载："周人明堂，度以九尺之筵。东西九筵，南北七筵，堂崇一筵。五室，凡室二筵。室中度以几，堂上度以筵。"

《大戴礼记·明堂》载："明堂者，古有之也。凡九室，一室而有四户八牖。凡三十六户，七十二牖。……堂高三尺，东西九筵，南北七筵。九室十二堂，室四户，户二牖。其宫方三百步在近郊，近郊三十里。"

《礼记·月令》篇载："以为明堂五室，古今通则。其室居中者，谓之太室；太室之东者，谓之青阳；当太室之南者，谓之明堂；太室之西者，谓之总章；当太室之北者，谓之玄堂。四面之室，各有夹房，谓之左右个，三十六户七十二牖矣。室个之形，今之殿前是其遗像耳。个者，即寝之房也。"

蔡邕、桓谭、贾思伯、袁翻等人依据《礼记》的记载，确信明堂建筑当为"九室"之制。

《礼图》载："建武三十一年，作明堂，上圆下方，十二堂位法日辰，九室法九州，室八窗，八九七十二法一时之王。室有十二户，法阴阳之数。"

桓谭《新论·正经》："上圆法天，下方法地，八窗法八风，四达法四时，九室法九州，十二坐法十二月，三十六户法三十六雨，七十二牖法七十二风。为四面堂，各从其色，以仿四方。王者作圆池如璧形，实水其中，以环雍之，故曰辟雍。"

《隋书·宇文恺传·明堂议表》篇引《三辅黄图》云："堂方

百四十四尺，法坤之策也，方象地。屋圆，楣径二百一十六尺，法乾之策也，圆象天。太室九宫，法九州。太室方六丈，法阴之变数。十二堂法十二月。三十六户法极阴之变数，七十二牖法五行所行日数。八达象八风，法八卦。通天台径九尺，法乾以九履六，高八十一尺，法黄钟九九之数。二十八柱象二十八宿。堂高三尺，土阶三等，法三统；堂四向五色，法四时五行；殿门去殿七十二步，法五行所行。门堂长四丈，取太室三之二，垣高无蔽目之照。牖六尺，其外倍之。"

蔡邕《明堂论》："堂方百四十四尺，坤之策也。屋圆，屋径二百一十六尺，乾之策也。太庙明堂方三十六丈。通天屋径九丈。阴阳九六之变也。圆盖方载，六九之道也。八闼以象八卦，九室以象九州，十二宫以应十二辰。三十六户，七十二牖，以四户八牖乘九室之数也……通天屋高八十一尺，黄钟九九之实也。二十八宿列于四方，亦七宿之象也。堂高三丈。以应三统。"

为方便进一步分析，先将平城明堂制度的主要造型特征与尺寸列表如下：

表 2-5 平城明堂主体建筑尺度、形式、象征涵义

尺度及形式	象征涵义	模数关系
堂方一百四十四尺	坤（地）	6×24
堂周二百一十六尺（堂径七十二尺）	乾（天）	9×8
太室每面六丈共三十六方丈	阴变	6×10
通天屋屋径周九丈藻井径九丈	乾以九覆六圆盖方载	6、9
通天屋高八十一尺	黄钟九九之数	9×9
五室	其室居中者，谓之太室；太室之东者，谓之青阳；当太室之南者，谓之明堂；太室之西者，谓之总章；当太室之北者，谓之玄堂	5
四堂	四时	4
九室	九州	3×3
十二堂	十二月十二辰	3×4
二十八柱	二十八宿	2×14

尺度及形式	象征涵义	模数关系
三十六户	阴变三十六雨	3×12
七十二牖（六尺）	五行所行日数七十二风	3×24
八达（八阶）	八风	2×4

为了复原设计的方便，需要将古代文本中的长度单位"尺"换算成便于制图的"米"。据前文推算可知，现可将复原的长度单位设定为每一北魏尺合 0.292 米。这虽然未必是当时真实的单位长度，但推测需要在一个相对的尺度与比例关系中，真实尺寸有误差应当是不可避免的，但也不会影响对整座建筑物的复原设计。

根据文字的描述及上表的显示可以知道，这座平城明堂的中心主体建筑的基座是一个平面为正方形的平台，根据唐总章二年诏建明堂的记载，台基高可能为 12 尺。

其平面形式应是融合了"五室""九室"与"十二堂"，其依据为《水经注·漯水》："明堂，上圆下方。四周，十二堂、九室，而不为重隅也。"

在以上文字中，没有详细谈及明堂内部屋室的分割，而且只字未提诸如"太室""玄堂""青阳""总章"等房间的名称。但是经过详细分析可知，平城明堂是依照两汉时期的古制而建，因而很有可能采用了与前朝一般的"五室"或者"九室""十二堂"。

（1）明堂底层建筑布局与尺度

中心建筑平面为正方形，夯土基址边长 42 米，中部为承托上部建筑的大夯土台。根据两汉时期及唐总章二年的明堂遗址可以看出，此类明堂建筑均为副阶周匝式，其回廊由内外两圈柱构成，内外柱位置相对应。根据唐总章二年明堂遗址可知底层夯土台基高度 12 尺，合今 3.6 米，故平城明堂台基高度也应是 3.6 米左右。根据《营造法式》的记载"柱高不越间广"，是中国传统木构建筑的一般规律之一。同时，结合云冈石窟所见建筑形象，可以确定，这种规律在北魏时期已经出现。由此看出，其夯土台基尺寸与两汉时期的明堂建筑相吻合，是沿袭而并非扩大建筑规模。

由于平城明堂现今地表建筑已被毁坏，没有遗存，因而其明堂建筑形制只能根据文献记载推测。推测可知，底层建筑总体上为"井"

字形的五室格局：中心为正方形"太室"，"太室"四面墙外侧各有一"堂"，每"堂"两侧各有"个"一，如图（见图2-2-70）。

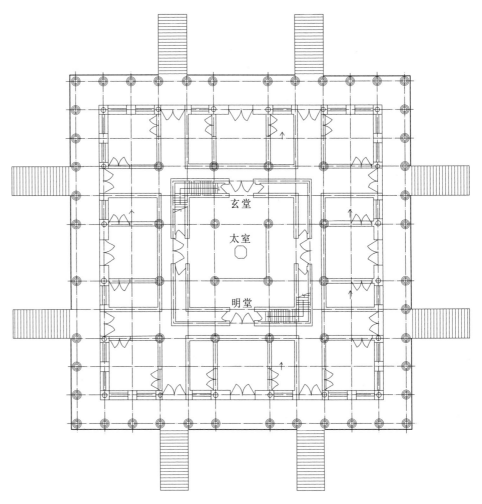

图 2-2-70　中心建筑一层平面推测图

判断依据如下表：

表 2-6　北魏平城明堂主体建筑空间格局判定依据表

格局特征判定标准		文献记载	实例（建筑遗存、明器、石窟、壁画）
平面	下层九堂：三三相重，九宫格局	《隋书·宇文恺传》明堂议表："后魏于北台城南造圆墙，在璧水外，门在水内迥立，不与墙相连。其堂上九室，三三相重，不依古制。室间通巷，违舛处多。其室皆用壑累，极成褊陋。"	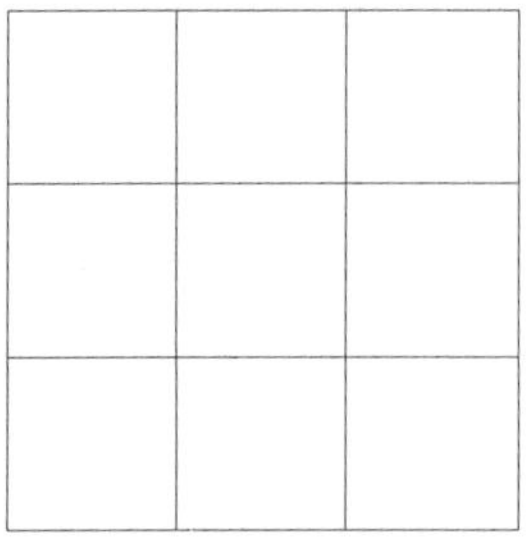 图1　中心建筑底层平面推测图
		《隋书·牛弘传》论明堂："后魏代都所造，出自李冲，三三相重，合为九室，檐不覆基。"	
		《水经注·漯水》："(平城)明堂上圆下方，四周十二户，九堂，而不为重隅也……"	
	五室四堂：中央为太室，四面有四堂，呈现出"亚"字格局	《魏书·高祖纪》："(太和十六年春正月)……遂升灵台，以观云物；降居青阳左个，布政事……九月甲寅朔，大序昭穆于明堂，祀文明太皇太后于玄室。"	汉长安城南郊礼制建筑，明堂与"王莽九庙"基本空间格局均呈现"亚"字形：图2　中心建筑底层平面推测图（图片来源：《杨鸿勋建筑考古学会论文集》）东汉洛阳明堂： 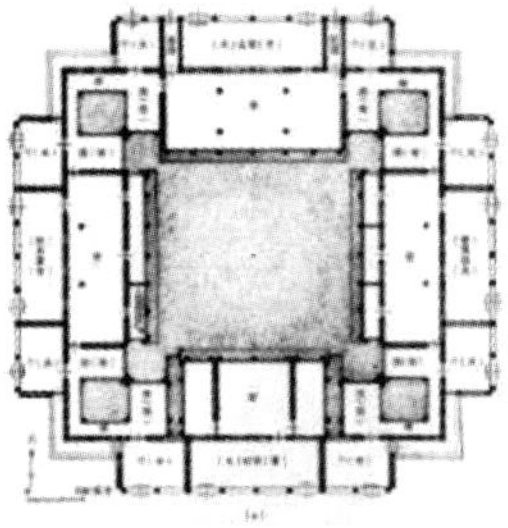 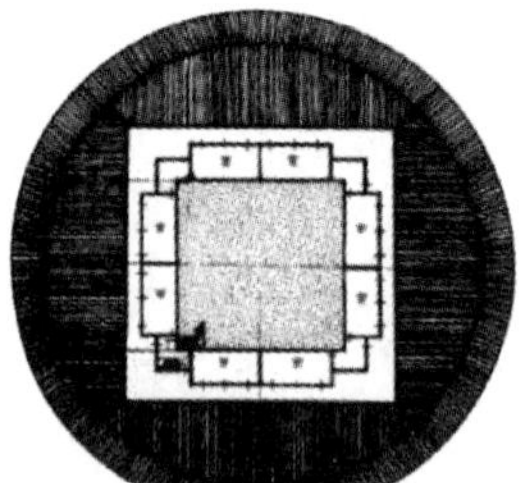
		《隋书·牛弘传》："东曰青阳，南曰明堂……三代相沿，多有损益，至于五室，确然不变。"	图3　中心建筑底层平面推测图（图片来源：《杨鸿勋建筑考古学会论文集》）

格局特征 判定标准		文献记载	实例（建筑遗存、明器、石窟、壁画）
平面	"四堂"，每堂三开间（均有左右"个"）	《魏书·高祖纪》："（太和十六年春正月），宗祀显祖献文皇帝于明堂。以配上帝；遂升灵台，以观云物；降居青阳左个，布政事……九月甲寅朔，大序昭穆于明堂，祀文明太皇太后于玄室。"	汉长安城南郊礼制建筑，"王莽九庙"的"四堂"为每堂三开间。
空间	九室筑"堂"上，此处之"堂"作台基解	《史记·五帝本纪》述帝尧宫殿"堂崇三尺，茅茨不翦"。 《考工记》："殷人重屋，堂修七寻，堂崇三尺。"（三尺之"堂"，高约60厘米，只能是台基）	 图4　中心建筑底层平面推测图
	太室与四堂同处一层，太室上层另有"通天屋（台）"	《水经注·㶟水》："加灵台于其上。下则引水为辟雍，水侧结石为塘。事准古制，是太和中所经建也。"	
	上圆下方	《水经注·㶟水》："（平城）明堂上圆下方……室外柱内，绮井之下，施机轮，饰缥碧，仰象天状，画北道之宿焉，盖天也。每月随斗所建之辰，转应天道，此之异古也。"	下层方形，与考古遗址相符

由上表可以看出平城明堂底层的特点：

①平面结合"五室""九室""十二堂"于一体。

②三三相重，"井"字分隔就是九堂；每面三门，就是十二户。

③中央太室方形。有"外柱"一周，相应也有一周内柱。内外柱之间，也即"外柱内"设机轮，带动"绮井"旋转。"绮井"即有彩绘的天花，缥为青白色，仰视如自然天空，在上而绘北辰星宿，随月旋转，与天象结合，以应时皇帝颁令，这套设施就是一种动态的天象仪，但未说明以何为动力驱动旋转。

④上圆下方，象天地，发阴阳。

⑤以九、六为尺度的基本模数。在八卦中，九代表阳，六代表阴，九六结合，是为"阴阳九六之变"。

⑥明堂之上为圆形通天屋，又名通天台。

平面柱网的布置，是平面复原的根本问题。因此，需要进行推证。不仅要从平面柱网关系上，而且要从相关的结构构件及尺寸的确定上进行推演。

五室：这种"井"字形的构图是先秦以来具有礼制意义的标准图式符号。

中国古人视宇宙无所不包、囊括万事万物的整体，涵盖天地间的一切及时间和空间……这种包容性在各种古代建筑术语中得到反映，同时，这种绝对的包容性的想象也刺激了将建筑物设计成具有内在秩序的微型宇宙的兴趣。

另外，根据文献《礼记·明堂位》孔颖达疏的记载，这种图式在先秦时代就已经出现："昔者周公朝诸侯于明堂之位，天子负斧依，南乡而立；三公，中阶之前，北面东上；诸侯之位，阼阶之东，西面北上；诸伯之国，西阶之西，东面北上；诸子之国，门东，北面东上；诸男之国，门西，北面东上；九夷之国，东门之外，西面北上；八蛮之国，南门之外，北面东上；六戎之国，西门之外，东面南上；五狄之国，北门之外，南面东上；九采之国，应门之外，北面东上。四塞，世告至。此周公明堂之位也。"

以上文字反映的即是当时明堂的结构，乃是一座十字对称式的建筑，四面辟门，中心设主要建筑。这是周人对于"明堂"高度理想化的体现，这种布局与后来两汉及南北朝的礼制建筑十分相似（见图2-2-71）。

明堂建筑具有"通天"的意义，故而加入了象征"天"的圆形元素。对于中心主体建筑而言，"井"字形的格局形制历朝并无本质变化。

中央太室空间的尺度，根据《三辅黄图》的记

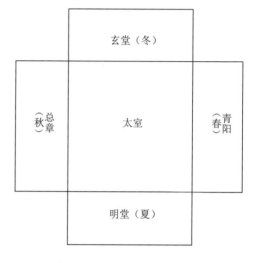

图 2-2-71 五室示意图

玄堂（冬）

（秋）总章   太室   青阳（春）

明堂（夏）

载为"方六丈"，《明堂位》称"方三十六丈"。古代度量的所谓"方"，根据文献的记载有两种解释，一为每面的长度，一为平方面积，可知六丈的平方为三十六平方丈，两篇文章是以两种计量方法记录的，其实并不矛盾。

据记载平城明堂一层分间，方形法地。其模数采用"阴阳九六之变"的"六"作为模数，开间采用6尺的倍数。如若按照完全相等的开间间距来分布，每一开间的间距则为48尺。考虑到太室四周还有通廊作为交通联系，其宽度一般应该比堂室总宽度小。因而，堂室总开间取48尺，太室四周通巷取6尺，外廊取12尺，两侧的室则分别取24尺。

九室：明堂底层由"通巷"划分为九个空间，即所谓的"堂上九室，三三相重"。

十二堂：按四堂的柱网划分，考"王莽九庙"堂均为三间，各间均分。《吕氏春秋·十二纪》亦载天子所居有青阳、明堂、总章、玄堂"四堂"，可见礼制建筑中四堂的设置具有深刻的礼制意义，故判断平城明堂太室四方的四堂应为三间。中国古代堂的正面无墙，只有柱。

八达：张衡在《东京赋》里描述洛阳明堂："乃营三宫，布教颁常。复庙重屋，八达九房。规天矩地，授时顺乡。造舟清池，惟水泱泱，左制辟雍，右立灵台。因进距衰，表贤简能。"

台基每面正对通巷入口各设两大台阶，两台阶左阶称阼阶，右阶称宾阶。另据《汉书·礼仪志》载，天子在明堂举行养三老五更之礼，天子升阼阶，三老升宾阶，无中阶之设。北魏沿用此礼。

《魏书·高祖纪》载："（太和十六年）养三老五更于明堂。"可见明堂建筑也设左右二阶。

（2）明堂的上部结构

根据《三辅黄图》记载："屋圆，楣径二百一十六尺"，蔡邕《明堂论》却改为"屋径二百一十六尺"，无论是"楣径"还是"屋径"，都已远远超过中心太室的尺度。显然，这样大直径的圆屋顶在构造造型上不可能出现，且与后文"通天屋"直径（九丈）相矛盾。

《三辅黄图》中记载"通天台径九尺"，《明堂论》则称"通天屋径九尺"，"圆盖，方载"。太室为方形，边长六丈，是"阴数"，屋顶圆形，九丈（或九尺），是"阳数"。但是，边长六丈的房屋上

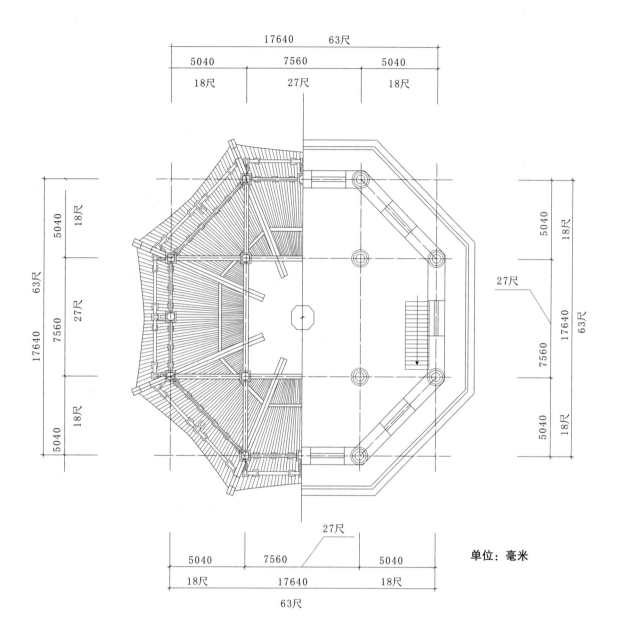

17640　63尺

5040　7560　5040

18尺　27尺　18尺

5040　18尺

63尺　7560　27尺

17640

5040　18尺

27尺

5040　18尺

17640　7560　63尺

5040　18尺

单位：毫米

27尺

5040　7560　5040

18尺　17640　18尺

63尺

图 2-2-72　中心建筑二层平面推测图

覆盖直径九丈的圆顶显然太大，而九丈的圆顶又显然太小。今推定，西汉时期的明堂太室，上部屋顶可能仍为方形，但在屋顶下面的天花板正中则有直径为九丈的圆形藻井一处，这在造型和结构上都是很合理的。

太室二层"加灵台于其上"，此处"灵台"所在位置即《礼记》所载"于内室之上，起通天之观"的"通天"屋处。北魏后期，建筑结构处于土木混合结构向全木结构过渡的时期，故此平城明堂屋身采用夯土墙的可能性较大，前檐柱廊及屋架部分采用木结构的可能性较大。

灵台原本是建在辟雍上的单体建筑物，其上放置可观测天体形成、运行的铁浑仪，而平城的这座明堂确实将灵台叠加于太室之上。

然而，在藻井上布置天象的图案，既要有丰富的天文知识，又要有高超的施工技巧，所以仅此一项已经是礼制建筑史上空前绝后的杰作了。另外，《水经注·漯水》记载"大道坛庙"形制号称是模仿明堂而来，实际上该坛庙的基础是圆形，屋顶是圆形，中段的平面形制不明，与上述考古发现明堂遗址的方形台基有很大不同。

（3）各层之间的交通联系

平城明堂中心建筑为两层，两层之间必然会有垂直交通加以联系。在此狭小空间内，设踏步的可能性要大于设置坡道。

5. 明堂建筑结构

北魏都城平城建筑的结构技术水平代表着当时北方的主流，也反映了当时中国建筑不断发展和进步的主要方向，傅熹年先生指出，"平城地区早期建筑主要是土木混合结构，然后逐步向屋身混合结构、外檐木构架和全木构架方向演变"[1]。对这四种具体结构形式的建筑，我们可以通过此间的相关遗迹来加以考察。

从现存的实物来看，可反映北魏建筑形象的仅有少数遗留下来的砖石塔、石窟及墓葬棺椁的雕刻。以云冈石窟第二期中所反映的北魏平城建筑形式和构造为例，不难得出如同傅熹年先生的结论——平城地区的建筑风格是由早期的土木混合结构，逐步向屋身混合结构、外

---

[1] 傅熹年.中国古代建筑史（第二卷：两晋、南北朝、隋唐、五代建筑）［M］.北京：中国建筑工业出版社，2001：282.

檐木构架和全木构架方向演变。

云冈石窟第 12 窟前室侧壁上层和洛阳龙门石窟谷阳洞北壁是修建于北魏迁都洛阳前夕的第二期工程，其石雕所表现的正是这一时期盛行的建筑形式。

该建筑形式有两种不同的可能性，一种是四面都是这样的全木构建筑；另一种是中心部分仍是厚墙承重的混合结构房屋，而在四周加一圈木构的外廊。根据傅熹年先生对这一建筑形式的构架特点分析[1]可以看出，该类建筑的外檐纵架是在没有厚土墙承重的情况下，由檐柱的柱列承托的。由于柱子托在纵架下，是简支结合，柱列各柱可以平行地同时向一侧倾倒或沿同一方向扭转，稳定性差，所以它更可能是主体为混合结构的房屋的外廊，依附主体以保持稳定。

6. 明堂剖面的探讨

探讨平城明堂中心主体建筑的原状，较为困难的是对它剖面的确定；另外还需确定底层外圈是采用副阶周匝的柱廊还是承托木台座的永定柱。而所有这些推定，必须与北魏时期的建筑结构和建筑构件相印证，才可能得出比较接近历史真实的结论。

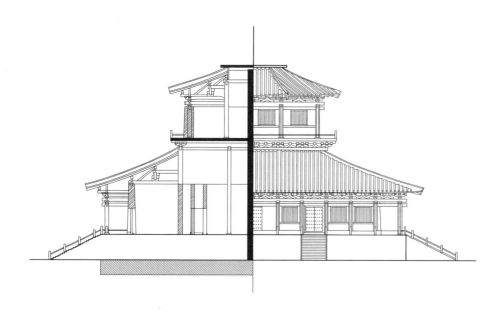

图 2-2-73　中心建筑剖立面推测图

根据傅熹年先生在其论文集里的认定，叉手的出现时间可能相当

[1]　傅熹年.中国古代建筑史（第二卷：两晋、南北朝、隋唐、五代建筑）［M］.北京：中国建筑工业出版社，.2001：294~296.

早，最迟在西汉前期。实例可见云冈、龙门等石窟。常见的做法是把阑额架在柱头栌斗上，在阑额和檐檩之间交替使用叉手或一斗三升斗栱，在前檐列柱上构成一个通面阔近似平行弦桁架的构架。

两架梁（平梁）上架叉手，实际上相当于一个最简单的三角形桁架。叉手是压杆，当叉手开脚较大，近于梁端时，梁基本上是拉杆。这说明汉代以来对木结构各杆件受力的情况已有很明确的理解，北魏时期很有可能直接传承了这种构件做法。

7. 明堂的屋顶形式

从石窟壁画中，汉代建筑几乎看不到攒尖屋顶，方形的屋顶往往设正脊。说明汉代建筑还没有设置雷公柱的做法。根据当时的工程技术条件，四面的椽子难以集中到一点。据目前考古出土可知，西汉时期的陶囷虽类似攒尖顶，但在结尖处还加罩一层小方顶，说明下层顶心尚欠严密。在一些东汉时期的井亭与陶楼上，可以看到真正的攒尖顶，但结尖处仍略似长方形，还残留着短脊的痕迹。

因平城明堂中心建筑平面的长与宽相等，如上层的灵台（通天观）的屋顶设短脊，则灵台的平面为正方形，盝顶的可能性较大。

"明堂上圆下方"，灵台屋面为圆形。根据北魏时期建筑技术的发展水平推断，做出大尺寸的圆形梁架是难以实现的。早期的圆形屋顶的明堂，采用的是夯土墙基承重，上部覆以茅草顶，即所谓的"茅茨土阶"。

平城明堂受制于圆形梁架的尺寸与技术难题，灵台平面有可能采用近似于几何圆的多边形形式，如极富象征意义的八边形、十二边形、二十四边形等。

南北朝中后期，建筑外观上直接影响建筑面貌和风格的最大变化在屋顶，普遍采用下凹曲面、屋角微微翘起、檐口呈反翘曲线的屋顶。

8. 明堂大木做法及形式

（1）柱

①形式

由云冈石窟的石雕可以看出，北魏时期的柱子部分为方柱，但大多数截面为微去四角的。柱身均有收分，上小下大，而且柱头没有卷刹。当心间平柱的柱础为坐兽或者覆莲样式，两侧柱子的柱础则为覆盆样式。柱头之上施栌斗用来承托阑额及斗栱。柱高约为柱下径的 5 到 7 倍。

②截面边长

北魏时期木柱的完整实例已经无存，在明堂四门的残存台基上发现的柱洞为 70 厘米、80 厘米，其至有 100~120 厘米，作为平城明堂中心建筑的柱截面，尺寸显然过大。参照两汉时期明堂建筑的柱洞尺寸推算，北魏明堂应在 56 厘米左右。柱高根据前文推断应在 7 倍左右。

③侧脚

有云冈石窟的壁画形象显示，下层柱子向内倾斜，侧脚的做法在北魏后期已经被普遍应用。

④柱网布局形式

据石刻、壁画所表现诸建筑，屋身部分的开间比例多为方形或竖长形。方形的如麦积山石窟第 28 窟、30 窟之檐图，长形的如云冈第 39 窟檐柱，龙门古阳洞三座屋形龛，麦积山第 4 窟、第 43 窟、第 49 窟和定兴北齐义慈惠石柱。也有明间方形、梢间竖长形的，如云冈第 11、12 窟前室三间殿。推其原因，可能是当时构架的纵向支撑系统较弱，尚不宜做大开间之故。

（2）斗栱

柱顶上置栌斗，栌斗上承楣（阑额），楣上置斗栱，以后额降至柱间，在柱顶两侧插入柱身，栌斗承栱或替木，托在檐檩之下。

北魏平城建筑的斗栱在石窟雕塑中也常见刻画。补间铺作用人字栱的形式，是汉代所没有的。斗栱卷刹和栱眼曲线秀美柔和，风格基本接近，形象也渐趋定型化。斗栱的广泛使用使得建筑屋面水平向承重结构得以轻型化，建筑跨度得以增大。斗栱已经有华栱出两跳来承托出檐的做法。

9. 小木做法及形式

（1）门

北魏时期木门的种类，根据《隋书·宇文恺传》记载其尺寸为六尺。

（2）窗

从北魏石刻中可见，此时的门窗就所见形式而言没有汉代多，只见板门、直棂窗二种。

（3）藻井与平棊

依据《水经注·漯水》的记载："室外，柱内，绮井之下，施机轮；饰缥碧，仰象天状，画北道之宿焉，盖天也。每月随斗所建之辰转，应天道。此之异古也。"可知，平城明堂中心建筑应有平棊。

藻井形式根据灵台（通天屋）的形式为斗四式的可能性较大。

（4）平座及栏杆

根据梁思成、林徽因、刘敦桢等人对于云冈石窟的考察可知，平城时期所见塔的形象均未有平座，"直接拖住上层的阁，中间没有平座"[1]。这样的结构意味着北魏时期应当在主体结构上下层交接处有斗栱暗层或其他结构层来做层间转换。

栏杆即阑槛、阑楯等，纵木为阑，横木为干。平城明堂中心建筑应有栏杆。其形式最有可能是矮柱及横木构成式。栏杆高度据时刻图像所见与现代栏杆相仿。

从云冈石窟内的塔柱可以看出，北魏时期在多层檐建筑中，下层檐顶为上层平坐。浮雕殿宇的阶级有饰勾栏者，表现为直棂。该刻法亦见于日本法隆寺塔。

10. 瓦石营造技术及形式

傅熹年先生在《中国古代建筑史（第二卷）》中认为，南北朝时期，一般房屋用板瓦，宫殿及府邸等重要建筑用筒板瓦，都是陶瓦。宫殿用瓦瓦坯磨光并经渗碳处理，表面黝黑色，称"青棍瓦"。瓦当已不用汉代的云纹和吉语文字纹，改用莲花纹，也有少量用兽面纹之例。莲花纹是随佛教传入的纹样，和汉代藻井中用的垂莲形象不同。屋脊仍沿用汉以来旧做法，以板瓦叠砌而成，顶面作圆背或加一行筒瓦。宫殿、佛殿和最尊贵的官员——三公的正厅在正脊两端用鸱尾为饰。鸱尾的使用传说始于汉武帝时，是模仿海中鱼虬之尾的形式。但迄今未见汉代实物及图像。

---

[1] 梁思成.林徽因.刘敦桢.云冈石窟中所表现的北魏建筑.中国营造学社汇刊［C］，第四卷第三、四期：189.

表 2-7　平城明堂遗址出土瓦片

分类		编号	详情（规格：厘米）		图样
板瓦		标本 96MN：6	长56厘米、前宽38厘米、后宽41厘米、厚2.5厘米。		
		T102：1	西门遗址出土的所有板瓦前沿均有用手指捏成羽状或水波状的纹样，后沿平切，正面（即凹面）磨光黑亮，背面为素面，有的背面有文字。T102：1，较完整。长51厘米、宽42厘米、厚2~2.5厘米。		
筒瓦		标本 95MN：7	长56厘米、宽18厘米、2.5厘米。瓦后面呈坡状，舌根部内凹。舌长3厘米、宽15厘米、厚1.5厘米。		
筒瓦		西门出土者均残	正面磨光黑亮，背面有细布纹。舌的正面有字，字有刻制和印制两种。带瓦当的筒瓦顶面前端均有一方孔。一般宽16.5~17厘米、厚1.5~2.5厘米、舌长5厘米。	T703：11，前面有瓦当残迹，顶面前端方孔长3厘米。	
				T703：25，方孔前后宽2厘米。可见这类带方孔的筒瓦都是檐瓦，方孔是用来将其固定在椽头上的插孔。	
瓦当	兽头瓦当	A型（标本 96MN：4）	宽边，当心饰一高浮雕兽头，神态凶猛威严，眼珠突出，短鼻梁，双耳呈尖圆形，怒张大口，露出整齐的门牙和锐利的犬齿，额头饰三条抬头纹。	当面直径17厘米、厚2.5厘米、残长22厘米。兽头犬齿伸出唇外。	
		B型（标本 96MN：3）		当面直径17厘米、厚2.5厘米、残长9厘米。兽头犬齿未伸出唇外。	
		T502附：10	中央图案为一兽面。直径16.8厘米、边轮宽2.3~2.4厘米、厚2.2~2.5厘米。		
	莲花瓦当	标本 96MN：9	直径11厘米、厚1厘米。当面轮廓较宽，当心为一凹陷的圆形，单线界隔把当面分成六区，周围饰12段连弧纹，每区饰两朵花瓣，对称分布，组成一朵盛开的莲花。		

另据考古发掘可知，平城明堂遗址未出土变截面的瓦。另考木构架技术已经成熟的唐代明堂可知，唐总章二年（669年）洛阳明堂已出土木质"刻木为瓦"的变截面瓦片，因而可以认定当时并未形成放射性铺装的陶瓦。

11. 建筑装修

魏晋南北朝时期的建筑装饰，仍大抵沿袭汉代的做法。直到南北朝后期，仍与汉代大同小异，只是在形式与风格上有所变化。汉末战乱，都城洛阳与长安的宫殿毁坏殆尽，故汉代最高等级的建筑装饰，后人已不复得见，全凭文字记载和观者忆述流传于世。三国时，各国均以郡县级地方治所为基础建都立宫，且创业之君大都奉行"卑宫室"的儒家古训，因陋就简，不事铺张。至东晋偏安，更是国力衰微，建筑装饰的整体水平去汉已远。这种情形，不仅从历代赋文的描写中可看出，而且从文物的精美程度变化中亦可看出。但是，汉朝的礼制仪规，不仅为魏晋南北朝的汉族政权所继承，同时也为十六国北朝的少数民族政权所效仿。鼎盛辉煌的汉代文化艺术，一直为历代统治者所追之不及。汉代的礼制观念和各种艺术形式，始终作为一种潜在的传统，起着限定性的作用，融汇于中国工匠所创造的艺术形式和工艺做法之中，如神兽、柱式等。从建筑整体上看，它只是起到局部点缀的作用。

12. 其他

（1）墙壁

魏晋南北朝时期，北方木构建筑仍沿用秦汉时期的夯土承重墙结构做法，在墙体的表面，嵌入隔间壁柱，柱身半露。柱间又以水平方向的壁带作为联系构件。据《汉书·外戚传下》记载，汉长安未央宫昭阳舍，壁带上以金、玉璧、明珠翠羽为饰，《景福殿赋》中亦记"壁带金釭"。"金釭"是壁带与壁柱上所用的铜质构件，一方面起连接固定木构件的作用，另一方面作为墙面上的重点装饰[1]。汉宫中又有于金釭上镶嵌成排玉饰，形如列钱的做法。北朝建筑中仍有壁带，但文献中不再提到金釭，时或言及列钱，也似乎已演变为一种彩绘纹样。

壁画是宫室中最常用的壁面装饰手法，一般用于内壁。魏晋南北

---

[1] 这类构件最早见于战国时期的宫殿。参见凤翔县文化馆、陕西省文管会《凤翔先秦宫殿试掘及其铜质建筑构件》，《考古》1976年第2期。

朝时期的壁画题材，仍沿袭汉代，以云气、仙灵、圣贤为主，佛寺画壁亦然。佛教题材的壁画，早期仅有维摩、文殊及菩萨诸相，至南朝梁武帝时渐趋兴盛。

据傅熹年先生在其《中国古代建筑史》（第二卷）一书中提到的，南北朝时期，墙壁除了涂成白色以外，佛寺中也会出现红墙，例如位于洛阳的永宁寺塔，内壁彩绘，外壁涂饰红色。

（2）阶墀与台基

墀，为室内地面。依古礼，惟天子以赤饰堂上。北朝石窟和墓室地面，多有雕刻纹饰。如云冈第9、10窟柱中心线以外的地面，发现雕有甬路纹饰，当中作龟纹，边缘饰联珠及莲瓣纹。龙门北魏宾阳中洞的窟内地面，正中雕甬路，边饰联珠、莲瓣，甬路两侧各雕两朵大圆莲，圆莲之间刻水涡纹，似乎表现为莲池图。北魏皇甫公窟的地面也采用类似的构图。

联系汉赋中的描述以及考古发掘出土大量秦汉时期的空心砖、铺地砖，推测南北朝时期用花砖铺设室外踏道、地面以防滑的做法也应该是很流行的。

南北朝时期，须弥座的形式大量见于佛塔塔基及佛座中，但是否用于殿基尚无实证。

（三）平城明堂复原设计

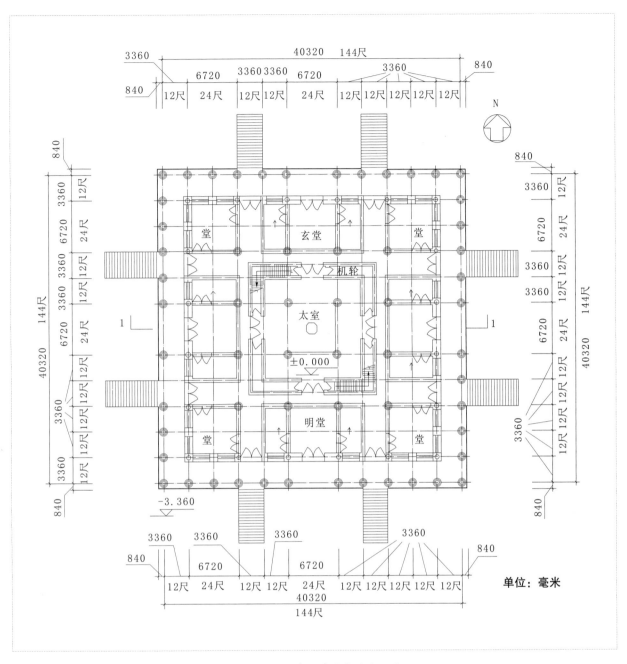

图 2-2-74　中心建筑底层平面图

単位：毫米

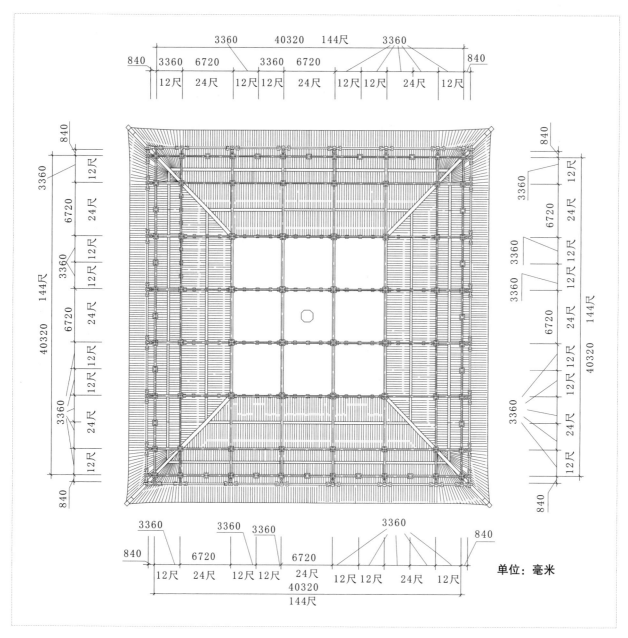

图 2-2-75　中心建筑一层梁架仰视图

单位：毫米

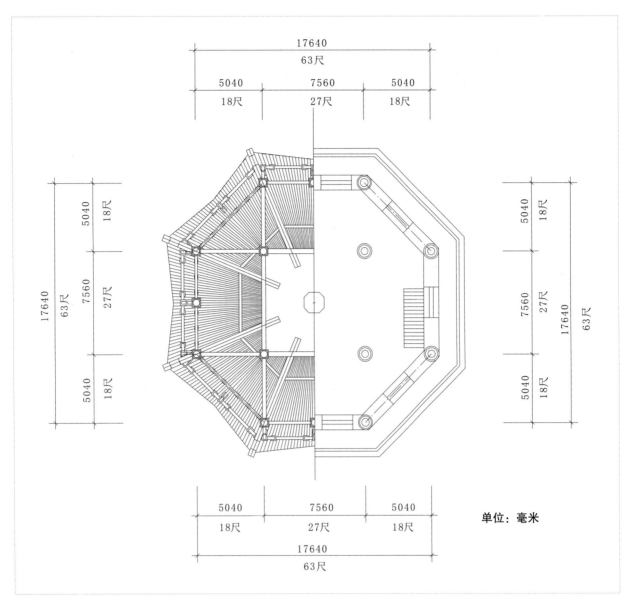

17640
63尺

5040   7560   5040
18尺   27尺   18尺

5040
18尺

17640
63尺

7560
27尺

5040
18尺

5040
18尺

17640
63尺

7560
27尺

5040
18尺

单位：毫米

5040   7560   5040
18尺   27尺   18尺

17640
63尺

图 2-2-76　中心建筑二层平面及梁架仰视图

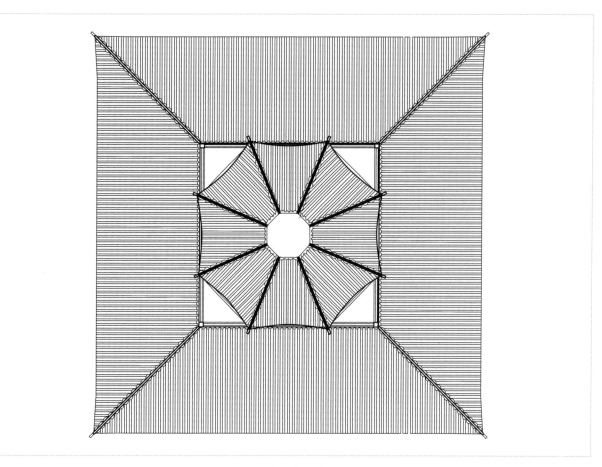

图 2-2-77　中心建筑屋顶平面图

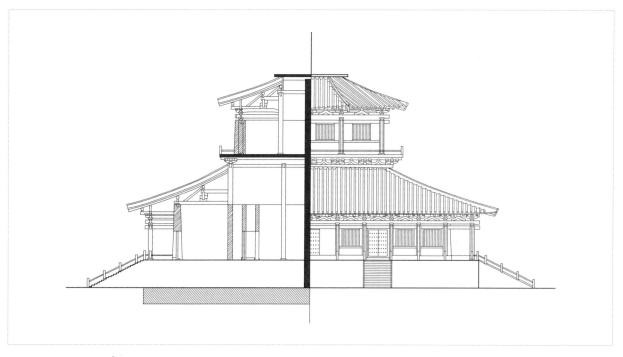

图 2-2-78　中心建筑剖立面图

七、住宅建筑

（一）一般性住宅建筑

住宅是遮蔽风雨、抵御寒暑的生活和休息场所。这个时期大部分人的住宅较为简陋，仅可满足居住的最低要求。据《洛阳伽蓝记》记载，洛阳居民分布在 220 个里坊中居住，每里坊 500 户居民，每户占地约 270 平方米，包括王公贵戚及士族豪强的宅院。因此，一般居民住房的占地面积要大大小于这一数字。建春门外的建阳里内有士庶 2000 余户，并有佛寺 10 所，如以佛寺占地面积的十分之一计，则每户占地不足 70 平方米，这大概更接近于当时一般百姓的实际情况。

在乡间则多是聚族而居，但在战乱时期则又形成一种新的聚居形式，即以宗族、乡里关系为基础建立起来的坞堡。这一形式在汉、魏之际以及西晋"八王之乱"后尤为多见，十六国时期战乱不停，坞堡成为北方百姓生存的主要形式之一。直到北魏统一以后，尤其是施行"三长制"后，才以政权任命的三长来取代坞堡主进行管理。不过，聚族而居的状况并未改变，《通典·食货典·乡党》引宋孝王《关东风俗传》云："至若瀛冀诸刘，六清河张宋，并州王氏，濮阳侯族，诸如此辈，一宗近将万室，烟火相接，比屋而居。"

居民宅院的基本格局仍沿袭汉代的传统，少者为一堂二内，即与今天的一明两暗相似，多者则有两进、三进乃至多进的大宅院，一般外面皆有院墙。近年在宁夏彭阳北魏前期墓葬中发现一座土筑房屋模型，使人们对这一时期的房屋有了一个直观的印象。模型位于土圹的后端，在土圹前端亦有一粗制房屋模型，据发掘者认为系模拟门楼，两模型之间的空间为天井，构成一完整的庭院。模型房屋顶部为两面坡式，两坡各有 13 条瓦垄，正脊仿砖砌，两端置鸱尾。正面中部为一双扇门，门及门框皆涂朱红彩，两边各有一直棂窗，每窗有四根窗棂，其形制与近代房屋差别不大。不过，模型只反映当时房屋的一种样式，房屋形式也随家庭人口及财产的多寡而有差异，如弘农杨氏、范阳卢氏、博陵崔氏等皆百口同居，则其宅院当甚大。河北安平出土的东汉灵帝熹平五年（176 年）墓中南耳室北壁壁画中显示栋宇森列，多进院落相互毗连就是这种大族宅院的滥觞。

地方主要官员及朝中各府署长官在任职时可住到官府拨给的府宅中，在卸任后再回到自己的私宅。僚佐也多居住在官府提供的公廨中，如西晋时陆机兄弟就居住在参佐廨中，兄弟共住三间瓦屋。

北魏前期百官无禄，主要靠朝廷赏赐。所以贪污者肆意贪污、受贿，生活十分丰足，而廉洁者则十分清贫。

在一般宅院中，除住房外，厨房与厕所也是主要组成部分。汉代大多将厨房设置在东房，故称东厨。曹植《当来日大难》载："日苦短，乐有余，乃置玉樽办东厨。"表明在这一时期仍沿袭汉制。

厕所当时被称为厕或清，因常将其与猪圈连在一起，也称为溷。

（二）宋绍祖墓石室所反映的住宅形式

据考证宋绍祖为宋严之字，为敦煌宋氏之后裔，其父即活跃在西凉、北凉的名士宋繇。

图 2-2-79　石室悬山式屋顶及前廊（摘自张海啸著《宋绍祖石室研究》）

1. 石室形式

石室坐北朝南，平面略呈方形，面阔三间 268 厘米，进深二间 288 厘米。有前廊，上作单檐悬山顶。自地平至鸱尾上皮高 228 厘米。

前廊廊柱四根，柱形呈八角形，径 16 厘米，高 103 厘米，无卷刹收分。柱础上圆下方，雕饰覆莲盘龙，底径 30 厘米。檐柱间有阑额，阑额压在柱头栌斗之上。额底至地平高 118 厘米。阑额与撩檐槫间，用一斗三升斗栱及人字斗栱，前檐列柱上，一斗三升斗栱位于柱头之阑额上，栱端圆和，不分瓣，有皿板，棋眼内凹。当心间设人字斗栱，两次间已预留卯口但无安装人字栱。剳牵倾斜出于后室梁下，与柱头栌斗相接，并出头。

后室明间作板门两扇，并在石壁上雕出门楣、鸡栖木、上槛、立颊，与下槛一起构成方框。安设虎头门墩，墩上凿有门臼。门楣为不规则长方形，有门簪5枚出头，雕团莲。板门高103厘米、宽42厘米、厚6厘米，各对称雕门钉三路，铺首衔环4个。门钉上下两路各5枚、中路4枚。门钹处饰团莲两朵，中有孔，并有铁锈痕。两次间不开窗，各对应雕饰两个铺首，门额上置一铺首，皆衔环而样式各异。

图 2-2-80 宋氏石室前廊（摘自张海啸著《宋绍祖石室研究》）

梁架为三角形状的4根。梁头伸出，省去叉手或蜀柱。

槫与梁的结点，明间后山为榫卯咬合，其余均直接按搭在梁槽内。两山悬出。屋顶盖板16块（编号1～16）形成屋盖。

屋顶平缓，有瓦垄39～43行，雕出板瓦、筒瓦，檐口平直。层顶有正脊，分作三段，作瓦条脊。正脊两端有"山"字形鸱尾，盖板垄间阴刻题记一行共15字："太和元年五十人用公三千盐豉卅斛。"

石室建筑仿木构，显然，仿木构件受到材质与用途的制约。如梁架结构四架椽上未施叉手或蜀柱，而是加大梁材，以梁的坡度做屋面坡度。后室应该用四柱，但省略中间四柱而以板墙承重。再如屋顶装饰，北朝习见尖尾式鸱尾，石室作山字形鸱尾，以套合瓦垅条，系石材所限。

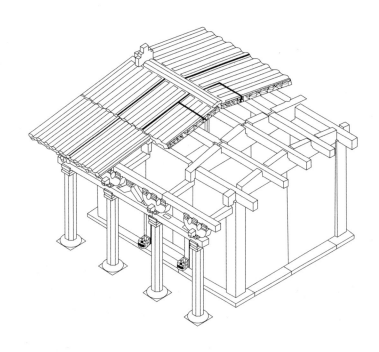

图 2-2-81　宋氏石窟结构形式（摘自张海啸著《宋绍祖石室研究》）

宋氏石室通体雕铺首衔环26枚，方形兽首，神态各异，应与古代四灵有关。《史记·天官书》记四灵官名，中宫北极星，东宫苍龙，南宫朱鸟、西宫白虎、北宫玄武。《礼记·曲礼》记军队行进时："行，前朱雀而后玄武，左青龙而右白虎。"四灵已成为四方护卫。战国以来，四灵图像被广泛用于铺首、瓦当、铜镜，也被用作城门的名称。借四灵作四方护卫以辟邪。宋氏石室通体广置神态各异的铺首，其用意亦类于此。

中国古代壁画雕塑中所反映图案，有辟邪气或迎神仙的用意。

2. 石室背景

鉴于宋氏具有公爵身份，生前为州刺史。墓葬反映的是主人生活起居情景。因此，石室是仿宋氏第宅中的厅堂而做。

北魏时期，达官贵族所居称第宅。帝室常以赐第宅安抚宠信及重要降臣。在帝室的带动下，营造豪宅之风愈演愈烈。自太武帝统一北方以后，各地的官僚、豪强、百工、知识分子大量迁徙平城，极大推动了平城的发展。平城作为北魏的政治、军事、文化中心，同时也是一个重要的经济中心，建设有了迅猛的发展及质的飞跃。平城第宅建设中还用周代传承下来的居室制度，前堂后寝。前为厅堂，是会客或家人聚会之所，后室以安寝。《魏书·杨播传》记："兄弟旦则聚于厅堂，终日相对，未曾入内。有一美味，不集不食。厅堂间，往往帏幔隔障，作为寝息之所，时就休偃，还共谈笑。"杨播家的厅堂与后室以幔隔帐分开，兄弟聚于厅堂，偃于后室。

宋氏石室即模仿第宅中的厅堂。虽简略却显示了宽三间、用四柱、一斗三升栱及叉手为檐廊的厅堂特征。太和初，似囿于身份，宋氏石室为悬山式。除前堂后寝外，还有大门、中门以及其他的室、井、灶、庑、囷等建筑，并由大小院落组成。平城第宅建筑的布局与规模虽无实物以证，但是从麦积山140窟西壁、北魏时绘作的《庭院图》可窥其一斑。

宋氏石室也证实，武州山石窟寺的窟檐是模仿平城的宫殿、厅堂、寺院而雕作。例如，云冈第7、8窟，由单窟变为双窟，窟形由马蹄形转变为方形，窟顶由椭圆形变为平棊，均是模仿宫殿建筑。又如第9窟、第10窟、第12窟的前厅后堂，尽管有西亚装饰，却体现了宫殿、厅堂的传统布局。再如第1窟、第2窟为代表的塔洞窟，表现了"塔在寺中"的寺院布局等。

3. 题记中的石室工程费用

题记云，石室"用公三千，盐豉卅斛"。

宋氏石室前檐两次间缺人字斗栱，却预留卯口，这一细节值得注意。人字斗栱的短缺证实，石材毛料比实用料要大，一般要大三成，甚至五成。因加工过程损耗无确数，故以采石地加工为合理。石室的构件上，有雕刻或墨书的文字，避免在组合时发生混乱。但人字斗栱之所以缺失两件，究其原因，不外乎众人雕作、异地组装、往返运输出现差错，导致构建缺失。

宋氏石室的细砂岩产云冈、吴家窑和口泉沟三处。太和元年（477年）武州山即今云冈石窟之开凿工程正大规模进行，其工匠主要来自甘肃凉州地区。《魏书·世祖纪》载，"太延五年（439年），徙凉州民三万余家于京师"。《魏书·释老志》载："凉州自张轨后，世信佛教。敦煌地接西域，道俗交得其旧式，村坞相属，多有塔寺，太延中，凉州平，徙其国人于京邑，沙门佛事俱东，象教弥增矣。"

因此，有研究者认为，云冈石窟第一期造像的基本力量也应来自凉州。

宋氏为敦煌望族，历仕凉州，与开窟的工匠应有某种联系。时宋绍祖之弟宋超且为从五品的"尚书度支郎"，理财务事宜。宋绍祖卒后，其后事理应宋超召集故土的石匠们为宋岩作石室，或应宋氏家属要求而作，这是有可能的。敦煌石工们取料应在武州山，边开窟边取石加工。待组件雕完，石室卯合后刻上题记。题记内容和石作有关，即设计、采石、雕作、运输、组装等。此外，如墓圹开挖、砖室砌作、大量殉葬物的购置及其丧葬费用，凡与石工无关的事，石工们不可能记入。

宋氏石室的体量近20立方米，共109个部件，其中柱子、梁架、门扇、板墙等，用材均不小，稍有不慎，极易伤残，在制作上有相当的难度。石室雕作平整，花纹细致，大量使用减地线刻、榫卯应口，在石匠中属细活，而当时运输全靠牛车。石室制作完美，用工三千主家是乐于接受的，包括"盐豉卅斛"。北魏时期盐豉的价格文献无证。若以汉代文献参考，如"豉一斗是27.6钱"的话，盐豉卅斛，共合8280钱。《汉书·食货志》说当时"黄金一斤值万钱"，则"盐豉卅斛"折合黄金13.248两，也非小数目。

今大同北魏宋绍祖仿石室的出土，填补了这一历史空白，由于石室纪年准确，人物为公爵牧守身份，石作费用翔实，其制作属云冈石窟雕塑的鼎盛期，它证实太和初中原传统建筑模式已经是平城建筑的主流。

八、北朝建筑特征

（一）木作工具的进步促进了建筑构件的发展

建筑繁缛的形式和木料加工工具的进步有直接关系，秦汉以前，解料和截料基本上都用刀具。汉代以后，锯条有明显加长的趋势，出现了弓形锯。约在南北朝前后，由弓形锯发展到框锯。框锯是由锯框加固锯条组成的，锯条解木料时不弯曲，它是引起建筑形式变革的重要"武器"。框锯用于破材解料，尤其是制作板材，更容易预造标准构件。

秦汉时期，铁制工具的使用、钢的发明是对铁器时代的革命（钢材比铁更具有优良的性质）。《淮南子·泰族训》："良匠不能斫金，巧冶不能铄木"。锯是南北朝匠人们必不可少的工具，当时的锯已经具备了"解"的功能，但短锯对木材加工还是具有高效性。框锯的发明使木构材料产生了变革，使圆木从破砍后使用变为方整锯材，随着对木构材料加工方式的改变，引发建筑构造形式的改变，因而从南北朝时代起建筑风格也发生了变化。

北魏时代，建筑形式有丰富化的趋势，东汉以后文献中所记载的"锯""板"等材料的变化，说明制作建筑材料的"锯"有长足的进步，框锯代替了刀锯。框锯的锯条长，可以很快地将树木制作成板或矩材。

北魏贾思勰《齐民要术·种麻子》："《氾胜之书》曰：'……其树大者，以锯锯之。'"在晋以前的文献中提及锯等皆曰"断""截"等，无一例释义为"解"。最早释锯为"解"义者，见于南朝梁顾野王《玉篇·金部》："居庶切、解、截也。"把锯的作用描述得很清楚。"解"和"截"是对木材纵横两个方向的不同操作，表明在南朝梁代时锯已有了"解割"为板的功能，制材效率也有了显著提高。在结构上，构件的规格更为统一和准确。

对于大直径的木构件，截面偏重多边形或方形，这可能和锯的进步有关。多边形木材较能控制规格和便于操作，而且多边形材料更能发挥木构件的力学合理性，这需要锯来完成。北齐时代天龙山石窟的窟门出现的多边形柱式应当和锯的发展有一定的关系。

北朝和南朝，由于锯的进步，木材加工提高到新的水平。所以这个时候建筑形式也随着构件制作工具的提高而产生了新的变化。例如，斗栱的形式有所发展，响堂山石窟仿照当时木构建筑的形式而出现多层斗栱。斗栱构件出现多样化，而局部制作趋于标准化、规则化。

（二）北魏时期建筑斗栱

5世纪初，北魏统一中国北半部，定都平城，开始效法中原规制改建宫室，这一时期在建筑上发生显著变化。北魏迁都洛阳后，都城宫室的建设达到高潮。

斗栱设置已成为成功构件的表现形式，确立和完善了它的雏形，它是在出挑梁头或建筑的额枋之上以大斗（大方木）承托底座，底座承托栱（一般横木）的中部，而栱上部两端又设小木斗（木垫）的形式，俗称为一斗二升的构件。它本身的原始意义是承托檐枋对接处的托木构件，由于它的设置部位特殊，因而增强了匠艺的表现力度，并且取得了造型特征的共识。

北魏建筑的斗栱虽然没有实物遗存，但是在云冈石窟雕塑中有其表现形式，建筑檐下主要斗栱形式是一斗三升（后期用作柱头铺作）间以人字栱（后期用作补间铺作）。斗栱一般为栱上托有两斗，也有栱木上置三斗，在龙门古阳洞的屋形龛中出现有重栱相叠的形象，双抄出挑斗栱的形象有北齐南响堂山石窟的窟檐、河南安阳修定寺塔基考古发掘出土的模砖构件，模砖斗栱表面满布云纹、雕镂精巧。栱身也出现了明显的弧形卷刹，在北齐石窟壁画中多出卷刹形式斗栱。有的斗栱表面饰有纹样图式，纹样有雕镂和彩绘，如云冈石窟的第9窟、第10窟的前檐，栌斗上的雕刻纹样有二角纹、忍冬卷草纹、莲瓣纹等。斗栱有的也饰有彩绘，如北魏时期开凿的敦煌莫高窟第251窟、第254窟所表现的忍冬卷草纹与藻纹是已知年代最早的斗栱彩画样式，斗栱先是有一层红底，再在红底上绘图案，以青绿色作为边棱转折处的界限。

斗各部位的功能和作用：斗的两侧设耳使横木卡入其中，才能稳定，而且耳是斗的主体，其目的是卡住上面的替木（栱），所以耳必须和斗成为一个固定的整体。几个栱和替木的距离，是斗中的"平"和"欹""颐"的位置，这是为固定耳必须留出的空间。在西周时期，斗栱形制已具雏形，从形象图案或铜器隐刻中发展的建筑形式表现出了斗栱这一部件形式。斗栱中的斗是一种铺作中固结栱和栱、栱和梁枋的部件。从汉代斗栱遗构中，可以见到它的具体的做法，其中斗有卡固上部构件的凹槽，它的长宽尺寸等于栱的材宽。其目的是完成栱与栱之间、栱与梁之间的连接。

斗的做法：在构造中，一般耳厚为2～5厘米，斗的槽口应等于栱和托枋的宽度，固定槽口下部需留有厚度连接斗耳，以使斗成为一个整体。

在斗的部位，宋《营造法式》中称之为"平"和"欹"者，是固定"耳"咬合上层栱而不至松散的必要构造。那么"欹"需要一定的厚度才能使"耳"牢固卡紧栱身而不至破坏。由于"欹"的厚度，必然使栱与栱之间有一定间隔，这是斗栱的构造要求。

斗是栱与栱叠加时的约束部件，斗是斗栱铺作层咬合固定斗栱的组件。斗座的"顣"是栱过渡时采用的工艺处理措施，它的底部和栱材等宽，斗上部则和斗的材宽相等，斗的作用使整个铺作层的组合咬固，斗和栱交合，成为汉唐建筑形式中檐口部位精彩的表现。檐柱的柱头为了和坐斗发生自然过渡关系，采用了梭柱处理，这和栱端的卷刹是同一道理。

斗栱是出挑檐部的连接部件，它所处的部位是人的主要视角区域，使它必然走向匠艺化。

在斗栱的组合中，栱端头的卷刹最为引人注目，栱端头的卷刹，它是斗栱后期发展艺匠化的结果，以体现斗和栱的自然整体性，卷刹分出几个切面，因为栱的端头下部在栱的构造中是多余部分。在传统的木构件制作中，不仅是斗栱，其他构件端头都需要加工处理，这是一种合理的技术处理手法。栱端的卷刹缓和地与斗的部件自然对接，这是唐代大构件的端头接入小构件端头的形制做法，入梭柱头的卷刹、梁架中的月梁的卷刹都是如此处理。

隋唐以后斗栱从结构上发展更为合理，类型上从单一走向多元，外观上也由古朴简易日趋华硕复杂。

1. 北魏石窟的斗栱类型

斗栱最简单的形式是在柱顶放置形如斗状的梯形方木——"栌"，其上再架梁枋，但由于它的出挑长度有限，所以又在上面增加若干层重叠的递增长度的枋木，这就是早期的栱。

汉以后斗栱的发展和演变对我国的木构架建筑形式有巨大影响。汉代的斗是一种方形木材，是一种垫木形状的锚固件，而不是仅起垫块的作用。汉代陶楼展现了汉代建筑的个体全貌。它从柱式、阑额、斗栱的设置，屋顶的形式等，表现得十分具体。汉代明器一般是建筑仿真形象的随葬品，所以陶楼反映了当时建筑的真实面目。

斗栱卷刹和栱眼曲线秀美柔和，风格基本接近，形象也渐趋定型化。

2. 北朝时期斗栱层和构架的形象

我们从云冈石窟、龙门石窟所雕建筑形象入手，对北朝五种构架形式加以总结（图2-2-86）。

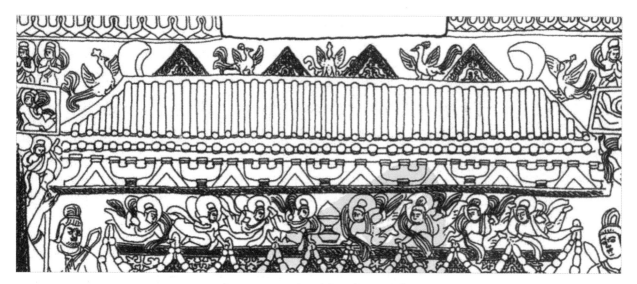

图 2-2-82　一斗三升与人字栱组合实例

图 2-2-83　云冈石窟中的斗栱形象

第一种建筑四壁都是厚墙，前檐墙内立门窗框装门窗，墙顶由斗栱、叉手组成纵架，上承屋顶。它所表现的是屋身全为承重墙，无柱，墙上用纵架、横梁构成屋顶，是土木混合结构。

第二种建筑山墙及后墙为厚墙，两山之间架设由斗栱、叉手组成通面阔长的纵架。纵架两端由山墙支承，中间部分用一根或两根木柱承托。它所表现的是山墙、后墙为承重墙，前檐及屋顶为木构架的土木混合结构房屋。

第三种是外檐全用柱列承托纵架，它表现的房屋有两种可能，一种是四面都是木构建筑；一种是中心部分仍是厚墙承重的混合结构房屋，在四周加一圈木构的外廊。

第四种是柱子上伸，直接承托檐檩，把原为整体的纵架分割成数段，阑额由柱子上栌斗口中向下移到低于柱顶处，成为柱列间的撑竿，它表现的是全木构架房屋。

第五种是把阑额架在柱顶之间，成为柱列之间的连接构件，柱上施柱头铺作（斗栱），柱间在阑额上施补间铺作（叉手、蜀柱），与柱头枋、檩共同构成纵架，上承屋顶构架，表现的也是全木构建筑。

通观北朝各主要石窟，Ⅱ型至在北齐所凿太原天龙山石窟第1、第16窟中仍然存在；Ⅲ型在北齐所凿邯郸南响堂山石窟第7窟，北周所凿天水麦积山石窟第4窟、第28窟、第30窟中都还存在；Ⅳ型在北魏洛阳出土的宁懋石室、沁阳东魏造像碑、隋开皇四年所凿太原天龙山第8窟和天水麦积山石窟第4窟北周壁画中都出现过；第Ⅴ型在天水麦积山隋代所开第5窟中出现，另在河南发现一陶屋也属此型。这些情况表明，在北朝中后期Ⅲ、Ⅳ、Ⅴ构架方式还共存了较长时间，到北齐、北周末才统一于Ⅴ型（图见2-2-84）。

这五种构架的主要差异表现在建筑外观上，阑额由架在柱顶之上演变为架在柱顶之间；前者是汉以来的传统，后者是隋唐新风的萌芽。这时外观上仍分为台基、屋身、屋顶三段。其中台基屋身部分受佛教及其他外来影响出现了很多新的形式和做法。屋顶由直坡顶直檐口变为凹曲屋面、屋角起翘，成为中国古代建筑外观上的最大变化，对建筑风格的影响最大。

北朝的五种形式中，前三种类型柱与柱之间没有连接构件，是不

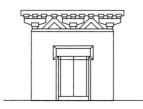 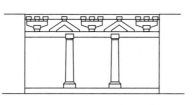 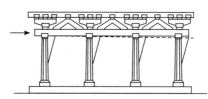

Ⅰ型：厚承重外墙，木屋架　　Ⅱ型：前檐木构纵架，两端搭墩垛或承　　Ⅲ型：前檐木构纵架，柱上承阑额、檐槫、
　　　　　　　　　　　　　　　　　重山墙上，梢间无柱，靠山墙保　　　　　　槫、斗栱，叉手组成的纵架，四柱同
　　　　　　　　　　　　　　　　　持构架的纵向稳定　　　　　　　　　　　高直立，可平行倾侧，纵向不稳定

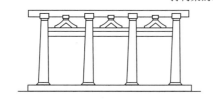 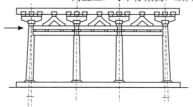

Ⅳ型：前檐木构架，柱上承槫，阑额由柱顶　　　Ⅴ型：全木构架，中柱外侧各柱逐个加高（生起），
　　　上降至柱间，额、槫间加叉手，组成　　　　　　并向中心倾侧（侧脚），阑额抵在柱顶之间，
　　　纵架，靠阑额入柱榫及纵架保持稳定　　　　　柱子既不同高又不平行，可避免Ⅲ型可能
　　　　　　　　　　　　　　　　　　　　　　　发生的平行倾侧，保持构架的纵向稳定

图 2-2-84　北朝五种构架形式（摘自傅熹年《中国古代建筑史》第二卷第 288 页）

图 2-2-85　广东广州汉墓明器（摘自刘敦桢《中国古代建筑史》第二版第 51 页）

稳定的结构体系。北魏建筑从构造技术上看，柱与柱也应该有连接构件的存在（图见2-2-85）。

从石窟、壁画反映看，斗栱的类型在柱头上是单层斗栱，间辅助以人字栱，这是北魏时期存在过的一种构造方式，北齐响堂山石窟出现了两跳斗栱。两跳的斗栱形象其实在汉代就已经有雏形了（见图2-2-86）。作为北魏宫殿建筑，应该反映了当时的最高构造技术成就。操场城一号遗址，北魏檐口斗栱的一斗三升、间放人字栱应是殿堂建筑普遍存在的形式，在北魏殿堂建筑复原设计中汲取北齐响堂山石窟的斗栱象形（见图2-2-87）。

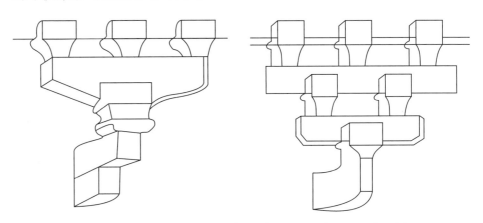

图 2-2-86　河南三门峡汉明器（上左）和河北望都汉明器（上右）
（摘自刘敦桢《中国古代建筑史》）

图 2-2-87　北齐响堂山石窟第1窟斗栱详图（下左）及正面透视图（下右）
（摘自傅熹年《中国古代建筑史》第二卷）

（三）建筑结构变革

从云冈石窟壁画看屋顶产生微弱弧度。在灵石县文化馆内有一幢北魏石碑，上面刻有一幅北魏建筑形象，屋顶是曲面形象。可以说明，北魏时代建筑有了较大变革。从平城遗址看，建筑的进深已达30多米，大叉手式屋顶已不能满足搭设屋顶的要求，抬梁的形式必然出现。多根立柱支撑梁架，而梁架是由多根横梁叠加组成的，这样的梁架才能满足大体量建筑的进深要求，而组成抬梁的各单梁水平放置，就没有必要把屋顶设置为直坡面，做成曲面是必然产生的现象。由于屋盖的重量直接压在抬梁上（抬梁是水平梁架组合），屋顶受力构件变形不均匀，会产生屋面高低不平的现象，如果使屋面形式成为凹曲线形就不会出现这种现象。可以认为，至迟至北魏，建筑屋面形象产生了弯曲的变化。

1.秦汉建筑的梁架是一种结构稳定体系

秦汉时期建筑实物已经随着时代的久远不复存在了，但从汉代石壁雕刻形象和汉代明器中陶楼的形象，可以发现建筑的造型，尤其是对建筑屋顶的表现一律是双坡直面屋顶，它反映了汉末以前建筑梁架结构的真实状况。

当屋架上端不设垂直中柱作为支点的时候，在屋顶的压力作用下，屋架上端的叉手交结点必然向下移动。大叉手由于断面粗大，在力的作用下是不可轴向压缩的，大叉手的下端必然向外移动，所以大叉手下端必然需要固结拉梁，以阻大叉手下端向外的张力。如果大叉手的上端和另外一根大叉手的上端组合成结点设立支承顶柱固定，可使梁的上端点不能向下移动，这样根据杆件受力原理，下端点就不会产生向外的推力。从画像砖上看，两榀大叉手上端结点处设立蜀柱，那么这根蜀柱的落脚点坐落在拉结横梁上，也可能直接达到室内地面上。

（1）大叉手梁架和水平梁组成三角形的结构不变体，大叉手梁架是史前人类居住房屋的梁架形式，秦汉时期不会模仿那个时期的居住建筑形式，但这一形式组成三角形的几何不变体却是从漫长的建筑实践过程中获得的科学认识。这种梁架形式，完全是为了解决屋面坡度便于排水的问题，而没有认识到它是一个稳定的梁架体系，但它确保了建筑的稳定性。

（2）大叉手的辅助构件：屋顶三角形结构不变体的关键部位在于大叉手式的两根斜梁端部。按照结构力学的原则，大叉手的下端会产生向外的推拉力量，下端解决向外的推力需要在大叉手的端部设拉结横梁，而大叉手下部这根横梁不受压力而只受拉力。所以这根横梁的断面可以小于大叉手断面，这样使梁架形成了一个稳定的结构体系。

（3）另一辅助大叉手稳定的方式为在大叉手梁架的顶端设立柱。前后两榀大叉手的上端部坐在这根立柱上并和立柱结合牢固，这样两根大叉手的下端将不会产生向外的推力，这就需要建筑体要有中柱的设置。

（4）拉结梁和立柱结合的方式：大叉手上端的立柱如果坐落在拉结横梁上，而不延伸到地面，则不影响建筑内部的空间使用。在要承受立柱传到梁架的下弦压力下，屋架形成前后大叉手、横梁及立柱组成了两个三角形的结构稳定体系，会使梁架更为牢固可靠。

（5）屋架上弦（即大叉手）之所以要求倾斜的两杆直线型大梁，其实际意义是将承受屋顶的载荷转化成顺大叉手的轴向压力。屋顶梁架形成几何不变体系。

2. 从大叉手到抬梁的变革

秦汉时期建筑屋面荷载直接作用于两个大叉手上，这种形式的梁架具有一些缺点，如屋面容易遭受破坏。为了解决这个问题，屋面产生了弧形，延长了建筑寿命。在魏晋南北朝时期出现的抬梁形式，屋顶形成曲面的原因是槫上之椽，椽铺设时间长了会变形，椽变形以后的椽头上翘往往破坏瓦屋面，而造成屋面漏雨水。抬梁式在结构的稳定性上显然也有不足之处，它不是一个结构不变体，所以早期抬梁的各个步架梁之间，需有托脚这种构件在各梁的端部倾斜支顶，这种倾

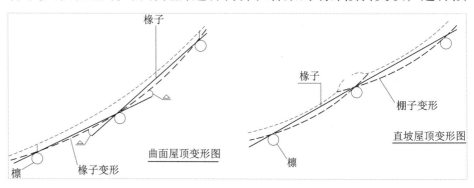

图 2-2-88　曲面屋顶和直面屋顶椽子变形示意图（摘自左国保著《山西明代建筑》）

斜支顶就在抬梁中产生了一个个小的三角形几何不变体，可使得抬梁保持稳定。

从构造来看，梁架变革的原因还有材料不足的问题，如大叉手需要三根长木，而抬梁只需要一根。当然，变革的原因并不止这些。比如在抬梁式的制作中，需要一棵大树形成的长材作底层水平大梁，而大树的枝干部分可作三架梁、四架梁等，这使得用材长短搭配，物尽其用。所以在节省用材方面抬梁式占据了明显的优势。另外，大叉手构件在跨度大的情况下，结构的处理有高难度的构造要求，如斜梁端产生向外张力。在秦汉时代，由于制木工具落后，梁架的构件多为原材。大叉手屋架的水平梁（即拉杆）采用大树树干，说明它是一个抗弯构件。从叉手式梁架到抬梁式梁架有递变的过程，是由短木拼接长木的过程，形成的梁架体系是由多种短梁构成的，从而解决了长木的短缺问题。从大叉手式的斜梁变成水平梁和竖直构件的分解承受力的形式，使得木构件的受力简单化、明确化，让梁架组织更为牢固可靠，抬梁的形式增强了结构的稳定性。

抬梁翼角的发生：现存汉晋石阙，其角梁都只雕得比椽稍大，在这种情况下，屋角部位采用辐射形的角椽布局有其合理性，因为这个时候，角梁承受的是角脊的负荷，角梁的断面必然需要增大。角梁的断面增大后，与椽子的直径差别也就更加大了，构造上角梁高出屋面的苦背，在屋面结构结合上就出现了弊端，即屋面因布瓦和挑脊不能完整而显得不平滑，为了铺设望板，在角梁附近就要将铺设高度椽子加高才能和角梁顶部平齐，后世是使用枕头木来实现的，角椽平缓地抬高，屋角起翘就形成了。角梁与椽子高差有木结构构造上的必要性，是屋角起翘产生的内因。同时，屋角翘起又凸显了屋顶的轻巧，在采光、遮阳、挑檐方面具有很大的优势，符合构造发展的趋势，并最终发展成中国古代建筑外观的重要特征之一。

在北魏时期留下来的石刻建筑图像中，建筑屋顶的表现均有曲面，而且建筑的翼角有起翘，可以判断屋面的结构形式发生了变化，只有用抬梁的形式才能解释这种变化，抬梁的特征是，中小梁的下端部加设支撑叠加在大梁之上，由大到小逐次叠加，各梁端部之上竖向放置枋檩，各梁的两端加设托脚，构成一个局部三角形不变体，以此来保证构架的稳定。既然不设大叉手式的斜梁，屋面也不一定要保持直坡形，况且直坡形由于橼的变形，会缩短建筑的使用周期，而屋面的弧形则能延长瓦屋面的寿命，这当然是淘汰大叉手梁架的又一个原因。

3. 曲面屋顶的出现

中国古代传统建筑的结构、构造发展是缓慢而曲折的，其中也有当时的社会、礼制、和历史条件共同作用有关。

隋唐时期的建筑遗存、墓葬、壁画等形象中有极其明显的屋顶曲面，说明在隋唐时期，建筑屋顶曲面屋架构造已经很成熟了，斗栱也有了很大的发展。在魏晋南北朝时期，北魏王朝毫无疑问是动荡年代里相对比较稳定的发展时期，而且木作工具应用了弓形锯（框锯的前身）。北魏云冈石窟、洛阳龙门石窟、晋城北魏时期造像碑雕刻等，都显现了屋顶曲面，而且可以判断是北魏中后期出现的曲面屋顶。

曲面屋顶的出现不可能是大叉手构造技术能解决的，应该说抬梁形式的运用促进了曲面屋顶的变革。

屋顶曲面的出现是由多方面原因促成的。从汉末到三国南北朝的战乱时期，建筑的用材逐渐匮乏，森林面积逐渐缩小，大树更是被砍伐殆尽，这个时期所用木材越来越紧缺。为了解决这一客观存在的问题，建筑形式不得不产生变革。北魏前期，大量邺城宫殿用材运往平城，这些邺城宫殿拆卸下来，但木料只能截长变短，而不能由短变长，何况原来构件由于榫卯部位占据了一定的长度。在长距离运送时，大量木材尤其是榫卯位置遭到损坏，木料翻新必然使构件缩短。像大叉手这样的大件，显然已不能像原来那样使用了，这就带来了新的问题。选择大叉手式梁架，必须选择两根长料，即需要两棵大树的树干才行。平城一带并没有大量的树木，所以建筑大材必然是奇缺的。

抬梁式构架的形成有其特有的优越性。首先，抬梁式木构架的每榀梁架仅需要一根长木，这就节约了大木材的用量；其次，在一榀抬梁的梁架中，上层梁的梁端都搭在下层梁的两个端部，这样各梁的梁身产生的弯矩很小，各梁的断面可以缩小，是节省木料的一个途径；再次，抬梁的形式，各梁水平放置将不会产生向外的推力。

北魏屋顶曲面和稍后出现的屋角起翘是木构技术发展的必然趋势，它是木作工具进步、材料充分利用、榫卯搭接发展、屋顶的耐久性合

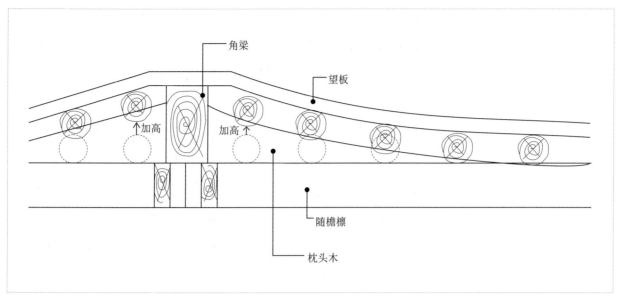

图 2-2-89　檐椽与角梁和望板的组合方式（说明了屋顶翼角出现的原因）

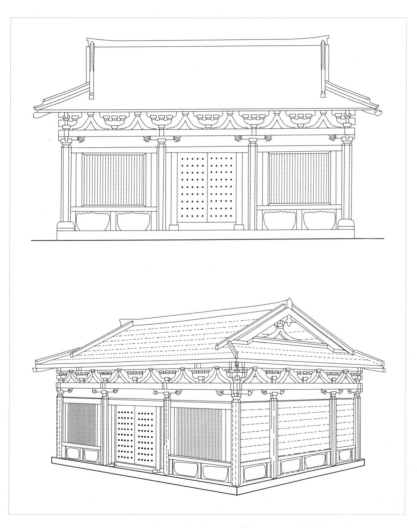

图 2-2-90　山西寿阳北齐厍狄回洛墓复原立面图和透视图

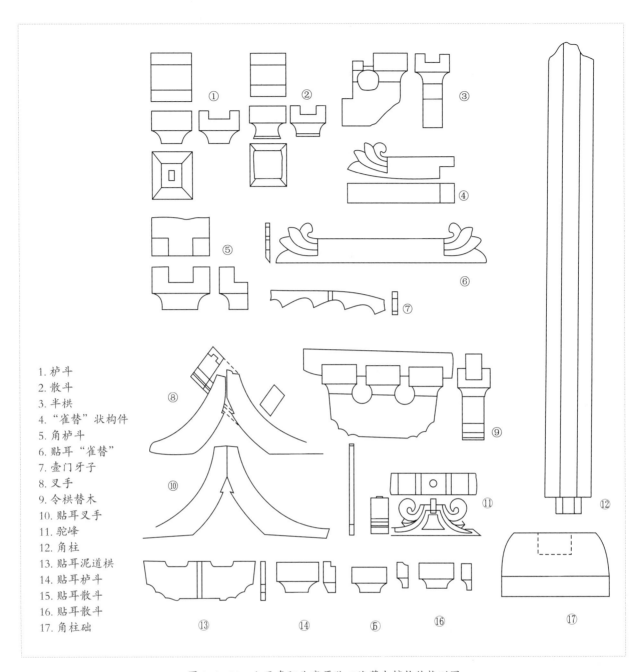

1. 栌斗
2. 散斗
3. 半栱
4. "雀替"状构件
5. 角栌斗
6. 贴耳"雀替"
7. 壶门牙子
8. 叉手
9. 令栱替木
10. 贴耳叉手
11. 驼峰
12. 角柱
13. 贴耳泥道栱
14. 贴耳栌斗
15. 贴耳散斗
16. 贴耳散斗
17. 角柱础

图 2-2-91　山西寿阳北齐厍狄回洛墓木椁构件推测图

理性等方面共同作用的结果。关于屋顶的坡度问题，显而易见，它和梁架中各个梁的组合构造有关，其中各个梁的端点的驼峰支撑决定了梁架的构造高度和坡度，从而构成坡度在 20° 到 30° 之间。

从北魏平城宫殿遗址中屋顶采用的筒瓦和板瓦可以看到，板瓦长度有 81 厘米，筒瓦长度有 70 厘米，因为这种大型瓦不能抗弯，只能平铺在屋板上，因此可以断定，北魏前期屋顶形式仍然是倾斜的直坡屋顶，但遗址中也发现小型瓦的数量很多，说明在后期建设中，屋顶趋向曲面的形式。

北朝也建有多层建筑。北魏在平城建都之初，于天兴元年（398 年）建五级佛图。献文帝 467 年左右，又在平城起永宁寺，"构七级佛图，高三百余尺，基架博敞，为天下第一"。

南北朝时的木构建筑已荡然无存，只能在石窟个别墓葬中见其形象。近年在山西省寿阳县发现北齐河清元年（562 年）的厍狄回洛墓，墓室中有木构木椁，作房屋形，面阔三间，进深三间，其中有一些木制柱、额、斗栱构件保存下来。它清晰地表现了北朝木结构建筑构架的特点。

椁下的柣为扣搭连接的方框，仿作房基，东西 3.82 米，南北 3.04 米，其顶面有插入木柱底榫的卯口，柱子作八角形断面，角柱粗于心柱。柱顶施栌斗，角柱栌斗也大于心柱栌斗。栌斗口内施两端雕卷叶瓣的替木，上承通面阔，进深长于阑额。阑额上在柱头缝各用一朵一斗三升的斗栱，上施替木。二朵斗栱之间用人字形叉手。角柱上斗栱十字相交，外侧垂直割斫不出跳。无 45° 角栱。由阑额、斗栱、叉手、承托撩檐枋共同组成正侧面柱列上的纵架，上承屋顶梁架及屋面。它的构架体系和天龙山石窟第 16 窟北齐窟檐近似。

墓室中发现的这座木构屋宇模型式椁室建筑，已倒塌腐朽，仅能辨认出屋宇顶部的残木板、地柣、八角倚柱、斗栱等残存木构件及其大致的分布情形。

可以看出这座仿木构屋宇形式的椁室，或许便是隋唐墓葬中那些仿木建筑石棺的前身。在厍狄回洛墓葬中出土的这座椁室，是目前发现的中国最早的一座木构屋宇建筑。

（四）北魏营造尺

营造用尺也称木工尺、曲尺、鲁班尺，是专门用来确定房屋的高低、阔狭、进深及梁柱等各种尺度的。设计模数用尺，它是进行古建筑设计时的基本设计模数，是一个设计模度的概念。

北魏天兴元年（398年），诏"有司平五权，较五量，定五度"，所依乃新莽之制，实际并未实行。实用之尺相继有三种：第一种尺已长至25.58厘米，相当于荀渤之尺的一尺一寸七厘（据《宋史·律历志》），称"前尺"，第二种尺增至27.974厘米，称"中尺"，第三种尺更长，至29.591厘米，称"后尺"。北魏孝文帝太和十九年（495年），"诏改长尺大斗，依《周礼》制度，班之天下"。日常用尺的急速增长，与稳定的以师徒相传的工匠体系产生了矛盾，这个时期木匠系统的营造尺和官尺之间是如何协调使用的呢？

北魏中尺和北魏后尺长度分别是27.974厘米和29.59厘米，如果用中尺和后尺的尺长分别与营造尺31.1厘米相比可得数值为0.8994和0.9514，可以看成1北魏中尺 =0.9营造尺，1北魏后尺 =0.95营造尺。北魏平城明堂形制的主要依据是东汉明堂，可见北魏明堂堂方一百四十四尺，从考古发掘报告中，可测量的明堂遗存基址为42米×42.4米，这样可以得到当时的一营造用尺为29.16厘米 ~ 29.44厘米，仍然远远小于当时（鲁班尺）营造用尺31.1厘米的数值，我们可以肯定，在北魏时期的建筑设计模数不是鲁班尺。营造设计模数应该和当时的官尺有一定的对应关系，究竟建筑设计模数和官尺是怎样的关系还需要继续探讨。

陈寅恪先生在《隋唐制度渊源略论稿》中认为，隋唐时期的都城建筑多袭北魏制度。傅熹年先生对大量唐宋古建筑实例的间广、进深和柱高之间的关系进行了分析和总结，提出了间广和进深应该遵循整数尺寸的推定。张十庆在《中日古代建筑大木技术的源流与变迁》中，也提出了秦汉和唐宋之间，古建筑的间广、进深和柱高等基本尺度在设计时同样是采取整数尺寸。

北魏操场城一号遗址初步判断为殿堂遗址。从考古发掘报告中得知，该建筑存在时间较长，不只修建过一次。从建筑材料看，最后一次修建应该和北魏平城明堂建造时间相近，即北魏孝文帝太和十五年（491年）左右，从遗址发掘看，是双阶形制，遗址应该为较高级的大型皇家建筑基址，可以说一号建筑遗址的当心间开间为18尺的可能性大。《中日古代建筑大木技术的源流与变迁》认为："当心间的尺度构成是殿堂的等级标志之一。奈良时代建筑及唐、北宋建筑均以18尺为心间间广最大取值。北宋的《营造法式》明显也继承了这一传统规制。"在大同城北的小北城内外至火车站附近曾发现大量北魏瓦，火车站东北方还发现成排的覆盆柱础，间距5米，柱径50厘米，是大型建筑。用5米除以18尺，我们得到的数值是1尺=277.78厘米，得到的数值和北魏中尺（27.974厘米）很接近。

北魏明堂堂方一百四十四尺，从考古发掘报告中，可测量的明堂遗存基址为42米×42.4米，明堂建筑设在夯土高台，而我们探明的42米×42.4米尺寸是夯土台基的底部，日本曾在明堂所在的位置修飞机场，夯土台遗存的土包也被铲平了，所以我们测到的遗址见方一定要小于42米×42.4米，也就是说当时建筑设计营造尺模数应该小于29.44厘米。如果我们做开间假设，可以分别用北魏中尺、北魏后尺来对一号遗址进行可能的开间组合，发现北魏中尺更加符合营造尺寸。

（五）北魏殿堂建筑的柱础、门窗、脊饰、瓦作、栏杆、装饰色彩等

1. 柱础

自汉以来，柱子之下以石础承垫，《景福殿赋》中或称为"玉舄"，魏晋南北朝时期的柱础一类为兽形，如石羊、石虎、石熊、白象、狮子等；一类为礅座形，如方、圆、覆盆、覆斗形，周圈雕饰莲瓣的覆莲柱础等。北魏后期建筑实例中，可见到覆莲柱础。如河南登封北魏嵩岳寺塔底层倚柱、甘肃天水麦积山北周第4窟檐柱、河北定兴北齐义慈惠石柱等。柱础属于建筑营造中的石作，其精工细作显示了石作匠人高超的雕镌技艺。已知出土有相当数量北魏平城的华丽柱础，其中大部分是覆盆造，这些柱础往往可能和建筑等级有关，我们可以想象其整个建筑的奢华（见图2-2-92）。一般来说，此类柱础往往从柱脚榫位开始由上到下通体遍布雕刻，整个柱颈往往都剔得深琢，在盆唇位置施宝装莲花，

其下是生动的云纹龙等，甚至石座都刻有丰富的花纹，这对工料和技法的要求非常高。据殷宪在其《大同北魏宫城调查札记》中记述："在大同开发建设施工中，社会对当时北魏平城显露出来的遗迹习以为常，一般都会和其他土、石一并堆放，没有引起足够的重视，大同市操场城西街的居民李智皞对文物很有兴趣，捡回家的宝物中有两件完好的方形柱础，石质是云冈砂岩，有孔无纹饰。十月底，李智皞又发现了柱础，说在工地清运余土时，他又搬回两枚下方上圆的沙石柱础，中孔中尚存红松质朽木，朽木外缘可见火烧痕迹，柱础的出土地均在操场城东大街四中东侧。"操场城一号遗址就位于大同四中北墙之北 18 米，和发现柱础（见图 2-2-93）的地方距离不远，因为建筑也是火烧损毁，可想而知，大同四中附近在北魏平城时期，宫殿建筑密集，而且都是一并毁于北魏末年的各族人民大起义，《魏书·地形志》序中载"孝昌之际，乱离尤甚，恒代而北，尽为丘墟"。可以想象，李智皞所发现的四个砂岩柱础就是当时北魏平城末期被火烧毁坏建筑的柱础，这为我们探讨操场城一号遗址（太和殿）的柱础提供了翔实资料。

2. 门窗

北魏平城时期的门窗样式，可以从石窟壁画、墓葬中寻找线索。我们从汉代陶楼、壁画来看，窗户类型有直棂窗、斜格子窗、格子窗等类型，门主要是版门。

门窗历来是建筑物中的重点装饰部位，特别是人们出入必经的门，是显示主人身份的标志。历代赋文关于门上装饰的记述，多为"青琐""金（银）

图 2-2-92　轴承厂遗址出土柱础
（摘自张丽《北魏石雕柱础考略》）

图 2-2-93　覆盆式柱础石
（摘自《大同操场城北魏建筑遗址发掘报告》）

铺""朱扉"之类[1]，是专用于宫殿、佛寺或王公府邸的做法。"青琐"
为门侧镂刻琐纹，涂以群青。《景福殿赋》有"青琐银铺，是为闺闼"，
即宫中门户皆饰青琐。南北朝时期的宫殿佛寺，仍沿用这种做法[2]；"金
（银）铺"是门扉上所饰的衔环兽面，亦称"铺首"，以铜制作，鉴
以金银，铺首的规格大小依门的尺度而变化[3]；"朱扉"即刷饰朱红色
的门扇，为北朝皇家建筑、贵邸的流行做法，北朝以夯土墙为围护结
构的房屋，门窗往往"镶嵌"于厚墙之中，墙体与门上框楣，以斜面
或叠涩的方式相交接（见图2-2-94）。

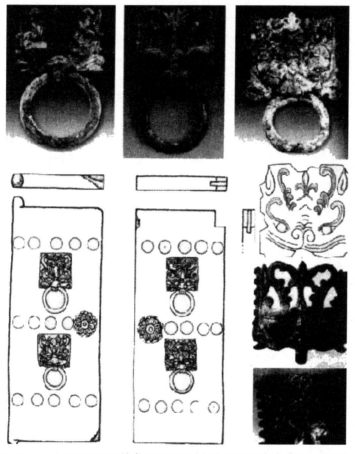

图 2-2-94　北魏宋绍祖石椁表现的门楣（摘自段智钧等著《天下大同》）

[1]　《西京赋》有"青琐丹墀"。《吴都赋》有"青琐丹楹"。刘逵注："琐，户两边以
青画为琐文。"《蜀都赋》载"金铺交映"，刘逵注："金铺，门铺首以金为之"。《冯
翊王修平等寺碑》载"朱扉玉砌，青琐金铺"。

[2]　《洛阳伽蓝记》中载，北魏洛阳永宁寺南门"列钱青琐，赫奕华丽"；又河间王府后
园迎风馆"窗户之上，列钱青琐"。

[3]　据《山西大同南郊出土北魏鎏金铜器》，山西大同南郊北魏平城宫殿遗址出土铜铺首，
有长 16.5 厘米与 13.3 厘米两种规格，又有铜环，其中直径 16.6 厘米与 13.1 厘米两种
可与上述铺首相配，另外还有 10.2 厘米的一种，当为规格更小的铺首上所用。依此推
测，当时的铺首规格应与施用部位的大小有对应关系。

窗的形象，见于宁夏固原北魏墓出土的房屋模型。窗框四角向外作放射状凹纹（门框亦同），窗框内做四道檩条。敦煌莫高窟壁画中的窗口饰有红色边框及忍冬纹角饰，南朝墓室中则于壁面上砌出有烛台的直棂窗形象，从中可以了解南北朝时期比较普遍的窗户样式。窗框的色彩一般与门相同，涂饰朱红色，窗棂或饰青绿一类的冷色。另据《魏都赋》《三都赋》《西京赋》等赋文，有壁上开小窗并雕刻镂空花纹的做法，称"绮寮"，常用于廊、阁、台榭之上，与后世漏窗相类。从出土明器和壁画看汉代窗的形象是形式多样的（见如图2-2-95）。相反看到的北魏时期的窗都是直棂窗（见图2-2-96、图2-2-97），这和隋唐时期直棂窗是相辅相成的。作为北魏中期的殿堂建筑，窗的形式是可以探讨的。

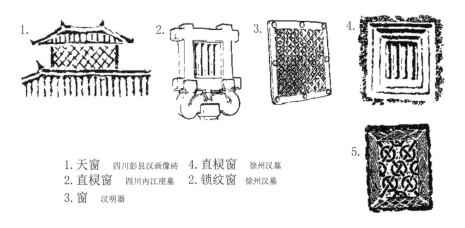

1. 天窗　四川彭县汉画像砖　　4. 直棂窗　徐州汉墓
2. 直棂窗　四川内江崖墓　　　2. 锁纹窗　徐州汉墓
3. 窗　汉明器

图 2-2-95　汉代窗的形象（摘自刘敦桢《中国古代建筑史》第二版）

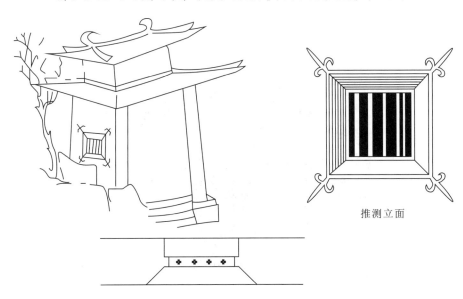

推测立面

图 2-2-96　甘肃敦煌莫高窟第303窟隋代壁画中的窗口雕饰
（摘自傅熹年《中国古代建筑史》第二卷）

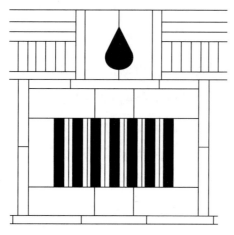

图 2-2-97 江苏南京西善桥南朝墓室侧壁的砖砌直棂窗及烛台

3. 屋顶脊式

魏晋南北朝时期的屋顶装饰主要有两类：一类是殿宇屋顶脊饰，往往受礼制限定并体现建筑物的等级（见图 2-2-98 至图 2-2-101）；另一类是佛教建筑如佛塔顶部的装饰，通常起到特定的标志性作用。

表 2-8　操场城北魏一号遗址五件脊式

名称	尺寸大小（单位：厘米）	形象描述
H48：1	长径 17，短径 12.5、厚 5	形似本遗址出土的兽面瓦当的兽耳
T401③：1	长 15、宽 7	表面有凹槽数条，一边有小圆坑五个
T401③：2	长 13、宽 9.5	中间一个扁圆形的凸起，一边似口沿，刻有长弧线与并列的多条短线
C9	长 11、宽 8	饰弧线数条，下折的一面光滑无纹
T501③：8	长 35、宽 31	截面呈人字形，表面饰平行的宽棱数条

图 2-2-98　甘肃天水麦积山石窟北魏第 28 窟实测图
（摘自傅熹年主编《中国古代建筑史》第二卷）

在春秋战国时期，建筑物形象在铜器刻纹中，屋脊加设饰物就已经出现了。汉代时期，在门阙、殿堂屋脊饰立朱雀比较常见[1]，寓意吉祥，其作用也有其他的说法。三国时期，位于曹魏邺城西北部的铜雀台，名字的起因就是屋脊上放置铜雀。至后赵石虎时，邺城凤阳门上仍以凤凰为脊饰。南北朝时期有关脊饰凤鸟的形象资料与文献记载较少。北朝窟檐上所见的脊中正立面鸟饰，应为佛经中的迦楼罗鸟（金翅鸟），而非朱雀，但在垂脊上往往立有朱雀、从云冈石窟壁画来看，屋脊上往往在中部平均分布有兽形、三角形等脊饰。在等级规格较高的建筑物中通常使用鸱尾，它是正脊两端弯卷上翘的构件。南北朝时期，鸱尾的使用是相当普遍的。

图2-2-99　脊式（T501③:8）（摘自《大同操场城北魏建筑遗址发掘报告》）

图2-2-102　脊式（H48:1、T401③:1、T401③:2、C9）

图2-2-101　脊式

4. 瓦作

有许多学者对北魏平城时期的瓦作进行了专门的详述。在实物考察整理方面，殷宪的《大同北魏宫城调查札记》中对北魏城市建设和出土的瓦、砖、石、柱础等有翔实的记述，并作系统总结概括，再如

---

[1] 见东汉画像石中的函谷关图、四川成都汉画像砖中的阙门、东汉武梁祠、孝堂山画像石中的宫室。

操场城一号遗址、二号遗址、三号遗址的考古发掘简报，北魏平城明堂考古发掘简报，方山永固陵考古发掘简报等都有北魏平城孝文帝时期的瓦作描述。

操场城一号遗址中的建筑材料中有明显分为前后两个时期使用的瓦，出土瓦片中主要有板瓦与筒瓦，其中属于后期使用的多为黑色磨光瓦，前一时期使用的是灰色素面瓦。另外还出土有少量的瓦当、瓦钉等。

表2-9　操场城北魏一号遗址出土瓦件

名　称	尺寸（单位：厘米）	文物描述
1.板瓦		板瓦是建筑材料中发现数量最多的一类。泥质灰陶。平面呈梯形，截面为弧状，前沿捏成花边。依据制作工艺、色泽与规格的不同，分为三式
I式，T201：③：3	长45.6、宽31~35.3、厚1.5~2	凸面灰色素面，凹面有布纹，前沿捏成波状边饰
II式，T510③：3	长47、前宽33.4、后宽30、厚2~2.5	凹面磨光黑色，形体较小。质地细密、坚实，火候较高，制作较精。前沿均捏成波状边饰，偶见两端都有波状边饰的。多数瓦身后沿平切，两侧缘斜向抹棱。凹面打磨光滑，呈黑、青灰、灰白等色；凸面光素。部分瓦近前后沿处刻画文字
III式，T510③：13	长81、前宽60、后宽50、厚2.8	凹面磨光黑色，形体较大。质地、形制与II式相似
2.筒瓦		筒瓦为泥质灰陶。截面为半圆形，瓦舌内凹，舌平面呈梯形。内壁有布纹，外表打磨光滑，呈黑色或青灰色。部分筒瓦舌面上刻画文字，前接瓦当的瓦脊中央有一与瓦脊方向垂直的长方形瓦钉孔。按照规格大小的差别，可分为二式
I式，T510③：23	通长52.4、瓦径16.4、舌长3.4	此类筒瓦材质为泥质灰陶，通长50厘米左右，瓦径15厘米左右
II式，T410③：3	通长75.5、瓦径23、舌长7、厚2~3	泥质灰陶，通长70厘米以上，瓦径20厘米以上，"李"字刻文黑釉筒瓦残件与1995年明堂遗址出土"李"字瓦刻文显然是同一时期
3.瓦当		瓦当泥质灰陶，模制，边轮凸起，内饰凸弦纹一周。当面装饰文字、莲花纹或兽面等
文字瓦当	直径13~18	总共有13件，当面均为四字阳文，皆上下左右等距离分布。文字内容与当面纹饰有所不同。有"皇□□岁"、"万岁富贵"、"永□寿长"等字样的瓦当

名　称	尺寸（单位：厘米）	文物描述
莲花纹瓦当	直径约15	总共出土4件，双瓣莲花纹瓦当和莲瓣化生佛瓦当各有两件，瓦当表面以莲花纹饰为主
兽面瓦当	大规格直径为25厘米，小规格直径12~17	兽面瓦当13件。制作十分规整，当面经磨光。宽边缘，当面模印兽首，獠牙外露，瞪目狰狞。大型兽面瓦当仅发现2件，且无完整者。小型兽面瓦当11件
4.瓦钉		无完整者，20余件。无完整者。形状呈四孔菱形，下设长柄。柄之断面为扁长方形，恰与筒瓦上的方孔相配。均泥质灰陶，表面磨光，多呈黑色或由于火烧而变成浅黄色等

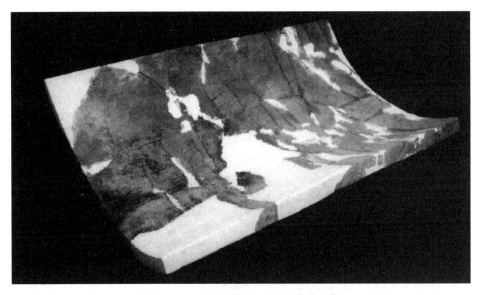

图 2-2-102　北魏板瓦，凹面磨光黑色

图 2-2-103　"万岁富贵"瓦当

图 2-2-104　"皇□□岁"瓦当

在板瓦和筒瓦上，发现有文字者169件。文字以单字者为多，偶见双字。文字均在筒瓦舌面和板瓦凸面。从"操场城一号遗址"出土筒瓦的长度看（70～80厘米），这种小型的瓦，便于铺在凹面的屋顶上，这说明在孝文帝时期屋顶已经出现了曲面。屋顶的交界面往往做合缝的处理措施，选择用板瓦或灰泥等铺盖起来是必须的处理手法，从而形成脊的形式。从画像石和出土的明器来看，汉魏时期的脊和吻的式样只是一种粗糙的凸起形象，而没有文化的雕琢。

5. 栏杆

南北朝石窟雕刻壁画中的栏杆形式，栏杆上多饰直棂、卧棂或勾矩，表现为木质栏杆的做法。但是从北魏洛阳永宁寺塔基出土的有土兽石雕，说明在北魏洛阳时期有了石栏做法，包括曹魏邺城的铜雀台遗址也出土了石螭首。可以推测，在魏晋南北朝时期，高台建筑一般用石栏杆，而宫殿建筑一般不是高台建筑，如果使用栏杆，则采用的一般是木质栏杆。

图 2-2-105　云冈石窟北魏第二期洞窟

图 2-2-106　敦煌石窟北周第 296 窟壁画（左下图）
云冈石窟北魏第二期洞窟（右下图）

6. 建筑装饰

建筑装饰是对建筑物各个部位及构件外观的艺术性处理。建筑装饰在形式、风格和具体做法上通常趋同于雕刻、绘画、鉴器、染织等工艺门类。自古以来，建筑装饰就和舆服、器物一样，成为封建礼制的一部分，起到定尊卑、明贵贱的作用。不同等级的建筑群，以及同一建筑群中不同等级的建筑物，在装饰做法上都会因遵照一定之规而有所差异，包括纹样、色彩、材料做法甚至物件数量，等等。也正因为这样，历代才会有所谓的"僭越"现象出现以及政府有关禁令的颁布。由此可知，建筑装饰的形式与发展，与建筑艺术、装饰艺术、礼制观念这三个方面密切相关。造型、纹饰与敷色是建筑装饰的三种基本手法。在实际做法中，经常存在三者综合运用的情况。一般作用于构件的外观形态，随着建筑物性质、等级的差别而有繁简及形式的变化；纹饰附着于部位的表面，其表现形式通常是抽象的线图，在具体使用时，则依装饰部位、材料、技法的不同而不同。

石构件如基台、柱础、门砧等，常采用雕凿（线刻、浮雕、透雕等）技法，间或也采用敷色的做法。陶构件如脊饰、瓦当、地砖等，用模制、手制，并有表面涂釉、渗炭等方式。木构件经过成型处理（卷刹、收分、抹角等）之后，又有磨砻、髹漆、彩绘、雕镂、镶嵌等多种装饰做法。贴附或悬挂于木构件上的金属构件，如门钉、金釭、铃铎等，大都采用铸造或锤锻成型、表面錾刻或鎏金的方式。

壁画是宫室中最常用的壁面装饰手法，一般用于内壁。魏晋南北朝时期的壁画题材，仍沿袭汉代，以云气、仙灵、圣贤为主。

《景福殿赋》中记墙面色彩为"周制白盛，今也惟缥"，可知曹魏时墙面涂色是上承周制，作青白色，实际上这也是汉代建筑中的常用做法。南北朝时除了白色涂壁之外，佛寺中还出现红色涂壁，如洛阳永宁寺塔（516年），内壁彩绘，外壁涂饰红色。据文献记载，南朝建康同泰寺和郓州晋安寺中，墙面也都有涂饰红色的做法，又《世说新语·汰侈》载，西晋国戚王恺，"以赤石脂泥壁"，等等。

第三节　北朝的乡村

一、村落

（一）村落的分布

聚落称为"村"，始见于三国时期。

村落最早在北魏太武帝时期见于记载，晚则到北朝末年。至少北魏初期已存在。地域上遍及今天山西、河北、河南、山东等地，分布广泛。

聚落除了名为"村"外，还有"川""庄"等称呼。在今山西太原通往河北石家庄的交通干线上，即过去被称为"井陉路"的附近也存在不少村落。东魏北齐间当时石艾县一个名叫"安鹿交村"（又名"阿鹿交村"，现为乱流村一带）的村民热衷于造像祈福，曾先后三次在大路边崖面上开洞雕像。该村的具体方位已不可考，三窟造像现存平定县岩会乡乱流村西10千米处。在三窟以北的桃河下游还有一名叫"般石村"的村落，北齐末村民集资造像保留至今，该村现名盘石村。颜之推在《颜氏家训·勉学》提到，"从齐主幸并州，自井陉关入上艾县，东数十里，有猎闾村"，该村亦位于这一交通干线附近。

"井陉路"是太原盆地至河北平原的交通路线中最为重要的一条干线。东魏北齐时"晋阳"地位重要，"井陉路"亦是连接晋阳与邺城的重要干线。

雁门关附近亦可见到村落的存在。"雁门关路"的南段即是自古以来由太原北上，越过雁门关，经马邑、云中前往阴山的"入塞三道"中的中道，北魏定都平城时，这一通道便成为通往南方的要径，魏初皇帝南巡，数度途经此道。这条道路附近亦不乏村落，太原东北不远的阳曲县内便有一个名为"洛音村"的聚落，该村居民在僧人倡导下于魏齐之际两度兴佛造像，十分活跃。《水经注》卷六《汾水》中提到"洛阴城"，当即《魏书·地形志》"永安郡阳曲县"提到的"罗阴城"，应在该村附近。

因此，北魏时期"村落"并非仅存在于远离战火的偏远地区，都城周围、重要交通路线附近同样分布很多。

村落往往星罗棋布，连成网络。《魏书·李崇传》载孝文帝时李崇任兖州刺史，为解决当地多劫盗问题，他令："村置一楼，楼置一鼓，盗发之处，双槌乱击。四面诸村始闻者挝鼓一通，次复闻者以二为节，次后闻者以三为节，各击数千槌。诸村闻鼓，皆守要路，是以盗发俄顷之间，声布百里之内。其中险要，悉有伏人，盗窃始发，便尔擒送。"这套办法后来推广到其他州。李崇此策能行之有效，一个重要原因是组织周密，当地村落星布，相距很近。

今山西西南部汾河谷地，即北魏之河东郡一带同样村落密布。《魏书·杨侃传》记载北魏末萧宝夤反于长安，杨侃随长孙稚出讨。至弘农，侃率兵北渡黄河，欲取被反叛的薛修义包围的蒲坂，因所率骑兵短于攻城，便驻兵于石锥壁，杨侃故施计宣告百姓，称等待步卒，并观民心向背，然后再兴兵行动，并规定："若送降名者，各自还村，候台军举烽火，各亦应之，以明降款。其无应烽者，即是不降之村，理须殄戮，赏赉军士。"听到消息后，"民遂转相告报，未实降者，亦诈举烽"，结果"一宿之间，火光遍数百里内"。叛军人心涣散，围不战而溃。杨侃略施小计，未费军马，解除了蒲坂之围。此计得以成功，既取决于百姓传布信息速度快捷，也说明当地村落密布。

北周时韦孝宽驻守这一地区，欲在要处筑城，以备胡人。此地乃齐周互争之处，大规模筑城不免招致北齐兴兵。孝宽布下疑兵阵，令"汾水以南，傍介山、稷山诸村，所在纵火"，齐人果然上当，不敢轻举冒进，此举保证了筑城如期完工，也说明这一带聚落密集。

这些资料说明北朝时期北方各地遍布村落，在都邑、交通线附近也大量存在。他们是城镇之外百姓的主要居住地。

（二）村落的情况

北朝平原地区的村落因缺乏天然屏障，必须修造防御设备，大概村与田野之间用坞壁分隔，即使没有那么壮观，周围也有土墙环绕，由村门或村间出入，里面地方相当狭小，人家密集。

《隋书·贺娄子干传》记载：隋开皇三、四年间，因陇西频被寇掠，文帝十分担心，以为"彼俗不设村坞，敕子干勒民为堡，营田积谷，以备不虞"，子干上书认为"陇西、河右，土旷民稀"，不宜屯田，且"陇右之民以畜牧为事，若更屯聚，弥不获安"，建议"但使镇戍连接，烽候相望，民虽散居，必谓无虑"。文帝采纳了子干的建议。隋初陇西地区百姓散居而无围墙卫护。

自先秦至秦汉，百姓集中居住在封闭有围墙的聚落和无围墙的聚落（散居）里。出现乡里编制后，这种聚落则成为"里"[1]。《春秋公羊传》宣公十五年何休注与《汉书·食货志》所描述的亦均是这种封闭的"里"，其他文献中描述的里居生活亦多是以此为背景的[2]。

这种野外散居的聚落来源并非一种形式，除了早先出现的"邑"之外，另一可能是由城居的农民利用在田间已有的"庐"或"田舍"发展起来。庐或田舍位于田地中或附近，而非"里"与"城"内，"庐"或"田舍"是为了便于劳作而设，应具备基本的居住条件，农作的某些阶段也要住在其中[3]。随着人口的增加，新立户的家庭日益增多，旧有的"里"因围墙阻隔面积有限，无法容纳更多家庭时，就必然要建立新的聚落点。另一方面，人口的增长也会使土地开发不断推进，原有聚落附近的土地不足时，需要到更远的地方开垦。为了减少务农出行时间，提高效率，也需要就近居住。利用"庐"与"田舍"建设新的聚落也就势在必行。

随着时间的推移，这种新型聚落不断增加，也就是文献中所提到

---

[1] 这种"里"至晚在战国时期已经广泛分布在南北各地。具体情况可参杨华《战国秦汉时期的里社与私社》，天津师范大学学报，2006年第1期。

[2] 周长山. 汉代城市研究［M］. 北京：人民出版社，2001：145-149.

[3] 《说文解字·广部》："庐，寄也，秋冬去，春夏居。"《汉书》卷二四《食货志上》颜师古注："庐各在其田中，而里聚居也。"《公羊传》宣公十五年何休注："民春夏出田，秋冬入保城郭，春夏之时出居田野。"据此，春夏时民应住在"田舍"或"庐"中。

的"某某聚"，其名称应是由聚落居民自发选定的。不会脱离官府的控制，按照汉初法律的规定，分家、移徙都要受到官府的监管。

村落有围墙，但围墙也不会太厚，多为夯土筑成，即使一些都邑的城垣也免不了风雨的摧残。《汉书·五行志下》记载，汉文帝五年（前175年）"吴暴风雨，坏城官府民室"；昭帝元凤元年（前80年）"燕王都蓟大风雨……坏城楼"。《魏书·灵征志上》载，北魏太延二年（436年）四月"京师暴风，宫墙倒，杀数十人"。相比之下更为单薄的村落围墙，更难经风雨。

村落的平面布局，虽然缺乏直接材料，但可以做出推测。

北齐宋孝王的《关东风俗传》描述大姓聚集的情况，"烟火相接，比屋而居"，说明同姓族群居室已经很密集。通常村落内百姓聚居，彼此住宅分布较稀疏，即所谓"散居"。

东魏兴和四年（542年）李氏合邑造像云："即于村中造寺一区，僧坊四周，讲堂已就，建塔陵（凌）云。灵图岳峻，列彩星分，金光焕日。"李氏集资修造的"佛寺"除讲堂、佛塔外，周围还有僧人的住处（僧坊），据记文叙述，该寺建于"村中"，这说明李氏聚居的村落内空地尚有不少，足以置立一定规模的寺庙。

北魏太和九年（485年）颁布的"均田令"规定"诸民有新居者，三口给地一亩，以为居室"。《隋书·食货志》载："凡人口十已上，宅五亩；口九已上宅四亩；口五已下，宅三亩。"隋初则仍用北魏规定："其园宅，率三口给一亩。"实际从敦煌发现的 S0613 号西魏大统十三年（547年）文书看，每户"园宅"地无论人口多少均记为一亩。根据当时的尺度折算，北魏一亩相当于 677.4 平方米，东魏北齐合 788 平方米，北周为 757 平方米。普通百姓住宅用不了这么大的面积，余下部分或许构成"园"，或空地。《魏书·裴佗传》载"不事家产，宅不过三十步，又无田园"，以示其清廉。三十步仅为八分之一亩，不到 85 平方米应是住房面积。普通村民的住宅规模大概与此相近。

睡虎地秦简"封诊式"的一件爰书说，查封了某里士伍甲的房屋等，其室"一宇二内，各有户，内室皆瓦盖"，这是一般家庭。《汉书·晁错传》载，"营邑立城，制里割宅……先为筑室，家有一堂二内，门户之闭"，可知一间堂屋、两间内室，应是三间，外有门、内有户是汉代民居的基本形式。东汉河南县城内的居民住宅有的建于地上，也有不少建于半地下。一些房舍用小砖镶嵌四壁，有的用砖柱支撑房梁，面积都不大，前后进深最多不过 4 米，左右开间不过 3.55 米，一般约10 平方米，大的只有 15 平方米。辽宁辽阳三道壕遗址发掘的六座汉代居住址，大概是一种土墙、木柱、草瓦盖顶的小房舍，附近多有畜圈、厕所和水井。各处房址间都有一定距离。西汉晚期在中原地区则已经出现了用瓦顶的普通庭院[1]。东汉时期墓葬出土的陶制院落可谓当时民居形态的缩影。河南陕州区刘家渠 8 号墓出土的小型陶制院落平面呈长方形，前后二进平房。大门在前一栋房的右侧，穿房而过，进入当中的小院。院后部为正房，房内以"隔山"分成前、后两部分，应为一堂一室。院左为矮墙，右侧为一面坡顶的耳房，似为庖厨。这一院落大约接近汉代一般民居的布局。更大一些的民居则由两进增为三进，院外或设望楼，更有甚者则以楼房为主。

北朝山西盆地村落中民居当与上述情况相差不远。不可否认，山西的窑洞村落是客观存在的，窑洞村落只有空间而没有形式。窑洞的住宅也没有规定的土地使用面积。

二、北朝乡里

秦汉以来的乡里，"里"主要为户口编制单位。北朝自太和中叶以后，立三长掌户口，传统里吏掌握的户口，由三长负责。"里"被划定了具体的地域范围，成为当时的一个特点。当时"里"的名称亦显示出明确的教化色彩，朝廷常常通过更改"里名"来表彰孝义忠节。

汉代"里名"多取嘉字，如万岁、万年、长乐、千秋、安汉、富贵等[2]，而罕用带儒家色彩的字词，如东郡白马县下"仁德里"，魏郡武安县下"兹仁里"之类的"里"名不多。

北朝乡村中的不少乡里名称大多是按照儒家思想命名的。常见的有"孝义里""修义里""崇仁里""光贤里""仁信里""孝敬里""崇

---

[1] 河南省文物考古研究所，内黄县文物保护管理所.河南内黄县三杨庄汉代庭院遗址[J].考古，2004（07）：34 ～ 37及图版伍、陆.

[2] 周振鹤.新旧汉简所见县名和里名.历史地理（第 12 辑）.上海：上海人民出版社，1995：165.

德乡""崇仁乡"等，与两汉的情形差异较大。不仅是农村，北魏洛阳城的里坊命名更是选取反映儒家所倡导的道德准则的字词或含有褒义的字词，这是北魏朝廷以儒家思想治国的一个具体表现。

现实生活中，北朝不仅给乡里取蕴含儒家思想的嘉名，还经常用为乡里改名的办法来弘扬儒家观点，推行教化，所谓"宜赐美名，以显风操"（《魏书·列女传》）。《魏书·高祖纪》载，北魏太和二十二年（498 年），孝文帝下诏命名归顺北魏始终如一的乡村为"归义乡"，这是改乡名的例子。

北朝乡里制的"里"有实际的地域，设"里"的一个重要原因是北魏太和九年（485 年）以来实施的均田制（唐中叶以前一直实行均田制）。

北朝村落很早也就进入了朝廷的视野。北魏延兴二年（472 年）颁发的一道关于约束僧尼游化的诏书中说"比丘不在寺舍，游涉村落"（《魏书·释老志》），说明村落已受到朝廷的关注。

尽管如此，"村"在官方制度中尚无正式的位置，属于"俗称"。官方县以下的行政建制一是"三长"，一是"乡里"。户籍文书中用"三长"，表示籍贯用"乡里"。如上所述，至迟从北魏太和年间开始，各地乡村普遍设立乡里，百姓聚居的村落均被划入具体的乡里中，村民个人也都从属于特定的乡里。"乡里"二字史书中也偶见，《北齐书·刘逖传》记逖"彭城丛亭里人也"即是。这种编制与"三长"一样体现了朝廷与官府对村民的统治与管理，故时人有"普天之下，谁不编户"（《北史·元志传》）的说法，从制度上讲不存在"化外之民"。官方正式确认"村"的地位则要到唐初。《旧唐书·食货志》云"武德七年（624 年）始定律令……百户为里，五里为乡……在邑居者为坊，在田野者为村"，并开始设立"村正"。

在这样的制度背景下，村民造像书写题记表示自身的所属时，在大多数情况下，他们用"村"来界定造像活动的参与者，陈述自身的空间方位。村民用"村"而非"三长"或"乡里"在活动中标识自己或构建组织，并记述到记文中，说明在非官方的场合，百姓并不理会作为地域概念的"乡里"与作为户口组织概念的"三长"，更谈不上用它们来界定组织与人群。他们对世代生活其中的实际聚落"村"普遍显示出强烈的认同。

"村"不只是一种标识，也是百姓组织活动的依托。他们基于共同的信仰，建立起"邑义"之类的组织。"邑义"或以村落为单位，或由村内部分民众组成，或由若干邻村民众共同组建，其活动不限于造像，还包括举办斋会、法会，写经，造桥凿井，建设寺院，施舍救济等。换言之，在官方统治系统之外，还存在围绕"村落"展开的民间组织与活动，这类"邑义"并非借助官方基层组织来构建，而是另起炉灶，看来当时民间活动仍有广泛空间，朝廷对基层的控制也有限。

在造像活动中北朝村民对自身居住的村落的认同与归属，远大于对朝廷乡里制的认同。东魏武定五年（547年），并州乐平郡石艾县安鹿交村邑仪王法规合廿四人造石窟题记云："上为佛法兴隆，皇帝陛下，渤海大王，又为群龙（僚）百官，守宰令长，国土安宁，兵驾不起，五谷熟成，人民安乐"，如实地表达了他们对基层政权的不满与对美好生活的期盼。

他们对世代生活的村落表现出更强的归属感，并依托"村"组织活动。

三、市的形制与管理

北魏典籍中偶见商户，道旁也有零星商贩的记载；隋初汾州居民向街开门，或许在经营商业；亦有所谓"临道店舍"买卖兴利，但尚不普遍，且几乎被列为铲除对象，这一时期商业活动仍主要在城镇所设的"市"内进行。

《魏书·食货志》载，武定六年（548年）朝廷规定"其京邑二市、天下州镇郡县之市，各置二称，悬于市门"。东魏所辖州镇郡县不少立市。时至北齐，情形依旧。北朝承汉晋旧制，设吏治市。

各个城镇设市数量不一，州镇郡县一般仅立一市，市中心如汉、晋之制设市楼、旗亭之类建筑。

北朝山西城镇"市"的位置不明，参照洛阳布局，当远离代表权力中心的官衙。对于"市"内活动，北朝亦秉承前代。东汉许慎的《说文解字》释"市"为"买卖所之也"，说出了"市"的职能。北朝时亦是如此。北朝人贾思勰在《齐民要术》中，勾勒出在市场买卖的一番景象。在买卖交易中提到选择何种时节，出售作物，还开列了单价与收入。北朝官俸所得并不能满足官员日常生活的全部需要，甚至可以说，多数种类物品朝廷未尝提供，除少数可通过征发徭役等途径获取外，余者主要应通过市肆交易而得。各地北朝墓葬中出土大量日用陶瓷器，种类繁多，多是实用器，有些尚保留着使用过的痕迹。这些器物由专门的陶瓷窑烧制，通过"市"购买获得。北朝大中型墓葬的墓主为贵族、官吏，这类墓中主要的随葬品是陶模型明器。考古发掘证明北朝存在生产陶明器的作坊[1]。模制明器应为批量生产所得，走的是市场的道路。《洛阳伽蓝记》说大市北奉终里"里内之人多卖送死人之具及诸棺椁"。陶俑盖属送死人之具。以陶明器随葬之俗遍及北方，各地市肆都少不了此类物品。墓中随葬的铜镜、铁镜之类亦是起居所用，非家庭所能制作，其来源也应是市肆。时至北齐，不但官吏平日生活离不了市易，连朝廷祭祀用牲也开始购于市。至于城镇驻扎士兵的供应，购售物品种类亦涉及甚广。北朝时有些物品，也来源于市。

城镇工匠在北魏前期受到朝廷、官府的严格控制，他们通过"市"与普通百姓打交道。农民除农产品可自产外，余下的物品也要到市里出售。所有村民生产、生活所需的不少物品要由"市"供应。这说明北朝城乡居民物质生活上与"市"联系广泛。

总之，"市"已成为城乡生活的交汇点，亦是节日之外日子里人群聚集之处。

四、北朝村民的生活

（一）村民生活的核心场所——村里

北朝时期的地理景观遍布村落，其间夹杂大小不等的城镇。城包括都城、州郡县的治所，镇指军镇及所辖的戍。北齐末有 97 州、160 郡和 365 县，北周统一北方后有 211 州、508 郡和 1124 县。因州郡的治所均在某一县，北朝结束前北方有 1100 多个级别各异的城，还有少量镇戍。镇戍的居民多为军人及家属，他们平日务农，战时出征。不

---

[1] 谢宝富.北朝婚丧礼俗研究［M］.北京：首都师范大学出版社，1998：184 页.作者也提到存在私家自制明器情况，由考古发掘看，这种情况不多见。

少镇戍陆续改为州。当时只有少数人生活在城镇中，大多数则聚居在村落中。

村落广泛分布在北方各地，包括都城周边和重要交通线附近，并非仅见于边远偏僻的地区，而且是星罗棋布，连成网络。一些村落为围墙所环绕，也还有不少没有这种设施。村内房屋布局应较松散，各家的房宅间有不少空地，寺院伽蓝点缀村中。每个村落的人口目前所知的多为200人左右。

村民以家庭为单位生活，家庭的规模以四五口为主，三代同居的情况并不常见，兄弟结婚后一般也要分灶另过。从姓氏上看，一些村落的男子主要由单一姓氏的居民组成，一些则为多姓混居村，山西安鹿交村，205人中至少有29个姓氏，人口最多的前四姓有155人，占75%以上，首姓卫氏有69人，仅占33%。多姓村出现的原因复杂，有些是移民所致。

同姓聚居村是迁移散户随着人口繁殖自然产生的，同姓村民能够通过"姓氏"建立相互的认同，确认相互的血缘与世代关系。

在生活中，"邑义""社"之类组织十分活跃。村民在接受了佛教的福业观念后，常常会在居住的村落范围内发动居民，组成规模不等的"邑义"，出资兴造福业：造像立塔，写经刻卷，乃至凿井修桥，救济灾民。一些村落中建有寺庙，村落居民也包括僧尼，成为当时的特色。村民组成的"邑义"所从事的活动表达了家庭以外、村内集体生活生动的一面，显示了"村"在单纯聚落之外的生活内容。部分村落的居民包括少量还乡的致仕官员。多数村民则以耕织为生，具体作物随土而宜。一些地区适宜种桑树，则产绵绢与丝，另一些地区则种植麻，产麻布，具体的分布见《魏书·食货志》记载。自北魏太和九年（485年）到北朝末一直实施均田制，具体的规定前后屡有变化。总体来看，由于这一时期人口有限，大多数地区耕地充裕，土地兼并现象也不突出。均田制下百姓仍然能够自行处理耕地，有不少信佛的村民施地建寺，或入佛寺为功德田。如果经营有道，耕织致富不会困难。

村落与村民并非置身于朝廷控制之外。朝廷触角直接深入村落内部。北朝很早就建立了户口管理制度，通过户籍等由"户"管理到个人。所以时人有"普天之下，谁不编户"的说法。这一时期最引人注目的是北魏太和十年（486年）开始设立一直沿用到隋初的"三长制"。这一制度针对的主要是城镇以外的"村民"，它通过不同的编排方式，把村民纳入邻长、里长与党长的管辖下，以防止村民逃亡或剃度为僧规避朝廷的赋役，并保证完成朝廷的赋役指标。

（二）村民的生活世界

村民生活在各自的村里，但他们的活动与想象仅仅局限在村及其周围的狭小地域内。事实上，很多情况下他们也要走到村外，其足迹广阔。要了解他们，还需要从更多的背景上去把握他们的生活世界。

首先，最为常见的是村民需要时常到附近州、郡或县城以及都城所附设的"市"中买卖物品、寻医问卜。北朝时期几乎见不到分布在行政治所以外的聚落，如"草市"之类的市场。所有的"市"都被安排在行政治所所在地，并由官府设官控制。根据文献记载，村民要定期赴市购买铁农具、作物种子以及瓮一类陶制生活用品；出售的物品则有榆、杨、楮、柳等木材，葵、芜青、胡荽和苜蓿等蔬菜，还有红蓝花之类染料与榨油用的植物子实。此外，村民还要到"市"请教卜师相士，疗疾解惑，寻求帮助。由于北朝的统治者沿用先秦以来的传统，自都城到郡县均设刑场于"市"，赴"市"买卖解惑的村民时常会遇到处决犯人的场面，尤其是在秋冬行刑的季节。行刑犹如反复出现的仪式，成为向聚集在市内围观的百姓展示朝廷统治的绝好机会，村民从中可以直接感受到朝廷官府的赫赫威力，有心人也能从中察觉到政治的细微变化。"市"因此成为北朝村民了解和通向村外世界的一扇重要的窗口。

除了"市"，聚落附近灵验的祠、庙等也是村民时时要光顾之处。《魏书·地形志》中记载了大量分布各地的神祠，山西定襄县内这类神祠尤多。有"赵武灵王祠、介君神、五石神……圣人祠、皇天神"，这些应是列入朝廷"祀典"的，被认可的祠庙。据《水经注》载，一些神祠在北魏时仍是"方俗所祠也"或"民犹祀焉"。同时，不少佛寺也兴建于形胜之地，分布在远离聚落的山林。在特定的时刻，如四月八日、七月十五日之类佛教的节日以及诸神的生日，祠庙寺院成为村民聚集的场所，后代的庙会也就是由此而生。这是村民与外部世界交往的另一渠道。

村民由此越出了狭小的村落，步入村外的世界。同时，他们的生活也因朝廷颁布的"历法"而形成各地大体统一的节奏。

随着秦的统一，战国时各异的历法也走向统一，并开启了由朝廷制定、颁布的传统，即所谓"敬授民时"。统一的历法传布域内各个角落，成为百姓生活安排必不可少的依据。历法在当时得到极为广泛的运用。

朝廷通过编制历法来控制和安排百姓的生活节奏。仅存的北魏太平真君十一年（450年）与十二年（451年）的历谱中，除了指出每月朔日的干支外，还有二十四节气的日期，社、腊与月食的日期等信息，这些信息密切关系到时人的生活安排。

村民看似自主的活动实际也难以摆脱朝廷与官府的影响。在一些日常活动中，朝廷与官府会直接与村民交涉。

北朝时期佛徒热心福业，广立浮屠碑像，兼有修桥补路者，亦常见由官府发起、当地民众广泛参与的事例。西魏大统六年（540年）南汾州高凉郡高凉县（今山西稷山县）的县令巨始光"率文武乡豪长秀"造石像一躯，参加者不仅有县廷的数十位属吏、巨始光的家人，还有33位族正、三长制下的基层首领、个别僧人与百余名普通百姓，他们多数应是当地的村民。这是一项由地方长官发起、官民共同完成的佛教福业。

此外，北朝皇帝继承游牧民族的传统，保留了巡幸各地的习惯，一些地区的村民可由此感受皇恩。不过，皇帝巡幸路线集中在主要交通线与核心城镇，远离巡幸路线的村民很少能目睹圣颜。多数地区村民接触更多的是皇帝差遣的使者。这些使者手持代表皇帝的"节"到各地观风省俗，体察民情。北朝时期见于记载的使臣巡行州郡就有33次。《北齐书·崔伯谦传》载，东魏北齐时崔伯谦为济北太守，有朝贵行过郡境，问人太守治政何如。对曰："府君恩化，古者所无。"因诵民为歌曰："崔府君，能治政，易鞭鞭，布威德，民无争。"客曰："既称恩化，何由复威？"曰："长吏惮威，民庶蒙惠。"这是使者巡行中了解牧守工作的一例。使臣与百姓的问答也成为村民认识朝廷的一个途径。

一般造像者在有关的祈愿中体现出了对朝廷上层的理解，即造像者及其亲属、朋友乃至众生，其上是"州郡令长"或"群臣百僚"，最上是皇帝。这三者共同构成村民的生活世界。

五、安鹿交村的构成

山西平定县安鹿交村，在今天的乱流村一带。通过分析记文与造像者题名可以了解该村居民的来源与构成。

永平三年（510年）造像题记虽然只有寥寥几句，题名也难以辨识，但它提到"河东郡人口在安禄交居住"，可知该村至少部分居民来自河东郡。

该村居民中"卫"姓人最多，这一姓氏的村民很可能就是自河东郡迁到安鹿交村的。《元和姓纂》记载，"卫"姓出自河东安邑。据"北安邑"条下记的该县沿革，除太和中短暂升为"郡"外，该县多数时期都属于河东郡。从记文推测，这些外来移民在此居住，并不是创建新的居民点。当时这里已有聚落，有人居住。从居民的来源看，该村是土著与移民混居。

据《红林渡佛龛记》与《般石合村造像记》载，当时"卫"姓的分布不限于安鹿交一村，沿着桃水下行至几万米外的盘石村，当时都有"卫"姓人居住生活。

参加第二至五次造像活动的人应当都是该村的居民。第五次则包括了一些村外的人，如豆卢通父子、刘仁德一家与韩开一家等。其中有几位不止一次出现在福业中，张元伯的名字就先后出现在第二、第四与第五方造像记中，他应是这三次活动的积极参与者。余下的张德仁、韩智悦分别参加了第二、三次造像，卫兴标、王遵贵参加了第二、四次，卫买兴、张强族、卫阿斛、卫始儁、张阿贵、张阿渥与卫舍欣分别参加了第三、四次造像，张转胜与张宝明则分别参与了第三、五与第四、五两次造像。

依上述统计，三次造像的参加者共有218人次，扣除重复，为206人。

《魏书·地形志上》记载东魏时石艾县所在的乐平郡"领县三，户一万八千二百六十七，口六万八千一百五十九"，平均计算，石艾县有6089户，22720口人。如果以安鹿交村的人口为基准，该县应有110个规模近似的村落。到1998年平定县人口为31.9万，是东魏时的

14 倍多。北朝时石艾县的辖区包括今天的阳泉市和盂县，远大于今县。当时的村落大约主要集中在交通线和地势平坦、自然条件较好的地区。根据当时的其他石刻资料可以知道该县的其他一些村落的名称与位置。如武定八年（550 年）的"关胜颂德碑"云："窆于三都东南八里千亩坪"，而此碑现在在县北的千亩坪村。"三都"与"千亩坪"两村的名称历千年而未变。另外，在今天的上盘石村还曾发现过北齐般石村人造像，此村的今址也可确定。这些聚落均在道路附近。

从姓氏上分析，该村是个多姓聚居的村落，至少有 29 个姓氏，其中以卫、张、王、郭四姓为主，共有 155 人，占了 75% 以上，人口最多的卫姓有 69 人，占村民的 33%。据 1997 年的统计，乱流村的 1675 位居民中有 58 个姓，立户姓 32 个，非立户姓 26 个。

现在村民中尚有尹、樊等不常见的姓，或是北朝时代这些姓氏村民的后人。另据 1987 年户籍调查的统计，山西平定县有 255 个姓氏，在人口不足百人的姓氏中尚有上述三个造像记中出现过的卫、藉与麻姓，目前居住在当地的这些姓氏的人可能与安鹿交村中的卫、藉与麻姓居民有渊源关系。不过，北朝时卫姓在该村本为首姓，且不只分布在这一个村子。

从社会身份上看，安鹿交村基本属于庶民聚居的村落，只是到了隋初，村里才有人当了县里的属吏，张宝明担任石艾县司功，也就是县的功曹。据此，该村是当时很普通的一个村落。

这些家庭除了张宝明家包括上下四代人，张元伯、张继伯为三代外，其余五家为父母与子女两代，家庭结构比较简单。造像题名中显现的家庭关系有助于了解当时的家庭结构。张宝明家的存亡成员一起列在题名中，并称为"合家等侍佛"。同胞兄弟张元伯与张奴表现得更明显，两人均为"菩萨主"，应是各自出资而得的名号，且分别为亡父、生母及各自的妻子祈福，看来两人已分家另过，经济上相互独立。

六、从造像活动看村民生活

造像题记可以帮助了解该村居民的构成，根据安鹿交村三洞窟的形制和与该村居民有联系的当地造像，可以知道更多有关村民生活的信息。

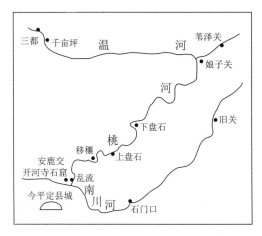

图 2-3-1　山西平定县乱流村附近形势图

从三个石窟的形制、造像题材到具体像的形态、风格，大同小异看，后两次造像可以说是对第一次的模仿或抄袭。这说明开凿洞窟都邀请了相同的工匠。

从平定开河寺造像活动中的题记中可以观察到一、二两记内容相近，但所处的时代背景已发生变化，王法现造像时仍是元魏的天下，到了陈神忻造像时，已为高氏取代，成为大齐的臣民了。可是两记的内容区别不大，说明王朝的禅代在普通百姓那里并不主要，这里有着民众对王朝统治体制的认可。

开河寺石窟所揭示的三窟形制与造像上的诸多相似性，以及三窟的规模均很小，窟内通高分别为1.42 米（第一、二窟）与 1.72 米（第三窟），人很难在窟内直身站立，这些现象促使后人思考该村居民为什么在不到 20 年中连续分三次出资开窟造像，而没有合力修造一个相对大一些的石窟，似乎隐藏着原因。

"井陉路"是穿越太行山的一条重要交通孔道，自战国以来就是兵家必争之地。北魏皇帝大臣自平城南下华北也常常取道于此。北魏末诸方争雄，这里也是战略要地。东魏北齐时皇帝、权臣往来于都城邺城与晋阳之间，也频频经由"井陉路"。北齐文宣帝高洋在位十年间曾经 21 次往返于两城，平均一年两次，其中天保六年一年就曾 6 次来往邺城与晋阳。其中必有不少次取道"井陉路"。颜之推在《颜氏家训·勉学》中提到"从齐主幸并州，自井陉关入上艾县，东数十里，有猎闾村"，即是明证。

参照古人的记载和现在的地图，"井陉路"在今天的平定县附近的具体走向包括北、中、南三道。

北路过今苇泽关后沿温河河谷西行，经过千亩坪与三都。东魏武定八年（550 年）所立的关胜碑的末尾提到千亩坪一带的地形，文云"□谷，地势东倾，东带长壍，西届□邢，北略三交，南诣萨营"。这条长壍应是通往苇泽关的道路。

中路沿着桃河的河谷，东行经过乱流村南，转向东北，经盘石关与苇泽关，至河北。路线迂回波折，但较平坦宽阔。如果取道于此，恰好要路过这三个洞窟。《水经注·浊漳水》所说"（桃水）东径靖阳亭南，故关城也，又北流，径井陉关下，注泽发水"中的"靖阳亭"，应在今天的乱流村的位置，而"井陉关"也许就在今天的移穰一带[1]。东魏元象元年（538 年）九月七日的《红林渡佛龛记》位于"开河寺石窟"以北 5 千米的移穰村西，地处桃河的下游，且题记中的"石窟大像主张法乐"的官职中有"并州刺史下祭酒，通大路使"，"通大路使"应是疏通此路。

南路与中路大体平行，经过今天的旧关、石门口，沿今天的南川河西北行在乱流村南与中路汇合。此路相对平直，但狭窄。北齐时人李清于天保六年（555 年）在今天的石门口附近摩崖造像，报答李宪、李希宗父子的恩情，记文中说这一带"万里长途，百州路侧……东越海崖，西过秦陇，车马殷士，无日不有"（录文见《八琼室金石补正》卷二〇），指的就是这条路。此路后代也用作驿路，故沿途的聚落多有名"铺"与"驿"，如甘桃驿、槐树铺、五里铺、固驿铺，路旁至今还保存一些烽火台的遗址。

东魏北齐时这三条路都已存在，但以中路为主，故被称为"大路"。中路较远，但沿河而水源充足，当时这一点对大规模的人马行动十分关键。可以想见，皇帝往来或大规模的兵马调动如果途经"井陉"，走的都应是"中路"。南路也常被使用，主要是作邮路。而开河寺石窟恰好位于这两道路交会点附近，为往来东西的行旅必经之处。

另外，自战国以来形成的"行县"制度要求地方守宰定期巡视所辖地区。《续汉书·百官志》讲述郡国长官的责任时指出："凡郡国皆掌治民……常以春行所主县，劝民农桑，振救乏绝。"

石窟位于东西交通要道，是往来众多官民必经之地，容易为路人

---

[1] 传统观点认为"井陉关"位于今天的旧关，但旧关附近的地貌特征与《水经注》记载不合，难以凭信。

发现注意。而三洞窟过于低矮、狭小，无法入内观礼、膜拜佛像，倒是高悬窟门之上的题记颇为醒目，必吸引驻足观看者。如果考虑到题记的潜在读者，更容易洞察村民的意图。当时能识文断字的普通百姓很有限，可以读懂题记内容的主要是过往的官吏，题记不妨说主要是写给这些人看的。其中又有若干为皇帝、百官祈福的语句，对于扩大影响、博取名声，不无好处。这可能是在朝野上下佞佛成风的时代背景下，像安鹿交村这样一个庶民村提高声望的一种途径。前几次造像的参加者均为村民，而隋初当地乡民开造大佛像，能够结交并动员到豆卢通父子这样的显贵作为施主出资参加造像，以及几位州县官员共同参与，村民的活动能力与范围较前大大增强，恐怕与该村的冲要位置、村民多年来一心向佛而积累的声望不无关系。村民居住在交通线的附近，瞻仰皇帝、百官的机会远多于其他地区。同时也要看到，村民因此而要承担的赋役也必沉重不少。北魏定都平城时往来华北常取道"莎泉道"，又名"灵丘道"，此道附近乃至灵丘郡的百姓因此负担很重。安鹿交村的居民对朝廷心存期望，不过，三方造像记中均包含了祈望"国土（万民）安宁""兵驾不起"的字句，不仅是他们对时局的期待，大概也触及他们的切身利益。

第四节　宗教建筑

一、魏晋南北朝的宗教情况

魏晋南北朝这 370 年间，经历了较长的分裂时期，开始是魏、蜀、吴三国分立，后来虽有西晋的短暂统一，但不久又出现了十六国的分裂，形成了南北朝的对峙局面。这种长时期分裂和频繁战争，使得城市衰落、商业停滞。这一时期，自然经济占主导地位，这种经济状况对当时的文化发展来讲，不可避免地产生了一些消极影响。但是勤劳、勇敢、智慧的先民在农业和手工业的生产实践中取得了巨大的成就。

自汉武帝"罢黜百家，独尊儒术"之后，儒家思想支配了当时的思想界。曹魏以来，儒家思想已经不能垄断当时的精神世界，"自然""无为"对命运不作反抗的老庄思想开始抬头。这一时期老庄思想与汉代初年崇尚黄老之学，旨趣大异。汉初崇尚黄老的清净无为，是统治者企图与民休息，使动荡的社会秩序稳定下来；而魏晋时期玄学家们崇尚的老庄思想，却是想巩固世家大族地主的经济利益，他们实际是主张君主无为、门阀专政。

老庄学说是讲清虚寡欢的，而魏晋的玄学家，都是属于世家大族这个大地主阶层，他们在行为上，恰恰和老庄的学说相反，过着放荡纵欲、腐朽糜烂的生活，因此魏晋之际的玄学清谈，表面上主张崇尚自然，而实际上是在替世族大地主的奢靡生活找理论根据。

（一）道教的形成与发展

东汉末年，道教开始形成和发展起来。道教表面上推崇老子，尊他为祖师爷、"太上老君"。其实道教后来的教义,和代表老庄思想的道家学说是背道而驰的。老庄思想崇尚自然,主张无为,提倡清心寡欲,反对人为的束缚。《庄子》这部书虽然讲到有关神仙的一类寓言,但并不主张求仙。道教却不然,是相信天上有神仙的,道教徒修持的目的,就是追求白日飞升,上天界去当大罗神仙。所以道教和道家并无密切的关系,反而和商周的巫师,秦汉的方士神仙家之说非常接近。

东汉末年阶级矛盾发展到极端紧张的程度,一些受尽苦难的群众,也曾利用宗教作为发动反抗斗争的工具。这一宗教,就是从神仙方士之说和庸俗化了的经今文学派的阴阳谶纬之说混合而产生出来的。《后汉书·襄楷传》称:"顺帝时,琅邪宫崇诣阙,上其师于吉于曲阳泉水上所得神书百七十卷……号《太平清领书》,其言以阴阳五行为家,而多巫觋杂语。"

到了东晋初年,葛洪著《抱朴子》,他进一步从理论上来反对原始道教,道教在他的改造和提倡之下,便完全成了为世家大族服务的宗教。当时世家大族也竞相崇奉它,南朝的琅邪王氏高平郗氏、兰陵萧氏,北朝的清河崔氏、京兆韦氏等世家大族,从此时起,也都变成为天师道的世家。

在形神有无的关系问题上,葛洪认为"夫有因无而生焉,形须神而立焉。有者,无之宫也;形者,神之宅也。故譬之于堤,堤坏则水不留矣;方之于烛,烛糜则火不居矣。身劳则神散,气竭则命终。根竭枝繁,则青青去木矣;气疲欲胜,则精灵离身矣"(《抱朴子·至理篇》)。他认为"有"因"无"而生,"形"须"神"而立,"无"与"神"都是第一性的,"有"与"形"都是第二性的,而且认为精灵可以离身,道教炼形的目的正是要把精灵凝聚不散,长生不死。这种宗教神秘的唯心主义观点,和他的"玄""道""一"等神秘理论,完全一致。

世家大族妄图永享奢靡腐化的生活,既希望能够长生不老,又留恋人间富贵。南北朝的皇帝也不例外,譬如北齐文宣帝令诸术士合"九转金丹"成,置之玉匣中,不肯立即服用,说:"我贪世间作乐,不能即飞上天,待临死时取服。"(《北齐书·方伎传》)葛洪便设想了一个折中的办法,"且欲留其世间者,但服半剂,而录其半;若后求升天，便尽服之"（《抱朴子·对俗篇》）。至于成仙以后，仙人的生活，"饮则玉醴金浆，食则翠芝朱英，居则瑶堂瑰室，行则逍遥太清"，不但生活豪奢，而且"或可以翼亮五帝，或可以监御百灵"，"位可以不求而自致"，"势可以总摄罗酆（阴间）"（《抱朴子·对俗篇》），权势也和人间一样，丝毫不会有所降低。这是完全合乎世家大族地主口味的。

陶弘景在《真灵位业图》的序文里说，仙真的等级很森严，"虽同号真人，真品乃有数；俱目仙人，仙亦有等级千亿"。这也就是说，神仙的等级尚且这样森严，人间的阶级划分，等级俨然，更是理所当然了。

陶弘景在《真诰》里说："道者混然，是生元气。元气成，然后有太极。太极则天地之父母，道之奥也。"他把"道"看成是万物的本体，而这个本体是精神性的，非物质性的，这完全是一种唯心主义的观点。

北齐文宣帝高洋时，金陵道士陆修静投奔北朝。那时北齐佛教非常发达，全境僧尼有二百万人。天保六年（555年）八月，文宣帝召集僧道两教代表人物至殿前论难，由于皇帝大臣都倾向崇奉佛教，遂下令废除道教，"敕道士皆剃发为沙门（僧人）；有不从者，杀四人，乃奉命。于是齐境皆无道士"。

北周武帝宇文邕时，道教、佛教彼此互相攻击，建德三年（574年）武帝下令废除佛教，同时废除道教。

（二）佛教的传播与发展

佛教原来是流行于天竺一带的宗教，它的创始人佛陀，本名悉达多，族姓乔达摩，属于刹帝利种姓。他大约在公元前563年出生于今尼泊尔南境喜马拉雅山与恒河之间的迦毗罗卫国。悉达多的父亲就是这个国家的国王净饭王，他是这个国家的太子。悉达多弃家去探讨一种宗教神秘学说，创建佛教后，收了许多门徒，著名的有迦叶、阿难等。门徒称悉达多为"佛"或"佛陀"，译意是觉悟了的人。

佛陀创建佛教时的主要论点，认为现实世界是一个苦难的世界。佛陀既然有"一切皆苦""诸行无常""诸法无我"这类思想，无疑是厌世的。涅槃作为他的最终理想，也必然是消极的。

公元 2 世纪至公元 3 世纪的时候，佛教又出现了新的教派——大乘佛教，梵语谓之"摩诃衍"。在大乘佛教学说中，佛不仅是法力无边的神，而且还是救世主。大乘教徒鼓励僧徒不要一味寻求涅槃，而要积极传播教义，去拯救他们所认为沉沦苦海中的一切众生。

佛教传入中国境内，说法不一。据隋费长房著《历代三宝记》称："始皇时，有诸沙门释利防等"，随后将他们放逐回国。到了汉武帝时，张骞出访西域诸国，从大月氏人那里知道了身毒国（天竺之意译）"始闻浮屠之教"（《魏书·释老志》）。据《三国志·东夷传》注引鱼豢《魏略》称："哀帝元寿元年（公元前 2 年），博士弟子景卢，受大月氏王使伊存口授浮屠经。"这可算是汉人和佛教接触的开始。东汉时，佛教渐渐在中原地区传播开来，如光武帝子楚王刘英"喜黄老学，为浮屠斋戒祭祀"，明帝给他的诏书里有"诵黄老之微言，尚浮屠之仁祠"（《后汉书·楚王英传》）的话，可见当时崇信佛教已大有人在，不过当时人们对佛教的教义，还没有足够认识，所以"浮屠之仁祠"还是和"黄老之微言"对比来说的。桓帝在宫中，也是黄、老、浮屠并祠，可见一直到东汉末年，这一情况并没有多大变化。当时对佛陀的理解是："浮屠者，佛也。……佛者，汉言觉……又以人死，精神不灭，随复受形。生时所行善恶，皆有报应……佛身长一丈六尺，黄金色，项中佩日月光，变化无方，无所不入，故能化通万物，而大济群生。"（《后汉纪·明帝纪》）"佛之言觉也。恍惚变化，分身散体，或存或亡，能小能大，能圆能方，能老能少，能隐能彰，蹈火不烧，履刃不伤，在污不染，在祸无殃，欲行则飞，坐则扬光，故号为佛也。"（《弘明集》卷一引牟子《理惑论》）把佛形容成能飞腾变化，水火兵刃所不能伤害的神人，可见对佛教的了解是不深的。

随着佛教的盛行，寺院的经济势力也迅速发展起来。遍布京都及各州郡的寺院，通过封建统治者的赏赐和贵族、官僚的施舍以及"侵夺细民"等途径，"广占田宅"（《魏书·释老志》）。例如北齐文宣帝高洋在天保三年（552 年），曾为僧稠法师"于邺城西南八十里龙山之阳，为构精舍，名云居寺……初敕造寺，面方十里"。稠曰："十里太广，损妨居民恐非不济，请半减之。"敕乃以方五里为定。西魏时，宇文泰为大僧统道臻建中兴寺于长安昆明池南，"池之内外，稻田百顷，并以给之；梨枣杂果，望若云合"（《续高僧传·西魏京师大僧统中兴寺释道臻传》）这样，"凡厥良沃，悉为僧有"（《广弘明集》卷六《叙列代王臣滞惑解》），大量土地转入寺院的手中。

当时的寺院内，参加耕作的主要劳动力除了一部分僧侣以外，还有等于农奴身份的僧祇户和等于奴隶身份的佛图户。北魏献文帝皇兴三年（469年），北魏夺取了南齐的青、齐地区，还移青、齐地区的一部分"民望"于平城附近，置平齐郡以居之，其余青、齐人民，悉没为生口，分赐百官，称之为"平齐户"。当时北魏沙门统昙曜奏请献文帝，把这一部分平齐户及凉州军户等拨归"僧曹"（管辖寺院的机构）称为"僧祇户"，每户每年纳谷六十斛，称之为"僧祇粟"。同时又请求把一部分犯重罪的罪人和官奴婢，充作"佛图户"，以供诸寺洒扫，称之为"寺户"。魏献文帝都答应了，从此，每个州镇，都有僧祇户和寺户。在开始时"内律"（即僧律）里有规定："僧祇户不得别属一寺"（《魏书·释老志》），应该由僧曹向僧祇户征收僧粟，不能由寺院直接向他们征收僧粟；征收来的僧祇粟，也是贮积起来，准备到荒年来"赈给饥民"，所谓"俭年出贷，丰则收入"。后来寺院就直接向僧祇户征收租谷，收到的租谷，也不是用来"济施"，而是用来作为寺院高利贷的资本，来"规取赢息"了。寺院收债的时候，不顾水旱灾害而强征勒索。有的僧祇户虽已"偿利过本"，可是僧侣地主意"翻改券契"，照旧催征。《北史·苏琼传》载，东魏时有"道人道研，为济州沙门统，资产巨富，在郡多出息，常郡县为征"，可见农民如果拖欠寺院的债务，还会受到官吏的迫害。

寺院就是通过上述手段，把财富大大地集聚起来。而且，寺院在拥有雄厚财富的同时，还占有众多的劳动人手，包括寺院中的僧侣和寺户，所以他们的经济力量一天比一天强大，这就引起了政教之争，在北朝发生了两次灭佛事件。

在中国的佛教史上，有所谓"三武之厄"：第一次是北魏的太武帝拓跋焘太平真君七年（446年）的灭佛运动；第二次是北周武帝宇文邕建德三年（574年）的灭佛运动；第三次是唐武宗李炎会昌五年（845年）的灭佛。

北魏太武帝的灭佛运动，主要是由于当时拓跋氏进入黄河流域还不到三四十年，刚开始接触佛教，对佛教还不够了解，同时又有佛、道斗争的因素。太武帝在太平真君五年（444年）正月下诏："西戎虚诞，生致妖孽。"自今以后，"自王公已下至于庶人，有私养沙门、师巫……在其家者，皆遣诣官曹，不得容匿。限今年二月十五日，过期不出，师巫、沙门身死，主人门诛"（《魏书·世祖纪》）。太平真君六年（445年），关中一带爆发了以盖吴为首的各族人民大起义，太武帝亲自出征，才镇压了这一次规模巨大的起义。他在出征途中驻扎长安，入一佛寺，见寺中藏有很多兵器，就怀疑僧侣和盖吴通谋，下令把这一佛寺的僧侣全都杀死；在没收寺院财产时，又发现寺院内有酿酒的用具（僧律禁酒）；同时还搜查到许多州郡的官吏和富人在寺院里的财物；最后还发现了僧侣藏匿妇女恣淫乐的地下窟室。信道抑佛的宰相崔浩，乘机劝太武帝灭佛。于是太武帝下令，把全国沙门一概坑杀，所有经像都要烧毁。这一命令公布之前，有些僧侣事先已经获得消息，先期逃匿，所以僧侣并没有被全部杀尽。

太武帝晚年，佛禁稍微松弛。公元452年，文成帝拓跋濬继位，立即下诏恢复佛教。孝文帝迁都洛阳之后，佛教达全盛时期，僧尼有二百万，"寺夺民居，三分且一"（《魏书·释老志》）。其后东西魏分裂，直到周齐对峙之际，僧尼总人数达三百万人。北齐文宣帝高洋天保六年（555年）九月，下令禁绝道教，所有道士皆剃发为僧；如有不从，即时斩首。如道士妄称自己是神仙，就命令他从铜雀台上跳下去，粉身碎骨。这样，齐国境内就没有道教，专崇佛教。

北周武帝宇文邕建德三年（574年）灭佛，是想强迫三百万僧侣"还归编户"，没收寺院向人民骗取来的财产，"并送官府"（《太平广记》卷一百三十一引《广古今五行记》），而不是想彻底消灭佛教思想。到了大象二年（580年）周宣帝病死，外戚杨坚总揽朝政，便正式下令复行佛道二教。第二年（581年）的二月十三日，杨坚代周称帝。同月十五日，即准许僧人落发着僧服，并把他们安置在大兴善寺，"为国行道"，佛法就这样渐渐恢复起来了。事实上，北周武帝的灭佛，主要是为了打击僧侣地主在经济上、政治上的势力，以期富国强兵。从统治阶级的长远利益着想，废毁佛教远不如利用佛教更为有利，而且当周、隋禅代之际，统治阶级内部矛盾非常尖锐，隋文帝杨坚同时恢复佛道二教，不仅可以利用宗教来统治人民，而且也缓和了政教之间——僧俗与地主之间的矛盾，借以巩固新政权，所以佛教又恢复了。

《隋书·经籍志》称："开皇元年（581年），高祖（杨坚）普诏天下，任听出家；仍令计口出钱，营造经像。"在封建统治者大力提倡下，佛教大盛。但是隋时全国僧尼人数，不超过24万人。唐会昌灭佛时，僧尼总数也只有26万人左右，比起周、齐的三百万僧尼数目来说，真是瞠乎其后了。全国僧尼人数，从24万到26万，对当时拥有总人口三千万至五千万的封建国家来说，这是能够容忍的数目。

在东晋，南朝的皇帝中，佞佛达到极点的是梁武帝萧衍。他大力鼓吹灵魂不灭，迷信因果报应。他在天监三年（504年）的舍道归佛诏书中这样说："愿使未来生世童男出家，广弘经教，化度含识，同共成佛。宁在正法（之佛教）之中，长论恶道；不乐依老子教，暂得升天。"（《广弘明集》卷四）梁武帝常斋事佛，每天只吃一顿蔬菜粗米饭；他曾四次舍身同泰寺为奴，由群臣出钱一亿万把他赎回。可见，这个时期佛教发展到了登峰造极的程度。

梁武帝要在他父亲萧顺之墓上建造寺院，"未有佳材"。当时曲阿（今江苏丹阳市）人弘氏有好木材，"材木壮丽，世所稀有"（《太平广记》卷一百二十《还冤记》），官吏就诬告弘氏在路劫掠，处以死刑，把木材没收，造起寺院。梁武帝同时还强买王骞在钟山的八十余顷赐田，造大敬爱寺。

南朝宋明帝"以故宅起湘宫寺，费极奢侈"，自以为"起此寺是大功德"。近臣虞愿直率地说："陛下起此寺，皆是百姓卖儿贴妇钱，佛若有知，当悲哭哀戚。罪高佛图（罪比塔还高），有何功德"（《南史·虞愿传》）。

由于统治阶级大力提倡佛教，一般平民往往"竭财以赴僧，破产以趋佛"（范缜《神灭论》）。

北朝皇帝同南朝的皇帝一样，大都佞佛。北齐文宣帝高洋，曾亲受菩萨戒。他在位的十年当中，关东佛法兴盛。到了北齐末年，后主高纬甚至把邺都三台宫（铜雀台、金凤台、冰井台）舍施给大兴圣寺，后来又把并州的尚书省也舍施为大基圣寺，把并州的晋祠舍施为大崇皇寺。

《皇舆全览图》中载："魏孝文幸五台，置十二院于灵鹫之麓，环绕鹫峰。前有杂花园，名花园寺，即显通寺也。寺建自汉明帝永平中，名大孚灵鹫寺。"李邕《五台山清凉寺碑》："在炎汉时，卜中箭岭，用肇造我清凉寺。"五台惟中台最胜，灵鹫峰矗起云表，台怀在灵鹫峰之麓，左襟右带，前俯后仰，若在怀抱。其地阳陆平林，上有菩萨顶、文殊院。孝文置十二院，围环拱向。五台之中，北台最高，气寒风烈，层冰夏结，积雪不消。《清凉山志》中载："北台顶有黑龙池，即天井也。南下二十里有白水池，与天井通，其水经繁峙县峨谷口，流入于滹沱大河。"《太平广记·异僧》："元魏孝文，北台不远，常来礼谒。见人马行迹，石上分明。"憨山大师《山居》诗："寒威入骨千峰雪，怒气冲人万窍风。衲被蒙头初睡醒，不知身在寂寥中。"

北魏孝文帝太和元年（477 年），全国僧尼人数不过 77000 余人，到了北魏末年，全国僧尼数激增到 200 万人左右。东西魏分裂，周、齐对峙，两国僧尼人数达到 300 万，占当时北方总人口的十分之一。

二、佛寺建筑

（一）佛寺的发展

1. 佛寺的情况

佛教的发展促进了寺庙建筑的发展。有资料表明，北魏、西魏、东魏由帝室造寺 47 所，王公贵族造寺 839 所，民众造寺 3 万余所，僧尼达 300 万人。（见《辨正论》《法苑珠林》）《魏书》称孝文帝太和元年（477 年）平城有寺百余所，僧尼 2000 余人。在晋地的名寺可考者有五台山佛光寺，据说是孝文帝在此见佛光显瑞始建；五台山大孚灵鹫寺，据说是东汉末始建，孝文帝扩建，明代称大显通寺；五台山菩萨顶与广济茅蓬、明月池，据说亦创建于北魏；五台山寿宁寺创建于北齐；恒山悬空寺据说始建于北魏晚期，今为名胜；据说交城玄中寺系昙鸾创建；晋城青莲寺是北齐高僧慧远初建。

北魏佛寺的建立，始于道武帝拓跋珪。武帝在平定燕赵的过程中，数次往返于中山、邺城之间，除重点考察城市规划及宫室建筑、为建国立都做准备外，同时与这一地区的佛寺僧人也有所接触。这里曾是十六国时期的北方佛教中心，佛寺数量与规模相当可观，虽几经政权更替，但佛教发展的社会基础依然雄厚，对北魏佛教的发展不无影响。

道武帝天兴元年（398年），开始在都城平城修建僧人居所，由国家供养，并造立佛寺，寺内建有五层佛塔以及佛殿、讲堂、禅堂等，这一套完整的寺院建设项目，很可能是继承后赵、北燕佛寺发展系统的产物。明元帝时，"京邑四方，建立图像，仍令沙门敷导民俗"（《魏书·释老志》），正式将佛教纳入政治统治的轨道，成为国家推行思想教化的工具。但这时对于百姓出家和造立佛寺仍加以限制。因此，北魏前期的佛教发展并非一帆风顺。特别是太武帝时期，佛道之争激烈。太平真君七年（446年），太武帝借关中骚乱、长安佛寺私藏武器为由，下诏灭法，发动了北朝的第一次灭佛运动，境内佛寺，莫不毕毁。

公元452年，文成帝即位，佛法复兴。下诏重建佛寺，鼓励百姓出家，并将建寺、度僧与各级地方政府的建制相对应，并建立僧官制度，使佛寺、僧人形成一个相对独立的组织管理系统，这是自佛教入中国以来从未有过的局面。同时允许以罪犯及官奴充作寺户，"供诸寺扫洒，岁兼营田输粟"（《魏书·释老志》），使寺院经济的独立发展从此具有合法地位。事实上，太武帝灭法时，已发现长安佛寺中营田种麦，并藏有大量财物。复法后，不仅恢复了灭法前的经营方式，同时开始广泛合法地占有社会劳动力，经济得到迅速发展。

复法之后，北魏皇室佞佛之风愈盛。立塔建寺，殚尽土木之功。灭法时所毁塔寺，这时均令修复。平城佛寺有五级大寺、中兴（后改天安）寺、天宫寺等，文成帝和平元年（460年）开始了武州山石窟寺的开凿。献文帝皇兴元年（467年）起永宁寺，造七级大塔，高三百余尺。又构三级石塔，高十丈。孝文帝即位，为退位的献文帝建鹿野佛图于御苑中。承明元年（476年）诏起建明寺，太和元年（477年）于方山建思远寺，四年（480年），又起报德寺。太和末年，为供养西域高僧，又诏立少林寺于嵩山。这一时期，社会上造寺之风亦趋兴盛。太和元年时，平城已有佛寺百所，僧尼2000余人。境内佛寺6478所，僧尼77258人。到太和末年，当远不止此数。

2.从北魏平城瓦当看宗教发展

平城遗址考古发掘的建筑遗址及一些石质、陶质的建筑构件是我们探寻平城宫殿的重要线索。其中瓦当的装饰艺术风格具有鲜明的时代特色，寓意了一种时代精神和思想意识。

北魏平城瓦当有文字瓦当类和图案图像瓦当类。质地多是陶制，细密坚实，表面多磨光加黑色涂层，呈现光泽，也有因烧制工艺而呈青白色、红色等，当面纹饰皆模制，形制呈圆形。

文字瓦当，有"传祚无穷""富贵万岁""大代万岁"瓦当，还有"永保长寿""忠贤永贵"瓦当等。图案和图像瓦当，有莲花纹瓦当、兽面瓦当、莲花化生童子瓦当。

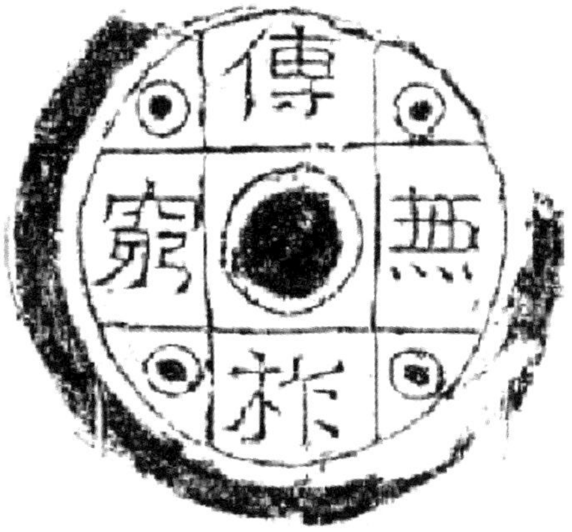

"传祚无穷"瓦当，出土于平城方山永固陵和云冈石窟西部山顶寺院、第3窟窟顶寺院及窟前等遗址。当面以井字格分区，四面各置一字，字为隶书阳文。当面中央饰一大乳钉，四字之间饰以小乳钉，大小乳钉均以圆圈弦纹环绕，当径15厘米，边轮宽1厘米。

"祚"字有三个意思：一为福；二为皇位；三为年岁。传"福"无穷也符合北魏时代瓦当装饰特征，北魏遗址多出土"富贵万岁"瓦当，是祈求幸福的寓意。"传祚无穷"是皇位传承永远之意。《北齐书·元孝友传》中拓跋孝友奏表曰："臣之赤心，义唯家国，欲使吉凶无不合礼，贵贱各有其宜，省人帅以出兵丁，立仓储以丰谷食，设赏格以擒奸盗，行典令以示朝章，庶使足食足兵，人信之矣。又冒申妻妾之数，正欲使王侯、将相、功臣子弟，苗胤满朝，传祚无穷，此臣之志也。"《魏书·礼志二》载："神龟初，灵太后父司徒胡国珍薨，赠太上秦公。时疑其庙制……今太上秦公，疏爵列上，大启河山，传祚无穷，永同带砺，实有始封之功，方成不迁之庙。"而且，《魏书》中多次出现"践祚""即祚""皇

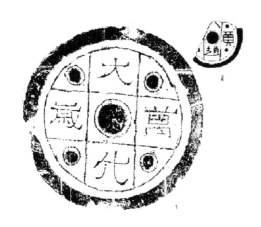

图 2-4-1　"传祚无穷"瓦当，平城遗址出土

图 2-4-2　（上）邺北城遗址出土"大赵万岁"瓦当局部　（下）平城遗址出土"大代万岁"瓦当

祚""魏祚可以永隆,皇寿等于山岳""祚延七百""祚隆七百"等词。如《魏书·赵黑传》载"显祖默然良久,遂传祚于高祖"。碑刻中有"愿皇帝陛下享祚无穷""国祚永康"。国即皇朝,可见北魏"祚"的含义多指皇位,而且此类瓦当在北魏首都平城方山永固陵及皇家工程云冈石窟西部山顶和第3窟顶寺院及窟前遗址发现,所以皇位的寓意更大。

"大代万岁"瓦当,出土于城东东关建筑遗址,城北北魏建筑遗址也有出土。当面以井字格分区,四面各置一字,字为隶书阳文。当面中央饰一大乳钉,四字之间饰以小乳钉,大小乳钉均以圆圈弦纹环绕,当径21厘米,边轮宽1.5厘米。

大代即平成期的北魏王朝。平城出土的"大代万岁"瓦当寓意着北魏王朝万岁。北魏王朝的前身是代国。《魏书·序纪》载,"晋怀帝进帝大单于,封代公","修故平城以为南都",自后平城亦名为代。318年,晋愍帝封穆帝为代王。338年,昭成帝什翼犍即代王位。386年,拓跋珪复建代国,定都盛乐,是年四月改称魏王。398年魏王拓跋珪诏有司议定国号为魏,"秋七月,迁都平城,始营宫室,建宗庙,立社稷"。

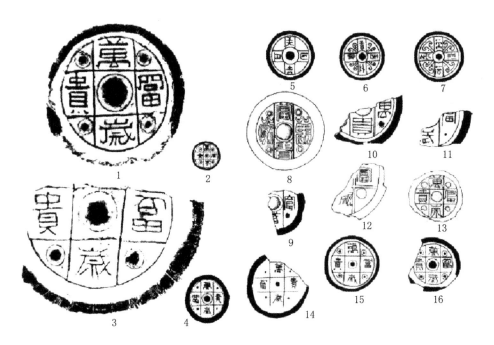

图2-4-3 "富贵万岁"瓦当 1、2、3、4为平城遗址出土;5、6、7为山东临淄出土;8为北城遗址出土;9为洛阳城遗址出土;10、11为邺南城遗址出土;12、13为三燕古都出土;14、15、16为内蒙古石子湾古城出土

"富贵万岁"瓦当,出土于平城方山永固陵、大同城北北魏建筑遗址、云冈石窟窟前遗址等。以方山永固陵瓦当为例,边轮较窄且高突,

当面以井字格分区，四面各置一字，字为隶书阳文。当面中央饰一大乳钉，四字之间饰以小乳钉，大小乳钉均以圆圈弦纹环绕，也有小乳钉外无圆圈弦纹。当径有 12.5 厘米、18.8 厘米等几种。平城所出的"富贵万岁"瓦当中"万"与"贵"字的变化不大，而"富""岁"二字写法较多。读法有从左至右读和从右至左读两种。

莲花瓦当，出土于大同平城方山永固陵、云冈石窟窟前遗址及城南北魏明堂辟雍等遗址。莲瓣有六瓣、八瓣不等，均重层双莲瓣，当心或饰大乳钉，或饰莲房，当心周围或饰圆圈弦纹，或饰联珠纹，有的莲瓣外围饰有联珠纹或绚索纹。以明堂莲花瓦当为例，边轮宽，当心呈圆形，重层双莲瓣六朵一周，莲瓣一分为二，叶端呈尖状微微起翘，叶瓣肥硕隆起，而瓣根略瘦，故两个花瓣间又有空隙。当径 11 厘米，厚 1 厘米。

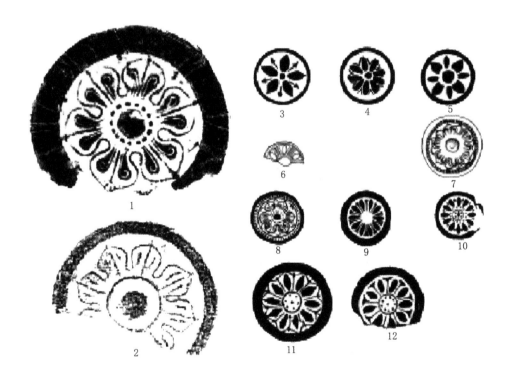

图 2-4-4　莲花纹瓦当　1、2 为平城遗址出土；3、4、5 为秦汉莲花纹瓦当；6 为三燕瓦当；7 为内蒙古包头寺庙遗址出土；8、9、10 为洛阳城遗址出土；11、12 为邺南城遗址出土

早在西周时期，莲花已出现在青铜器物装饰上。莲花纹瓦当于战国关中地区已见雏形，但不甚发达，地区有限，仅是表现植物花朵。莲花装饰的极盛时代，是从魏晋开始，历经南北朝，因佛教的传入，而赋予了更多新的含义。它是佛诞生的象征，是佛转世的象征物，是"西

方弥陀净土"的象征，又是纯洁、神圣的象征，还是一种时尚的图案。云冈石窟的莲花装饰丰富多彩，如窟顶、门楣、柱础等装饰的莲花多呈高浮雕重层双莲瓣圆形，与瓦当上的莲花风格相同。

三燕的莲花纹瓦当当面以二或三条凸线界格四分或六分不等的扇面形，扇面内饰一凸起的侧视莲花花蕾。莲瓣纹样与平城不同，而与吉林集安高句丽的瓦当相似，自成一体。

单瓣莲花纹从平城的双瓣莲花纹发展而来。平城遗址目前为止不见单莲瓣莲花纹瓦当，云冈石窟单莲瓣装饰也少，多是重层双莲瓣装饰。

兽面瓦当，出土于大同城南北魏明堂辟雍遗址，在大同操场城北魏遗址也有大量发现，云冈石窟窟前遗址出土的兽面纹瓦当外围有忍冬纹。以明堂瓦当为例，宽边轮，当心饰一高浮雕兽头，圆脑门，额头饰三条抬头纹，最上一条呈"V"形，中间呈倒八字形，最下一条与鼻梁相连双耳呈上尖下圆形立于两眼角外侧；双眼圆睁，眼尾上翘，眼珠、眼仁凸出；鼻梁上有一条短横纹，鼻孔朝上，大口怒张呈倒梯形，露出上下整齐的门牙和锐利的犬齿，齿间可见伸出的舌尖，双颊肉呈 M 状，嘴外侧有两缕鬣毛，神态凶猛威严。有大小两种规格，一种当径 18.5 厘米，边轮宽 3 厘米，一种当径 14.7 厘米，边轮 2.5 厘米；兽面瓦当有两型，一型兽头犬齿伸出唇外，一型兽头犬齿未伸出唇外。明堂的瓦当制作精美，质地细密坚实，表面磨光加涂层，呈黑色带有光泽。

古代中国兽面纹装饰由来已久，商周陶器、青铜器上，战国墓葬的棺椁两侧，汉代画像石上等都有兽面（或兽首衔环）装饰。兽面作为瓦当主体纹饰装饰最早出现于战国时燕下都遗址的半瓦当上，有饕餮纹、双鸟双夔纹、双兽纹等。饕餮纹是青铜器上流行的纹饰，金石学者用来泛称商周青铜器的兽面纹样，其包含有虎面纹、牛面纹、鹿面纹、羊面纹等，显示出一种神秘的威力和狞厉之美，在那个时代具有"肯定自身、保护社会、'协上下''承天休'"的祯祥意义。北魏的兽面瓦当是从佛教图案狮子演变而来的。

《汉书·西域传赞》乌戈山离国有"桃拔、师子、犀子"。又汉朝"自是之后，明珠、文甲、通犀、翠羽之珍盈于后宫，蒲梢、龙文、鱼目、汗血之马充于黄门，巨象、师子、猛犬、大雀之群食于外囿。殊方异物，四面而至"。可见狮子首先作为动物在汉代从西域传到中原。北朝时期佛教兴盛，随着佛教的东传，各种佛教艺术也传到了中国，包括佛龛、佛像、飞人、忍冬纹等，也包括狮子装饰。一般除了对佛教题材中出现的兽叫狮子外，其他地方出现的则称为"瑞兽"或"神兽"等。其实北魏平城明堂出土的兽面瓦当图案与云冈石窟第7、8窟后室北壁佛座两侧的狮子很相似，后者属圆雕，眼睛圆圆突出，眼眶呈梯形状，双耳呈上尖下圆形，鼻梁上有二角纹，张嘴露齿，犬齿相对，其中一个舌头外伸，嘴两侧有卷曲的鬃毛，颔下饰髯。而第7窟后室北壁帷帐上镶的兽头也与其相似，只不过鼻梁上的三角纹移到了眼睛的上边，而瓦当的狮面除有三条抬头纹不见三角纹外，其余均相同。狮子在佛教是高贵、至尊的灵兽，能护法、辟邪，降伏一切，它装饰在建筑上起着同样的作用。同样，方山永固陵的门墩也应该是狮形（原报告称虎头门墩）。北魏墓葬出现的两种镇墓俑，一种为人面兽身，一种则为狮形兽面，就是为了辟邪除灾。南朝丹阳大墓的雨道两侧绘有蹲踞的狮子，长鬃利爪，张口吐舌，形象威猛，而墓室则绘青龙白虎引导

图2-4-5　兽面瓦当　1、2为平城遗址出土；3、4为云冈石窟第7窟石雕；5、6为洛阳城遗址出土；7为内蒙古镇城遗址出土

成仙。虽然虎的形象也凶猛威严，但那个时代的虎还只是表示方位的四神之一。

图 2-4-6　莲花化生童子瓦当　1 为平城墓葬出土；2 为内蒙古托克托县出土；3 为云冈石窟第 10 窟石雕化生童子；4 为洛阳城遗址出土

　　莲花化生童子瓦当，出土于方山永固陵、大同城南金属镁厂北魏墓群 M5 填土中。化生童子面庞圆润，双耳垂肩，双手合十，有帔帛从身后顺臂进肘间，周围有双层十一朵重层双莲瓣环绕，莲瓣丰润圆满。边轮宽平高，磨光。当径 15 厘米，边轮宽 2 厘米，厚 2 厘米。化生形象在云冈石窟中常见，第 10 窟后室南壁门楣上的莲花化生童子双手上举璎珞，与瓦当的莲花化生童子图案极其相似。

　　佛教认为，从莲花中孕育，从莲花中成长，从莲花中再生，才能摆脱生、老、病、死等痛苦，于是有"化生童子本无情，尽向莲花朵里生"。莲花也是当时的一种时尚图案。

文字瓦当始于秦汉，而后发展兴盛，其文字内容可分为宫殿、官署、陵寝建筑名称、地名、纪年、记事等。北魏文字瓦当内容变得简单而单纯，均属于吉语瓦当。汉代文字瓦当当面或没有界格分区，或以十字格分成扇面形区，东汉齐故城出土的文字瓦当，当心饰圆乳钉，以圆乳钉为中心向上下左右出线各两条，线内写字，文字间置云纹，字体一般为隶书，与东汉铭文铜镜布局结构相近。平城的井字格瓦当布局与其相似但不同，平城文字瓦当当面布局以井字格分区，四面各置一字，字为隶书阳文，当心饰圆乳钉，即置于井心内，四字之间饰以小乳钉，大小乳钉均以圆圈弦纹环绕，这是受十六国时期邺城或三燕的影响。《魏书·太祖纪》载大兴元年正月，道武帝"至邺，巡登台榭，遍览宫城，将有定都之意"。因此，"太祖欲广宫室，规度平城四方数十里，将模邺、洛、长安之制"。所以平城的一些瓦当，尤其是文字瓦当很有可能模仿邺北城地区，在邺北城瓦当两条竖线相间的当面上横置两横线，呈井字格布局，如由河北临漳邺北城出的十六国时期后赵"大赵万岁"瓦当演变"大代万岁"瓦当。"富贵万岁"瓦当除河北临漳邺北城、洛阳城、辽宁朝阳三燕遗址、平城、邺南城外，还见于内蒙古鄂尔多斯准格尔旗石子湾北魏古城、内蒙古武川县乌兰不浪乡土城梁村古城等遗址。其中邺南城当面呈两竖线，还是直接受邺北城的影响，三燕中的前燕曾建都邺城，三燕瓦当有可能受邺城瓦当的影响，又对平城有所影响。内蒙古镇城的瓦当一定是受到平城瓦当的影响，各类瓦当均与平城瓦当相同。"传祚无穷""大代万岁"瓦当仅见于平城地区，反映了平城作为首都的特殊地位，显示着皇权统治的威严，具有浓厚的政治色彩。

莲花纹瓦当、兽面瓦当、莲花化生童子瓦当都是具有宗教色彩的瓦当，出现在平城时期。十六国时的三燕虽已出现莲花瓦当，但平城瓦当没接受其花纹图案，而是受云冈石窟莲花纹的影响，采用重层双莲瓣图案。莲花、莲花化生童子、狮形兽面均是佛教艺术的装饰，是当时的一种时尚图案，瓦当当面纹饰不论是狮形兽面还是圆润饱满的莲瓣、双手合十的童子，都与云冈石窟的石雕风格一致。

（二）佛寺的形态

中国佛寺形态的演变，以南北朝中期为界，分为前后两个阶段。前一阶段处于佛教进入中国后为社会所接受的发展过程，后一阶段处于南北朝至隋唐，是形成中国佛教体系的过程。佛寺形态表现为以传统的建筑布局手法，逐渐形成与城市、宫殿、宅邸等具有相同规划原则的中国寺院总体布局形式。

无论是佛寺形态还是单体建筑形式，都是在固有文化的基础上，对外来佛教文化不断吸收并加以改造的过程。中国幅员辽阔，从总的趋势来看，佛寺形态是朝着汉化的方向发展。

1. 立塔为寺

据佛经记载，释迦牟尼逝后火化，弟子收取舍利，为之建塔，令世人敬仰。又有八国王举兵前往争分舍利、各自立塔供养的记载。故佛塔是佛教信徒最初始的礼拜对象之一。佛塔的建立，成为传道僧人的奋斗目标。

汉魏西晋时，不论是官方为外来僧人立寺，还是民间为佛立祠，都以佛塔为主体，时称"浮屠""浮图"或"佛图"。因而在很长一段时期内，存在着"浮图"与"寺"在称呼上相混淆的现象。佛塔主要是以新奇的外来建筑形象引起社会各阶层的注意，以达到弘道的目的。佛塔的外围，或有一些附属建筑，如阁道、寺舍等。其时禁止汉人出家，立寺主要为满足外来僧人礼拜观佛、举行仪式及研习、译释佛经的需要，而多数外来僧人"常贵游化，不乐专守"，居食无定处，故佛寺中一般只有少量僧人居守，佛寺占地也极为有限。

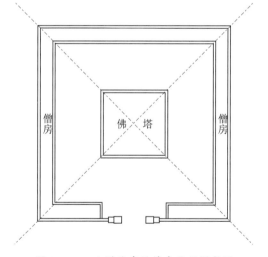

图 2-4-7　立塔为寺的佛寺平面模式图
（摘自《中国古代建筑史》卷二）

2. 佛殿和佛像

佛殿是安置大型佛像的地方，故佛殿的出现首先与佛像造铸有关。佛教在印度南方流传时，佛的形象尚未出现，信徒们一般以塔、法轮、菩提树、佛足印等作为礼拜对象。据说一方面是出于对佛的尊重，另一方面也有不提倡偶像崇拜的意思。到公元1世纪西北印度贵霜王朝时期，出现了佛像，世称"犍陀罗艺术"，流传至今的多为石质的佛菩萨像以及雕刻佛传的故事场景。

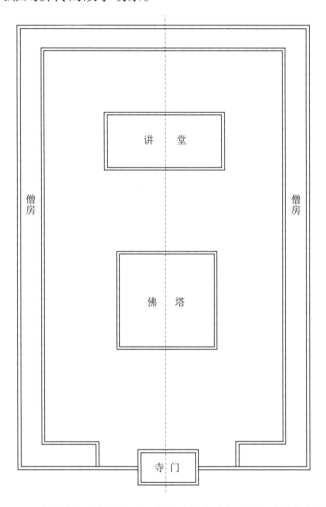

图 2-4-8 堂塔并立的佛寺平面模式图（摘自《中国古代建筑史》卷二）

佛教初入中国，正值佛像开始流行之际。据史料记载，汉末时人已知浴佛，并出现铜铸鎏金的佛像。东晋十六国时期，汉地造像开始广泛流行。《法苑珠林》记刘宋时人发现后赵佛像，高二尺一寸（约50厘米），"建武六年庚子，官寺道人法新造。"这类小型佛像，通常供奉于台案之上，尚不需宽大的空间。但如果佛像尺度高大，并且数量众多，则要具备与之相适的空间条件。东晋释道安在檀溪寺时，凉州刺史送铜万斤，以铸丈六佛像（高约4米），东晋兴宁年间，沙门竺道邻造无量寿像，高僧竺法旷为之"起立大殿"。当时汉地开始铸造大型佛像，并有大批佛像来自西域、凉州一带。正是在这种形势下，佛寺中出现了专为安置佛像而建造的佛殿。

南北朝时，以国家财力大规模铸像并广立佛殿的活动频频不断，社会各阶层也都尽其所有投入其中。后秦弘始八年（406年）之后，龟兹高僧鸠摩罗什于长安重译的《法华莲华经》开始在社会上广泛流传，经中宣扬佛身常住不灭、变化无尽。人们只要为佛建寺造塔、造像绘画，作各种供养，便有望成佛。于是，建佛殿以供养众多佛菩萨像，成为社会上最流行的佛教信仰方式，佛殿的数量、规模也随之迅速增多和扩大。

由于供养诸佛以至千万亿佛，并观音、普贤等众多菩萨，故寺院中殿堂的数量不断增加。一寺之内，往往除正殿之外，还有前后数重殿堂及两侧配殿。皇家大寺中立殿最多。

3. 佛殿的建造形式

北魏僧人法果尊天子为当今如来。《魏书·释老志》记载，兴安元年（452年）"诏有司为石像，令如帝身"，兴光元年（454年）"敕有司于五缎大寺内，为太祖已下五帝，铸释迦立像五，各长一丈六尺"。云冈昙曜五窟中的五座人像，也是为五帝祈福所造，外貌都具有北魏皇帝的特征。佛像如帝王，仿照帝宫的形式建造佛殿便是很自然的事。佛殿不仅外观相似，而且殿内陈设也与帝王宫中相同。地方佛寺中的主要佛殿，也被允许采用宫殿的形式。用宫殿规制营建佛殿以至整个佛寺是北魏中后期造像立寺的一个突出特点。四合院建筑群体布局为中国古代建筑的特有布局形式，无论皇宫还是民间建筑都遵循这种布局形式。因为这种形式能容纳建筑数量最多，而且是获得院内空间最佳的方式。寺庙布局也多采用这种方式。而佛殿的位置定位则是按佛的重要性和级别，佛殿的屋顶则是固定的几种造型模式，即庑殿式、歇山式和悬山式。所不同的仅是装修差别而已。所谓"尊天子为当今如来"，僧人献媚于皇帝，是鼓动发展佛寺的一种手段。

4. 佛寺和塔的关系

南北朝时期，各地盛行建塔造像，佛寺中塔、殿的数量与规模有了很大发展。北朝建寺依循传统、追求正统的观念,平面较为规整,以塔、殿居中者为多。

北魏都平城,从文成帝复法到孝文帝迁都的 30 余年,佛寺大多是国家或皇室成员所建。其中的五级大寺、永宁寺、方山思远佛图、北苑鹿野佛图、皇舅寺以及三级石佛图等,都是以佛塔为中心主体的佛寺。

从南北朝开始,佛塔在佛寺布局中的主体地位有所下降,佛寺中传统形式的佛殿,最初只是对佛塔功能的一种扩充。后来,发展成为礼佛的主要场所。

在殿内置佛像的做法与传统的礼拜帝王、圣贤的方式相同,所以传统的宫殿布局方式越来越广泛地用于佛寺的布局。佛塔的位置逐渐由中心向旁侧转移。

(三)佛塔的形式

佛塔在外观上通常以基座、塔身、塔顶三个基本部分组成。塔的形式变化,表现在各个部分的比例、样式及组合形式的改变。这种变化,更多是由不同时期外来佛教艺术和本土建筑形式共同影响造成的。汉地佛塔形式的来源与发展的研究,除了石窟雕刻与壁画中的佛塔以及小型造像塔和墓塔外,还有两个十分重要的例证:一是考古发掘所提供的北魏洛阳永宁寺九层佛塔遗址概况,二是现存唯一的北朝地面建筑实例——北魏嵩山寺十五层密檐砖塔。另外,新疆地区的古城遗址中至今仍保存了一些早期佛塔的残迹,为汉地佛塔与西域佛塔的形式演变研究提供了有益的佐证。

(四)早期塔的渊源和演变

1. 佛塔

佛塔犹如佛教寺庙一样,在不同的国家与地区,创造了许多种不同的形式与传统,由此显出万千的姿态。然而,无论是怎样的造型和风格,其最初的形式,却只有一个——印度的窣堵波。

塔,梵文 Stūpa,音译窣堵波,原意为"坟"。它的起源甚早,早在释迦牟尼之前约 1000 年的古印度吠陀时代,印度诸王死后就筑有半圆形的坟丘。大概到了公元前 3 世纪的阿育王时代,始成覆钵式,下为台座，上置平头，平头之上又有竿和伞，一共五个部分组成。原先舍利埋在塔的圆丘之下，自从设置了平头，遂将舍利移至石块垒成的平头之内，后又于平头的四壁开凿龛室。环覆钵周围绕以石质栏楯，栏楯之上雕刻佛教故事及装饰花带。

关于窣堵波的形成及象征意义，历来说法不一。由传统中国佛教将佛塔意译为"方坟""塔坟"并释之为埋葬佛骨与佛遗物之坟茔可知，古代中国人是将佛塔理解为埋葬佛之遗骨的陵寝。印度早期佛教中有所谓阿育王建八万四千塔，将佛舍利分布天下，并置之于每座佛塔的内部以深藏的传说。如此则更为窣堵波蒙上了一层浓郁的墓葬建筑色彩。现存最早的印度窣堵波是建于公元前 1 世纪的桑奇大塔，这座建筑距离佛灭已有近 500 年之久，在佛的寂灭与桑奇大塔的建筑之间，有数百年的空白。这数百年间窣堵波是怎样形成并发展的，一直是人们关注的一个问题。

据近年的研究推知，印度窣堵波形式的原始雏形之一，可能源于古代印度的菩提树崇拜。由资料所知，原始树崇拜的观念在佛教产生以前的印度就已存在。

对菩提树的崇拜，在早期印度一时成为盛事。从一些古代印度的雕刻中我们可以发现，在象征佛陀的菩提树的四周，往往围以石栏，以示保护与敬重。每年的佛诞日（又称浴佛日），还要围绕菩提树举行隆重的礼仪。在礼仪中，国王以及王妃们要依次持瓶向菩提树洒水，以示尊崇。随着时间的推移，菩提树四周的石栏渐渐被改建成顶端露空的石屋，且愈建愈高大。随着石屋的日渐隆起，并渐渐在石屋上开了多层的窗户，这时的石屋与菩提树的树冠在外观上来看已经形成了一个整体，宛如石刻的穹庐。顶端冠以树状的冠带，这很可能就是佛教窣堵波的最早形式。

对原始窣堵波形成过程的推测可以看到人们对佛陀的崇拜。在佛陀初灭之时，从对菩提树的崇拜转向对菩提树而立的石屋（窣堵波）的崇拜。桑奇大塔之前，已有阿育王时代建造的窣堵波。现存最早的窣堵波，是在原有窣堵波建筑之外包砌而成，并且加建了基座与围栏，其高约 16.5 米，直径约 36.6 米。这一尺度，与一棵成年的菩提树的树干高度与树冠直径接近。由此可以推测，桑奇大塔的前身原本可能也是一座围绕菩提树而建的石屋。在桑奇大窣堵波的顶端，是一个方形平面的石栏，石栏中央，是在一根直立的柱上。层叠三层直径渐渐变小，呈圆形伞状。这顶端的处理，似乎正是在早期菩提树崇拜中由石栏所环绕的菩提树。而后世在桑奇窣堵波四周所加的石栏，又使这种表现得以强化。

公元1世纪时贵霜时代的犍陀罗地区最早产生了佛像，而且犍陀罗的窣堵波也别具一格，它以多层高塔形式区别于恒河流域以及印度中南部圆丘或覆钵式的结构。它的基座一般呈方形，四角有希腊样式的立柱，柱间开龛雕刻佛像或佛传故事。也正是在贵霜帝国时期，印度和中亚的大量佛僧开始进入中国新疆以及内地传播佛教。

2. 仙人好楼居

早在佛教传入的先秦时代，中国已形成了自己的建筑体系，有楼、台、亭、阁、斋、堂、轩、榭、宫殿、衙署、住宅、园林等，尤其是秦帝国时代，秦咸阳就出现了"覆压三百余里"、囊括六国宫殿而成的阿房宫。高层楼阁在中国历史悠久，建筑也最为高大，是中国古代建筑中的重要形式。从古代文献记载中可以看到，在佛教还未传入中国之前，就有了多层的高大楼阁。战国、秦汉时期，中国木结构技术已经发展到相当高的水平，足以修建多层的高楼大阁了。秦二世时所起的云台，其高欲与南山相齐。西汉时期有一种井干楼，用大木累积而成，可以高到50丈（约167米）。还有各种崇台高阁，都向高空发展。从汉代许多墓葬中出土的明器陶楼上看出有四层、五层的高楼。这些高楼便于仙人高来高去，是迎接仙人、供仙人居住的地方。

在佛教传入以前，中国已形成了自己的宗教和哲学理论，对于天帝和祖先神的崇拜和信仰及重祠敬祭成为秦汉时代的通行宗教。神仙家、神仙方术更是受到秦皇、汉武等统治者的重视和追求。汉武帝时代，齐国方士公孙卿即提出"仙人好楼居"的观点，建议武帝兴建高台楼观，候神降临。武帝采纳了他的建议，在长安建了30丈（约100米）高的通天台，以招神仙。由此可以推测，筑高台、起楼观是求仙的一个重要方式。

佛教虽然在西汉末年已传入中国，但至东汉一代，作为华夏核心地带的中原地区对佛教的认识仍相当肤浅。汉明帝时的楚王刘英"诵黄老之微言，尚浮屠之仁祠"，百年之后的桓帝仍于宫中将浮屠与黄老并祠，他们对佛教的理解正像襄楷奏议中认为的那样，"此道清虚，贵尚无为，好生恶杀，省欲去奢"，表明汉代的人们把这种外来宗教看作是诸多神仙方术的一种，其功能在于惩恶劝善，延年益寿，祈求福祥。窣堵波这种带有异域色彩的神秘之物落户中原，一开始并未能使人们明辨其与黄老道教之异同，表明在佛教初传时期，当时的中国人是将其与神仙并列等观的。这应是那个时代人们将其纳入祠祭范围的主要目的，也是中国楼阁式塔产生的历史背景。

从考古材料来看，佛塔早在东汉时期已落足中国，楼阁式塔已在中国形成。甘肃省博物馆藏的一座武威出土的东汉陶楼，高五层，与文献中所描述的浮屠（亦作"浮图"）非常相像，就连陶楼下的方城也与早期佛寺的制度十分相似。在汉代画像砖、石刻上也出现了佛塔的造型，如四川什邡东汉残墓中发现的一块画像砖上有清晰可见的佛塔图案，塔的塔基、塔身和塔刹均十分明显，基本属于楼阁式式样。从文献记载来看，汉末三国时，中原汉地已经开始建造佛教寺塔，《三国志·吴志·刘繇传》记载，徐州地区的下邳国相笮融所造的佛寺宏伟豪华，他所供之佛"以铜为人，黄金涂身，衣以锦采"，他所造的塔上"垂铜盘九重，下为重楼阁道"，他的寺院"可容三千令人"，这处规模宏大、十分壮观的塔寺出现的时间是在公元 2 世纪末期，从文中可以看出，其建筑风格已经与中原汉地的木楼阁建筑十分接近。佛教塔寺建筑之核心在于塔。这种"上累金盘，下为重楼"的楼阁式浮图祠，清晰地表明佛教依托于中国神仙道教的印记，在求仙望气、迎接神人的高台楼阁之上，安装外来的"浮屠"之物，显然是一种"文化嫁接"。其下的重楼，当是从汉代以来即已流行的楼阁式建筑形式中演化而来，而上部累叠的重盘，应与印度原始窣堵波一样，是将平台、立竿、相轮、宝瓶等置于楼阁之上。印度窣堵波原有的主体部分——圆球体，则被缩小为一个小型的覆钵，并与其上的相轮共同形成一个中国式塔刹的造型，置于楼阁式塔的顶端。"上累金盘，下为重楼"的式样在印度及中亚地区是没有的，甚至是不符合佛教规定的造塔仪规的。但一种外来的宗教文化在万里之遥的他乡登陆，说明当时误认为活佛等同于神仙，并且能够与有深厚信仰的本土宗教并祠。初传的佛教及其后继者就这样认同了华夏模式。基于这种思维之下的佛教先声——就这样定格成为阁楼加窣堵坡而形成了中国式的神楼。

《魏书·释老志》载："自洛中构白马寺，盛饰浮图，画迹甚妙，为四方式，凡宫塔制度，犹依天竺式样而重构之。从一级至三、五、七、九，世人相承，谓之'浮图'。"这一记载，不仅说明了白马寺本身是一个方形木塔，而且也说明了当时其他许多寺庙的塔是方形有楼阁木塔的形式。至于这种以塔为中心，塔在殿前，四周廊庑围绕的寺塔布局关系，在北魏杨衒之所著的《洛阳伽蓝记》中对永宁寺的描写更为清楚"永宁寺，熙平元年灵太后胡氏所立也……中有九层浮图一所，架木为之……浮图北有佛殿一所，形如太极殿……僧房楼观一千余间……四面各开一门"。此寺的平面布局可能承袭了白马寺的寺塔布局形式。此种类型的高塔实物在我国已不存在，但在云冈石窟中还保留有不少有关塔的雕刻形象。

中国楼阁式塔每层之间的距离较大，明显地表现出高层楼阁的特点。每层均设有门、窗、柱子、斗栱等，与木结构相仿。塔檐大都仿照木结构房檐，有挑檐檩枋、椽子、飞头、瓦垄，等等。塔内一般都设有楼梯，可登临眺望。这些特点，都带有鲜明的中国化烙印。印度及中亚的佛塔均为实心，其不具有登临眺望功能，只适于远观近睹和右绕礼拜。而中国佛塔从其诞生之初就已将登高接神传统融入其中，并延续下来，成为其鲜明的风格，影响流布到后期的砖塔建筑。古代文学史上有不少描述登临眺望的诗赋。魏宣武帝皇后胡氏在洛阳永宁寺塔完工之后，即于神龟二年（519 年）八月"幸永宁寺，躬登九层浮图"，说明塔登临眺望的用途已是非常普遍。唐章八元《题慈恩寺塔》曰："十层突兀在虚空，四十门开面面风。却怪鸟飞平地上，自惊人语半天中。回梯暗踏如穿洞，绝顶初攀似出笼，落日凤城佳气合，满城春树雨濛濛。"生动地描绘出慈恩寺塔高耸入云的形象和天上人间的仙幻意境，令人遐思飞动，神往不已。

唐宋以后，登塔游览之风就更为盛行了，西安大雁塔的"雁塔题名"成了书生学子们的追求和向往。自塔有了登临眺览的功能之后，其结构上改进了许多，如塔内的楼板、楼梯，均需满足登攀和伫立的需要，楼梯坡度尽量便于伫立和行走。门窗开口要宽大，尤其是每层用平座挑出塔身以外，形成周回游廊，并设立勾栏，人们可以从塔身内部走出来，在游廊之上周览山川景色。将登高览胜、极目远望的功能发挥得淋漓尽致。

印度佛的崇拜象征物——窣堵波，半球瓶状的塔体，顶部几层圆盘构成的塔刹，与中国人的正常生活之间没有必然的联系，它那非理性特点，难以被中国传统观接受，在其初入华夏文化圈时，就被改造为中国人所理解的楼阁形式。而印度人的窣堵波仅被当作一种标志放在中国人概念中的塔顶之上。这种下为楼阁，上置窣堵波的形制即被定格，成为中国佛塔的主要形制而流布于后世。其后，尽管佛教文化在深度和广度上皆有作为，在许多方面影响着华夏文明，但印度式窣堵波再没有能够上升为主流模式，由此亦体现了华夏民族文化品格中理性化思维的执着坚毅。

3. 汉地佛塔

从文献记载、考古发掘以及石窟中所出现的佛塔形象中可以看到，汉地佛塔在结构做法与外观形式上虽有种种不同，但都是采用多层方塔作为基本形式。一方面是由于西域佛塔造型的影响，另外一方面也与汉地固有的建筑结构体系以及传统习俗有很大关系。从战国时起，土木混合的楼阁式建筑结构体系已在中国北方趋于成熟。在这种情况下，接受西域佛塔中的方形重层样式是十分自然的。汉代盛行神仙迷信，依照"仙人好楼居"的说法，从都城到地方都有不少为求仙而建造的重楼式建筑。由于当时正处于"浮屠与黄老同祀"的时代，因此，这种习俗也成为汉地出现方形木构重楼式佛塔的一个重要原因。

《洛阳伽蓝记》载：城西宝光寺在西阳门外御道北（白马寺在西阳门外三里御道南），寺内"有

图 2-4-9 云冈石窟中的多层佛塔形象（摘自《中国古代建筑史》卷二）

三层浮图一所，以石为基，形制甚古，画工雕刻"，隐士赵逸指证为西晋石塔寺，其曰"晋朝三（四）十二寺尽皆湮灭，唯此寺独存"。据《洛阳伽蓝记》记载，汉魏西晋时期，汉地尚未出现三层以上的佛塔，塔身体量也较后世佛塔为小。

东晋十六国时，由于佛教迅速流行，北魏平城出现五层大塔。不仅层数增加，佛塔体量也更为宏大。

南北朝时，开始出现七层佛塔。《魏书·释老志》载，北魏平城永宁寺塔"高三百余尺，基架博敞，为天下第一"，可知当时佛塔已达体量的极限。

汉地木构佛塔的出现很可能与汉代迎仙楼观有关。在汉代方士巫术盛行的地区，民间立塔或多采用木构形式。官方立寺，往往与僧人有关，故在形式上与西域佛塔比较接近，以砖石结构为主。

图 2-4-10　云冈石窟中的多层佛塔形象（摘自《中国古代建筑史》卷二）

到南北朝时，木构佛塔的建造在技术上已臻成熟，并向多层发展。北魏的砖石佛塔中，也出现仿木构的做法。如平城三级石佛图，"橡栋楣楹，上下重结，大小皆石，高十丈"，成为其时佛塔的一种新形式。

云冈石窟二期诸窟中，普遍雕有坡顶瓦檐、柱楣交结的木构佛塔形象。此期佛塔的形式，可参见云冈各窟中心塔柱及浮雕佛塔。从中可以看到，佛塔的平面多作方形，塔的层数为一至九层，其中以三、五层者居多。多层佛塔的塔身一般表现为木构外观。各层均以柱额斗栱架椽挑檐，上作瓦垄坡顶，并见屋脊鸱尾的形象。只有佛塔的顶部，保留了覆钵、露盘、宝珠等外来造型，作为佛塔的特定标志。

4. 造像塔

东晋十六国以降，除内置佛像、供人入塔观像礼拜的佛塔以外，建造规模较小、不具有内部空间的造像塔，也是信徒们所喜建的功德福业。

北魏时期的造像塔，呈现为多层方塔的形象。其中最著名的是造于天安元年（466年）的平城曹天度造像石塔。全塔分底座、塔身、塔刹三部，总高约2.5米。石塔质材是大同地区出产的砂岩，与云冈石窟的石质相同。整座石塔由四部分组成：即塔座一块，塔身两块（其中一至七层一块，八、九层一块），塔刹一块，共四块叠垒成塔。其组成的结构是：下层塔块的顶部掏槽呈凹形，上层塔块的底部凿留突出的榫卯，呈倒凸形。使四块塔石叠垒坚固，如同一块完整的石料雕凿而成，四段相连，浑然一体。

石塔的图纹雕饰有序，布局严谨，层次分明。所有佛像和人物等造型雄浑古朴，比例得当，自然生动。雕像不论大小皆精雕细刻，刀法圆润，线条流畅。本塔虽为小型的独立石刻作品，但它同宏大的云冈石窟造像如出一辙。石塔的基座为正方形，高24.5厘米，长宽为63厘米。其正面是比丘供养图：正中间雕刻的是一个高蒂团莲供器，其上堆满了奉献的摩尼宝珠而呈圆尖形。其两侧是两个服侍

图 2-4-11　山西大同北魏曹天度造像塔（摘自《中国古代建筑史》卷二）

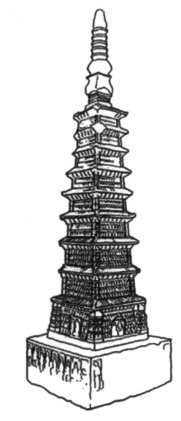

图 2-4-12　曹天度石塔测绘图（摘自葛钢等著《北魏曹天度石塔考》）

的比丘，在两比丘的外侧是两只凶猛的护法狮子，在狮子上方各雕半个圆形的宝相花。

（1）塔座

在塔座的左侧排列着9个男供养人，右侧排列着10个女供养人。塔座背面是愿文，愿文左右两侧的边上还有男女供养人各一个，这背面的两个人，是左右两侧男女供养人队伍的延续。两队供养人都面向前方（正面），双手合十，身体前躬，作朝拜状，极富动感，再现了当时的礼佛盛况。两队供养人分别是男10人和女11人，有可能是依据曹氏家族男女的实际人数制定的。这些人可能是汉人，但他们同样都是时俗的打扮：男供养人头戴垂裙帽，上身穿窄袖紧袍，左衽，腰间紧束带子，下身穿褶裤，即所谓裤褶装，脚穿高筒长靴；女供养人头戴垂裙帽，帽顶中间下凹，上身穿夹领窄袖紧身上衣，下身穿曳地长裙。这些都与北方天冷，便于在草原上骑射和放牧有关。这是典型的北朝胡人的打扮，明显区别于南朝汉人的宽袍大袖服饰。

塔座雕刻的香炉、比丘、护法狮子、宝相花、男女供养人等，都是为了供奉和朝拜佛塔第一层的佛祖、菩萨而设立的。把比丘安排在塔座的正面，左右两侧的男女供养人躬身合十，趋向比丘。这种安排与北魏尊崇佛教的浓厚气氛有关，佛教的教义规定：凡信奉佛教都要皈依"三宝"，即佛宝、法宝和僧宝。其中那个僧宝是指正式剃度出家的比丘和比丘尼（和尚与尼姑）。僧人是一切佛事活动的主导，平时则是对信教大众进行着教化，所以在许多供养图中，僧人一般居主要或主导地位。这种排列形式，在云冈石窟中有多处体现。例如云冈石窟第19窟东侧耳室前壁左侧的二佛并坐龛的下部；第18窟明窗东侧中间的交脚弥勒龛的下部等，都

图 2-4-13　塔座与第一层

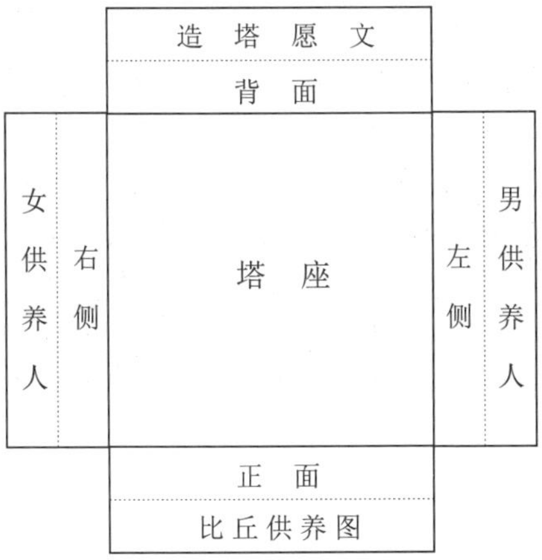

造 塔 愿 文		
背　面		
女供养人	右侧	塔　座	左侧	男供养人
	正　面	
	比丘供养图	

图 2-4-14　塔座图饰布局图

是比丘供养在正面，左右两侧是男女供养人的排列布局。这与本塔座画面制作形式的布局安排完全一致。这说明一个问题，即北魏不仅尊崇佛教的气氛非常炽热，而且对从事佛教事务的僧人也是特别敬仰，在某种意义上说，对他们达到了奉若神明的程度。

（2）塔身

塔身高 128.6 厘米，为正方形，底边每边长为 42 厘米，从下到上逐渐削减缩小，按垂直 8 度收缩。其形制是采用中国传统的楼阁式建筑形式，共分为九层，仿木结构的斗栱承托着飞檐，飞檐上布满瓦垄，斗栱下是额枋，额枋由粗大的角柱承托，俨然是一座空中仙阁。每层又有三四排不等的设计雕刻佛像，共计大佛像 10 尊，小佛像 1332 尊，均为浅浮雕。整座塔身设计严谨，布局规整，各种图饰比例协调，法像庄严，或坐、或立、或交脚，刀法圆润，线条流畅，确为不可多得的艺术珍品。

塔身的第一层雕刻最为繁杂，每一面的下部还雕有一个底座，座上四角有形如汉阙的大方柱，两方柱的正中间各雕有一个佛龛。在正面的佛龛里雕刻的是释迦牟尼和多宝佛的二佛并坐像，此龛在塔座比丘供养图供品的正上方。背面的佛龛内是一尊交脚弥勒佛，坐在狮子座上，两边各有一个胁侍菩萨。左右两侧的佛龛内，各雕有一佛二菩萨，佛为庄严坐像。在这四个佛龛的两边和上部，均刻满了小佛像，这些佛像分别按三、四排布局，每排小佛还设计雕刻了很多二佛并坐的图像。

（3）塔刹

石塔顶部的塔刹，由刹座、覆钵、相轮和刹杆四部分组成。刹杆顶部有些缺损，现存的塔刹仍然高达 49.5 厘米。

图 2-4-15　曹天度塔塔刹

刹座为四角形，由须弥山和佛龛两部分组成，即须弥山上是佛龛。须弥山重峦叠嶂，异于其他塔的刹座图饰，别致新颖。山上雕刻着仿木结构的仙阁，四角各有一尊坐佛，头顶着有瓦垄的屋檐，檐下每面是一个佛龛，龛内均雕刻着释迦牟尼和多宝佛的二佛并坐像。刹座佛像共计12尊。

刹座之上为圆形的覆钵，覆钵的底座为四边形，每边都雕刻有蕉叶的托盘，在圆形覆钵的四个方向上各雕刻一尊坐佛。覆钵之上是九层圆形相轮，相轮上方是刹杆，刹杆有些缺损。

（4）二佛并坐像

纵观整个石塔所雕凿的图纹，其中最主要最独特的一个题材是二佛并坐图像。这种图像在云冈石窟的雕凿中也同样是一个重要题材，仅现存的就有多达385例。云冈石窟的这些二佛并坐图像的雕凿，早期的较少，而且设计的位置也不太显眼。到了中期和后期的石窟造像中，二佛并坐像则成了一个重要的题材，并且将这种造像放在了重要位置上。其中，最有代表性的是大型二佛并坐像，如第7窟正面墙壁的下层，就设计开凿了一个高3.75米，宽4.5米的椭圆形大佛龛，里面的二佛并坐像异常精美而巨大。这与本石塔雕凿的二佛并坐像风格一致，如出自同一个工匠之手。

二佛并坐是依据《法华经·见宝塔品》所载：释迦牟尼在灵鹫山讲《法华经》时，天空突然出现瑰丽夺目的多宝塔。释迦牟尼使用法力，用手一指，塔门顿开，只见多宝佛盘腿坐在塔内，赞叹释迦牟尼讲解得好。接着多宝佛让出半席，与释迦牟尼并坐论道。这一佛经故事，所显示的是西域佛教东渐，特别是随着凉州僧人大批涌入平城，在平城的佛事活动中，把鸠摩罗什在5世纪初译《法华经》当作一项主要讲诵内容，对平城的佛教界产生了巨大影响。同时，二佛并坐这种题材，也与北魏皇家的现实政治需要相吻合。

首先，北魏的佛教界开始将皇帝当作佛来参拜。《魏书·释老志》载："法果每言，太祖明睿好道，即是当今如来，沙门宜应尽礼，遂常致拜。谓人曰：'能鸿道者人主也，我非拜天子，乃是礼佛耳'。"这时的北魏皇帝自然就成了佛教界所崇敬的佛。此后又有"为太祖以下五帝铸释迦立像""诏有司为石像，令如帝身"等举动。这些都说明，北魏的佛教也在或明或暗地为皇权服务，或受到皇权的左右。

其次，显祖拓跋弘生于兴光元年（454年），至和平六年（465年）即位当皇帝时只有12岁。《魏书·皇后列传》记载："承相乙浑谋逆，显祖年十二……太后密定大策，诛浑，遂临朝听政。"六年后显祖被五岁的儿子（孝文帝）取代皇位，满朝文武更是"事无巨细，一禀于太后"，直到太和十四年（490年）冯太后去世。这期间冯太后的影响、权力和地位，远高于小皇帝。北魏朝野上下把她与皇帝并列，颂之为"二圣"。如《魏书》在《李彪传》《高闾传》《程骏传》等篇章，就多次提到"二圣"："今二圣躬行俭素，诏令殷勤。""二圣清简风俗，孝慈是先。""二圣钦明文思，道冠百代……"这些都说明二佛并坐，实际上就是对"二圣"比肩的颂扬，彰显了冯太后和皇帝处于同等或更重要的地位。

从以上两点就不难看出北魏的佛教界和朝野上下，都非常尊崇"二佛并坐"，特意把"二佛并坐"当作一个重要的题材，其用意是明显的。

（五）佛光寺祖师塔

佛光寺东大殿东南角的一座六角形双层砖塔，形式独特，是唐"会昌灭佛"前佛光寺内唯一的遗存，寺僧称为祖师塔。底层内径2.5米，外径4.5米，面西开门；上层实心，外径约2.2米。塔高约11米。底层塔身外壁平素，仅门上饰火焰形券面，但檐部造型复杂：在每面九枚砖斗之上，叠出三层仰莲，上面又出六层砖叠涩，屋面作反叠涩。上层塔身底部设平座，座上也叠出三层仰莲。塔身转角处皆出倚柱，柱身上、中、下部饰仰莲。塔身西面隐出板门，西南、西北两面隐出直棂窗，窗上绘重楣及人字栱。上层檐部亦用三层仰莲叠出。塔刹下部，又是二层形体硕大的仰莲。北朝时期流行的莲瓣装饰以覆莲与束莲为主，而此塔独用仰莲，是十分特殊的做法。此塔上下层塔身比例悬殊，处理手法不同。

（六）云冈石窟塔的形式

云冈石窟中的佛塔造型丰富多彩，不仅雕有高大的中心塔柱，而

图 2-4-16 祖师塔原状（梁思成 1937 年拍摄）

图 2-4-17　佛光寺祖师塔现状

且镌刻有众多的浮雕塔。雕塔有120余座，大多位于洞窟窟门——佛龛两侧的壁面。

1. 云冈石窟浮雕塔形的表现形制

塔是云冈石窟中晚期造像题材中的重要内容，多雕于壁面佛龛两侧，或是起装饰补白作用。从其形制来看，主要分为三种：屋檐楼阁塔、层柱塔和覆钵塔。

（1）屋檐楼阁塔

楼阁塔是以中国传统的重楼屋檐结合印度、中亚的塔形构成的建筑。楼阁式塔最早在公元2世纪末至3世纪初就已出现。《三国志·刘繇传》载："笮融者……乃大起浮图祠，以铜为人，黄金涂身，衣以锦采，垂铜盘九重，下为重楼阁道，可容三千余人。"记载中很明显地说明运用木结构的重楼是建筑主体，是中国楼阁式塔的萌芽。据《魏书·释老志》记载，北魏皇兴元年（467年）平城的永宁寺塔"基架博敞，为天下第一"，其形制为高三百余尺（100多米）的七级塔。皇兴年间的天宫寺塔"镇固巧密，为京华壮观"，其形制为高十丈的三级塔。北魏迁都洛阳后，孝明帝熙平元年（516年）的永宁寺塔，据《洛阳伽蓝记》载"有九层浮图一所，架木为之，举高九十丈。上有金刹复高十丈，合去地一千尺……"此塔为方形木结构楼阁式塔，平城永宁寺塔的七级重层亦为木结构楼阁式塔，这些文献仍是我们研究北朝佛塔式样宝贵的参考资料，是从北魏石窟中可直接看到的式样。

云冈石窟所见的石雕浮雕楼阁式塔，多数表现在窟内，仅少数镌刻在窟外壁窟龛之上（一般出现在晚期窟）。云冈壁面上的浮雕塔形，其基本的形制特征不是印度桑奇、巴尔胡特大塔的形式，而是中国式的佛塔形式，即塔基、塔身（中国仿木楼阁式）和塔刹（印度、中亚的基本元素构件）融合构成。云冈石窟的中、晚期均可见到，出现于第1、2窟的东壁，第5窟南壁明窗东西侧，第6窟周壁及第11窟南壁、西壁，第14窟西壁等。

第1、2窟东壁：屋檐楼阁塔最早出现于云冈两窟的东壁。第1窟东壁四佛龛之间浮雕有三座楼阁塔形，现仅存中部和南部的上层部分和塔刹。塔刹均为三刹，有"相轮""宝珠"和"承花"；第2窟东壁四龛之间浮雕三座五层楼阁塔，每层均为一佛龛，逐层减窄减低，每层的两柱头直承屋檐，无斗栱，屋檐翼角悬挂"流苏"。塔刹为单刹，但与第1窟东壁不同，其塔的基本构件是"覆钵""基坛（刹座）""刹柱（伞竿）""相轮（伞盖）"和"承花"等，它们都集中在刹顶上，并在刹柱上出现了飘扬的"幡"。

第5窟南壁明窗东西侧：五层屋檐楼阁塔采用高浮雕镌刻，塔形的特征更为清晰。此两塔均驮于大象之上，塔基为须弥座，塔身自下往上逐层减窄减低，塔身佛龛是尖拱龛，为二龛或三龛，屋顶呈瓦葺形。塔刹为高耸的单刹，基坛为须弥座，刹柱用七层相轮来表现，刹顶装饰有宝珠。

第6窟周壁：窟内东壁、南壁和西壁佛龛间配置浮雕有十座五层屋檐楼阁塔，这些塔形雕饰华丽。塔基均为须弥座，塔身每层屋檐翼角都悬挂有"流苏"，塔身佛龛为尖拱龛和盝形龛。塔刹为三刹，刹座为须弥座。

第11窟：11窟为云冈石窟中雕刻浮雕塔形最多的一个洞窟，可以称为"塔窟"，但各壁面浮雕的塔形不规整，佛龛与塔的配置无秩序。

西壁中层西南角的七层楼阁塔，塔基为须弥座，塔身的面阔和高度递减，塔身佛龛除三层为二龛外，其余每层均为一龛，第二层至第七层屋檐翼角悬挂"流苏"（第一层未雕饰），屋檐正脊两端均雕饰有鸱尾，檐下无斗栱铺作，但檐下的枋长而厚，并且每层翼角处都有斜搭的椽子。塔刹为单刹，刹柱高大。

南壁明窗东侧的三层楼阁塔，塔基为素方台基，塔身每层的佛龛各不相同，第一层为尖拱龛，第二层为盝形龛，第三层为尖拱龛。每层的檐下雕有斗栱铺作，屋顶瓦葺形。塔刹为单刹，覆钵上刻有化生像，承花的雕刻与第12窟前室门拱两侧的式样相同，刹柱上饰有幡。

第39窟门拱东侧：雕有三层屋檐楼阁塔，塔基为高大的素方台座，塔身的每层比例不均衡，第三层接近方形，屋檐下雕有人字栱，正脊两端为鸱尾。塔刹为单刹，刹座为须弥座，简单的覆钵上承托几重相轮和宝珠。

（2）层柱塔

它是由几层长方形直檐状（或板状）所构成的层柱式的塔形。每层的直檐是长方形，不是瓦葺形，故在表现建筑的概念上，也可认为是"柱"的说法。梁思成认为其上无相轮，疑为浮雕柱的一种，但云冈石窟出现的这种建筑造型，因其特征与在石窟壁面上所起的作用，与其塔制的建筑表现上仍有共通之处，所以依照其构造，姑且仍可以为它是浮雕塔形的一种。云冈石窟层柱塔，首先表现在中期洞窟的第7、8窟后室东、西壁面，其次在第1、2窟西壁以及第9、10窟前室。

第7窟西壁：第四层两龛之间配置浮雕有三座四层层柱式塔形，每层内为二佛并坐，柱顶饰一承花，下部为一力士承托，别具趣味。

第9、10窟前室：第9窟西、北壁，第10窟东、西壁、北壁明窗两侧屋形龛内均浮雕有四层、五层层柱塔，起到"柱"的效果，洞开三间。层柱塔每层也均自下而上逐层递减，下部有的用一力士承托。

（3）覆钵塔

它是印度中亚的原始造型。最早的造塔起源于印度，关于早期覆钵塔的形制，在《根本说一切有部毗奈耶杂事》（卷十八）记载"应可用砖，两重作基，次安塔身，上安覆钵，随意高下。上置平头，高一二尺，方二三尺，准量大小。中竖轮竿，次著相轮，其相轮重数，或一、二、三、四，及其十三，次安宝瓶"。现存最早的造塔遗址，例如桑奇一号塔，原型也是覆钵式，以此推测早期的造塔形制均为覆盖半球体状的覆钵塔形。它是由基坛、覆钵、刹柱和相轮组成的实心建筑物，这是早期塔制的特征和不可缺少的基本要素。后来传入中国后，这些构成要素就安置在塔顶上，这种高耸的标志，称为"刹"，有宗教意义。

云冈石窟浮雕覆钵塔的形制并不多见，出现在云冈晚期雕刻中，第11窟西壁、第13窟东壁和第14窟西壁等，所表现的式样和形制与原印度式覆钵塔不同，实为单层塔的表现。

第11窟西壁塔基为须弥座，塔身为二佛并坐，塔刹为三刹，承花之中的覆钵硕大，整个塔刹高耸，刹柱上的装饰为重叠的相轮。

第13窟东壁：塔身佛龛为圆拱龛，无塔基，塔刹为单刹，承花之中雕有化生像，刹杆上未雕相轮。

第14窟西壁：素方塔基，塔身佛龛为尖拱龛，内为一坐佛，塔刹为三刹。刹顶的刹柱和相轮比例稍小，承花之中的覆钵较大。比较有特色的是在覆钵体上方的基坛上又出现了承花的装饰。

2. 云冈浮雕塔形的基本特征

（1）云冈浮雕塔形，其基本造型的建筑特征，表现了实际的造塔式样，即为四面塔制。考察北魏塔的形制中，可知方形的四面塔是主要的造塔式样，例如北魏天安元年（466年）曹天度千佛方塔，山西羊头山北魏造像塔以及云冈石窟第1、2、6和39窟等的中心塔柱，均为方形四面的形制。从这些塔的形制可以看出北魏造塔平面多限于方形一种。

印度笈多时期的覆钵塔台基为方形结构，如古雅拉特的德夫尼莫里，这座塔建于四世纪末，台基为方形，台基上有小方台，再向上是覆钵丘；辛德附近的米尔普哈斯，建于五六世纪，台基也为方形。方形台基是笈多时期塔的普遍形制，是仿犍陀罗覆钵式塔建造的。犍陀罗的塔，台基大多呈方形，台基之上是圆柱形塔身，塔身之上为覆钵丘，迦腻色迦大塔以及罗里延唐盖出土的供养塔，台基均为四方形。所以云冈也可推断是仿犍陀罗覆钵塔方形台基雕刻的。

（2）塔的层数，佛教以奇数为上，因而云冈浮雕塔的层数也以奇数为多。云冈多见三层、五层和七层，第7窟西壁、第9窟西壁和第10窟东西壁的层柱塔为四层（偶数）；仅有的覆钵塔为一层（第14窟西壁等），也可称为单层塔。不过云冈以七层塔居多，人们常称塔为"七级浮屠"，可见七层的塔更为常见。据史料记载，当时平城的寺塔最高的是永宁寺七级浮图。《魏书·释老志》载："永宁寺，构七级浮图，高三百余尺，基架博敞，为天下第一。"可以认为，云冈第5窟的五级浮雕塔、第11窟的七级浮雕塔以及其他洞窟的三层塔均是写实的。

（3）浮雕塔形的各层面阔和高度，向上逐层递减，与云冈中心塔柱一样，也与实物塔制一致。如北魏的曹天度千佛石塔，该塔建于一个石雕台基上，共分九层，塔身高度自下而上逐层递减。云冈石窟浮雕塔的式样和北魏时期的实物塔具有相似之处，也与后代一致，这对唐以后的造塔形制的发展有一定的影响。

3. 浮雕塔刹的装饰表现

（1）云冈塔刹的"覆钵"为纯粹的装饰。表现在洞窟壁面上，是当时造塔式样的重要组成部分，覆钵塔形制中，覆钵体积比例较大，与原始造塔的式样有相似之处，在印度桑奇覆钵塔主要有三个。"覆钵"体在塔制中所占的比例非常大，表现在中期洞窟屋檐楼阁塔的"覆钵"体积的比例就相对较小，突出表现了刹柱的高度和相轮的级数，覆钵体反而显得不重要了，甚至在第5窟南壁塔形中覆钵都没有表现出来。

（2）云冈塔刹的基坛（覆钵体下方之台座统称为基坛），形制几乎和具有佛教象征意义的须弥座相同，也就是五层叠涩结构，这在云冈浮雕塔中很盛行，有的总高度超过了覆钵体，这就使浮雕塔形的塔刹变得更为高大。早期印度桑奇和巴尔呼特出现的覆钵塔形基坛只一层，高度也不高于覆钵体。

（3）云冈刹柱和相轮刹柱一般是直接插在覆钵体上，也有的直接插在基坛上。如第2窟西壁层柱塔。关于刹柱出现在塔刹上的数目，云冈为单刹（一根刹柱）和三刹（三根刹柱）。相轮是佛教语言，又称九轮、金刹等，耸立在塔顶，我国早期常把相轮称为承露盘。云冈塔形中刹柱和相轮的表现形式大致可分为：一是刹柱的粗细几乎上下一致，相轮的宽度比刹柱大得多，并层叠在下部，如第5窟南壁；二是刹柱柱宽变细长，相轮的宽度也相对缩小，如第6窟周壁塔；三是刹柱为下宽上窄，相轮高度随刹柱的宽度由下往上递减，宽度和刹柱宽几乎相等，如第11窟南壁上层东部。

（4）云冈刹柱顶端的"宝珠"又名"摩尼宝珠"和"如意宝珠"，此珠好似聚宝盆。宝珠常在塔刹之顶，一般为一个，变式的有三个至九个，大小不等。云冈为一个，只是宝珠的形状略有不同，如第5窟南壁东塔的宝珠是略带尖端的椭圆形状，第6窟周壁的宝珠为尖橄榄的长椭圆形状等。

（5）"承花"又名"受花"或"山花焦叶"，山花焦叶是佛教的一种装饰，在印缅一带佛教建筑佛龛上常见此物。云冈石窟所见的层柱塔上部的承花面积很大，但承花与覆钵体结合雕刻时，承花的面积减小。尤为具有特色的是云冈，第11窟南壁东侧和第12窟前室北壁拱门柱出现的一种特异的承花式样，其造型类似阶梯状的式样，此形在敦煌莫高窟第254窟和第257窟等壁画中也可窥见。

（6）"幡"本不是佛教所专用，早在佛教传入以前就已经有了此种装饰物，一般称之为信幡、幡帜或灵旗，相当于旗帜的作用。在佛塔上悬挂幡是作为供具以求佛佑。云冈第 2 窟东壁、第 11 窟西壁和南壁上层东部楼阁塔刹柱之上等处均有幡，表现的不是很多，但其造型却不雷同。

（7）"化生像"雕刻在云冈浮雕塔刹部，首先表现在面积广大的承花之中，是层柱塔最突出的装饰表现，如第 7、8 窟等；其次表现在屋檐楼阁塔和覆钵塔塔刹上，但化生像很小，没有在层柱塔中显要。化生像表现在云冈浮雕塔形中，这在云冈石窟中晚期洞窟中相当盛行，而迁洛后雕凿的龙门石窟则表现不多。

云冈石窟浮雕塔形，真实地反映了北魏佛塔的式样。

三、云冈石窟

（一）佛教石窟源流

1. 利用与创造

佛教石窟源于古代印度。但是，在山野古窟中进行宗教修行活动不唯佛教所独有。远在佛教兴起之前，就有耆那教的筏驮摩那及其信徒在远离尘嚣的石洞中进行宗教修行活动，佛教是后而继用。不管是耆那教，还是佛教，选择旷野古洞作为宗教修行的场所，其起因一是与古印度列国时代所兴起的沙门思潮有关，一是与印度的气候条件有关。公元前 6 世纪至公元前 5 世纪，是印度历史的大变革时期，主要表现为以下几方面：

其一，列国纷争。这一时期由于铁制工具的普遍使用，生产力得到了空前的发展，印度许多地区先后进入了奴隶制社会，建立了奴隶制国家。当时有十六个较大国家，史称"列国时代"或"十六大国"，如摩揭陀国、憍萨罗国、迦尸国。也有些地区仍保留着部落联盟的性质，如迦毗罗卫国、波伽、毛利耶等，社会发展很不平衡。各奴隶制国家为了掠夺更多的财富，互相之间战争不断。尤其是一些自恃强大、有扩张野心的国家，穷兵黩武，对部落民众任意杀戮，社会出现空前的灾难。于是，追求平等、安宁、幸福，就成为那个时代全社会成员的普遍渴望。

其二，吠陀神学与种姓制度。一般认为公元前 1500 年时，来自西北方的雅利安人进入印度西北部地区，随后又向东逐渐迁徙到恒河、朱木拿河流域，深入印度腹地。雅利安人把记载他们部落活动和世代传授经验的文献称为"吠陀"，这个词从字面上来看，含有"知识"的意思，因此"吠陀"实际上就是雅利安人的一部知识总集。这部本来是一个部族记载与传授知识和经验的书，后来因为传授和阐释者的传授与阐释而成为一部宗教圣典；传授和阐释的人也因此成为一个有神圣不可侵犯意义的特殊阶层，这些人就是"婆罗门"。这些自诩"人间之神"的婆罗门，为了使这种超越社会成员之上的特权更富有神性与合法化，他们编造了大神梵天从口中生出婆罗门，从两臂或两腋生出刹帝利，从两胯生出吠舍，从两脚底生出首陀罗的社会大神话，从而使社会成员阶层化、种姓化。

其三，沙门思潮。沙门是Sramaṇa的汉文音译，意思是"勤劳""修道"。思想者们在怀疑和批判旧思想文化的基础上，努力探索宇宙、社会以及现实人生的一系列重大问题，寻找社会苦难和人生苦难的根源以及解决途径。这些思想探索者为了深思冥想，需要一种有利于思考虑想的僻静场所。于是，他们远离市井喧闹，来到深山荒野古窟山洞，过着完全不同于世俗的宗教修行生活。这种方式先后被印度列国时代的几乎所有思想派别所共同选用，佛教也不例外。这就是佛教石窟出现的萌芽状态。

佛教僧徒或佛教以外的宗教修行者，都选择在石窟中冥思苦想和磨炼心性，这与印度的气候也有关。地处南亚次大陆的印度大部分地区属于热带季风气候，无论雨季还是旱季，一年中的大部分时间都非常热，而山中石窟则全无酷热，特别适宜静居，于是就成为宗教修行者主要的止息处。石窟便与宗教、思想、脱俗修行结缘。

由于佛教的兴起，佛教学说以更透彻、更圆满、更有感召力的方式深入社会、深入人心，佛教信众迅速增多。这样一来，对石窟山洞规模的要求也就日益增多。这就不得不在原有古窟的基础上再扩大，甚至新凿一些更易于修行者修行的石窟。佛教僧徒们在"观禅"的指导下，又在石窟中前所未有地雕刻出了佛教系列形象。

2. 无像与有像

佛教石窟经历了一个重要的阶段，就是从无像到有像。佛教石窟先是只有洞窟没有形象，后来是有了别的形象但没有释迦牟尼佛的形象，之后才有了释迦牟尼佛说法、传记故事中的种种佛陀形象。释迦牟尼在世的时候，极力反对个人崇拜，不主张涂画佛像，而日后的佛教徒由于对佛祖太崇敬，内心潜存着一种不可动摇的"敬畏意识"，唯恐任何一种有形的凡俗具象都无法描绘出释迦牟尼佛的美妙与庄严，所以佛教的早期经典《阿含经》中就有了"佛形不可量，佛容不可测"的训告。于是，佛教石窟即使在已经有了形象刻画以后，仍然没有释迦牟尼佛的具象表现。仅用一些特征性或特指性的物象来代替或象征释迦牟尼佛，比如用菩提树来代替或象征释迦牟尼曾经在树下悟道成佛，是以物代人；用佛的脚印来表示释迦牟尼佛的来到和存在，是以身体的局部代替身体全部。此外，一头白象从半空中下来表示"投胎"，一朵莲花表示佛的"诞生"，一匹马表示"出家"等，这是一种重要的佛教石窟的历史现象。这种"别物假代"或"物化象征"情况的改变，是在释迦牟尼逝世 600 年之后，佛教石窟才真正地达到一种自足完备的圆满境地——既有洞又有像，既有造像形式又有宗教思想。这是因为自公元前327年马其顿国王亚历山大在侵入印度河流域的同时，也带去了希腊人"神人同性同形"的观念，带去了雕刻石像的技艺。这些都为佛教石窟雕刻做了观念和技术上的积累与准备。

大乘佛教神化佛陀、美化佛陀的思想广为盛行。佛教为利益一切众生，需要释迦牟尼佛"分形化体"，并允许僧徒广设供养、礼拜佛陀，以此算作积功累德。

佛教徒在自己宗教修持的具体实践中有了"观佛"需要。观佛就是观禅，这是一种宗教必修功课。"观佛"的方法是先从佛像的肉髻开始观察静识，然后沿中线下移至眉间白毫、双眼、鼻子、嘴……一直到脚。然后再从脚向上翻，直至头顶上的肉髻。如此反复，闭目凝神，一心想着方才见到的佛像，直到佛的美妙形象深深浮现在修行者的脑海之中。

无像与有像，是佛教石窟艺术发展的一个重要阶段和重要特征。

3. 印度式与中国化

对佛教和佛教石窟而言，正好应验了中国一句古语：墙里开花墙外香。可以说，它们是先生根于印度，后开花、结果在中国，繁荣、发展在中国。

佛教石窟遍布长城内外、大江南北，其中以云冈石窟为代表。这些石窟就像一串串珍珠洒落在中华大地上，并且以独有的中华文化精神和品貌熠熠发光。

佛教石窟缘于义理，归于审美。它经过"二段三过程"的缘起与流变，成为人类艺术史上一种重要的艺术种类。

（二）中国佛教石窟发展概况

据现存实例和文献记载，中国历史上最早造立石窟寺的地区是丝绸之路北道沿线及河西走廊一带，即龟兹、焉耆诸国和十六国中的西秦、后秦、北凉等地。当时开凿石窟是为僧人禅修，同时也是统治者祈福的一种方式。十六国后期，北魏逐渐统一北部中国，首都平城开始成为北方佛教中心。西域及河西一带开凿石窟的做法很快传入内地，被北魏皇室所接受，并成为社会各阶层极为热衷的一种福业。自文成帝即位到孝文帝迁都洛阳之后，平城、洛阳两地相继开凿了规模空前的皇家石窟群。同时，境内各地的凿窟活动也在各级政府与权贵的主持参与下不断开展。以至于北魏的东西分裂，也未使凿窟的势头有所停顿。直到北周武帝灭佛、讨平北齐、扫荡塔寺，石窟的开凿才基本告一段落。

佛教石窟寺的形态在进入中国之前已经过多次嬗变，在中国境内的发展过程也在变化。自魏晋时起，从西域进入中国的佛教僧人与北方各民族建立起一种依赖关系，这种关系确保了佛教的传播，也导致佛教向本土化、世俗化的方向发展。北方僧人中较多流行集体聚居、坐窟行禅的做法与开窟造像的功德方式相适应，这也许正是中国石窟寺集中于北方地区的原因之一。

云冈其地，很早就见于文献记载，但并不称云冈，而称"武州塞"或"武州山"。根据《魏书·释老志》记载，太武帝太延五年（439 年）灭北凉后迁徙凉州三万余家于平城。从而有许多佛教沙门都来到平城，于是佛教的信仰者就增多起来。这样，就影响到佛教的东传，进而开凿出举世闻名的石窟寺。北魏明元帝未即位以前，就到过武州山祈福。即位后，又每年到这里祭祀一次。《魏书·礼志》中记："太宗永兴三年三月，帝祷于武周、车轮二山。初清河王绍有宠于太祖，性凶悍，

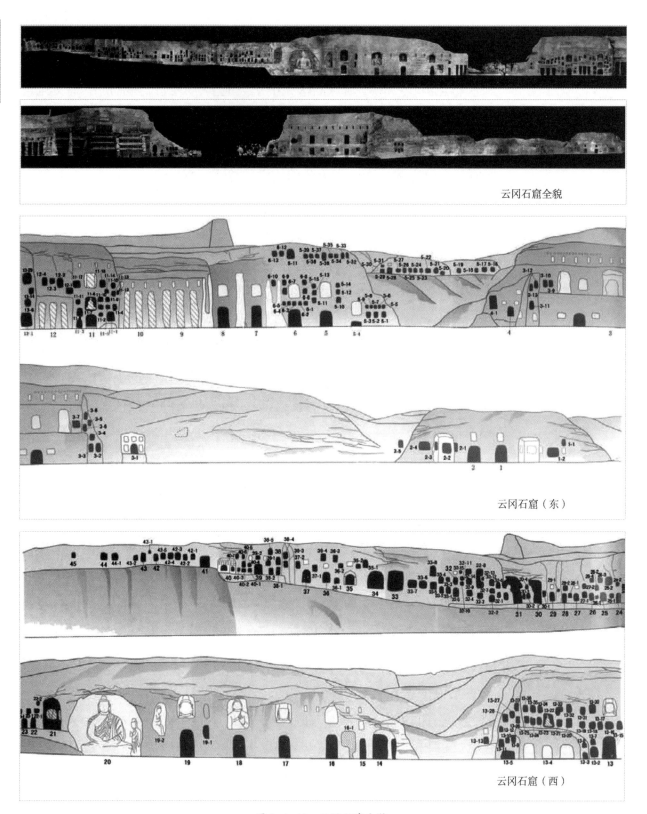

云冈石窟全貌

云冈石窟（东）

云冈石窟（西）

图 2-4-18　云冈石窟全貌

帝每以义责之，弗从。帝惧其变，乃于山上祈福于天地神祇。及即位坛兆后，因以为常祀，岁一祭，牲用牛，帝皆亲之，无常日。"

因为武州山是皇帝祈福的神山，因而在这里开凿石窟。《魏书·释老志》中说："昙曜白帝于京城西武州塞，凿山石壁，开窟五所，镌建佛像各一，高者七十尺，次者六十尺，雕饰雄伟，冠于一世。"

《大同府志》载，石窟有十佛寺，"一同升，二灵光，三镇国，四护国，五崇福，六童子，七能仁，八华严，九天宫，十兜率"。后魏时建，始明元帝神瑞，终孝明帝正光，历百年而工始毕。内有元载所修石佛十二龛。又大同府东南南堂寺，一名永宁寺。

（三）云冈石窟开创的历史和各窟编号

1. 开凿年代

关于云冈石窟开凿的年代，过去有两种说法：一是在北魏明元帝神瑞年中，一是文成帝和平初年。

神瑞年开凿的记载，出自唐人，西明寺僧所著《大唐内典录·卷四·后魏元氏翻传佛经录》中说："道武帝，魏之太祖也，改号神瑞元年，当晋孝武太元元年也。出据朔州东三百里，筑城立邑，号为恒安之都，为苻秦护军。坚败，后乃即真号。生知信佛，兴建大寺。恒安郊西大谷石壁，皆凿为窟，高十余丈，东西三十里，栉比相连，其数众矣。谷东石碑见在，纪其功绩，不可以算也。其碑略云：自魏国所统赀赋，并成石龛，故其规度宏远，所以神功逾久而不朽也。"

金皇统七年（1147年）曹衍著《大金西京武州山重修大石窟寺碑》根据上引《后魏元氏翻传佛经录》大加考证，云冈创建年代的结论是：肇于神瑞，终乎正光，凡七帝，历百一十一年。

《魏书·释老志》（卷一百一十四）中说："和平初，师贤卒，昙曜代之，更名沙门统。初昙曜以复法之明年，自中山被命赴京……帝后奉以师礼。昙曜白帝于京城西武州塞，凿山石壁，开窟五所，镌建佛像各一，高者七十尺，次者六十尺，雕饰奇伟，冠于一世。"

《继高僧传》卷一《昙曜传》中又记："（昙曜）以元魏和平年……住恒安石窟通乐寺，即魏帝之所造也。去恒安西北三十里，武州山谷北面石崖，就而镌之，建立佛寺，名曰灵岩。龛之大者，举高二十余丈，可受三千余人。面别镌像，穷诸巧立；龛别异状，骇动神人。栉比相连，三十余里。东头僧寺，恒供千人。碑碣见存，未卒陈委。"

这些文献都说明云冈石窟是在北魏文成帝复法兴安元年（452年）后所开凿的。

2.关于洞窟的编号

云冈石窟群在云冈堡的北山上，窟群营建超过500米。区别为东、中、西三区。每一区都有深沟隔开，而东、中区之间，南北的山沟尤

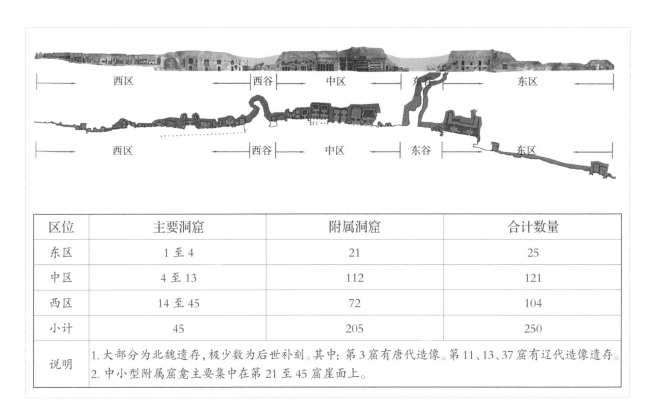

区位	主要洞窟	附属洞窟	合计数量
东区	1至4	21	25
中区	4至13	112	121
西区	14至45	72	104
小计	45	205	250
说明	1. 大部分为北魏遗存，极少数为后世补刻。其中：第3窟有唐代造像。第11、13、37窟有辽代造像遗存。 2. 中小型附属窟龛主要集中在第21至45窟崖面上。		

图 2-4-19　云冈石窟分区图及分布概况

图 2-4-20　早期云冈石窟全景图（东）

图 2-4-21　早期云冈石窟全景图（西）

为宽大。因而在沟的西坡半山间，还凿有几个窟龛，一直西连到第5、6窟上层的各窟龛。

东区：由第1窟到第4窟。

中区：由第5窟到第13窟。从龙王庙西坡塔洞到大阁上层还有第1窟到第19窟。第11、12、13窟外的悬崖上，又有53个小型的窟龛。

西区：由第14窟到第53窟。

很早的时候，国外考古学家们就到云冈石窟群做过调查与研究，写出了许多报告或研究的文章。为全面了解这个窟群，照顾过去的编号，没有做大的改动，只是在西区第20窟以后，重新编排，但仍按主次，以下层窟为主，附入许多上层窟或小龛。中区第5、6窟与大阁上层九个窟，第11窟至第13窟外悬崖53个窟龛，各单独编号。总计起来，共得147个窟龛，但下层编出的总号只有53个。

在分期问题上，云冈石窟不像莫高窟、麦积山石窟分得那样清楚。因为每一期中总的特征与风格是相同的，但前后又不同。所以北魏时期的第二、三期中，又各分为前后两段。

图 2-4-22　云冈石窟昙曜五窟（第16～20窟）大像窟平面图

（四）云冈石窟第一期前段及石窟

云冈第一期前段共五个窟，以造像的风格来论，是全窟群中最早的。大家公认为是昙曜时所开凿。

1. 第16窟

全窟四壁，南壁有几处较大型龛，上部刻有13行千佛像。门口的东西两侧一些小龛为第二期造像，门拱内西侧有第三期菩萨披帛交叉穿环的造像（已残），其余均为第一期造像。

在门楣正中的尖拱龛上，龛中刻一佛二胁侍菩萨像，此龛左右两侧有二龛，均作盝形顶，顶上加屋形龛，龛内刻一高宝冠莲花结跏趺坐菩萨，左右各一思维菩萨，下面左右各刻一狮子像。座下正中刻一

摩尼宝珠饰物，左右刻供养人像。西龛最外还有夜
叉像。

2. 第17窟

全窟的主像是后壁雕造高15.6米的大弥勒菩
萨像。长圆的面形虽然大部风化，但还可看出头戴
高宝冠，右臂袒，左肩斜披络腋，边作折带纹，臂
着钏，下着羊肠裙，莲花跏趺坐，佛座为狮子座（已
残）。在阿弥陀佛的佛座下，正中刻摩尼宝珠，北
半部刻比丘尼与女供养人像，南半部刻比丘与男供
养人像。弥勒是云冈造像中主要题材之一。因为继
释迦牟尼后成佛的是弥勒菩萨，故作菩萨装。东西
两壁各刻"盝形顶天幕式"大龛。西壁龛内刻通肩
式大衣的立佛像。东壁龛内刻有与西壁大佛同样面
形的大佛，着通肩式大衣，半结跏趺坐，大佛两侧
刻胁侍菩萨像：北侧菩萨像头着高宝冠，冠正中有
化佛；南侧菩萨的宝冠，正中刻宝瓶。西方净土的
阿弥陀佛与观世音、大势至二菩萨像，即所谓西方
净土中的"西方三圣"像。

值得注意的是东壁的大坐佛，在雕造技法上，
表现衣纹是宽扁线条中刻阴线两道至四道，雄浑有
力。虽然印度等国出土的半结跏趺坐佛像，表现衣
纹也是在较宽线中刻阴线一道，但那种线条较圆浑，
并不是"减地平钑"的刻风。这个大像的衣纹刻法，
完全是在汉画像石"减地平钑"的基础上，吸收秣
菟罗佛教造像的刻风而创造出的新技法。

窟门顶偏东和偏西两侧的两个较大型龛内的造
像从开凿的时代和造像的风格看是相同的。龛作尖
拱形，龛内刻出半结跏趺坐的佛像，面形长圆，双
颊较瘦，而有劲健之风。佛像内着僧祇支，上面画
出方格式的花纹，与麦积山早期西秦时代佛像的僧
祇支的纹样相同：外着袈裟，右肩半披，左肩斜披

图2-4-23　第16窟南壁（摘自杨建英《云冈
石窟 悬空寺》）

至胸腹间，边作折带纹。

明窗两侧与窟门两侧雕造的各龛，以造像的面形特征看，与正中的大像比，应较晚一些。

3. 第 18 窟

后壁正面全部造像，有佛、十大声闻弟子、菩萨等像，是云冈早期五大窟中造像最复杂的一个窟。

正中大像高 15.5 米，遍身刻千佛的释迦牟尼像，内着僧祇支，由左肩斜披绕右肋下，边刻连珠纹，外披袈裟，缠绕全身，再刻作折带纹。上身胸、腹及肩袖部，俱刻出千佛。大佛两侧雕出胁侍二菩萨像，西边菩萨大部风化，仅可看出高宝冠、短璎珞及龙头形饰物，东侧菩萨较为完整，在高宝冠中刻莲花式三法轮，中间法轮内刻坐佛像。

这组大立佛与胁侍菩萨的雕刻技法，全部用浅直平阶梯式剖面表现衣纹，衣边作折带纹，两手作禅定印，佛座几乎全风化。项光内层作莲花瓣纹，中层刻敷搭双肩袈裟的小坐佛，最外层刻火焰纹。背光外左右上角刻有袒右肩的供养菩萨像及比丘等四众像。从雕造特征与艺术风格来论，是全窟群中第一期前段的典型作品。

4. 第 19 窟

这是昙曜五窟中最大的一个窟，窟外又开有东西二耳洞。1940 年日本水野清一率领云冈调查团曾在第 19 窟前凿东西纵沟，南北横沟各一道。发现有北魏时的瓦，波状的平瓦当。在大坐佛的前面，又发现有辽代的铺地砖，可证北魏时昙曜五窟前有窟檐建筑，辽代又继续有所修建。

在窟内的后壁，雕出高 17 米、半结跏趺坐的大佛像，佛座宽 15.4 米，盘膝露出上面的脚长 4.3 米，一个中指长 1.6 米，是云冈石窟群造像中最大的一身佛像。右手当胸，掌向外举，左手仰伏膝上作"施无畏印"。其他衣饰特征与前二窟的大像相同。

在第 19 窟中还有两种不同的题材：其一，在窟门东边雕出一尖拱天幕龛，内刻第一期的半结跏趺坐佛，但胁侍不是二菩萨像而是龛内为二菩萨像，龛外为胁侍二比丘像。这样题材是早期造像所少见到的。其二，西壁雕刻大多风化。下层能辨识出三座顶上有三刹柱相轮，山花蕉叶形七层楼阁式的塔，塔内应是雕凿的佛像。

印度的塔，大多是覆钵式，上面安置相轮和摩尼珠等形象。传到中国以后，就改成楼阁式，最高的到十三层，上顶仍置相轮。《佛说造塔功德经》序中曾记建塔的许多好处。所以东西壁浮雕出许多楼阁式的塔，不是舍利塔，而是无舍利的法舍利塔。其余部分，完全雕造着千佛像。至于窟门两侧的各龛，是第一期后段所开凿的。

第19窟东耳洞，窟形与第19大窟相同。窟顶刻出半个伞盖的形式，还可清楚地看出四周刻交角帐，正中刻紧那罗舞神。窟的后壁正中雕出善跏趺坐，高10米的大佛像。北侧胁侍菩萨，左手提净瓶，宝冠飘带不翘起，天带绕颈后作半圆形，由肘后压下，与其他早期菩萨特征稍有不同。南侧胁侍菩萨面部残毁，右手捧花蕾。两壁其余部分则完全刻千佛。

窟门与天窗之南有九个龛，北有七个龛。大多是释迦牟尼佛像，释迦、多宝佛对坐说法像，莲花跏趺坐的弥勒菩萨像，此外就是千佛像。以上各种造像特征，都属于第一期前段。

在窟内南壁满刻着佛龛，其中北侧盝形顶华绳天幕龛。龛内刻莲花跏趺坐菩萨像，座下一坚牢地神托菩萨脚。胁侍左右二思惟菩萨像，龛外左右各一善跏趺坐的佛像。

大窟西耳室的大佛，从造型及服饰分析，应属于第二期作品。但第19窟的布局应是统一的，西耳室可能是由于工程没有按时完成而拖延到第二期。

5. 第20窟

第20窟是第一期前段造像中的典型窟。由于窟顶崩落，后壁正面的半结跏趺坐释迦牟尼像耸立于窟外，因而称之为"露天大佛"。实际这个窟的窟形与其他第16至第19窟的形制完全相同，只是在胁侍菩萨身后，开出一个东西相通的隧道，与第9、10窟后壁凿一隧道的形制相同。

1940年，日本人水野清一氏率领的云冈调查团在第20窟大佛前发掘。在大佛座下半圆形莲花座的东边发现北魏五铢钱一枚，窟前5米发现木炭及黑褐色土层及北魏木建筑上的瓦和重瓣莲花纹的圆瓦当等。由此可见从北魏时起，第20窟前即有木建筑，窟前木建筑可能是辽末金军攻陷云中时所焚毁。

露天大佛高 13.7 米，高肉髻，面形丰瘦适宜，颧骨不高，鼻筋隆起，而准头较小，眉眼细长，薄唇有八字须，仍有雅利安人的面形。颈有两道纹，内着僧祇支，缠右肋下，衣边刻连珠纹，外着袈裟，右肩半披，左肩斜。

昙曜五窟的窟形大致是相同的。而第 16、17、18 三个窟，又可看出窟顶都刻有华盖，第 19 窟窟顶已风化，第 20 窟窟顶因崩塌，不能看到原形，推想也可能同样刻有华盖。

云冈初期佛教造像，主要是昙曜时所开凿的五个窟，题材大多是依据小乘经，为纪念释迦牟尼佛而造出的一组以佛为中心，配以胁侍菩萨、声闻弟子等形象。魏晋以来上层统治阶级的思想是玄学，以"贵无"为本，佛教徒们为了与统治阶级结合，大力提倡大乘般若性"空"学说，发展两个净土世界。

图 2-4-24　云冈石窟第 20 窟露天大佛

（五）云冈石窟第一期后段及石窟

第 7 窟至第 13 窟是云冈石窟中区最重要的几个窟，其中第 13 窟开凿的时间应早一些，其他各窟与第 12 窟的开凿时间相差不会太远，因而都列入第一期后段。从窟外遗存的残枋洞眼和残椽洞眼可以看出，洞眼的造出有的打破窟外的造像，可能是辽、金两代为保护石窟而创造的窟檐。

其中第9窟至第13窟，由于清代重新修饰，色彩鲜艳夺目，耀眼华丽，因此称为"五华洞"。再以第7窟至第13窟的造像题材论，其雕刻技巧在前五窟的基础上，无论人物、禽兽、边纹等，都有新的发展，因而分为两个阶段。

关于第7、8、9、10、12等窟的造像，从艺术形式上看，当时匠师们是根据中国汉代以来的传统雕刻，吸收外来的艺术，融合发展出比昙曜五窟更为先进的雕刻技术。这几个窟的题材，仍然是小乘经中所记释迦牟尼各种苦行、神行以及佛前生的本生故事。此外八部护法形象如夜叉、阿修罗、乾闼婆、紧那罗、迦楼罗等，还有诸天仆乘、金刚密迹，以及四众中的比丘、比丘尼、优婆塞、优婆夷供养人像等。根据经典所记，以上这些人都要参加法会，所以在石窟中都雕造出来。

第11、13两个窟，虽然在同一地区，但造像风格与第7、8、9、10、12等窟略有不同。因此，虽列入一个时期，但单独写出。现分别叙述如下。

图 2-4-25　第6、7、8窟外景

1. 第7、8窟

第7、8两窟形制相同，分为前后二室，后室北壁都开出同样的两层大龛，造像题材也大致相同，从各方面来看，应是同时开凿的双窟。

（1）第7窟

①第7窟后室。第7窟后室正面刻上下两层大龛，下层刻释迦、多宝佛说法像，今已大部风化。上层盝形顶方格天幕式龛，正中刻着跏趺坐的菩萨像，坐于狮子座上的莲花上。左右刻善跏趺坐佛像，右肩半披袈裟，左肩斜披至胸前。大龛以外又雕出左右舒相的胁侍菩萨像。这样的造像题材，是全国各石窟群中仅有的形象。这组造像初步推测，是根据《法华经·序品》所记，宣扬《法华经》的人物。正中是释迦牟尼佛。左右的两身佛像，应是过去初佛、后佛同名的日月灯明佛。龛外的思惟菩萨是任何一个佛未成道前，都有思惟这一段历程，因而刻在龛外。

后室东西两壁，最下层刻供养人行列，以上各开四层龛，每一层各开两大龛，造像形式完全是第一期的特征。

西壁：由下而上分第一层和第二层，第一层南半圆形大龛，内刻半结跏趺坐，双手托钵，袈裟半披，左右刻作惊惶状的二梵志像。龛外雕出山形，有八梵志（佛教称"婆罗门"志求梵天之法者，曰"梵志"）持瓶作倒水状，这应是佛本行故事中收三迦叶降伏火龙的故事。北半盝形顶天幕龛，龛中刻半结跏趺坐具第一期特征的佛像。龛左右各刻出五人，着一般菩萨的装束作跪地状。第二层北边的圆拱龛，龛内刻有半结跏趺坐具有第一期特征的佛像，左右有胁侍二菩萨。南边的圆拱龛，龛内刻半结跏趺坐具有第一期特征的佛像，左右有胁侍二菩萨，上下各有三人作跪地状。

东壁：由上而下第二层北部圆拱龛，龛内刻半结跏趺坐的佛像，胁侍为一婆罗门状的老人。这个可能是收大迦叶的故事。

南壁：下部开窟门，在这一面壁雕出的形象十分复杂。在明窗与窟门两侧，共开出上下四层大龛。佛与菩萨衣饰特征，都属于第一期的形式。从下而上，第三层有宝盖顶式的大龛，内刻半结跏趺坐的第一期衣饰特征的佛，坐于莲座上。胁侍菩萨，东者左手提净瓶，西者右手提净瓶。上角刻四众像。至于门西第三层龛内的胁侍菩萨，两胁侍左手提一凹形物，与唐代雕出的阿弥陀佛胁侍菩萨、宝冠上有宝瓶的大势至菩萨的手持物相同。只是这组造像的菩萨是高发髻而不是头戴宝冠。最下层门西刻伞盖形龛，龛内刻出偏头斜视、右手上扬、右足下舒的文殊师利菩萨像，门东侧刻盝形顶天幕大龛，龛内刻头戴帷帽、左手持鹿尾、方领大衣、据方床的维摩诘像。维摩诘与文殊菩萨对坐说法像，即依据《维摩诘所说经》而造出的。在门楣上，正中刻摩尼宝珠，东刻手执箜篌、篳篥、排箫、三乾闼婆伎乐神，西刻手持笛或螺、横笛、曲颈琵琶三伎乐神，俱斜披络腋，长裙，露足，做飞行状。在造像中，也造出了供养诸佛的菩萨。而这种菩萨，据经文所记也是参加法会的，并不是什么六供养天人像，也不是一般的供养天人像。天窗内侧东西各刻一立菩萨像。外侧左右刻山形，山中有树，高至天窗的拱顶，树间挂水瓶、络囊，树下上下二层，各刻一比丘作禅定状。这幅造像，可能是佛幻化成沙门，教化村民成阿罗汉的形象。第7、8窟明窗两侧，俱刻出沙门禅定的形象，从造像位置来看，不可能是佛弟子宾头卢取树提钵饭的故事，而应是表现佛幻化成沙门教化村民的故事。

窟门两侧：分内、外两部分。内部一半刻二夜叉手托三重塔，每一层塔中又刻二夜叉。夜叉形象完全是根据当时甲士们实际操练的情形而造出的。塔的最上部刻忍冬叶，正中刻一夜叉或一化生童子合掌做礼拜的形象。门拱正中刻大莲花，八个紧那罗舞神围绕着作歌舞状。拱顶平棊藻井，分为六格，每格中作斗四式，正中刻大莲花，四周刻八身天女或紧那罗女。平棊外枋中也刻莲花，四周仍刻供养天女或舞神。

图 2-4-26 云冈石窟第七窟主室平面图

②第 7 窟前室

第 7 窟前室北壁已大部分风化，东壁有佛本行故事，西壁壁面刻十几行千佛，大多已风化。

东壁的一层中能看出由上而下第四层北部的一菩萨在火光中，这应是昙摩钳太子偈焚身故事。

第五层北部之上，刻出一人卧在棺中，这应是慕魄太子故事。

第六层可以辨认出的有两幅：一似国王出行图，但不知是何故事；一似兔王焚身供养形象。

（2）第 8 窟

第 8 窟分前、后二室。后室北壁雕出的形式，与第 7 窟完全相同。

①后室后壁

第 8 窟后室后壁分为上、下两层大龛。上层刻盝形顶天幕大龛，龛的最上层刻十身乾闼婆伎乐神像，盝顶十二方格内各刻紧那罗舞神相对，作歌舞状。开幕则刻出民族传统手法衔帐状的九个兽面，幕的两边各刻出一夜叉作牵引攀附幕的形象，但并不是什么侏儒的刻像。龛下东边可看出持弓作射状的悉达太子较技刻像。龛内刻善跏趺坐于狮子座上的佛像，左右胁侍刻莲花跏趺坐的菩萨像。龛外东西刻左右舒相的思惟菩萨像。

②东西壁

东西壁下层各刻供养人行列，以上又各刻四层龛，每层刻二龛。

东壁：第一层南华盖形大龛，龛中刻半结跏趺坐佛像。四周刻魔王率领手持各种武器向佛进攻的鬼、神像，这种"降魔成道"的造像，是《佛本行经》中的所谓"神行"故事的一种。第二层北半尖拱龛，龛内刻半结跏趺坐左手持钵的释迦牟尼佛像。左右刻身着甲胄、足着长锄靴的四天王长跪捧钵奉佛的形象。南龛刻像与北龛完全相同，只是龛中释迦坐像手中未持钵。其他窟内也有这样的四天王捧钵供佛、表现佛神行的故事。此外，第二层龛的残余刻像中，还略可看出有一四柱顶的屋，屋内刻悉达太子思惟像，像前有一侍者作合掌状。再前已风化，似耶苏陀罗入梦，其下有天人持马蹄（已风化），似逾城出家；第三层二龛之间，左右共浮雕三座四重塔，塔底承托者非狮、非象，而是夜叉。

③南壁

南壁正中上凿出明窗，下开窟门。明窗两侧刻出与第7窟相同的树下作禅定状的比丘像。窗内侧各刻一立菩萨像。明窗券形顶刻二龙王像。明窗之上刻出一行十四身的千佛像，有的着通肩大衣，有的袈裟右肩全披左肩斜披，略似双领下垂，又不是正式的双领下垂的形状。这应是第一期与第二期佛像过渡的形式。窟门作券形顶，宽2米，高近6米。门东西两侧，下层北半俱刻出头戴缨冠，右手持金刚杵，左手持叉的金刚密迹、力士像。东侧上层刻出三面八臂骑牛的摩醯首罗天。

窟门门楣上刻忍冬纹，拱门两边刻乾闼婆伎乐神像。再上层明窗之下刻六身供养菩萨像。后室南壁窟门，明窗的东西侧面上下各开四层大龛，东侧由下而上第三层凿伞盖式龛。龛内东胁侍菩萨右手持瓶，西胁侍菩萨与第7窟刻的阿弥陀佛及胁侍观世音、大势至二菩萨像大致相同。

窟顶凿出六格的平棊藻井与第7窟大致相同。不过人物中有的是紧那罗舞神，有的是手托摩尼珠或一般的供养天人。

④前室

前室两壁各高近15米，全部风化，很难辨认有何造像，只能看出最下层似系供养人行列。

总之，第7、8两窟，从窟形到造像题材大致相同，都是以《法华经》及《佛本行经》为主要题材。其他则是参与法会的各种护法像。这些造像中表现帝、王、将、相等人物通过宣扬敬信佛的神行而得福。以窟内雕刻的千佛、紧那罗舞神过渡阶段衣饰特征来看，开窟时间要晚于昙曜主持所开凿的五窟，但相距时间并不太远。

（3）第7、8窟的特征

第7、8窟是第一期后期开凿，大约完成于北魏孝文帝初期。这种洞窟的布局与当时北魏皇室尊奉孝文帝拓跋宏、太皇太后冯氏"二圣"有直接的关系。这组"双窟"雕刻题材内容比较丰富。雕刻形式上大量融入有中国传统艺术手法，相对于"昙曜五窟"是北魏佛教艺术的进一步深化，是佛教艺术走向民族化、世俗化的开端。

第一期"昙曜五窟"均为大像窟，高大雄伟的佛像占据了洞窟的主要空间。洞窟平面呈马蹄形，穹窿顶。第7、8窟则为殿堂窟，平面为长方形，分前后室。前室只有两侧墙壁，无门窗和顶，后室有门窗和窟顶。窟顶采用了中国传统木结构建筑平棊藻井的式样。这组"双窟"壁面分层分段，形象地雕刻出许多佛经内容。造像题材组合，以后室正壁上下龛为中心，佛装的交脚弥勒、释迦多宝二佛并坐作为主像，佛本生故事浮雕和佛龛表现佛传故事及"西方三圣""文殊问疾"的题材，护法诸天、大型供养人行列、飞天、伎乐天、禅修形象，变化丰富的龛形和装饰纹样等，都最早出现在这组双窟内。这组"双窟"的形制、布局、雕刻技巧、表现方法充分体现了北魏皇室的意旨和佛教艺术汉化的审美意识。

第7、8窟外室间隔的壁面下角凿有一拱形小门，此门是当时有意开的连接通道，为了便于禅观。拱门内两侧各刻有一棵菩提树延伸至顶部。顶部中央刻有一莲花图案，环绕莲花舞动着四个小飞天。画面构图是立体式的表现方法，体线结合，飞天造型生动有趣。外室壁面上刻有佛本生故事浮雕，因无窟顶，风化严重，大都已漫漶不清。

主室拱门顶部也刻有莲花图案和飞舞的飞天，造型简洁洗练。第8窟拱门两侧所刻的十二组双人舞姿伎乐天（俗称侏儒）属高浮雕，动作滑稽，憨态可掬。侏儒上方刻护法天，下方刻金刚。第8窟拱门两侧，东侧为摩醯首罗天，三头八臂，坐乘神牛，手持日、月、弓、箭、降魔杵等物，中间较大的头部带花蔓冠，两侧较小的头上戴舟形帽，面部造型似西亚人种。西侧为鸠摩罗天，五头六臂，坐乘金翅鸟，手持日、月、金翅鸟、铃、弓、箭。五个头像中较大的神态慈祥，周围四个较小的脸庞犹如顽童。五个头像都有着长卷发，表现得十分巧妙，上部两个的头发散下后与主像两鬓形成共用的头发，使五个头像浑然一体。这两尊护法天体形健硕，流畅的阴刻线雕出衣饰，线随体转，疏密相间，既表现了衣饰，又增强了浮雕的体感，韵味十足。这是云冈石窟浮雕中一组运用传统装饰手法的典型作品。

两窟主室拱形明窗上刻有对称弯曲至顶部的菩提树，树下坐着两个禅僧，这可能是当时有意树立的钓鱼坐禅标准形象。立体式构图，手法粗犷奔放，线的运用灵活自如。

这组"双窟"主室正壁是洞窟的中心部位，自上而下，第一层刻有十个并列的小龛，龛内刻天宫伎乐，第二层都有一大盝形龛，龛中都刻着五尊造像。第7窟中间为交脚弥勒，狮子座，左右为二佛，善跏趺坐，两侧各刻一思惟菩萨。第8窟内这五尊像的排列顺序为，中间自由坐释迦佛，狮子座，左右为交脚弥勒，两侧为半跏趺坐思惟菩萨。此龛帷幕两侧各刻有一对动感很强的夜叉，其中第8窟东侧的夜叉背部朝外，头部向右回转，左腿弯曲，右手上举帷幕，左手环抱内侧，这是云冈造像中唯一表现背面的作品。北壁第三层中，第7窟龛内刻释迦、多宝二佛并坐像，这一题材是依据《法华经》刻的。释迦、多宝二佛并坐是云冈石窟雕刻中重复次数最多的造像题材。第8窟中此龛刻的是一尊说法佛。从这些主像看，已没有了"昙曜五窟"大佛的威严、雄健之感，面容和姿态变得平和，更亲近于禅观者，然而，这种氛围不仅是主像体量的变化，也体现了这组"双窟"的设计构思。

第7、8窟东西壁分层分段布龛所刻弥勒、释迦佛二佛并坐等，另外还刻有"二商奉食""四天王捧钵""降服火龙""降魔成道"等佛传故事画面，每层间刻有不同式样的装饰纹样，底层都刻有供养人行列，工整的壁面组合排列中不乏洒脱之处，富有节奏变化。同第一期工程其他窟相比，这组"双窟"让禅观者感到轻松，手法含蓄，内容通俗易懂。

第7、8窟南壁第一层都刻有十四个并列龛坐佛，二、三、四层被明窗隔开，二层刻交脚弥勒，三层龛内刻"西方三圣"即观世音、阿弥陀佛和大势至，这也是云冈中后期雕刻的一个流行题材。在雕刻技巧方面，第7窟的"西方三圣"比第8窟的技艺娴熟，虽为同时开凿的"双窟"，又是同一题材的造像，但工匠不同其艺术效果也不尽相同。第四层眉拱龛内都刻有释迦说法像。第五层拱门两侧都刻有"文殊问疾"的造像题材，一边是维摩诘像，一边是菩萨装的文殊师利。这也是云冈石窟从此时起的一个流行题材。《维摩诘经》不仅是大乘佛学中的主要经典，而且在魏晋玄学之风盛行的情况下，一些佛教徒认为"维摩诘经者，先哲之格言，弘道之宏标也"，它宣扬贫与富、统治与被统治无差别思想，文殊与维摩的问答，把世上一切都看成"空"。空无思想也就成了北魏中期佛教造像选择的流行题材。佛教艺术就是这样形象地宣传佛教教义的。

第7、8窟南壁的明窗与拱门之间都有一个汉式建筑结构的屋形龛，龛内帷幕中都刻有六个供养人。第7窟的这组胡跪状的供养人，面容鲜活，身姿窈窕（俗称六美人）。这分明是匠师在雕刻中融入了现实生活情感的力作。在"六美人"下方刻有一组持竽篥、排箫、螺、笛子的伎乐天，东侧刻着一个弹竖琴的伎乐天，西侧刻一个击束腰鼓的伎乐天，这几尊伎乐天动态夸张，手法粗犷，技艺十分娴熟。"六美人"与伎乐天所刻位置正与北壁佛龛主像对应。环顾洞窟四周，好似一个歌舞弥漫的佛教盛会。

第7、8窟主室顶部所刻内容也相同，都刻有汉式木结构的平棊藻井。横向一条宽带与竖向两条宽带交会组成六个覆斗状的方格。每格中心处刻一莲花，环绕莲花雕着四组双人飞天，宽带交汇处也刻有一莲花，间隔处刻两组双人飞天，在凸起的带上刻着14个飞天，凹进的格中刻48个飞天，每窟顶部共刻62个飞天，八个莲花图案。如此繁复的画面，飞天造型既有明确的运动方向，又有灵活多变的个体形象，整体造型繁而不乱，和谐统一。这种汉式建筑结构运用到石窟艺术中，从建筑结构讲，增加了顶部的抗压力，从画面效果看增加了雕刻的平面空间和装饰意趣，这是第7、8窟雕刻难度最大的部位，当时的匠师们身处高空，仰面朝天雕出如此精美的作品，真可谓是巧夺天工。

综上所述，这组"双窟"的布局和形制独具匠心，是具有明显汉化风格的创新样式。在雕刻内容上出现了许多新的造像题材，反映出北魏中期佛教和佛教雕刻更为兴盛的事实。从这组"双窟"的形式来看，中国传统雕刻技艺大量融入了佛教造像。如洞窟整体艺术氛围设计得井然有序，富丽堂皇。窟顶和龛形中巧妙地运用了汉代建筑结构样式，佛和菩萨的神态端庄而含蓄，护法神、飞天、伎乐天、供养人的表情生动有趣，线形服饰造型质朴、简洁，有力度的线条在雕刻中极富装饰韵味。采用这些符合民族审美心理的传统雕刻技艺来诠释佛教义理，极大地丰富了佛教艺术的表现形式，为云冈石窟第二期和第三期其他洞窟及龙门石窟等的开凿，创造了一个新的雕刻模式，这种模式正是佛教雕刻艺术的中国化、世俗化。

2. 第9、10窟

这两个窟也是一对双窟，从窟形、造像特征与风格来看，它们完全相同。在窟前掘出过辽瓦当、平瓦、迦陵频迦等圆瓦当及鸱尾残片等。在门南6.5米及7.8米处铺有地砖（砖长32厘米，宽20厘米，厚6厘米）。门南12米处，又发现有"传祚无穷"北魏残瓦当、辽代残莲花纹瓦当、平瓦等遗物。第9、10窟柱础前又刻有龟背莲花纹浮雕，并发现辽代的瓷片。在两窟的崖壁上，有较大的长方形枋眼，足见北魏至辽，窟前有窟檐或有较大的木构建筑。

图 2-4-27　云冈石窟第 9、10 窟现状外观（摘自阎文儒著《云冈石窟研究》）

（1）第 9 窟

后室北壁大像后有隧道可右旋，壁前正中雕出高十米的善跏趺坐佛像。南壁上部开明窗，下部凿窟门，窟门东西各雕出三层大龛。仅可看出有供养人行列的遗痕。

①窟门内东部造像龛

第一层（由下而上）刻出盝形顶方格交角帐式龛，龛内刻着通肩式大衣、半结跏趺坐佛像。左右上层刻比丘、比丘尼像；下层刻优婆夷、优婆塞等四众像。

第二层刻出华盖式大龛，盖下刻立佛像。像东侧刻出三人五体投地拜佛的形象。下面刻出一人，作菩萨装束。西侧刻出上、下二比丘像。佛像东侧五体投地拜佛的二人应是舍卫国的兄弟二人，闻佛说法而得阿罗汉果的形象。下面菩萨装束的应是其父。西侧二比丘，应是兄弟二人得阿罗汉果后，成为比丘的形象。

三层屋形龛，内刻半结跏趺坐佛像，东侧刻有三菩萨装束的天女，手中各持一华盖。西侧刻有同样的二身天女。

图 2-4-28 山西大同北魏云冈石窟第 9 窟前廊北、东、西壁立面展开图
（摘自阎文儒著《云冈石窟研究》）

②窟门内西部造像龛

西部共开三层龛。第一层屋形龛中刻束腰墩上右舒相的二鬼像，前面坐的一鬼手中倒持一娃娃像。这组造像，可能是鬼子母失子的故事像。

第二层盝形顶天幕式长龛，连至西壁，龛内刻半结跏趺坐佛像，左右二层各刻作长跪状的八身菩萨像。有人认为是"八天问法"的故事。依据经文所记，八天加上 10 个天女，应是 18 人，如按初来的一天帝，加上 10 天女又为 11 人。而这组造像，左右各 8 人，共 16 人，与经文所记数字不符，这就不能确定是八天问法的故事了。这组造像可能是大乘经中十六大菩萨像。在大乘佛教盛行的早期，拓跋魏氏有可能把《思益梵天所问经》中的佛法会景象雕造在石窟以内。

第三层尖拱龛，拱中刻火焰纹，龛内刻半结跏趺坐佛像，坐于束腰方座之上。龛西侧刻作跪状的人像，其一手向外指，一手作扪心状，下部刻一作跪状的男人像。龛东侧又刻有二人，作跪状，上角刻二舞神。这组造像，可能是五百尼乾投火烧身的故事。

③西壁胁侍大菩萨之南，上下四层龛

在菩萨项光之南上角第三层龛。上层刻屋形龛，龛中刻菩萨装二人，其一手中托钵，相向作对话状。龛外刻二立菩萨像。下层盝形顶龛，内刻一结跏趺坐佛像，左右胁侍二比丘作跪状。

窟顶半边刻伞盖，内刻持华绳的紧那罗舞神，伞盖外刻斗四式平棊藻井四个格，井中刻五身紧那罗舞神。最南一列四藻井，井中刻不同形式的阿修罗王护法像。

内室后壁隧道有刻像，仅能看到壁上刻供养人行列及顶上刻紧那罗舞神的遗痕。隧道也是右绕的，这是根据《右绕佛塔功德经》所说"斯由右绕塔，远离于八难"教义而创造的。

④前室列柱

第9窟前室正中两个石柱雕刻，是丰富多彩而又有极高水平的创作。全柱外面已风化不可辨识。1938年日本人曾发掘，在柱础东西2.02米、南北1.75米、深0.7米处，出现侧面浮雕作行走状的狮子。础前铺有绳条纹方砖，可证辽代窟前修建有窟檐。从里面看，前室中间二列柱，柱础的南面刻二象用鼻托一摩尼宝珠，其他三面均是二狮对走，中间有一摩尼宝珠。柱础上有一大象托列柱，象背上有束腰方座，座上四角刻夜叉，方座上又刻莲花，莲花上刻大忍冬草，草中又刻二夜叉。再上雕出八角柱，每面刻十层，每层又刻二佛龛，龛中刻坐佛像，再上刻覆莲，莲上有皿板。皿板中刻交缠形的绳索纹，再上刻大斗仰莲及忍冬草。印度"桑志"佛殿，僧房遗址的石柱雕刻，几乎不能与之相比。与印度阿旃陀各窟的列柱雕刻相比不分伯仲。这种石柱雕刻的题材与印度阿旃陀石窟石柱上造出佛像的题材有相同之处。这个石柱是在"金楹齐列，玉舄承跋"汉民族建筑形式的基础上，吸收印度、犍陀罗外来的建筑艺术而创造的新体例。

窟东西两边的石柱，除大部分风化外，东边的石柱，分为上下两层，下层雕刻出山形，山中刻有鹿、虎等兽，可能是表现佛教小千世界中的须弥山。上层在平座上刻出夜叉像，夜叉上西北隅刻出束莲的八角柱，柱周围刻出勾栏，柱上刻三身牵华绳的紧那罗舞神像，像上刻二坐佛像。西边的石柱下刻象身托承束腰方座，座上刻夜叉像，夜叉上二龙王盘须弥山，山顶刻一屋形龛，龛内刻坐佛像。这身佛像应是释迦牟尼佛上升忉利天为佛母说法像。

从这四个列柱雕造的内容看，完全是佛教的题材。前室内的雕像，现按北、东、西三壁分别介绍如下。

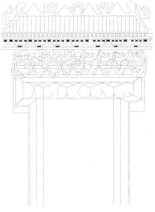

图 2-4-29　第 9 窟"二佛　　图 2-4-30　第 9 窟前室　　图 2-4-31　第 9 窟前廊北壁
　　　对坐"像　　　　　　　北壁仿木建筑　　　　　　　入口平面图

⑤前室北壁

上开明窗，下凿窟门。明窗左右壁，各刻五层塔，每一层中刻二夜叉像。明窗外顶部有三层刻像：最上层刻六尖拱小龛，每一龛中刻手持细腰鼓、螺、横笛、曲颈琵琶等乐器的乾闼婆伎乐神；中层刻八身夜叉像；下层刻九身坐佛像。圆拱边缘刻瑞鸟（鸽子）衔绶像，两端刻一角龙头，明窗外左右刻二梵志手持髑髅像。这种造像应是佛说服鹿头梵志得阿罗汉道的故事。

明窗拱内两侧，东侧刻山形，山中有池，池中引出粗茎莲花，上刻一勇猛跏趺坐菩萨像，右手持莲花，左手当胸，手持净瓶。西侧主像为一骑象菩萨，后一人持伞盖。明窗拱顶刻一大莲花，由四个夜叉托持，四个紧那罗舞神环绕作舞。

明窗拱内两侧的主像，都是菩萨装，一坐莲花上，一坐象身上。东侧的主像是文殊师利菩萨到灵鹫山敬礼释迦与多宝佛的形象。西侧骑象的是普贤菩萨。

窟门刻出木建筑形式，正脊两端刻有鸱吻，正中有四枚三角形装饰品及五个迦楼罗鸟，屋顶刻出瓦垄、檐椽、檩檐板、一斗三升的拱及补间人字拱。门楣上刻五大"剔地起突"式的五朵大莲花，中间满刻缠枝忍冬草及夜叉像。门上屋顶左右刻金刚密迹力士像。

窟门拱顶正中刻一大摩尼宝珠，由四夜叉托捧。门内左右刻二守卫金刚密迹力士像，戴羽冠。这组造像充分表现了当时宫殿内、门楼建筑形式和担任侍卫的禁军形象。

图 2-4-32　云冈石窟第 9 窟窟门

图 2-4-33　第 9 窟前东壁浮雕平面图

门上天窗东西两壁，各开两层大龛。西部下层刻盝形顶天幕龛，两侧刻八角形柱，柱身刻对称缠枝忍冬，左右刻交缠绳索纹，柱头作卷云纹，是汉民族的风格。

在北壁天窗正中及东、西两边最上层刻一排小尖形龛，龛内刻乾闼婆伎乐神。

⑥前室西壁

分为上下四层。下层风化不可辨识；二层刻睒子本生故事，以连环画形式刻出；三层北龛刻半结跏趺坐佛像；四层是一座屋形龛，屋顶及斗栱等结构与窟门上顶门楼的形式相同。当心间是莲花跏趺坐佛像，左右梢间刻胁侍二菩萨像。梢间与当心间，用方形四层塔柱隔开，柱头忍冬花中间刻一供养童子像，整体布局紧凑，华丽堂皇。

⑦前室东壁

第四层屋形龛与西壁第四层的屋形龛相同。正中刻莲花跏趺坐，坐于狮子座上的弥勒菩萨像。左右稍间的胁侍为树下思惟菩萨像。这个树下思惟菩萨像，未刻出山形，可能是释迦未出家前观耕后的树下思惟像。

图2-4-34 第9窟主室内顶平面图

⑧窟顶

分为六格的平棊藻井。正中藻井纵横枋上，东西两端以"剔地起突"高浮雕手法刻的大莲花。正中南北二长方格内，刻出四个斗四式藻井，井中刻莲花，井外四周刻四身紧那罗舞神。井外横枋刻小莲花，由二夜叉托持之。

西间之北长条藻井，为"剔地起突"手法三莲花，莲花的中间刻二紧那罗舞神，藻井北横枋又刻四身紧那罗舞神。东间南北二长条藻井，造型与西间的大致相同。井中高浮雕三朵大莲花。横枋上又刻出五身紧那罗舞神。

外室西壁"睒道士本生"连环图浮雕下开一拱形门，通向第10窟，门拱上刻一大莲花，二舞女左右扶持之。

（2）第10窟

①后室

北壁隧道外刻像可看出盝形顶天幕式大龛及佛像项光、背光、火焰纹等残余雕刻。窟顶四周作交角帐，正中刻三格，格内刻阿修罗王等护法像。

图 2-4-35　第十窟南壁及东壁、顶部局部

南壁：明窗及窟门——左右门楣及门框上刻缠枝忍冬对称的瑞鸟衔草纹。楣上刻五朵莲花，每一莲花中刻一持华绳半身的莲花化生童子像，再上刻第一期典型的七身坐佛像，明窗下又有四尖拱龛，内刻第二期装饰的坐佛像。南壁明窗，窟门东侧中层刻屋形天幕龛，龛中刻一半结跏趺坐的佛像，左右各刻菩萨装合掌作跪拜状的五人像，西侧最下又刻五体投地作拜像状的一人像。明窗，窟门之西的最上层圆拱龛，内刻结跏趺坐作降魔印的佛像，龛外为诸魔向佛进攻状。明窗，窟门之西，最下层雕出屋形龛，龛正中刻一佛说法像。

东壁：在东壁的南半壁上，有上、中、下三层龛。中层刻盝形顶交角帐式龛，内刻佛说法像。下层的屋形龛与南壁方格交角帐式龛相连。东面有二菩萨坐像，西边有三菩萨坐像。西壁也刻有二层尖拱龛，风化严重，不可辨识。其他东西壁上层，各刻六层千佛像。

②前室的四根石柱

最东边的石柱即是第9窟西边作须弥山形的残柱。正中二石柱与第9窟的没有多大区别，柱础四面刻二对兽，中间有宝珠，柱础上有象，象背上刻仰覆莲。

在五天竺国，历来以象为尊，同时在佛教中，也用象警喻佛性，因而在石柱或塔的下层（如第6窟四面柱中间四角塔底亦刻象）有的也刻出象形。

西边的边柱，也刻有须弥山及佛在忉利天为母说法像。

③前室南壁

正中上部开明窗，下部凿窟门。明窗作圆拱形，拱顶刻大莲花，四周刻四夜叉。东西侧刻千佛，正中刻一作禅定印的佛像。最下层刻连成一线的六身夜叉像，中层正中尖拱龛中刻一坐佛像，左右各刻五身供养菩萨像。再上刻出戴花蔓冠的十四身优婆塞像，左右刻戴羽冠的四力士像。向下两端刻有反首双翅有忍冬纹形的尾和独角的龙像立于莲花之上。最上层刻八身紧那罗歌舞神像。

歌舞神的上面刻出全壁的勾栏，勾栏上层刻出一列18个小龛，龛中刻乾闼婆伎乐神。

窟门作方形，门楣上刻出图案式棒槌形平列整齐的须弥山图。因须弥山四周有天下，所以又刻出天下各种动植物的形象。须弥山腰刻二龙王盘绕与山东阿修罗王的形象。

图 2-4-36　第 10 窟前室东壁宫殿龛

　　窟门拱中刻一大摩尼宝珠（作博山炉形）。云冈石窟中，门正中多刻有此物，实代表清净不垢，离去污染之意。又门两侧刻出高近 3.5 米、头戴羽冠、右手举金刚杵的金刚密迹力士像。窟门外，边纹刻出极美丽的莲花和缠枝忍冬，杂以人物及鸟兽的纹饰。

　　明窗之东西壁，各刻中型圆拱大龛，龛内刻释迦、多宝说法像。龛外浮雕复杂而华丽。

　　窟门东西壁各刻同样的盝形顶天幕式卷云纹柱头龛。这样的柱头，与第 9 窟外室明窗左右壁大龛柱头的形状是相同的。

　　④前室东壁、西壁及窟顶

　　第二层的浮雕连环图，分为三段：北段在通第 9 窟拱门的上面刻盝形顶龛，龛内刻坐佛。中段北边刻华盖，盖下刻立佛形象；再南刻出一门，门中刻一左手持花人，门楼上刻出太阳，太阳内刻出一人，门前一人作欲进入门内的形象。

　　第四层屋形龛，与第 9 窟的屋形龛完全相同。中心刻莲花跏趺坐佛像，龛中各屋之间共刻四座四层塔形龛柱，龛柱最上刻化生童子像。四层之中，每层刻一夜叉像。东壁下层北龛，佛足下北侧一人作五体投地跪拜状。西壁的屋形龛与东壁的对称，造型完全相同。窟顶与第9窟前室完全相同。

总之，第9、10窟窟前雕出列柱，壁上宫殿式屋形龛的凿出，是云冈石窟中新型的建筑形式。这些列柱正是汉民族建筑形式"金楹齐列"的风格。当然也可能受到印度石窟群在窟内凿出列柱的影响，但基本上还是汉民族形式。

（3）第9、10窟的特征

云冈石窟第9、10窟洞窟的营造，《大金西京武州山重修大石窟寺碑》（以下简称《金碑》）云："在崇教，小而完……太和八年建，十三年毕。"根据《金碑》记载推测，崇教（福）寺即为云冈第9、10窟，为宠阉钳耳庆时（王遇）主持营造的一组双窟。两窟的宏伟工程开凿于北魏兴盛时期，集中表现了北魏建筑形象。

此两窟为双窟，位于云冈中部窟群，属佛殿窟。

①前后室

两窟的建筑结构相似。均由前室与后室构成。大小面积相近，平面均为长方形。第9窟前室东西长11.9米，进深4.2米，窟高10.8米；后室东西长11.33米，进深8米（至主尊像佛脚前约3米），窟高10.5米。第10窟前室东西长11.5米，进深4.35米，窟高10.65米；后室东西长10.8米，进深7.2米（至主尊像台座前约3.5米），窟高10.4米。此两窟的前、后室平面大致相同。前室相邻壁开凿有沟通两窟的拱顶小通道，与第7、8窟前室相同。两窟后室主像前平面空间狭窄，北壁下部于佛像背后均建造了一弧形隧道（高约3米，长10米），这种用于对佛右绕的礼拜道，见于云冈大像窟的第5窟，未见于云冈的其他窟，这种做法亦见于克孜尔石窟以及库木吐喇石窟谷口区第2窟和窟群区第52窟。

②窟廊与窟檐

两窟外壁均雕凿成建筑形的窟廊，分别有面阔三间的列柱，开间间距大体相同，两窟列柱外侧风化残泐，柱身内侧可见镌刻千佛，断面呈八角形，柱脚到柱头逐减，有明显收分，柱脚下高座为长方形，上雕大象。高耸的列柱和狭窄的开间，就建筑的外貌和构造特征看，表现的是北魏时三间殿的形象。这与大同马铺山太和元年（477年）宋绍祖墓中雕凿的前廊后室的石椁极为相似。该石椁外观呈木构式三开间殿堂建筑形制，前廊面阔三间，进深一间。廊柱四根，高 1.03 米，平面呈八角形，后室平面呈长方形。1972—1974 年对云冈第 9 窟至 13 窟窟前进行了发掘，在第 9、10 窟发现的有向外凸出的表现屋顶出檐的痕迹等，说明这是一座石雕的殿廊形象，与麦积山石窟第 43 北魏窟和天龙山石窟的崖阁建筑等基本相似。

两窟外壁崖面上方分列着七个承载木结构的梁孔痕迹，这些建筑痕迹与 1972 年在第 9、10 窟前发掘发现的七个方柱槽的大小比例、开间尺寸及通面宽基本一致。根据梁孔的排列和窟前的柱础间距情况推测，这是一组典型的依崖构筑的建筑遗迹，据此认为北魏时期已在窟前建筑了窟檐是有根据的。且据《金碑》记载以及 1972 年和 1992 年考古发掘的建筑遗迹和建筑部件看，不仅云冈第 9、10 窟前面有以木材建筑的窟檐，而且在北魏时期窟前曾大规模构筑过与现存第 5、6 窟木结构窟檐（清顺治八年重建）类似的建筑。其用途应是因洞窟内面积较窄没有僧侣集会说法之余地，因此于窟前建造窟檐。

③明窗与拱门

两窟后室的南壁中央上层开明窗，明窗为上角略呈弧状的正方形，顶部中央雕凿一团莲，四周绕以飞天。明窗下部雕饰有精巧的莲瓣装饰分隔带。下层设门，门皆方首，但两窟门道的形制不同，第 9 窟为拱形门，拱楣上呈弧状，雕刻有 11 尊坐佛龛和周绕飞天，楣端两侧各雕一金翅鸟，其下方各雕一护法像。第 10 窟为过梁式门，两立颊支撑"一"字形楣石，雕饰庄重绚丽，门楣上配置有比例均衡的五枚团莲门簪，莲中饰手牵璎珞的化生童子；团莲周绕忍冬纹样，其间以镌刻博山炉和动物形象等；立颊雕以忍冬纹样，下方各雕以护法像。两窟前室北壁中部均雕凿过梁式门，门楣及立颊雕以忍冬纹样，门楣上雕饰五枚莲花门簪，与宋绍祖墓葬中石椁门楣的形状和雕饰莲花门簪五枚甚为相似。两窟所不同的是门楣之上，第 9 窟凿有装饰精致的仿木构庑殿式屋顶，第 10 窟雕凿出造型简朴的须弥山。

④窟内所见个别的建筑形象

云冈石窟第 9、10 窟内所表现的建筑形象颇多，反映了北魏时代的特征。

屋形龛：雕刻成殿宇正面模型——屋形龛，用每两柱间的空隙，镌刻较深佛龛而居像。其龛形模拟殿宇建筑，构造简繁不一，见第9、10窟前室东、西壁和后室壁面。屋形龛简单的构造有两种。一种是雕凿出仿木构屋顶的瓦垄和正脊两端各置一鸱尾，例龛见第9窟后室南壁拱门上部。一种是屋顶瓦垄和正脊两端各置一鸱尾，垂脊各饰一素面三角形，檐下悬帷幔，例龛见第10石窟后室南壁西侧下层。繁复的构造有四种：一种为屋顶正脊两端各置一鸱尾，中央饰四个素面三角形，两垂脊各饰一素面三角形，两龛柱饰忍冬纹，檐下悬帷幔，例龛见第9窟后室西壁第四层。一种为两两合一龛，即一屋形龛分别雕凿在两个相邻的窟壁上，屋顶正脊两端各置一鸱尾，或脊上饰火焰纹三角形（见第10窟），檐下雕椽头、悬帷幔，例龛见第9窟后室南壁西侧与西壁南侧第二层、第10窟后室南壁东侧与东壁南侧第二层。一种为屋顶正脊两端各置一鸱尾，中央饰一金翅鸟，两侧各有两个火焰纹三角形，垂脊各饰一金翅鸟，屋檐下雕有椽头与一斗三升和人字栱，四个四层层柱式塔或两忍冬纹廊柱将龛分为三间，例龛见第9、10窟前室东、西壁第三层。一种为浮雕殿宇，壁一面雕刻成佛龛正面，为单间之建筑物，规模较小，建筑细部表现清晰，有阶基、勾栏、椽头、屋顶及雕饰等。其屋顶正脊各置一鸱尾，中央和垂脊各饰一火焰纹三角形，檐下雕椽头、悬帷幔，间内雕一坐佛，台基和台阶周缘雕有勾片栏杆，例龛见第9窟后室南壁东侧。

第9、10窟窟壁的浮雕屋形龛均为庑殿式的屋顶，瓦为筒瓦、板瓦。屋脊上的金翅鸟、三角饰只是作为建筑装饰纹样，它们作为佛龛的外饰，不能完全忠实地表示当时北魏的木构建筑。但这种仿木构屋顶是北魏的主要龛形之一。云冈第12窟、第6窟等以及1987年大同城西小站村北魏建筑遗址发现的仿木构屋形龛，建筑结构清晰繁复，檐柱、额枋、斗栱、台基等颇为可观。因此这些建筑和云冈第9、10窟等屋形龛足以提供颇有价值的北魏建筑实证资料。

栏杆：古称阑干，最初的栏杆，全为木构。云冈石窟浮雕以"L"字纹相互勾搭，构成所谓的"勾片栏杆"，简称"勾栏"。此种结构玲珑巧制，镌作在龛前以及建筑物上，见于两窟前室南、北壁上层天宫伎乐龛，第9窟前室东、西列柱内侧转角处平座及第9窟后室南壁东侧屋形龛（殿宇）台基、台阶周缘等。这种栏杆为自南北朝至五代、宋初最常用的栏杆纹样。

千佛列柱：满雕千佛的列柱后，分别为两窟的前室。窟前室列柱间距大体相同，柱高约9米（由现墁砖地面算起），外侧现风化残泐，内侧保存完好，两窟当心间柱身均有明显收分，上小下大，无卷刹，柱脚下作长方形高座，座高于现在墁砖地面约40厘米。座上镌雕大象，亦印度风。试观列柱内侧，大象之上施须弥座，上下涩和束腰均镌饰忍冬纹样，束腰部分并浮雕有力士承托角部；座之上镌作覆莲，其上山花蕉叶包饰柱身，柱身断面呈八角形，满镌千佛列龛，每龛内雕一小坐佛；柱头饰倒垂莲花，莲花之上施须弥座形大斗，其上镌饰忍冬纹样。柱身并座之高约及柱下径之八倍，较汉崖墓中柱高大。此种列柱云冈第12窟和第9、10窟亦同，异于汉民族传统廊柱，似为外来影响的产物。它的起源可追溯到印度佛教石窟。

束莲柱：柱身以束莲为饰的柱子，见于云冈第9窟前室东南最东侧列柱上部内转角处。圆雕式镌莲柱子，在云冈尚属孤例。刻工精致，巧丽秀美，高约1米。最下是四方形的平座，座极简单，每面上部镌刻仿木构的勾片栏杆纹样，下部镌冬纹样。座以上是山花蕉叶，山花之上，立柱身，平面呈八角形，每面皆素面。柱脚以山花蕉叶包饰四角。柱身中段束以上、下覆莲，上莲是仰覆莲花，覆莲是单层宝装莲瓣，每面两瓣；下莲是倒垂莲花，显然是印度风。印度阿育王时代艺术的代表物是鹿苑之阿育王石柱柱头，石柱自下第一层是钟形的莲花。仰覆莲花和倒垂莲花皆作圆形。上、下覆莲束腰部分收分很缓，平面作圆形。柱头施有四方形的须弥座，座分上、下涩和束腰，束腰部分收分很猛，每面皆素面。须弥座之上与华绳雕饰部分列柱衔接。

莲花为印度佛教建筑特有的装饰主题。云冈束莲柱的柱身雕镌莲花，只是不那么明显，第9窟束莲柱犹略存印度遗韵，似为外来影响的产物。响堂山石窟、嵩岳寺塔亦有此式。

宇（堂）：雕凿成仿石雕殿宇之建筑模型，见于第9窟前室西南最西侧及第10窟前室最东南列柱上部内转角处。这两座建筑物位置高度、构造、形式等均衡一致。台基周缘上雕勾片栏杆，下雕忍冬纹样。屋身三面无开间，檐下雕有檐椽、华栱（二出）。屋檐雕刻瓦垄。这两座殿宇建筑结构亦简单，与第9窟后室南壁东侧浮雕殿宇式屋形龛基本相同，但建筑部分之表现不及浮雕殿宇。

楼阁：浮雕成二层仿木构之建筑，见于第9窟前室西壁第一层南侧以及第10窟前室东壁南侧。第9窟的楼阁部分风化逐层减低减矮，各层均有檐，无平坐。下层出檐屋顶雕刻瓦垄，檐下悬幔，两立柱左侧立柱和右侧下部残毁，间内雕二佛并坐像。上层立于屋顶之上，屋顶正脊两端各置一鸱尾，中央饰一素面三角形。第10窟的楼阁风化严重，仅见其轮廓。汉代明器和画像石中楼阁之模型，各层多有斗栱以承载檐和平坐，观其云冈之楼阁，乃由汉代多层建筑蜕变而成。

两窟具双窟的意义。所谓"双窟"是指结构与规模大致相同而相邻的两座洞窟。概观第9、10窟洞窟的建造情形、造像内容的配置等几乎完全相同。两窟的建筑结构相似，均由前、后室构成，前室内部空间的设计直接表现出双窟的布局结构，北、东、西壁规划整齐，莲瓣装饰纹带均将两窟三壁分隔为三层。东、西壁上层屋形龛的配置对称反映出双窟的意义，第9窟东壁与第10窟西壁屋形龛龛柱为忍冬纹样八角柱，第9窟西壁与第10窟东壁同一堵隔壁墙的两面屋形龛龛柱为四层层柱式塔，两窟窟顶的结构相似更明确反映出双窟的意义；后室北壁雕凿主像，从主像台座后侧设置了弧形礼拜道，窟顶南半雕凿仿木构的平棊藻井（第10窟窟顶风化严重，后世加以彩绘，其结构应与第9窟相同），窟顶的设计与前室窟顶应该是相映照的。两窟外壁也能领悟双窟的意义，外壁大轮廓比例基本相同的情形，也表明两窟为同时所开的双窟，这种统一的比例关系，说明两窟是一体化的，由此形成了这一时期建筑的共同面貌和风格。《金碑》所记王遇"为国祈福之所建"的窟室，推测亦是双窟，即今第9、10窟，两窟开凿双窟成组建筑形制的布局结构，反映出特殊的历史背景，是"二圣"体制的产物，是当时特定政治构架的产物，也是等级制的表现之一，是国家权力的象征。

后室主像前空间狭窄，承袭和融合了早期昙曜五窟大像窟的洞窟形制。昙曜五窟最显著的特征是洞窟形制属于大像窟，平面为马蹄形，窟顶为穹隆顶，这种窟形是三世佛造像占据窟内大部分空间，前边仅留很小的空间供人参拜。第9、10窟后室北壁为高台基，高大佛像置其上、东、西两壁雕凿的佛像躯体高大，窟内仅留较小空间，这些特征与昙曜五窟相似。所不同的是气势较昙曜五窟小得多，以及窟顶是平棊藻井、北壁佛像后设置开凿有礼拜道。窟内造像题材和建筑空间一定程度上沿袭了早期洞窟。

两窟表现了汉民族建筑特征，两窟前室分别雕凿仿木构建筑的三间殿窟廊形式，两窟外一面虽风化侵蚀，但从外观看，整个石窟呈现着汉代木构殿廊的形式；窟内东西两壁的屋形龛以及窟顶藻井的雕饰，均可看出建筑处理。云冈第9、10窟和马铺山宋绍祖墓石椁的建筑形象，均可作为对照，这些建筑形式是将汉代木构的营造技术移植到石质上，间接地、明确地反映了汉代的建筑特征。云冈石窟建筑上的艺术雕刻，在处理手法上仍然一定程度融合了外来形式，因此，云冈建筑风格、构造手法、营造特点及外来影响等因素的多样化，构成了北魏独特且厚重的建筑文化底蕴。

3. 第12窟

第12窟的窟形与第9、10窟不同的只是后室没有隧道。窟前也有四列柱。

（1）前室

①窟顶

整个窟顶作长方形，正中为八方格，每一格中刻宝状莲花，花外雕出斗四式藻井，井外有纵、横的枋条，井深近40厘米。在这样深度的四边，每边刻二身紧那罗歌舞神，四周共刻八身歌舞神。纵横枋条交叉处刻三莲花。窟顶四周刻八大夜叉像。窟的南面，开四个中型龛，东西面各开二龛，龛内刻佛本行或本生故事像。东、西、北龛雕出善慧仙人以发布地供养普光如来、锭光佛为之授记的故事像。东面南龛雕出释迦牟尼降魔成道的神行故事像。

图 2-4-37 云冈石窟第12窟外观与前廊屋形龛

南面由东而西第一龛已残破，不可辨识。南面第二龛雕出着通肩大衣、双手托钵、结跏趺坐的佛像及胁侍二菩萨像。

②北壁

上开明窗，下开窟门。明窗东侧南半边刻树下比丘修道像。北半边刻尖拱龛，内刻第二期典型的佛像，龛下刻供养人像。西侧北半边尖拱龛内刻释迦、多宝佛说法像。南半边与东侧者相同。

明窗顶正中刻大莲花，北半边刻一大摩尼珠，左右由二紧那罗舞神托扶之。明窗外缘四周作斜坡式，上边正中刻一坐佛。周围刻十七身乾闼婆伎乐神组成的一列乐队。明窗之东，壁上刻一中型尖拱龛，龛内刻第一期半结跏趺坐的佛像，佛座前刻三法轮，左右刻二鹿。佛座前的三个法轮，应是代表佛、法、僧三宝，左右的两只鹿，代表在鹿苑中。

在佛教造像艺术中，也有刻出两个法轮的。两轮是代表梵轮与法轮，三轮是代表佛、法、僧。因而佛转法轮像，有两轮与三轮的区别。在云冈造像中则是三轮而不是两轮。

窟门作圆拱形，两端刻凤鸟头。拱内外刻乾闼婆伎乐神像、坐佛、紧那罗歌舞神像。拱顶刻二龙王。

③东西壁

各开上下二层龛。上层的屋形龛整个形制与第9、10两窟前室最上层的屋形龛相同，唯这窟前室西壁上层屋形龛的柱头斗栱作狮子栱，补间铺作刻人字栱，栱上刻饕餮纹。人字栱上的饕餮纹是承袭汉民族传统而雕造出来的。虽然波斯建筑柱头上也有双兽，但那是柱上的装饰，并不是中国木建筑起承托作用的斗栱。不过这个狮子形的栱，也可能是受到了印度佛教的影响，因为在佛教中称佛为人中

图 2-4-38　云冈石窟第 12 窟前室东壁

狮子，在佛教艺术中又有狮子座的创造，当然在柱头栱上，也可以刻狮子形栱了。因而狮子形的栱，不一定是受到波斯西方的影响，而可能是印度或中国自己的民族形式。

（2）后室

北壁上层盝形顶天幕大龛，下层为拱形龛，与第7、8窟后壁的二层龛相同。

①南壁

门东半开拱形龛，只刻出结跏趺坐禅定印的释迦牟尼佛像。龛外上部刻四众像，西侧下部刻四立像及二驼，东侧刻四立像及二马。

②窟顶

平棊藻井，共分九格。南三格由东而西刻勇猛跏趺坐的夜叉像，一头四臂的阿修罗王像，若跪坐式的紧那罗舞神像。北二格的东方格内刻摩醯首罗天。西方格内刻骑金翅鸟的鸠摩罗天。西二格的南斜方格内刻夜叉像。东二格的南斜方格的刻像与西边斜方格的刻像同。

藻井之间纵横枋条，刻紧那罗歌舞神。

图 2-4-39 云冈石窟第 12 窟前室西壁

图 2-4-40 云冈石窟第 11 ~ 13 窟外景

4. 第 11 窟

窟形与第 7、8、9、10、12 窟不同，这个窟无前、后室，有中心塔柱。从开窟的时间，东、西壁各龛的造像特征，对照东壁太和七年（483年）的造像题记看，它是第一期后段较早的形式。

（1）东壁

东壁南上角最上有一组帐幕，下有五个小龛，小龛两侧各刻十一行、每行四龛的千佛。中间五小龛的造像具有较早的特征。

第五号龛刻跏趺坐三身菩萨像，像南刻"文殊师利菩萨"题名，像北刻"大势至菩萨""观世音菩萨"题名，下刻太和七年邑义五十四人用造像题记形式的发愿文。

东壁现存的共23个龛，其中最上层中间第六号盘顶形天幕大龛，龛内刻出的三身菩萨像，外着帔帛交叉于腹际，下着大裙，是第二期的造像。第六号龛以下，东壁的中下层各龛造像的衣饰都是第一期的特征，与太和七年（483年）发愿文的时代完全符合。

（2）西壁

中层有一大屋形龛，龛内刻高两米的七身立佛像，全壁除七立佛和西南角下部十余个龛为第二期造像外，其他均为第一期后段的作品。

七立佛龛上面的各龛中，较为特殊的是西南角上部由上往下数第四层，再由南往北数第二个尖拱龛，龛中刻半结跏趺坐的佛像，两旁有胁侍二菩萨像。

第11窟造像不是封建贵族地主阶级所开凿，发愿文是为了"百味之食，天人之衣，任意服用"。而纯陀的供养佛，也是为了解决"贫穷饥困，欲从如来求将来食"。因而在涅槃像中特意根据大乘经造出纯陀等人像。这正说明平民为求衣食无缺，勒紧肚皮而集资开窟造像。

图 2-4-41　云冈石窟第11窟西壁其佛像（摘自李治国主编《云冈》）

中层屋形大龛与第9、10窟前室的屋形龛不同，此龛仅雕出屋檐及瓦垄的形象。在檐下刻出七身高两米的大佛像，是第二期佛像典型的特征。

（3）南壁

正中开明窗和窟门。在明窗拱内东侧下层之北，刻一尖拱龛，龛内刻着双领下垂式袈裟、结跏趺坐的佛像。龛外两侧各刻一层塔，塔中开一龛，龛内刻第二期的释迦、多宝佛对坐像。塔上有一覆钵，上又有三刹柱，每刹柱上有七相轮和摩尼宝珠。尖拱龛下南半刻一比丘和三个男供养人，北半刻二比丘尼和两个供养人。

从这两龛造像及发愿文的时间可以看出太和十九年（495年）的造像特征，是从云冈第二期进入第三期的风格。

南壁明窗的西侧有一座具有民族建筑形式的五重塔，圆形塔座。塔的上部有五个小龛，属于第二期的风格，塔的下部诸龛多属于第一期后段。

南壁明窗、窟门之东，上部和中部各龛属于第一期后段，下部有六行小佛，上四行排列整齐，每行有四小龛，应为第二期造像。最下二行已大部分风化，但仍可看出开龛时代早于上面四行，属于第一期造像。

从东、南、西三壁的大小龛造像特征不难看出，除有第二期特征的造像外，其余大多数龛应是邑义五十四人合资开凿的九十五区造像。雕造时间应自太和七年（483年）起到太和十三年（489年）前后，至于太和十九年（495年）发愿文的造像，已是完全从云冈第二期转入第三期的汉民族形式。

（4）中心方柱造像

窟内刻中心方柱，是全国北朝石窟造型的特征

图 2-4-42　云冈石窟第 11 窟中心塔柱四方四佛

图 2-4-43　云冈石窟第 13 窟后壁及窟顶

之一。方柱分下、中、上三层，也完全作塔的形状，下、中二层刻佛、菩萨像，上层刻忍冬花，云冈第 1、2、51 窟，于窟正中造出三个塔，而这个窟的方柱，实际上也起塔的作用。

中心塔柱的下层，四面都刻有高约 8 米的大龛，可看出原来龛边纹饰的遗痕。龛外左、右、上、下刻 20 个小龛，龛中佛像是向第二期过渡的形式，证明中心方柱开凿时间是在第一、二期之间。

下层南面大龛的两个胁侍菩萨像，并未风化，也无妆銮的痕迹。以全国各地造像来比较，接近山东济南玉函山和青州云门山、驼山的隋代造像，又接近天龙山石窟北齐到隋所造菩萨像的风格。因而认为，这两个菩萨雕造的时间，应是隋代早期。中层每面在正中刻跏趺坐的菩萨像。上层左右刻忍冬花叶，正中刻三首四臂阿修罗王像。从中心柱上、中、下三层造像的特征，可以看出是第二期初所雕造的。

（5）窟顶

在中心柱头四周的窟顶上，每面各刻二龙王，合起来是八龙王的形象。中心柱刻四大阿修罗王的形象，其与窟顶八龙王的形象，应是根据《法华经·序品》参加佛法会的八大护法而创造出的龙与阿修罗两种护法像。

从太和七年发愿文和许多早期造像的特征来看，有的没有多少区别，有的稍有变化，证明这些造像是由第一期后段到第二期过渡转变阶段时的造像。而中心方柱中上层的造像和西壁屋形大龛的造像，都具有第二期的特征。太和十九年发愿文的两个龛，又清楚地看出是由第二期转入第三期的典型作品。这说明第 11 窟与第 7、8、9、10 等四个窟造出的情况不同。

北魏统治集团可以动用无偿劳动力连续三五年开凿。而那些邑义的善男信女衣食无着，没有能力在短期内雕造完毕，所以第11窟就是这样延续了较长时间才完成雕造的。

5. 第 12 窟

（1）后壁窟顶与明窗的造像

后壁正中雕出高 12.95 米莲花跏趺坐大弥勒菩萨像，从造像特征来看，与昙曜五窟开创的时间相距并不太远。窟顶刻缠枝忍冬纹、忍冬果。窟顶前半刻出二龙王，这两个龙王是八部护法之一，名为难陀与跋难陀。由于龙王能保护须弥山及诸天，当然更能保护佛。因而八部护法中，龙王是最重要的护法之一。

明窗两侧的菩萨像是比较典型的作品。门口内两侧有忍冬纹的浮雕带。雕造时间与正中大菩萨像的雕造时间完全相同。

（2）东壁诸龛

①第一期后段

第一层偏南有一拱形龛，龛中刻结跏趺坐的释迦、多宝佛对坐说法像。两侧刻出第一期衣饰特征的胁侍菩萨像。龛楣中刻十身坐佛，正中刻出乾闼婆伎乐神、紧那罗歌舞神。

这个龛之上，有一塔柱盝形顶华绳天幕龛，龛内刻半结跏趺坐佛像，胁侍刻二莲花跏趺坐的菩萨像，龛外两侧又刻出二胁侍立菩萨像。龛两侧的塔作三层，塔顶有刹柱、相轮、摩尼宝珠，盝顶正中格内也刻摩尼宝珠。北三格刻乾闼婆伎乐神像，南三格刻紧那罗舞神像。下层刻华绳，由六个赤脚的舞神牵引。

第二层正中有一拱形龛，内刻释迦、多宝佛对坐。两侧各刻一屋形龛，龛内刻半结跏趺坐佛像，胁侍菩萨像，头着高宝冠，帔巾下垂，下着羊肠大裙，紧贴腿上，已进入服装变化的阶段。

②第二期造像

第三层最北有一圆拱龛，龛中坐佛的服饰是披巾左右下垂于胸腹间交叉。此龛造像应属于第二期。

第四层最北圆拱龛内刻释迦、多宝佛对坐，服饰与上述相同，这样的服饰应属于改制以后流行的一种。

③第三期造像

第一层最北端背光内有两个小型龛，龛作尖拱形。内刻结跏趺坐佛像、胁侍二菩萨像。尖拱内刻坐佛像，拱外左右刻供养菩萨像，全龛造像都表现出拓跋魏集团改制后服制上的变化，反映出当时的社会流行时尚。

整个东壁从下面第二层供养菩萨像以上三层造像龛，每层龛下俱有供养人行列。第四层无供养人行列。但第五层千佛像正中的尖拱龛，龛柱下北刻女供养人像，南刻男供养人像。

（3）南壁

明窗东西壁各开二层共六个龛。

在明窗西半壁由上往下数第三层龛，正中开圆拱龛，左右各开屋形龛。中龛刻结跏趺坐佛像，龛内左右上角刻二天人或紧那罗舞神像，左右屋形龛内各雕出狮子座上的莲花跏趺坐菩萨像。衣饰特征属于第一期后段。这三身造像应是释迦牟尼佛、文殊师利菩萨和弥勒菩萨。

明窗之东半，从上而下第二层圆拱龛内，刻半结跏趺坐的佛像、胁侍二菩萨像，龛外左右刻四层护法像。东部由下而上刻双手高举作擎托状的夜叉像、手叉腰状的夜叉像、持三股叉的夜叉像、持双股叉的金刚密迹力士像。西部由下而上刻双手高举上托的夜叉像、手持日的夜叉像或阿修罗王像、持三股叉的夜叉像、持金刚杵的金刚密迹力士像。

在第13窟内为第二期造像龛，除正中大弥勒菩萨像，其次就是这期雕造的七佛像。明窗下面，窟门上面，刻出三个大屋形龛，龛内刻高近2.5米成一行列的七身立佛像。七佛的特征是：水波纹右旋发髻，面形丰瘦适宜，内着羊肠大裙，裙带作结，下垂至胸下，一头甩向左腕上，外着褒衣博带式大衣，是拓跋氏改革服制后的形式。七佛据佛经记载，是过去庄严劫中三佛，现在贤劫中四佛，这些佛都是褒衣博带。创造这些佛的形象，主要是供养过去、现在二劫中诸佛，以汉民族服制的形式表现出来，用以引导人们，敬佛是可以得福的。

七佛像下窟门楣上，凿出二层六个龛，正中盝形顶五间龛，正中刻第二期莲花跏趺坐菩萨像，胁侍二思惟菩萨像，正中弥勒菩萨足下刻神头像。弥勒菩萨是佛会中的上首菩萨未来佛，自能说偈决疑，因而造像中把坚牢地神刻在弥勒菩萨足下。又上层西上角刻维摩诘像，东上角刻文殊师利菩萨像（这组造像题材考释见第7窟南壁项下），下层最西边刻锭光佛为善慧仙人授记像。东边刻有佛摩诵读《法华经》人头顶像，又刻有乘象的普贤菩萨像。在窟内两壁的最下层，刻出高1.2米的供养人行列。窟两壁的上层雕出八行千佛像。南壁与东壁最上层又刻出13个小龛，龛内刻出持各种乐器的乾闼婆伎乐神像。

西壁原来雕出的佛龛较少，只有千佛的南边刻有七层三相轮，幢幡下垂的塔，每层刻出前檐及天幕。每层龛中又刻佛像及释迦、多宝佛对坐说法等题材。至于门两侧的佛龛造像，不作半披肩的袈裟，而作双领下垂的大衣。这完全说明第二期衣饰上的变化。

第13窟开窟时间，与昙曜五窟开凿的时间相距可能不太远。以后的中小贵族无力开凿大窟，只能在大窟中雕造出许多佛龛用作功德，因而第二期、第三期直到迁都洛阳之后，仍然有人在这窟内雕造佛龛。

第12窟的开窟时间与第9、10窟开窟的时间大致相同。屋形龛的狮子拱与窟门顶上的二龙王像，在第1、2窟也有同样的雕像。因而开窟的时间接近第1、2窟。至于前室窟顶的佛本行、佛本生故事题材的造出，又是云冈各窟造像唯一的新布局。

第7、8、9、10、11、12、13窟等七个窟，加上第二期的第5、6窟，是云冈石窟造像中繁缛华丽的几个窟。第7、8、9、10、12窟等五个窟为双窟，如第7、8两个窟，第9、10、12等三个窟，都有前后室，前室有列柱。不过第12窟虽有前后室，但后室无隧道。第11窟以雕像风格论，时间可能比以上五个窟较晚，第13窟中间雕一大像，近似昙曜五窟，时间又可能较早一点。

从题材内容分析，不外是佛教宣传敬信三宝，在造像得福的引导下，把代表大乘学的《法华经》《维摩诘所说经》等的故事，六波罗蜜到达彼岸的故事，渐次修行佛本行中的苦行、神行、大智的故事，维护佛的八部护法等，在这些窟中都雕造出来。在创作各种佛、菩萨、护法等形象时，把封建统治集团各种人物的真实生活，加上幻想，用神的形象表达出来。在技法上，是在汉代较原始的立体雕像"减地平锻"的各种画像石的基础上，吸收外来的雕刻艺术，发展出"压地稳起"的浅浮雕，或是"剔地起突"的高浮雕。所以这些佛教造像，在技法上是中世纪匠师们的智慧结晶。

6.第1、2窟

这两窟在全窟群的最东边，两个窟相连，窟形又完全是中心塔柱式洞，平面与第11窟形完全相同。在第1、2窟之间，有清泉流出，因而称第1窟为"石鼓洞"，第2窟为"寒泉洞"。而这"石窟寒泉"正是云中八景之一。

（1）第1窟

平面作方形，正中凿出中心塔柱。

①中心塔柱

柱础凿出大型平面基石，高出地面约0.5米。上层四面向内缩进，再起塔柱，塔分上下二层。每层各开龛造像，最上刻成须弥山形，有二龙盘绕。上下两层各凿出屋檐，如南面下层刻伸出30厘米的檐，正中刻一斗三升的斗栱，斗栱左右刻出六臂人像。上四手左右分开作托扛状，用以代替斗栱。

东西下层屋檐正中坐斗刻饕餮兽形头，而两端的栱作狮子形，头向外翘，二尾相连；这层南边的斗栱与塔柱南面六臂人四手伸出作拱状的形状相同。

②北壁

开盝形顶天幕式大龛，大龛中又分为三个龛，即中间与东西梢间。中间龛刻莲花跏趺坐于狮子座上的菩萨像，为第一期型的装饰，但背光中的紧那罗歌舞神长裙不露脚，是第二期型的特征。左右梢间刻思惟菩萨像与中间的菩萨像，具同样的特征，但龛下跪着的女供养人，是第二期的典型造像。

③东壁

上层开大龛，龛下刻连环画式浮雕"映道人本生"故事像。

图 2-4-44 云冈石窟第 1~2 窟外景

图 2-4-45 第 1 窟中心塔柱

④西壁

开四个中型大龛，仅南二龛可看出佛是第二期的装束。最南盝形顶天幕式龛，胁侍南侧，菩萨像具有第二期菩萨装束的特征，但全部盝形顶方格天幕龛的夜叉像或高发髻紧那罗歌舞神，类似第一期的形象。

⑤南壁

正中开明窗及窗门，门楣内壁上正中刻坐佛，左右刻供养菩萨像。从许多造像的装饰形式看，大多是汉民族的服装。只有紧那罗歌舞神还是露足的。中心柱的造像，还是第一期的特征，窟顶四壁上层的千佛像，仍旧保存着第一期的装饰。

（2）第2窟

第2窟窟形与第1窟完全相同。

①中心塔柱

共三层，下层已风化残毁，最上层仍刻出二龙盘绕须弥山形。中层四面各开佛龛，龛上刻出一斗三升的斗栱及人字栱。栱上承以斗与枋，枋上刻出檐椽，椽中伸出有撩檐板及瓦当、板瓦等的形状。上层四角又各刻八角柱，柱下有覆盆式柱础。其他斗栱等建筑结构与中层的相同。

龛中造像能辨识的，为斜披络腋莲花跏趺坐第一期的菩萨像和右肩半披第一期形式的佛像。

②北壁

所开的佛龛与第1窟同，属第二期典型服饰的紧那罗歌舞神像。

③东壁

亦开四个中型大龛，最南盝形顶方格交角帐式大龛，龛内刻褒衣博带式大衣服饰佛像。胁侍菩萨为外着帔帛交叉于腹际然后上卷的形象。但盝形顶方格中，仍然刻出高发髻、露足的紧那罗歌舞神像。

图 2-4-46　第 2 窟中心塔住

其他各龛方格中的紧那罗歌舞神或夜叉像几乎都是露足的，四众中的优婆夷也有作高发髻的形象。龛下连环画式浮雕，为佛本行故事。龛上千佛像是右肩大半披、左肩若双领下垂式，与第7、8窟千佛转向第二期过渡的形式相同。

西壁与东壁的造像，大致相同。

④南壁

正中开明窗及窟门。窟门西侧还可看出半边刻有力士像。还刻有发后梳、不戴冠的夜叉像。推测门东侧也应刻出同样的造像。门西壁的屋形天幕龛，龛内造像为第二期型的菩萨像。

第1、2窟，也是一种双窟的形制，窟形和中心塔柱的凿出与第11窟是相同的。从雕像的特征来看，有的仍保存着第一期的特征，有的是过渡的形式，有的是第二期造像的特征。

第1、2窟，既有第一期的刻风，又有第二期的格调，中心塔柱与最西第53窟的形式相同。当然也近似第11窟的中心柱的形式，因此把这两窟仍然置于第一期的末段，虽然有许多地方有第二期的风格。

图 2-4-47　第 4 窟外壁

7. 第一期后段其他窟

在第四窟和第五窟之间，有一条南北向大沟，沟西侧，即五窟之外面向东的崖壁上，有一个大龛，平面为方形，中间有一中心塔柱，形制与第1、2窟大体相同，但造像已大多风化，此窟可列入第一期后段。

（六）云冈第一期石窟的形式和特征

1. 第一期的石窟形制

第13、16、17、18、19等窟，都是平面作为蹄形，在窟的后面凿一大像。为了使礼拜的人可以很好地瞻仰佛的容貌，窟门上面又开凿了明窗。第20窟窟顶，虽然经过辽代的重修，在大像前建了大阁，地基上砌起高台，很难看出窟的原形，但是从胁侍菩萨的遗痕和两壁残存的立佛像中，完全可以推想未破坏时的窟形，与其他五个窟的窟形大致相同。第19窟窟门外东西二耳洞，设计上是对称的，西耳洞开凿较晚。

第7、8两窟平面作长方形，分前后二室，前室完全露天，可能开凿时就作出窟檐大阁，二窟之间的窟壁凿一门道。后室北壁开上下两层大龛，东西壁各开四层整齐的中型龛。

第9、10窟连贯的形式与第7、8窟同，各分前后二室。前室作横长方形，前面凿出四个石柱，中间两根是六面，柱础刻出坐斗的形状，柱顶刻摩尼珠及狮子，左右边柱上部刻须弥山形，有二龙缠绕，并刻出山中的鸟、兽等物，山顶又造出忉利天宫佛在善法堂内说法的形象。东坪西壁开屋形龛或尖拱龛。窟顶刻平棊藻井。二窟之间的外窟壁，也凿一门道。内室略作马蹄形，后壁刻一佛二菩萨，佛后有隧道，窟顶后半刻伞盖形，前半刻平棊，东、南、西三面刻方格，格内刻护法如阿修罗等像，券形门，门上有明窗。至于第12窟，窟形基本与第9、10窟相同，所不同的是后室后壁之后没有通过的隧道。

2. 第一期造像的特征

云冈第一期前段的几个大窟依然是比较简单的。在位置上，还是接近麦积山早期的造像，如第17、18两窟。

第17窟，北壁正中造莲花跏趺坐大菩萨像，东壁凿盝形顶天幕式大龛，龛内刻通肩大衣双手托钵半结跏趺坐的佛像。西壁也凿出盝形顶天幕式大高龛，龛内刻通肩大衣的立佛像，南壁明窗与窟门左右，凿出大小不同的 34 个龛。

第 18 窟，北壁正中造出身中遍刻千佛的立释迦像、左右胁侍二菩萨像；佛与菩萨之间的崖壁上，又刻出十大弟子像。东西壁华盖下有立佛像各一身。南壁明窗及门的左右凿出大小不同的 18 个龛。

第 13、16、20 等窟造像的位置，基本上和第 17、18 窟一样，与麦积山西秦时代早期的各窟塑像的位置大致相同。整个来说，只以佛、菩萨像为主体。

第一期后段第 7、8、9、10、12 五个大窟都采取了前后室的窟形，类似于中国传统房屋建筑形式中的几进院落，室中居住的人物增多了，造像的布置也复杂，以第 8、10、12 窟为例：第 9 窟与第 8 窟同，第 11 窟与第 10 窟同。

第 8 窟，后室北壁正中开上下两层大龛，下层全部风化，上层在盝形顶天幕式饕餮纹龛中造出莲花跏趺坐佛及胁侍二菩萨。东西壁各开四层，每层有两个中型龛，其中如东壁有佛本行故事中四天王捧钵、降魔等像。最上层是千佛像，最下层是供养人行列。南壁明窗与门两侧也开四层龛，其中第三层龛，是在华盖下刻出莲花座的阿弥陀佛和胁侍二菩萨像。窟门东侧上层刻摩醯首罗天，下层刻持叉及金刚杵的金刚密迹力士像和夜叉像。西侧上层刻鸠摩罗天，下层与东侧同，明窗顶拱边刻二龙、左右二菩萨及宾头卢像。窟顶刻四方格斗四式子棋。

第 10 窟，后室北壁凿天幕形大龛，壁后凿隧道，隧道中刻供养人行列。南壁明窗、门内左右凿出三层龛，龛内刻象护故事、白鹅王因缘故事、降魔变等图像；东壁刻比丘尼出家故事，窟顶雕方格平棊，内刻阿修罗等像，四壁上层刻乾闼婆与紧那罗行列。门两侧刻手持金刚杵的金刚密迹力士像。门外楣上刻须弥山，山左右刻阿修罗王。外室列柱刻千佛，东壁上、下刻四层。第一层已风化；第二层刻善慧仙人受记等故事；第三层凿南北二佛龛；第四层刻屋形龛，正中为莲花跏趺坐佛，左右胁侍二菩萨。西壁造像与东壁大致相同；北壁门、明窗左右刻盝形天幕卷云纹柱头龛，中层刻连环故事。明窗边刻许多夜叉，相互牵连成一线，最上层为一排伎乐。窟顶凿方格平棊藻井，井内刻莲花，四周刻乾闼婆、紧罗那及夜叉等像。

第 12 窟内、外室造像的布置，与第 10 窟大致相同，只有前室的窟顶正中刻八个平綦斗四式藻井，井内刻宝状莲花，顶的四周四面坡刻佛本行故事及八大夜叉等。内室窟顶刻八个方格平綦。至于第 9 窟中明窗左右的五重塔，每一层中都有两个不同姿势的武士装扮的夜叉像。这是封建等级制度和封建政权体系的反映，是封建的意识形态深入人心的缘故。

第 17 窟门西龛内佛像的僧祇支，又画出麦积山早期佛像僧祇支上的方格，格内画花瓣式的阁案，有的外着通肩大衣。这与炳灵寺石窟第 169 窟一号佛像的风格相当接近，还有些犍陀罗造像的风格，很有可能是在狮子国胡沙门邪奢、遗多、浮陀、难提等五人到平城，带来粉本，亲自雕造有关。至于后一阶段的衣饰，虽然相同，但是面形更为圆胖一些，不那么挺秀和劲健，这应是民族形式化过程中的新创作。

在雕造技法上，表现衣纹的线条有四种：线条的剖面作半圆形，中间刻阴线一道（第 20 窟大佛）；线条剖面作浅直平阶梯式的线条（第 18、19 窟内大佛）；凸起宽扁线条中刻阴线一道（第 12 窟东侧立佛像、第 17 窟东西二佛像）；完全用阴线（第 8 窟门上层摩醯首罗天与鸠摩罗天）。

从以上各种造像的特征可以了解到，尽管云冈开窟晚于河西陇右各窟群，但是由于北魏统一北方，由印度、西域来的沙门直接到了平城，他们带来的粉本和雕造的技法，也影响了当地的工匠们。因而第一期前段的造像特征与风格，有些方面还是源于印度。第 20 窟大佛像的面形与有须的样式是相当接近犍陀罗造像的，但是后一段的那种圆胖的面形，就与前段那种挺秀的风格有些不同了。事实上，第 12 窟造像中那种方圆适中、略有笑容的面形与第二期前段的相接近，这又充分地说明融合转化的过程。衣纹方面是在中国自己传统雕塑艺术的基础上，并吸收外来艺术融合而成的民族形式的新创作。

（七）云冈石窟第二期各窟

1. 第 16 窟的大佛像

全窟四壁造像都具有第一期的特征与风格，只有正面的大佛像是第二期雕出的。大佛高 13.5 米，右旋纹发髻，面形与颈略长，唇薄颊瘦，内着僧祇支，外着褒衣博带式双领下垂的大衣，由内衣中引出双带，作结下垂，右手上扬，左手下伸，食指屈曲，拇指、中指相捻作"施无畏印"，下肢还可看出有较密的衣褶，足踏莲花，完全进入第二期汉民族形式化的风格。

图 2-4-48 云冈石窟第 16 窟龛像群　　　　图 2-4-49 云冈石窟第 5 窟外景

2. 第 5 窟

第 5 窟门前是匾额最多的一处，其中最早的是清顺治八年（1651年）"大佛阁"匾额和《重修云冈大石佛阁碑记》。还有特命总督兵马左侍郎佟养量立的对联："佛境佛地乘建佛心成佛像，云山云岭带将云水绕云城。"这副对联的下联写尽了云冈的含义。如"云山云岭"是写当地称云冈的缘由，窟前有溪水一道，所以说是"云水"，此溪水经过城址，所以又称绕"云城"。

（1）北壁

大佛像高 17 米，半结跏趺坐，全身装饰完全为初唐所妆銮。大佛头上作螺髻，鼻直平，准头较大，嘴唇稍厚，颈有两道纹，外着双领下垂的大衣，内无僧祇支，胸前无作结的双带下垂。裙上缘有五瓣褶纹，手作"禅定印"。衣纹刻法不是直平阶梯式的剖面，而是中凹边高，属初唐式的衣纹。但项光、背光是北魏时原刻，内层项光的莲花已大半脱落，中层刻坐佛像，外层刻紧那罗歌舞神像，俱长裙不露足，身光两侧作粗细两种火焰纹。从项光中所刻的紧那罗歌舞神装饰特征来看，应是第二期太和十三年（489年）以后的作品。而大像本身的外形是初唐时再妆銮的。东西壁前，各有一立佛像，为后代所改塑，但项光及背光，仍是北魏时原刻。大佛后为隧道，其中的雕刻品大部分风化，只能辨识下部刻的是供养人像，顶部为紧那罗歌舞神像。

（2）南壁

门拱内东西两侧各刻一高近3米头戴羽冠的金刚密迹力士像。力士像上层各刻一树，树下两侧各刻半结跏趺坐作"禅定印"的佛坐像。门顶刻出四天人合掌的形象。在窟门内壁左右，各刻一菩萨形象。

在南壁天窗与窟门之东西壁上所雕出的佛龛内佛像，装束几乎全部如第16窟大佛。

南壁的上部东西两侧有两座形式特殊的塔形龛，最下层都有一大象托塔。象身上托束腰座，座上刻五层楼阁式塔，西塔第一至第四层开三龛，第五层开二龛；东塔第一层开三龛，第二至第四层开两龛，龛内都刻佛像，塔顶刻刹轮，上有摩尼宝珠。以象为底座，是印度以象为尊的习俗。五重塔是中华民族形式化的表现，与印度塔的形式完全不同。窟门内部左右上角相对的胁侍二菩萨像为第二期典型作品。

（3）西壁

西壁共有六层。龛内造像全部为第二期的形式。

由上往下数第三层南边第二个盝形顶天幕龛，龛内刻莲花跏趺坐于狮子座上的菩萨像。龛外刻胁侍二菩萨像。北侧者上身着短衫，下着长裙，这样的装束完全是中华民族形式化的表现，也是云冈菩萨像中的一种新装束。

图2-4-50 云冈石窟第5窟南壁上部塔形龛

由上往下数第四层盝形顶方格天幕龛，龛内刻莲花跏趺坐于狮子座上、头戴花鬘冠第二期造型的菩萨像，龛外左右各刻二声闻的胁侍像。以弥勒菩萨为主，胁侍左右各刻二声闻的造像，也是云冈造像中的新体例。

（4）东壁

东壁开有许多佛龛，但大部分风化，只余三个龛还清楚。其中第三号盝形顶天幕式大龛，龛内主要菩萨像已风化，仅能看出龛外胁侍左右各二身具有第二期特征的菩萨像。

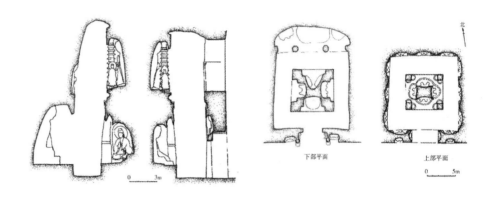

图 2-4-51　北魏云冈石窟第 6 窟剖面图　　　图 2-4-52　北魏云冈石窟第 6 窟平面

全窟造像的特征与风格，已进入汉民族形式化，窟内高 17 米的大坐佛像与西部第 19 窟大坐佛高度相同，是云冈石窟群中继昙曜开凿五窟后最大的一个佛像。这样大窟的开出，又应是最高封建统治阶级所主持，用无偿的劳动力经过雕刻家的匠心而创造的。

3. 第 6 窟

第 6 窟是云冈石窟群中题材最复杂的一个窟。不仅中心塔柱及四壁有复杂的雕刻品，后壁的佛像外龛形也是极为特殊的。

（1）中心塔柱

因为洞窟中央耸立 14.4 米高的中心塔柱，所以这个洞窟也成为"塔庙窟"。从力学角度来说，塔柱与洞窟顶部相连通，起到了承重支撑的作用。

塔分上下两层，各开四面大龛。下层四面各开盝形顶方格华绳天幕式大龛。龛上刻檐椽，椽上刻檐板，板上刻莲花瓦当及滴水瓦等木建筑形式的结构。四面龛中的造像之多，也是前期所不能创造的。

龛楣上的浮雕像也十分复杂。在尽顶形方格上层刻十方佛像，左右各刻四身菩萨像。方格中刻四紧那罗歌舞神及三夜叉像。内层刻圆拱龛，圆拱外刻千佛像。拱的边缘正中刻对舞的紧那罗舞神，左右各刻四身乾闼婆伎乐神，两边刻迦楼罗护法像。与迦楼罗护法像平行的东西端各刻一宫殿，在这两端的边角上所雕的是佛本行故事像。在一龛中刻出以佛为主，龛内外又刻出声闻、菩萨以及各种护法的形象。

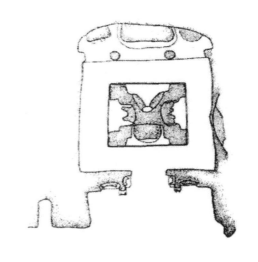

图 2-4-53　云冈石窟第 6 窟中心塔柱式平面

图 2-4-54　云冈石窟第 6 窟主室东西壁下浮雕

其他三龛的形制与南面龛大致相同。

西面龛正中刻跏趺坐的佛像。左右刻出手提净瓶及托摩尼珠的菩萨等十二身胁侍像。

北面龛正中刻具有第二期特征的释迦、多宝佛说法像，左右刻四夜叉、头戴花鬘冠菩萨等八身胁侍像。

东面龛正中刻冠带翘起的菩萨像，具有第二期造型特征，最外为十二身的胁侍像。

中心塔柱的上层，四面各刻交角帐天幕式大龛。龛内刻立佛像。胁侍二菩萨像立于四角塔侧。左右上角刻出二供养天人捧果盘作供养佛的形象。这种

图 2-4-55 第 6 窟后室东南壁及中心塔柱

中心塔柱四面龛内的佛像，也称作四方佛。四面佛也可能代表苦、集、道、灭四谛的形象。

中心柱四角的底部刻四个象身，象背上刻八角形九层塔柱，檐内刻出耍头式的木块形，上承挑檐枋，枋上刻椽头，椽上刻瓦垄。每面分为三间，即三个尖拱龛，龛内刻佛像，最下层刻四门塔式的底座，塔顶刻忍冬花，正中刻比丘作合掌状。

东壁共分六层。

第一层，整壁作屋形，刻出一斗三升及人字形斗栱，栱上又刻出椽及瓦垄。屋内刻像。

第二层，整壁为连环画式浮雕的九幅佛本行故事像，与南壁八幅相连。西壁第二层也可能是同样的浮雕。

第三层，共开出二龛，由北而南为：圆拱龛——大部分风化，只余第二期类型佛；盝形顶方格天幕交角帐式龛，龛内刻半结跏趺坐、褒衣博带式袈裟的第二期佛像。座下正中刻三个法轮，左右刻二鹿作跪状，是"鹿野苑初转法轮"的形象。龛柱外刻四众像。南北二大龛之左右，各刻一五重塔，最北的塔已风化，其余三座还可清楚看出作束腰叠涩式，每层外边刻有两个八角形柱，柱头上刻出大斗。第一层内刻尖拱龛，龛内刻释迦、多宝佛说法像。第二层内刻盝形顶天幕龛，龛内刻一坐佛像和胁侍二菩萨像。第三、四、五层，俱刻尖拱龛，龛内刻一佛二菩萨像，塔顶为束腰叠涩座，上刻忍冬花，花中刻覆钵式塔，上刻三刹柱、相轮及摩尼珠。每层最外边又刻出双幡作飘扬下垂的形状。

第四层，凿出三座华盖式龛，龛内刻出第二期类型的立佛像。左右胁侍刻二菩萨像。左右上角刻四众像。

第五层，刻第二期类型的佛像。

（3）南壁

正中刻窟门及明窗，左右各有六层造像。

图 2-4-56　第 6 窟南壁明窗和窟门间"文殊问疾"

第三层，窟门之上明窗之下刻三个大龛：正中开屋形龛，屋顶下刻交角帐大龛，龛内正中刻第二期类型跏趺坐的佛像，东刻勇猛跏趺坐的文殊师利菩萨像。西刻跏趺坐的维摩诘像。

东龛为两重圆拱龛，龛内刻半结跏趺坐佛像、左右胁侍二菩萨像。圆拱上层正中，刻手捧摩尼宝珠的天人。

西龛与东龛大致相同。在维摩诘与文殊师利菩萨像龛之东西，各刻一座五重塔与东西龛隔开，塔形与东壁的四座塔完全相同。

第四层，明窗东西各开华盖顶龛，龛内刻第二期类型立佛及胁侍菩萨像。

第五层，全壁刻坐佛像，再上刻半身双手持华绳的歌舞神像。最上层刻乾闼婆伎乐神像。

（4）西壁

西壁由上至下分为四层：第一、二层，完全风化，不可辨识；第三层，开三个大龛，由南而北分别为盝顶交角帐天幕华绳龛，正中刻莲花，跏趺坐菩萨像，胁侍二菩萨像，南侧的左手托摩尼珠，北侧的双手抱珠，是胁侍菩萨中的特殊形象，正中为圆拱龛，刻降魔成道像；

第四层，开三大龛，与东壁对面龛大致相同。第四层之上刻千佛行列，千佛上层刻半身持华绳的歌舞神像。

（5）北壁

北壁分为上下两层大龛。下层全壁刻出盝形顶缠龙交角帐式天幕大龛。龛两端刻较粗的八角形柱，柱中刻千佛。这样的大型龛和巨大龛柱，也是前期各窟所未有的。上层刻三座大龛，龛内刻像除头部外，大多风化。四壁顶层所刻的乾闼婆伎乐神与紧那罗歌舞神是根据当时的伎乐形象而创造的。四面壁顶刻像。

在中心方塔柱的四面，除北顶刻一行五格平棊藻井外，其余三面，俱刻两行九个方格的藻井，合计32个方格形、三角形和不等边形藻井。藻井中俱有刻像。

（6）造像内容

第6窟采用浮雕与佛龛相结合的艺术手法，描述了佛祖释迦牟尼从诞生到出家以及悟道成佛的佛传故事。画面雕刻首先从中心塔柱南面坐佛龛两侧的转角两面开始，依次为树王现身、释迦父母、腋下诞生、莲花七步、九龙灌顶、骑象回城、阿私陀占相、姨母养育、三时殿、太子乘象、父子对话、太子在大学堂、太子射艺、宫中欢乐、请求出游、出东门遇老人、出南门遇病人、出西门遇死人、出北门遇沙门、耶输陀罗入梦、逾城出家、鹿野苑说法等。整个故事画面共有30多幅，各幅画面设计严密、构图合理，画面简洁明了且独立成幅，既保持其相对完整独立的故事情节，又前后呼应连环一体。其艺术感染力是其他任何形式都无法比拟的。到目前为止，是中原地区石窟寺洞窟中发现的历史最久、数量内容较全面、保存状态良好的佛传故事。

在这些雕刻佛教故事中，最具代表性之一的画面是"腋下诞生"。佛经中曰：尔时夫人，既入园已，诸根寂静，十月满足，于四月八日初时，夫人见彼园中，有一大树，名曰无忧，花色香鲜，枝叶分布，极为茂盛，即举右手，欲牵摘之，菩萨渐渐从右胁出。就这样，释迦牟尼诞生了。这幅画面在中心塔柱西面佛龛南侧外面，抬头可见。画面以横向伸开的"菩提树"树枝覆盖着四个人物，中心人物是被赋予菩萨装束的摩耶夫人：她站在树下，双腿略弯曲，左手抚着肚子，右手伸展向上抓抚着树的枝叶，腋下雕出半个身子的小释迦牟尼，右侧一宫女跪状正欲以双手虔诚捧接太子。在佛教看来，释迦的诞生是最重大的事件之一，因而被赋予了浓重的神话色彩。为释迦设计腋下诞生，是和当时印度的社会背景分不开的。在印度婆罗门教的"种姓"制度中，将社会人群分为四大种姓：婆罗门、刹帝利、吠舍、首陀罗。婆罗门从大梵天口中生出，刹帝利从臂中生出，吠舍从腿中生出，首陀罗从脚下出生。释迦牟尼为迦毗罗卫国的王子，在社会中属于刹帝利阶层，所以从腋下出生就不足为怪了。

在云冈石窟中还有一个经典的佛经故事，那就是"文殊问疾"。据称，维摩诘原来是东方无垢世界的金粟如来，于释迦佛在世之时，自妙喜国王化生于毗耶离城为居士，以"委身在俗"，时机"辅释迦之教化"。当时，佛应五百长者子之请，于毗耶离城中的庵罗树园说法，维摩示病不往，佛欲派遣弟子和诸菩萨前去看望，但大家都畏于维摩诘的善辩而纷纷推辞。最后只有文殊菩萨受命前去看望问疾，维摩诘随机说法，辩才无碍，乃成一经妙义。云冈石窟所塑造的"文殊问疾"画面，表现的就是这一特定情节。在洞窟南壁窟门与明窗间，我们可以看到"文殊问疾"的画面。整个画面以中国传统瓦垄屋顶覆盖，画面中心是释迦牟尼佛，佛左侧为维摩居士，他头戴尖顶帽，身穿对领长衣世俗装，右手尘尾上举，身姿微向后倚，以左手扶床榻而坐，眯眼微笑，下颌呈三角状"山羊须"等形象特点，都呈现出智者的表征。佛右侧为文殊菩萨，与维摩对坐。《维摩诘经》是大乘佛典的代表作之一，它宣扬教空的思想，而这种思想与中国老庄哲学们倡导的"无"的思想相通，同时符合魏晋以来盛行的玄学清谈风尚。维摩诘成为在家修行"居士"的追求，成为榜样与典范，对佛教不断发展壮大有着重要的意义。

我们在洞窟中看到的中心塔柱北面下层正中佛龛雕刻的"二佛并坐"，是释迦牟尼佛和多宝佛，"二佛并坐"的故事是根据《妙法莲花经》中的"见宝塔品"而雕刻。"二佛并坐"在石窟中被塑造得格外突出，成为北魏特有的佛教题材。一方面是因为佛教在北魏发展期大肆"法华"，另一方面也表现了北魏封建政治处于特殊形势下对艺术表现的要求。据《魏书》记载，北魏文成帝于公元465年去世，时年24岁的皇后冯氏被尊为皇太后，临朝听政。孝文帝拓跋宏5岁继承王位，但国之大事，均由文明太皇太后冯氏处理。在北魏既有皇帝在位，又有太后临朝的情势下，不少皇室亲贵并称冯氏和孝文为"二圣"。此外，云冈石窟很多窟都为"双窟"形式，以此来象征在政权形式中，不仅有皇帝，还有太后。"二佛并坐"是北魏特有的窟龛，体现了"政教合一"的强烈政治色彩。

第6窟东壁即为第5窟西壁，两壁面厚度只有2厘米，令人叹为观止。石窟中雕刻的内容是丰富多彩的。在洞窟佛龛龛楣以及洞窟四壁上层，布满了飞天伎乐的雕刻，据统计，云冈石窟共雕有乐器27种470余件。而第6窟中共计有21种118件，是乐器雕刻最丰富的洞窟。

4. 第14窟

云冈石窟群西区最东的一个窟是第14窟，在窟室正中凿出两个方形石柱，把窟分为前后二室。从东廊柱残存的情况，可以看出柱的上顶左右是盝形顶天幕式大龛，两根石柱是第6窟北壁大龛前两个龛柱的形式。前室窟前凿出四根列柱。

西壁共开五层龛。前室西壁中层刻释迦像，多宝像，胁侍二菩萨像。上层雕一结跏趺坐佛，左右有莲花跏趺坐菩萨像。左右各四供养菩萨像，以雕造的风格论，似系太和后期所创造。

前室有四列柱，是承袭第9、10、12窟的形制。而内室以二石柱作龛柱，又与第6窟北壁大龛左右二龛柱的形制相同。

5. 第19窟西耳室

此窟开凿时间与东耳洞不同，故列于此时期内。窟平面作马蹄形，穹庐顶、窟门及南壁全部崩圮。

（1）西壁

正面刻高9米、第二期类型善跏趺坐于方座上的大佛像。

图2-4-57 云冈石窟第14窟西壁

（2）北壁

正中刻第二期类型的胁侍菩萨像，但衣饰上又进入第三期类型。在菩萨头顶上边，刻四座尖拱龛，龛内刻第二期的释迦、多宝佛说法像。

（3）东壁

东壁仅余窟门北部的石壁，上刻尖拱龛，俱为第一期类型释迦、多宝佛说法像，下层尖拱龛为第二期类型释迦、多宝佛，而胁侍菩萨像又系第一期类型。其余所刻的千佛，或着通肩大衣，或右肩直披，左肩斜披，近似第一期类型的服饰。

6. 第21窟

北壁：开长约10米的大龛，龛形略可辨识为圆拱龛，龛内造释迦、多宝佛说法像。

东、西壁：残余的上下层龛完全为第二期类型的造像。

窟顶：平棊藻井作八方格，仍可看出有龙纹及莲花等纹。

从造像的面形与衣饰的特征来看，均属于第二期典型的造像。

7. 第22窟

第22窟只余后面尖拱大龛，龛内造释迦、多宝佛像。风格特征与第21窟造像相同，因尖拱两端作龙头形，下承束莲柱与第7窟门楣的束莲柱相同。拱内刻七佛像。

造像特征及风格与第二期造像相同或稍早一点。

图 2-4-58　第 21 窟东壁上层帷幕龛

图2-4-59　云冈石窟第11~13窟外景（摘自杨建英著《云冈石窟 悬空寺》）

8. 第11窟外壁悬崖诸龛

在第11窟外壁悬崖东侧诸龛中，正中有一塔柱龛，在此之上有一尖拱交角帐式中型龛。龛内刻释迦、多宝佛说法像，为第二期典型的佛像，胁侍只有一僧。

这龛造像进入了第二期，时间在太和十三年（489年），但第17窟明窗东侧，也有太和十三年题记的造像龛，龛内造像的特征，也是第一期的造像龛。但衣饰的特征进入第二期汉民族形式化的风格，这足可说明太和十三年是云冈石窟造像的转变期，是新旧两种形式交替的阶段。所以按这些造像特征与题记年代，把云冈石窟造像的第一、二期的分界线置于太和十三年是有道理的。

第11窟外壁悬崖东侧除东下角有一半袒右肩的佛像龛属一期后段的造像之外，几乎全部是属于第二期后段的造像。这些龛有的是小龛窟，龛内造像不标准。

中区悬崖诸龛，除第11窟外壁东侧大多是第二期造像之外，其他均为太和十三年以后的造像。

（八）云冈第二期石窟的形式及特征

1. 第二期石窟形制

方形平面，正中凿中心方柱或塔形柱，四周开一层或多层龛，门上刻明窗（第1、2、11窟）。方形平面，分为前后二室，室中有两个四角形柱，前室又有四个檐柱，左右壁开多层龛（第14窟）；马蹄形平面，后壁造大像，像后开隧道，四壁开多层龛，门上有大明窗，门外左右有崖壁，正中造多层大阁窟檐（第5窟）；方形平面，正中作塔柱，后壁开盝形顶天幕式大龛，龛前正中刻二石柱，左右壁开两重佛龛。门上开明窗，门外左右有崖壁，正中造多层大阁窟檐与第5窟相连（第6窟）。

这期的窟形，虽然没有多少变化，但是所凿的龛，确有许多繁华的图案，其中主要的有：尖拱两端是忍冬纹龛（第11号龛西壁）；尖拱双龙龛（第11窟西壁）；交角帐式盝形华绳天幕龛（第11窟东壁）；两重盝形华绳天幕龛（第13窟东壁）；盝形天幕塔柱龛（第11窟南壁西侧）；塔形龛（第13窟南壁）；盝形华绳塔柱龛（第13窟东壁）；尖拱券龙头束莲柱龛（第13窟南壁）；尖拱券鸟头夜叉擎托龛（第13窟南壁）；天幕尖拱龛（第13窟东壁）；天幕华绳尖拱龛（第13窟东壁）；尖拱缠枝莲花龛（第14窟前室西壁）；圆拱缠枝卷草夜叉在中龛（第13窟东壁）；天幕盝形方格双柱三间屋形龛（第11窟两壁）；象座楼阁七重塔式龛（第5窟南壁）；尖拱莲花龛（第5窟）；交角帐天幕形双穗下垂龛（第14窟西壁）；两重圆拱龛（第6窟门东）；盝形缠龙交角帐天幕式大龛（第6窟北壁）；尖拱缠枝忍冬内莲花化生童子龛（第11龛窟南壁）；伞盖式顶双穗下垂龛（第14窟东壁）。

2. 第二期造像的特征

第1、2窟位于窟群的东端，从平面关系上看，是一组双窟，但从雕刻题材看，两窟的开凿是前后相继的。第1窟年代约与第7、8窟相近，第2窟

图 2-4-60　云冈石窟第 1 ～ 2 窟外景

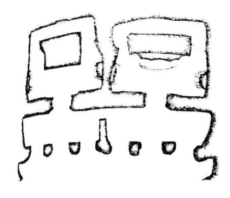

图 2-4-61　云冈石窟第9、10窟平面图

则略晚于第9、10窟。两窟均为长方形平面，平顶，窟内正中靠后立有方形多层塔柱。第1窟塔柱残损严重，大致可辨出上下二层。下层塔身的高度约为上层的两倍，檐部作仿木构瓦顶；上层顶部则作天盖状，又作须弥山形与窟顶相接。窟内雕有层檐作帷盖状的塔幢形象，与中心塔柱的形式有所对应。第2窟中心塔柱作仿木构佛塔形式，塔身三层，高度与面阔向上逐层收减，底层塔身残损，二、三层塔身皆有外廊一周，以四根角柱承托阑额、斗栱，出檐为坡顶瓦檐形式。塔檐之上亦作方形天盖和须弥山。窟内侧壁各开四座大龛，龛与龛之间均有浮雕五层佛塔，塔身表现为仿木构形式，各层均有斜坡瓦顶出檐，与中心塔柱相一致。

第5、6窟中是塔的形象。第5窟后室南壁上部东西侧各雕一五层塔，其中西面一塔一至四层面阔三间，五层面阔二间。第6窟中心上部四角雕四个九层方塔，它的底层四角各附有一小塔。第6窟四壁有佛传故事浮雕，底层雕一圈回廊，柱上用栌斗承托阑额，上承一斗三升斗栱为柱头铺作，柱间用叉手，承檐槫及屋顶。这应是一般宫殿中回廊的写照。回廊以上浮雕有较多的建筑形象，都是四壁用厚墙，正面有凹入的门窗框，墙上有用斗栱、叉手组成的纵架，上承屋顶，表现的仍是下用承重厚墙、上架木构屋架的土木结构房屋。

云冈石窟的窟型与洞窟形式，从一期到二期有很大的改变：一期窟中未表现建筑形象；二期出现佛殿窟与塔庙窟，窟室空间表现出浓厚的建筑意味，壁面雕刻中也出现大量的佛殿、佛塔等建筑形象。之所以出现这样的转变，与社会背景有很大关系。经过长期的征战，太武帝统一了中国北部，从此北方的民族矛盾渐趋缓和，阶级矛盾逐步上升。孝文帝拓跋宏即位后，农民暴动几乎年年发生，拓跋氏统治集团不得不进行社会改革，颁俸禄、均民田、立三长制、禁胡服，等等。这些在造像上也有所反映。云冈二期窟的开凿是在孝文帝积极推行汉化政策大背景下进行的，这也是北朝各地石窟的共同建造背景，因此在麦积山石窟与敦煌莫高窟北朝石窟中都有类似的情形出现。

（九）云冈石窟第三期前段石窟

拓跋魏自太和十九年（495年）迁都洛阳以后，留在平城的少数统治者再不可能有大的力量主持开凿如昙曜时那样大的石窟。开窟的力量对比上大不如以前，但在艺术创造上，汉民族形式化比第二期更为深入。这一阶段值得特别介绍的，有以下几处。

1. 第3窟上层的石雕塔及其造像

第3窟分上下两层。下层窟前有一较大广场，上层为平台。广场的东西，各凿一石塔。今大多风化，仅能看出塔是三层的，塔形与第1、2窟中心塔柱的塔大致相同。在第三层的上部刻出前檐，檐内刻出较直的人字栱，南面正中还可看出刻有一斗三升的斗栱。正中有似狮子形栱，与第2窟中心塔柱栱的形式相同。龛内雕造出面形较为瘦削的思惟菩萨。东塔中层刻释迦、多宝佛像。

二塔的中间为第3窟上部的明窗，正中有三个大石洞眼，两侧也有较小的洞眼，可能是当年在此作阁道，甚至于在全部粗细枋上铺木板，以与北崖壁的石窟相连接。

对称式的双塔，不仅见于云冈石窟群中，东晋时已开始有这样形制的造出。这样的双塔不见于印度佛教国，只有中国有这种形制，推想可能是沿袭汉代双阙的形式而创造出的双塔对峙。

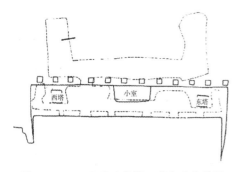

图 2-4-62 云冈石窟第 3 窟上层平面图

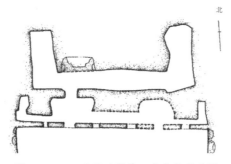

图 2-4-63 云冈石窟第 3 窟底层平面图

在崖壁最上层有 12 个直径 1 米的石洞眼向上通至山顶。此外又有小椽的洞眼，足见当年有大的木建筑物把双塔包入殿内。当然这个大建筑物，可能是云冈早期所建。

唐道宣《续高僧传·昙曜传》中记："昙曜住恒安石窟通乐寺。"又记："东头僧寺，恒供千人。"从今天的遗迹来看，第 3 窟上层肯定有大建筑物与下层的大毗诃罗窟合为一体，建于北魏太和以前。

2. 第 1、2、3、4、5、6、7、8 各窟和第 5 窟之东十个残窟

（1）第 1 窟

第 1 窟为方形、平顶、中心方柱塔形窟。门东向，中心方柱塔座，四角刻狮子，狮子刻于塔座下，与第 12 窟廊柱下、第 6 窟中心塔柱上层四角塔柱下刻象的意义相同。石塔下层的佛龛造像，属于第三期类型。建筑雕刻与第 3 窟上层双塔的形制大致相同。在窟外明窗左右有木枋石洞眼，可证明当年造过窟檐。

（2）第 3 窟

窟内仅余西壁。西壁开有盝形顶折叠式天幕形龛。龛内刻第三期前段善跏趺坐佛像；南侧已崩圮；北侧刻有胁侍二菩萨、四声闻像；北上角刻维摩诘像，像前一天女像；南上角刻文殊师利菩萨像，像前一比丘像。这组造像与第 5 窟南壁窟门西半尖拱龛东西上层的雕像相同。

（3）第 4 窟

北壁开尖拱，两端作反首虎头形龛，龛内刻释迦、多宝佛说法像。东西壁造像与北壁相同。这组造像是标准的第三期类型前段的作品。

（4）第 5 窟

东壁开尖拱式门，两侧刻金刚密迹力士像，与龙门宾阳洞力士像相类似。东壁刻二力士像。正中窟门内为一小窟，窟内北壁佛像，只有大轮廓线而无衣纹，与西区同期造像的雕刻技法相同。这是第三期前段造像的特殊手法之一。南壁窟门西半正中刻一大尖拱龛，左右上角刻与第 3 窟相同的维摩诘、文殊、舍利弗、天女群像。

（5）第 7 窟的南壁

门西半下部刻一立佛像，上部刻善慧菩萨"乘象投胎"像、悉达太子"逾城出家"像，门东下半部刻立佛像。这些形象是宣传佛的神行和因果报应的故事。

图 2-4-64　云冈石窟第 15 窟千佛图

3. 西区第 15 窟、第 15 窟之一窟、第 29 窟、第 30 窟、第 32 窟之一窟、第 37 窟之一窟、第 39 窟、第 43 窟、第 44 窟、第 45 窟、第 46 窟下层等 11 个窟。

（1）第 15 窟

四壁有弧度，上顶较小，是云冈石窟群中最特殊的一种窟形。

北壁，全壁四周刻千佛像，仅在中间上下刻较大的龛。上龛刻莲花跏趺坐于狮子座上的菩萨像，左右胁侍各刻二立菩萨像。下龛刻释迦、多宝佛说法像。

西壁，分上中下三层。上层，全部刻千佛像，正中刻一尖拱龛，龛内刻第三期类型的半结跏趺坐佛像。中层，开五个小龛，北半开一较大的天幕尖拱华绳龛，龛内刻第二期类型的坐佛像。尖拱上边缘刻手持华绳的紧那罗舞神像。下边缘正中刻一舞神捧摩尼珠，左右各刻五身紧那罗舞神像。南半开上下两层小型龛。上层有二盝形顶天幕式龛，龛内刻莲花跏趺坐菩萨像，龛柱之间刻胁侍菩萨像。龛外左右伞盖下又刻立佛像。在南半盝形顶龛座下，又刻有两层浮雕，是把水、草、鱼、鸟用浮雕手法表现出来的杰作，为云冈石窟群中，甚至是我国现存各石窟中唯一的浮雕画。下层，刻乾闼婆伎乐神，正中刻一紧那罗歌舞神像。

东壁，全壁上层刻千佛像，正中开小龛，内刻坐佛像。下层开两座尖拱龛，内刻第三期前段类型的坐佛像。

南壁，正中开明窗及窟门，此外全壁刻千佛像。

从全窟造像来论，可以说是万佛洞。

（2）第 15 窟之一窟

在第 15 窟与第 16 窟之间，为长方形平面，前部全都崩圮露天。

第二层开二龛，第三层开三龛，各龛造像无特殊之处。唯下二层造像，具有第二期的特征，而第一层西龛胁侍二菩萨像，斜披络腋，下着大裙，天带飘扬，具有第一期的特征。其余的造像仍具有第三期的特征。

西壁南部多崩圮，二层龛北侧下刻佛本行故事如"二商奉食"像。

东壁亦开上下两层龛。

全窟只有北壁下层龛具有第二期的造像特征，其余各龛完全是第三期的造像。这窟中造像的头部，多在以前被打掉，殊为可惜。

（3）第 29、30 窟两窟

云冈西部诸窟，俱为迁洛以后所开凿。如洛阳宾阳洞中洞虽无云冈昙曜五窟开凿之雄伟，但亦属于宣武帝时开凿。至于云冈西部诸窟，因都城南迁，一般官吏及人民虽亦信佛，但无雄厚之人力、物力，只好开凿较小窟龛，如第 29 窟东壁下层北龛之释迦像，第 30 窟西壁下层北龛内释迦像。至于第 30 窟佛像下部衣褶作菩提叶式，为这一时期共有之。此二窟之佛像，由面相衣饰，俱可看出与前期大有不同。

（4）第 32 窟之一窟

在第 32 窟东上角上层，四壁造像无特殊题材。创作上，如面相方圆适中，头稍长而不瘦削，全身有轮廓线而无细部衣纹，下衣下垂，佛座前似菩提叶式而无密褶等特征，是太和以后景明、正始时期的典型造像。西壁，北半大龛中刻"阿育王施土缘"立佛像。南半龛内刻莲花跏趺坐菩萨像。龛下刻供养人像。

（5）第 43 窟

第 43 窟是一所已崩坍的中型窟，仅余后壁及东壁南半、西壁大半。后壁刻大型尖拱龛，龛内有释迦、多宝像，龛外西侧为胁侍菩萨及声闻像。这些特征与第 32 窟之一窟、第 37 窟之一窟等窟造像大致相同。

（6）第 45 窟

第 45 窟是西区中型窟中比较完整的一个窟。方形平面，穹庐顶。北壁大龛已风化，仅可看出龛中一佛及龛下供养人像。东壁，开盝形顶折叠天幕式大龛，龛内刻第三期类型菩萨像。

第 45 窟开窟时间，必在延昌元年（512 年）以前。

（十）云冈石窟第三期后段石窟

云冈石窟第三期后段的造像，虽然处于云冈石窟造像的衰落阶段，但在民族形式化上，已进入更深入的时期。

1. 第 22 窟之二窟

此窟前面全部崩坍，只有后面及东西壁造像。在北壁的尖拱龛内刻佛像。龛外左右菩萨窟顶作方格，正中北格刻莲花，其余俱刻紧那罗歌舞神。

图 2-4-65 云冈石窟第 34 窟洞窟内景

2. 第 34 窟

第 34 窟是有前后二室的窟，窟顶前部崩圮。南壁门东西也大部分崩圮。室外西墙有门通至第 35 窟。

东、北二壁造像大多风化，不可辨识，只有西壁造像较完整。

西壁，分上下两层，上层刻南、北、中三龛，正中刻交角帐兽首天幕式大龛。天幕龛上有三个铺首（兽头），作饕餮衔帐幕状。龛内刻佛像。佛像为第三期后段中典型的作品。

南壁，窟门两半分上、中、下三层龛，下层已风化，中层分东、西二龛。东龛雕一善跏趺坐佛像，与另一善跏趺坐菩萨对坐说法。二像之中刻一摩尼宝珠。

3. 第 35 窟与第 38 窟之一窟

（1）第 35 窟

此窟分前后二室，前室西壁有小过道通至第 38 窟毗诃罗式窟。内室四壁造像。

南壁窟门两侧刻第三期的金刚密迹力士像，天窗东侧刻菩萨"骑象投胎"，后有天人持伞盖形象。西侧刻"逾城出家"四天王捧马足像。窗顶刻四舞神，门楣上刻二龙王像。门内东半刻释迦牟尼"降伏火龙"像。西半雕"降魔成道"像。这样对称式的造像，布局紧凑，内容丰富。

（2）第 38 窟之一窟

此窟现存一浅龛，只余后壁的交角天幕式龛，龛内刻第三期半结跏趺坐佛像。胁侍分上下两层，上层左右各刻思惟菩萨像，下层刻胁侍菩萨像，外侧刻二声闻像。这样形式的胁侍像，还是云冈石窟造像中仅有的一处。

4. 第 39 窟之二窟

此窟因后壁通第 40 窟毗诃罗窟，后壁全被打掉。其中最重要的造像是西壁盝形顶大龛。内刻第三期半结跏趺坐佛像和胁侍二菩萨像。龛上正中刻一大紧那罗歌舞神，左右刻比丘像。

5. 第 46 窟之一窟

此窟位于第 46 窟的上部，后壁上半部刻千佛像。中部刻一排七佛像，下刻供养人像行列。

6. 第 47 窟

全窟只有西壁上层尖拱龛，龛中刻释迦牟尼初转法轮像。

东壁开上下二龛，下层龛刻莲花跏趺坐菩萨像。窟顶左右两格各刻手托摩尼珠，天带向后飘扬，转折处作尖角。

7. 第 48 窟

北壁，开较深的盝形顶方格天幕龛，龛内刻第三期后段标准型莲花跏趺坐弥勒菩萨像，与龙门古阳洞南北壁第三层的弥勒菩萨像相同。龛内深处左右胁侍二声闻像，龛外胁侍二菩萨像。龛顶方格中刻第三期后段典型的紧那罗歌舞神像。龛外西上角刻"耶输陀罗入梦"图。东壁，开尖拱华绳龛，龛内刻"鹿野苑初转法轮"像。西壁，开尖拱龛，龛内刻佛像。南壁，上层正中开明窗，东、西两侧各刻一夜叉像。正中尖拱龛内刻第三期类型释迦、多宝佛说法像。西部方形龛内刻文殊师利与维摩诘论道像。

8. 第 50 窟

北壁，正中开尖拱华绳天幕顶龛，龛两端刻反首龙头。龛内刻释迦、多宝佛说法像。尖拱上边缘刻十六半身牵华绳的舞神像。拱内正中刻释迦、多宝佛像，左右各刻四身佛像。拱下边缘刻六身乾闼婆伎乐神像。龛外刻胁侍三菩萨像。

龛东侧刻佛涅槃像。涅槃像上层同样刻比丘像，下层刻六身乾闼婆伎乐神像。

东壁下层龛正中刻尖拱七佛龛，龛内刻半结跏趺坐的佛像，龛柱外刻胁侍二菩萨像。龛南侧刻善慧仙人以发布地使普光如来（锭光佛）踏过像。

西壁，开折叠式天幕龛，龛中刻善跏趺坐佛像（头已毁）。龛柱外刻四胁侍菩萨像。龛座下刻像与东壁大致相同。

南壁，正中开窟门，门东西各开两层龛，最下层门东刻女供养人像，门西刻男供养人像。门东半由下而上：第一层，刻二圆拱龛，西大龛刻结跏趺坐佛像，东小龛刻结跏趺坐禅定印的比丘像。佛像伸右手引出隔龛柱摩抚比丘头的释迦慈慰阿难像。第二层，开盝形顶龛，龛内刻佛像。龛西刻"三道宝阶"，宝阶上端刻菩萨像。第三层，开圆拱龛，内刻结跏趺坐佛像，龛外刻山形，山中每侧各刻三人持瓶倒水的"降伏火龙"像。

门西半刻三层龛，由下而上：第一层，刻三间屋形龛，中有金柱，柱头有大斗，补间铺作刻人字栱。龛内刻莲花跏趺坐菩萨像龛，柱外刻左右舒相的思惟菩萨像。第二层，刻尖拱龛，龛中刻释迦牟尼初转法轮像。第三层，圆拱龛内刻"降魔成道"像。

9. 第 51 窟

第 51 窟中间为方形、平顶、五重塔柱。

（1）中心塔柱

塔作五重，每面开五大龛，龛内刻第三期类型的佛、菩萨像。龛与龛之间，刻出有收分的方柱，柱上为枋，枋上有大斗，斗上为栱，栱上有三升。补间铺作，用人字栱。人字微向外撇，这是北魏石窟建筑造型中较晚的特征。枋上引出椽，椽上有檩檐板，板上有瓦垄、筒瓦。最上刻须弥山形，与第 1、2 窟的中心塔柱相同。

（2）东、西、北三壁

此三面壁刻千佛像，正中刻一盝形顶方格龛，龛内刻第三期后段类型的佛、菩萨像。

（3）窟门外门楣

上刻对称式既似忍冬纹又似火焰纹的图案，与龙门莲花洞窟门外的图案花纹大致相同。门外两侧开许多第三期类型的造像龛。

10. 第 53 窟

此窟前部崩圮，仅余北壁交角帐式天幕龛，龛内佛、菩萨头部俱未雕作完成。龛外西侧，上层刻悉达太子"树下诞生"像，中层刻悉达太子"指天地吼"像。龛外东侧，上层刻一佛二菩萨像，中层刻山中"白马吻足"像，下层刻悉达太子"逾城出家"四天王捧马足像。东壁还有残余的二身立佛像。

（十一）云冈第三期的石窟形制与特征

1. 第三期的石窟形制

从北魏孝文帝太和十九年（495 年）迁都洛阳以后，固然佛教信仰热潮并未因之消退，可是由于皇帝和大贵族的南下，也影响了石窟的开凿。自景明、正始年内到北魏灭亡，这阶段内，所开凿的多是中小型方形平面窟，或是大龛，再不见如第一期那样开大窟造大像，或是前后室的大窟和以须弥世界为中心的中心方柱窟。第20窟以西的各中小型窟，或是第5、6窟上层的九个窟，就是这种类型的窟。只有第51窟和大阁上层第一窟，是有中心塔柱的窟，另外值得特别提出的是，第35、38窟与大阁上层第2窟上层的小窟。

第35窟与第38窟是连接的两个窟。第35窟分前后二室，后室作方形平面，平顶，左右壁各开两层龛。南壁门上有明窗，前室露天与第7、8窟前室相同。在前室西崖壁凿小门通过一小窟，就是第38窟横长方平面的毗诃罗窟。窟内无造像，南壁大部崩塌，仅余门西的残壁。

大阁上层第2窟的东北角，有梯道上通至一横椭圆形平面的小窟。南壁有明窗可以向外瞭望，四壁不造像，可能是最高处的一种禅窟。

玉门关以西的各石窟群，都有毗诃罗窟的开凿。在玉门关以东的石窟群中，真正住人的毗诃罗窟，只有云冈这一处。这与汉人不习惯居住石室有关，因而很少见到毗诃罗窟的建造。

不过这期的后段，在龛形与窟顶构造上，又有了发展与变化。其中龛形除前期以外又出现了盝形折叠式内刻坐佛天幕龛（第48窟北壁大龛，第30窟外东上角小龛），盝形折叠式内刻坐佛华绳天幕龛（第5窟之一窟）；交角帐式兽首天幕龛（第34窟西壁上层），交角帐式盝形折叠天幕龛（第51窟）。这期的大窟很少，中小型的窟较多，中小型的窟顶开凿很精致，其中出现了六方格的平棊藻井顶（第22窟之二窟、第23窟之一窟），九方格的平棊藻井顶（第24窟、26窟），横长方平顶，正中及四角刻莲花，其余的刻乐舞人（第34窟），九方格平棊藻井顶，正中及四角刻莲花，余四格刻舞人（第40窟），横长方前室，前窄后宽，平顶，正中刻莲花及化生童子，诸天仆乘，四周十个方格藻井内刻乐舞人（第50窟）。

虽然前期大窟的窟顶，也凿出了平棊，但是没有像第三期中小型窟顶开凿利弊那样整齐，同时造像又那样秀丽。

关于造像题材方面，多是承袭前期的，当然也出现了新创作。

2.第三期造像的特征

这期造像不像前期那样复杂，其中前段以第32之一窟、第43窟，后段以第45窟、第48窟、第50窟为重点。

第 32 之一窟是方形小窟，北壁刻一佛二菩萨，东壁开三小龛。

第 43 窟，是一个中型窟。北壁开大龛，窟顶有方格藻井。

第 45 窟，是个方形穹庐顶有明窗的中型窟，北壁正中开大龛。东壁盝形折叠式天幕龛中刻莲花跏趺坐菩萨像，胁侍二思惟菩萨像。龛南上角刻佛涅槃像，北上角刻"萨埵那太子舍身饲虎"图。西壁大龛中刻善跏趺坐的佛像已风化，胁侍二菩萨手持摩尼珠。南上角刻"逾城出家"图。北上角刻"乘象投胎"图。南壁门西上层华盖下刻锭光佛，脚下东面刻善慧仙人授记像，胁侍二僧二菩萨像；下层为释迦降魔像。门东下层为"释迦收迦叶""降伏火龙"像。四面龛下为供养人行列。

第 48 窟，是方形平顶、四壁开大龛的中型窟。北壁大龛内刻莲花跏趺坐菩萨，胁侍二僧二菩萨，西上角还可看出有佛本行中"耶输陀罗人梦"的故事图像。东壁尖拱华绳大龛下刻鹿野苑说法像。龛下有鹿，龛外左右刻佛本行故事。西壁大龛下刻结跏趺坐佛像，龛下刻骆驼及人，为"二商奉食"的故事。北上角为佛本行中的"掷象成坑"，南上角为悉达太子教技射铁鼓的故事。南壁明窗两侧刻夜叉像，明窗下刻释迦、多宝佛像和文殊师利、维摩诘等像。

第 50 窟，是一个横长方形的小窟。北壁正中大龛内刻释迦、多宝佛像及胁侍菩萨。西壁大龛内刻善跏趺坐佛像、胁侍四菩萨。东壁上层大龛内刻莲花跏趺坐菩萨像及胁侍二思惟菩萨。龛外南侧上层刻释迦摩罗睺罗顶图，下层刻善慧仙人授记图。北侧是三层龛，龛内刻善跏趺坐、结跏趺坐和立着的三佛像。南壁门东侧上层刻"释迦收迦叶""降伏火龙"图；中层刻佛在龙宫说法后现出的三道宝阶图；下层刻释迦慈慰阿难像。

北魏的迁都，直接影响了云冈石窟的开凿，由于最高统治者——皇帝、贵族、官僚地主阶级等多不在平城，很少见到前两期那样大规模的凿窟。因而这些中小型窟造像在布局上，就不能像大窟那样能充分地反映出当时社会意识或者是完整的佛教思想。

（十二）武州山石窟与鹿野苑石窟的关系

北魏文成帝即皇位后，实施"以静为治"的方针，于兴安元年（452年）十二月下诏书恢复佛教合法地位。诏书说："诸州郡县，于众居之所，各听建佛图一区，任其财用，不制会限。其好道乐法，欲为沙门，不问长幼，出于良家，性行素笃，无诸嫌秽，乡里所明者，听其出家。率大州五十，小州四十人，其郡遥远台者十人。"诏书下达后全国各地迅速将毁坏的寺庙修复一新。外逃的僧人重新入寺。高僧昙曜返平城后，向文成帝建议在武州山开窟五所，从此佛教在皇权保护下日益发展。

平城作为北魏首都和政治、经济、文化的中心，对发展佛教有着极优越的条件，特别是"皇上就是当今的如来"一说，使佛教显示出浓厚的政治色彩。因此北魏皇家不惜一切财力、人力，在武州山开窟造像。公元 5 世纪中期开始，在平城地区开凿了武州山石窟、鲁班窑石窟、焦山石窟、吴官屯和鹿野苑石窟。

1. 鹿野苑石窟开凿的由来

鹿野苑石窟开凿于北魏献文帝时期。献文帝拓跋弘，生于兴光元年（454 年）七月，太安二年（456 年）二月被立为皇太子，和平六年（465 年）即皇位，皇兴五年（471 年）禅位，承明元年（476 年）死于崇光宫，年仅 23 岁。《魏书·显祖记》中说献文帝"幼而有济民神武之规，仁孝纯至，礼敬师友"。但"雅薄时务，常有遗世之心"，又"刚毅有断，而好黄、老、浮屠之学，每引朝士及沙门共谈玄理"。这就是说献文帝自幼有济民，仁孝、礼敬的美德，而且又好黄、老，注意自己的修习养性。

献文帝登基不久，有意修建一处幽静又能修行养性的地方，作为老有所为之地鹿野苑石窟的开凿与此有密切关系。

2. 鹿野苑石窟概况

鹿野苑石窟位于今大同市西北的小石子村。从这里沿河道西北行 5 千米，石窟就在一个三岔口北侧的崖壁上。石窟高出河滩 10 余米，背山面水，环境幽静。窟区东西长 30 米，依次凿洞 11 个，位于中心的编号第 6 窟为造像窟，两侧由地面处向下各凿 5 个无造像的石洞为禅窟。造像窟平面马蹄形，穹隆顶，窟宽东西 3.2 米，进深 2.53 米，高 3.5 米，正中坐佛高 2.60 米，两侧各雕胁侍菩萨。窟外残存力士一躯，高 1.93 米。地下禅窟宽 1.45 ~ 1.72 米，进深 1.82 ~ 2.10 米，高 1.57 ~ 2.00 米。石窟造像风化剥蚀严重，但其风格清晰可辨。佛结跏趺坐，面相方圆，外披袒右肩大衣，右手作说法印。胁侍菩萨头戴宝冠，长发披肩，颈饰项圈，身披络腋，长裙贴体，飘带外扬，右手上举，左手向下似提净瓶。

从地面遗迹遗物看，鹿野苑石窟在石窟外上方崖壁上凿有置梁的长方孔，地面曾发现有辽代的砖瓦。可以认为辽代曾在这里与武州山石窟寺一样建造木结构窟檐。此外在地面下，还发现有北魏时期的黑色光面板瓦和器物陶片。

据《魏书·释老志》："高祖践位，显祖移御北苑崇光宫，览习玄籍，建鹿野浮图于苑中之西山，去崇光右十里，岩房禅堂，禅僧居其中焉。"这里的特征与记载完全相符。北苑与鹿野苑原为一地两个名称。《魏书·太祖纪》载："天兴二年以所获高车众，起鹿苑，南因台阴，北距长城，东包白登属之西山，广轮数十里。"又《魏书·高车传》载："太祖自牛川南引，大校猎，以高车为围，骑徒遮列，周七百余里，聚杂兽于其中。"后驱至平城北苑，为太祖狩猎之地，故又名鹿野苑。这种地理环境与鲜卑拓跋游牧生活接近，献文帝选在这里开凿石窟是有一定意义的。

3. 武州山石窟与鹿野苑石窟的关系

武州山石窟与鹿野苑石窟同为文成帝复法后的首批产物。虽为佛教造像而目的却不相同。复法后，"昙曜辞白帝于京城西武州塞，凿山石壁，开窟五所，镌建佛像各一，高者七十尺，次六十尺，雕饰奇伟，冠于一世"。开窟的数量及造像都有明确要求。文成帝批准这个建议意味着复法后，皇帝与佛容为一身，实践"皇帝就是当今如来"的说法。这一工程由公元460年起至465年基本上完成。文成帝还没来得及看一眼就离开了人世。"皇兴元年秋八月，行幸武州山石窟寺"。这是献文帝即位后第二年的事，也是儿子元宏出生日、冯太后还政的当年。把武州山石窟寺作为行动的重要项目，一是显示皇上对佛教事业的重视和支持，二可能为庆贺的一种仪式，三是了解继五窟之后武州山石窟寺的规划。

献文帝即位之时，佛教在中原地区的汉族中已有了群众基础。把武州山石窟寺工程继续进行下去，是为了加强北魏皇室的统治。因此，献文帝和冯太后对此是不会有分歧的。《云中图》中就有献文帝天安元年革兴造石窟寺的记载，也正是武州山石窟寺早期五窟完成之后，二期（中期）工程开始的根据。革兴造石窟寺一改早期的石窟形制、布局、内容等诸多方面，而以一种新的形制表现有利于佛教和佛教艺术发展。这个规划始于现编号的第7、8窟，这是一组双窟，如果称为"二圣"的话，应该是指冯太后与献文帝。这两个窟的平面均为前后室，长方形，平顶。窟内布局，四壁三龛造像，有现在、未来的造像内容，每龛一组一个内容，上下左右排列，内容丰富，而且有顶板雕刻莲花平棊，龛之间都有装饰性的纹饰雕刻。龛形多样化。佛教人物形象增多而且规范，造像风格一改前期的臃肿呆板，向世俗化发展。衣饰仍袭早期的袒右肩或通肩衣。革兴造石窟寺，使佛教雕刻艺术内容的各方面都贴近现实，更能吸引众多贫民和僧侣，使他们的思想游荡在佛国世界里。

献文帝选择在鹿野苑这块地方开窟造像，是因为这里地域宽广，并有各种杂兽；虽不是漠北之地，倒也有游牧生活的环境气息。鹿野苑石窟完工之时，也正是献文帝让位之日，他万没有想到，老年修行之地会在他18岁时就已用上。

四、天龙山石窟

（一）北齐时代的晋阳

晋阳是北齐的创业基地，北齐自550年立国至公元577年，北齐历代皇帝不避寒暑，每年都来往于晋阳和邺城之间，晋阳亦被称为"别都"。天子践位、皇帝禅代之类极隆重的盛典，多在晋阳进行。实有首都之特殊政治地位。

高洋时，大起楼观，穿筑池塘，飞桥跨水，兴修凉亭水榭，命名"难老""善利"二泉，使这里成为皇家离宫别苑。

据《唐会要》："旧太原都城，左汾右晋，潜邱在中；长四千三百二十一步，广二千一百二十二步，周万五千一百五十三步。"宫城在都城的西北，即晋阳宫。郡治经北齐一代，晋阳是为别都，竭力营建不已。天保中，高洋在晋祠"大起楼观，穿凿池沼"。在龙山建童子寺，凿大佛"高一百七十尺"；建开化寺。高演皇建元年（560年），在方山建天龙寺。天统三年（567年），后主高纬在春秋董安于筑的古晋阳城内置大明殿，改称大明城。"又建十二院，壮丽超过邺城"。"凿晋阳西山为大佛像"（继高洋时蒙山开化寺凿佛）成，"高二百尺"。大明宫七殿是：宣光、建始、嘉福、仁寿、宣德、崇德、大明。大明殿是后主天统三年（567年）十一月建成。

北齐对于晋阳的建设主要有：

（1）晋阳宫。东魏孝静帝武定三年（545年）正月，"齐献武王请于并州置晋阳宫，以处配没之口"。《元和郡县志·府城下》云："又一城南面因大明城，西面连仓城，北面因州城，东魏孝静帝于此置晋阳宫，隋文帝更名新城，炀帝更置晋阳宫。"可见府城中的新城（晋阳宫）是东魏修建的。

（2）大明殿。后主天统三年（567年）十一月，"以晋阳大明殿成故，大赦；文武百官进二级，免并州居城太原一郡来年租赋"。大明殿位于大明城，此城就是古晋阳城，左氏谓董安于所筑。因北朝高纬天统三年（567年），于晋阳城内置大明宫，即大明城。在这之前二年，即武成帝河清四年（565年），将晋阳县治移于汾河东。武平六年（575年），于晋阳县故治新置龙山县。

（3）十二院及西山大佛像。《北齐王·幼主帝纪》载，幼主高恒虽荒淫无道，但对晋阳建设却很努力。于晋阳起十二院，壮丽逾于邺下。"所爱不恒，数毁而又复。夜则以火照作，寒则以汤为泥，百工困穷，无寸休养。"十二院是开化、三学、慈氏、仙岩、八正、上生、七佛、弥勒、甘泉、草堂、永宁、静土。凿晋阳西山为大佛像，一夜燃油万盆，光照宫内。

（4）天龙寺。《图书集成》载，"方山今呼为天龙山，盖因北齐所建天龙寺而得名也。其上有北齐神武避暑宫遗址"。

（5）改晋祠为大崇皇寺。《北齐书·后主帝纪》载，"后主天统五年四月，诏以晋祠为大崇皇寺"。

（二）晋阳佛寺建设的背景

北魏晚期，"天下多虞，皇室衰微"，晋阳成为尔朱氏家族统治的中心地区。尔朱氏为契胡人，世居北秀容，因镇压农民起义而深得北魏皇室赏识，并世袭并州刺史。以尔朱荣为首的尔朱家族发动了河阴之变，残杀皇室贵戚两千余人。《北史·孝庄本纪》记载，建明元年"尔朱兆迁帝于晋阳。甲子，帝崩于城内三级佛寺"。《魏书·孝庄纪》也有记载："永安三年十二月，甲寅，尔朱兆迁（孝庄）帝于晋阳；甲子，崩于城内三级佛寺，时年二十四岁。"《洛阳伽蓝记》卷一永宁寺条亦记载："尔朱兆举兵向京师……擒庄帝于式乾殿……遂囚帝还晋阳，缢于三级佛寺。帝临崩礼佛，愿不为国王。"

永熙元年（532年），高欢灭尔朱氏，平并州。永熙三年（534年），高欢胁孝静帝迁都邺城，并以晋阳为根据地，遥控北魏朝政。

高欢信佛。在他统治期间，虽然对士庶擅立为寺的行为曾加以限制，但他在邺城、洛阳和太原多建有寺院，如邺城的天平寺、定国寺、韩陵山寺，洛阳北邙山的献武王寺。同时在邺城附近的鼓山北响堂，于"神武（高欢）迁邺以后，因山上下并建伽蓝"。尤其是高欢创建的太原定国寺与天龙山石窟。据《北史·祖珽传》记载："会并州定国寺新成，神武谓陈元康、温子昇曰：'昔作芒山寺碑文，时称妙绝，今定国寺碑当使谁作词也？'元康因荐珽才学并解鲜卑语，乃给笔札，就禁所具草，二日内成，其文甚丽。神武以其工而且速，特恕不问。"

并州定国寺是高欢修建的国家大寺。修建时间应在武定元年（543年）至四年（546年）。

高欢在太原修建寺院，定国寺的高僧又参与了天龙山石窟的开凿。《永乐大典》卷五二〇三引明洪武年间所修《太原志·太原府志》寺观条记载："天龙寺，在本县西南三十里，北齐置，有皇建中并州定国（寺）僧造石窟铭。"说明定国寺高僧参与北齐洞窟的开凿。又高欢在天龙山修建避暑宫，据五代北汉广运二年李恽奉敕撰《大汉英武皇帝新建天龙寺千佛楼之碑铭并序》记载："往者，北齐启国。后魏兴邦。虽未臻偃伯之称，且咸正事天之位，时或倦重城之晏处，选面胜之，良游，各营避暑之宫，用憩鸣銮之驾？亦犹秦之阿房，晋之厩祁，楚之章华，汉之未央，古基摧构，往往存焉。"前引《永乐大典》卷五二〇三引明洪武年间所修《太原志·太原府志》宫室条亦记载："避暑宫。在县西南三十里天龙寺东北，有重冈数亩，昔北齐高帝及东魏文宣帝避暑离宫。"

随着平城佛教影响不断扩大，太原地区的佛教也有发展。目前能够确定属于北齐以前的寺院仅有三座。除上述定国寺外，还有三级寺和并州寺。三级寺，据《魏书》《洛阳伽蓝记》所载，北魏孝庄帝被尔朱兆擒往三级寺处死。三级寺以三层佛塔为主要建置，最晚建于北魏时期。北魏末年，该寺尚在。北魏以后则不见于文献记载。并州寺则见于《续高僧传·昙鸾传》中，传云：净土大师昙鸾从菩提流支处得《观无量寿佛经》，"自行化他，流靡弘广。魏主重之，号为神鸾。下敕令住并州大寺"。

高欢于武定五年（547年）病逝于太原，长子高澄继任大丞相之职，掌握了东魏朝政。高澄之崇佛更有甚于其父，不仅与著名高僧往来密切，而且还组织译经活动。武定七年（549年），高澄被害。武定八年（550年），高欢次子高洋取代东魏建立北齐王朝。北齐诸帝皆崇佛法，且大都长住晋阳，这对晋阳的佛教发展起了推动作用。由皇家和臣僚修建的寺院很多，开窟造像蔚然成风。天保末年（559年）开始雕凿大佛。童子寺及西方三圣大像虽然由冀州僧人弘礼禅师创凿，却也与文宣帝有密切关系。北齐后主在并州大兴土木，修营塔寺，开凿了西山大佛。《北史·齐本纪下》记载："（后主）承武成之奢丽，以为帝王当然。乃更增益宫苑，造偃武修文台……又于晋阳起十二院：壮丽逾于邺下……凿西山为大佛像，一夜燃油万盆，光照宫内。"天统五年（569年）"是月（三月），行幸晋阳。夏四月甲子，诏以并州尚书省为大基圣寺，晋祠为大崇皇寺"。由百官大臣修建的寺院也不在少数，如北齐名将斛律氏家族贵盛时所立的斛律寺，又如齐将穆提婆所建的骆王下寺，又如百官寺当为北齐众官僚所建。由僧人修建的寺院在方志中亦颇多记载，如明嘉靖《太原县志》卷一记载："崇福寺，在县南五里大寺村，北齐天保二年僧永安建。"同书记载："悬瓮寺，天保三年僧离辨建，缘山凿石室。"同书又记："上生寺，在县西南十里晋源都，北齐天统二年僧清辉建。"另外还有前述之天龙寺、仙岩寺、兴国寺、雨花寺以及大法寺等。

东魏以来，皇室与高僧频繁往来并、邺之间，高僧云集，讲经论义，坐禅行道，蔚然成风。后主时期，晋阳佛事达到了顶峰。晋阳地区在邺城盛凿石窟的风气影响下，帝王和高僧在并州大量开凿石窟寺，雕造大佛。

最早记载天龙山石窟的是明洪武十二至十三年所修《太原志》，但记录十分简单："天龙寺，在本县西南三十里，北齐置，有皇建中并州定国（寺）僧造石窟铭。"明嘉靖《太原县志》的记载较前者略详："圣寿寺，在县西南三十里天龙山麓，北齐皇建元年建，内有石室二十四龛，石佛四尊，隋开皇四年镌《石室铭》。"

（三）北齐时代天龙山石窟

天龙山石窟可分为两个区域，即半山腰的洞窟主区和山脚溪谷旁的千佛洞区。半山腰区共有洞窟25个，开凿在东峰和西峰陡峭的南坡山腰间东西绵延约500米。洞窟由东而西次第编号。其中东峰编号洞窟有8个，即第1窟至第8窟。另外第2窟至第5窟上面还有4个未统一编号的洞窟，所以东峰实际上有12个洞窟。西峰编号洞窟有13个，即第9窟至21窟。其中第9和第13窟属于摩崖龛像。洞窟大体坐北朝南，其中第19、20窟朝西。

天龙山共分四期。第一期（现编号第2、3窟）共两窟，开凿于北魏末年到东魏初。第二期（现编号东峰第1窟、西峰第10、16窟）共3窟，开凿于北齐时期。第三期共1窟（编号第8窟），开凿于开皇四年（584年）。第四期共15窟（编号东峰第4、5、6、7窟、西峰第9、11、12、13、14、15、17、18、19、20、21窟，东峰上层单独编号一窟到四窟），开凿于唐咸亨四年到长安四年。

天龙山为太原市西南区之名胜……即邑乘所云之方山，因北齐所建天龙寺，遂别名之曰天龙山。北为风峪之山，南则为柳子峪山，西接清源界山，东抵县瓮之山。《太原县志》："方山在县西南三十里，今呼为天龙山。盖因北齐所建天龙寺而因以名之也。山上有石佛阁，曰漫山阁。其佛就山石为之，高数丈，覆以飞阁。左为白龙洞，洞内一泉，为祈雨之所。"

北魏永熙元年（532年），东魏高欢消灭盘踞在晋阳（今太原市）的北魏权贵尔朱氏，同时在晋阳建大丞相府，直到东魏武定五年（547年）前后15年的时间，他坐镇晋阳。曾建避暑宫于天龙山。天龙山石窟的开凿始于这一时期。这一时期石窟为东峰第2、3窟，即为东魏后期高欢摄政时期所开凿。东魏石窟造像题材范围比较狭窄，是北魏云冈石窟模式的延续。一般多以释迦牟尼的说法像为主尊，两侧分别是禅定像和胁侍菩萨造像，是一佛二菩萨的组合造像。

图 2-4-66　太原地区石窟寺分布示意图

东魏武定八年（550年）高欢子高洋废东魏而自立，国号"齐"，史称"北齐"，仍以晋阳为陪都，崇尚佛法，于晋阳大兴寺塔，开窟造像。北齐天保元年至皇建二年，先后兴建晋阳开化寺、崇福寺、童子寺，依山刻佛像、凿石室，其规模宏伟，为当时罕见。天龙山石窟北齐造像主要开凿于这一时期。北齐开凿的石窟共三窟。窟形为前、后室，前室作三间仿木式前廊，雕有二根八角柱，柱下有覆莲柱础，柱头上置大额枋，枋上是一斗三升栱和人字形叉手，构造尺寸与实际建筑相近，代表了北齐时代建筑风格。

图 2-4-67　天龙山西峰诸窟平、立面图

图 2-4-68　天龙山东峰诸窟平、立面图

1. 第1窟

位置：位于东峰东侧一凸起的崖面上，西距第2窟32米。

前廊宽3.56米，深1.22米，高2.4米，为面阔三间的仿木构窟檐建筑。前廊中部原雕有二立柱，两侧不雕立柱。明间宽1.64米，两次间宽0.96米。栌斗之上有高0.06米的替木。替木两端呈曲线形，上承阑额。阑额下距地面2.18米，截面宽0.13米，高0.11米。从两次间开始，阑额微微上翘0.02米，似为"角柱生起"。柱头阑额上置人字形叉手。叉手两臂长0.77 ~ 0.8米，有明显的弧度，尾端微微上翘，与北魏直臂式的叉手形制有别。补间铺作则为一斗三升式斗栱，其中两次间补间斗栱因靠近前廊边角，仅雕出里侧大半个斗栱。斗歃均有颤线。栱头均有六瓣内颤式卷瓣。斗栱尺寸如表（单位：厘米）。

表2-10　第1窟斗栱部件名称及尺寸

部件名	上宽	下宽	耳	平	歃
栌斗	25	23	3	2	6
齐心斗	21	19	4	3	4
散斗	19	17	4	3	3
叉手上散斗	24	22	4	3	4.5
栱	长73	高13	上溜5	平出9	

人字形叉手和一斗三升斗栱上皆承替木及撩檐枋，替木厚0.05米，撩檐枋厚0.1米。

前廊后壁正中重层窟门，外门作圆拱龛形，高1.89米，宽1.02米，深0.6米。门内甬道后部略宽于门口，宽1.12米。门两侧各雕一八角柱。柱高1.4米，有收分，下大上小，下宽0.175米，上宽0.145米。柱体下段表面略有风化，柱下无柱础，柱头上饰一

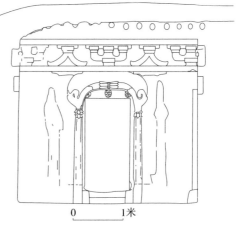

图2-4-69　天龙山石窟第1窟立面图

图 2-4-70　第 1 窟前廊和阑额斗栱形象

图 2-4-71　第 1 窟北壁立面

图 2-4-72　第 2、3 窟和上层第 1、2 窟一

朵莲花，莲花上有莲台，台上雕一凤鸟。门上有拱形门梁及尖拱门楣，门梁正中雕束莲。内门为长方形，高 1.57 米，宽 0.9 米，深 0.12 米。门楣上雕出三朵六瓣莲花门簪，门簪直径 0.115 米，厚 0.01 米。

主室（后室）平面方形，覆斗顶，正、左、右三壁正中各开一龛（此类窟形称之为三壁三龛式）。宽 3.25 米，东壁深 3.2 米，西壁深 3.07 米，高 3.33 米。四壁前均设低坛基。坛基高 0.33 米，宽 0.48 米。前壁坛基略窄，宽 0.37 米。

从第 1 窟的窟檐形式、所表现的样式和斗栱形制可见，开窟时间应在北齐时期。

2. 第 2 窟

位置：位于东峰东侧、第 1 窟的西侧，与第 3 窟比邻，窟口相距 2 米。窟口西南向。

窟外立面利用陡直崖面进行开凿，中间开圆拱形窟门，门上有门梁及尖拱门楣的残迹。门高 1.55 米，宽 0.93 米，深 0.5 米。门道东西两壁上方各凿一小长方孔。门里侧再凿出长方形门框，门框高 1.68 米，宽 1.28 米，厚 0.12 米。

洞窟形制：本窟为单室，规模并不大，平面呈方形，覆斗顶，三壁三龛式。宽 2.54 米，深 2.54 米，高 2.68 米。四壁微微内倾，壁面高 1.68 米。窟顶较高，四壁及顶心都有微微内凹的弧面。转角线分明。周壁前设有低坛基，高 0.24 米。四壁坛基深度不一，正壁深 0.38 米，左右壁深 0.33 米，前壁深 0.1 米。正壁坛基面上浅刻三朵十二瓣莲花；左右壁坛基面上各浅刻两朵十二瓣莲花。莲花皆有莲芯，并刻出莲子，直径均 0.3 米。

3. 第 3 窟

位置：第 3 窟位于东峰东侧、第 2 窟的西侧，与第 2 窟比邻。洞窟规模亦相仿。窟口西南向。

利用陡直崖面开凿，中间开圆拱形窟门，门高 1.5 米，宽 1.01 米，深 0.64 米。门两侧各雕一八角形柱，有收分。柱头上饰单叶瓣覆莲台。门上饰尖拱门楣，有门梁，门梁尾各雕一凤鸟。凤鸟表面略有风化，有冠，双翅微展，作回首啄羽状，凤尾上翘。东侧凤鸟一爪抬起，另一爪直立于柱头莲台上。西侧凤鸟双爪并立于莲台上，莲台风化严重。门内里侧凿出长方形门框，门框高 1.68 米，宽 1.3 米，厚 0.16 米。

图 2-4-73　第 2、3 窟和上层第 1、2 窟二

洞窟单室，平面呈方形，覆斗顶，三壁三龛式。宽 2.47 米，深 2.36 米，高 2.6 米。壁面较直，高 1.5 米。窟顶及四壁亦有明显的内凹弧面，但转角线分明。左右后三壁前设低坛基。坛基高 0.24 米，深 0.3 米，坛基面上无雕刻。

窟顶为天幕式莲花藻井。藻井中心雕一朵十六瓣大莲花，直径 0.43 米。四壁原各雕一身飞天及两朵十二瓣小莲花，飞天身下有祥云烘托。飞天均被盗凿，现仅可见部分莲花和飞天身侧的披巾以及身下的部分祥云。小莲花直径 0.24 米。

整个窟内经后世重妆彩绘；窟内四角绘出立柱，壁面顶部绘一道横枋，转角处横枋之上绘一斗三升斗栱。其施彩方式、颜料和斗栱形制均与第 2 窟相同，故两窟应是同时期重妆彩绘的。佛像装束和窟的

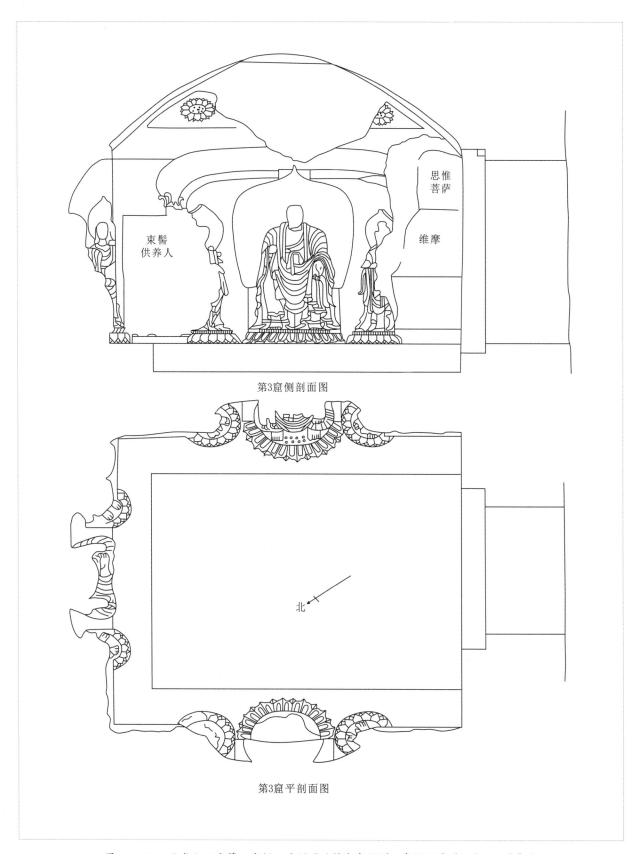

束髻
供养人

思惟
菩萨

维摩

第3窟侧剖面图

北

第3窟平剖面图

图 2-4-74　天龙山石窟第 3 窟侧、平剖图（摘自李裕群、李钢编著《天龙山石窟》）

建造形式同第1、2窟，建窟时间不会晚于北齐。

在第3窟与第4窟之间，有一块经过修整的崖面，崖面朝向西南，高2.1米，宽1.6米，深0.07米。其东边距第3窟窟门西边0.9米。崖面上镌刻上下二层小龛：上层并列7个小龛，龛高0.22米，宽0.2米，深0.035米。均为圆拱形，龛两侧有龛柱，龛柱与龛梁相连。上有尖拱楣，楣尖上雕出三叶莲花；下层并列三龛，均圆拱形，尖拱楣。东侧龛高0.32米，宽0.3米，深0.07米。无龛柱，上有龛梁，楣尖上有一朵莲花，楣面西下方生出忍冬纹，龛内雕一佛二弟子像。从造型和风格看，龛像均属于北齐时作品。

第三窟西侧摩崖龛像的上方，垂直位置在第4、5窟之间上方，另有一个小龛，考虑到与其东侧下方二层小龛摩崖雕刻手法相一致，开凿年代接近，故仍作为第3窟的附属龛。崖面正中凿成方框，框内开凿一圆拱形小龛，高宽均0.42米，深0.18米。龛下有方形龛座，座高0.12米，宽0.54米。龛两侧八角形龛柱，东侧龛柱风化不清，西侧龛柱保存完好。柱头饰仰莲台，龛梁尾雕一凤鸟，凤鸟作回首啄羽状，一爪举起，一爪直立，立于莲台上。龛上有龛梁及尖拱楣，龛内雕一佛二弟子。佛像坐高0.34米。从龛形及造像形象看，小龛应属于北齐作品。

4. 第10窟

位置：位于西峰东部、第9窟摩崖大佛龛西侧前方，两窟紧密相邻，窟口西南向。

洞窟形制为前廊、后室。

前廊有面阔三间的仿木构建筑窟檐，前廊宽3.75米，进深1.2米，地面至撩檐枋上皮高2.29米。前廊地面距窟外地面高约3米。前廊中部雕两根八角形立柱，东侧立柱及柱础已毁，西侧立柱保存完好。根据西侧立柱的位置和东西立柱应对称分布的原则，可推测明间宽2.65米，两次间宽0.55米。西侧立柱通高1.67米，上小下大，有收分，下面边长0.13米，上面边长0.1米。

柱下有厚0.02米的圆形柱板及单叶瓣覆莲式柱础，柱础直径0.58米，高0.08米。柱础南半部已崩毁。柱头有仰莲台，高0.21米，直径0.29米。莲台上置阑额一道，阑额截面宽0.21米，高0.11米，距前廊地面高1.79米。阑额仅保存柱头及以西部分，柱头阑额之上置一斗三升斗栱，斗斂均有颤线，栱头有四瓣内颤式卷瓣。阑额及斗栱均透雕，但斗栱北侧面不作雕饰。斗栱尺寸如下表（单位：厘米）。

表 2-11　斗栱部件名称及尺寸

部件名	上宽	下宽	耳	平	斂
栌斗	22	19	3	5	5
齐心斗	16	14	4	2	4
散斗	15	13	4	2	4
栱	长68	高16	上溜11	平出12	

斗栱之上直接承托撩檐枋。撩檐枋高 0.08 米，枋上出檐部分深 0.7 米。出檐部分之上崖面并无任何雕刻。在柱头斗栱东侧还有一朵明间补间斗栱的遗迹，与柱头斗栱相距 0.66 米。现存只有替木和一斗耳的部分，其叠构方式与柱头斗栱不同，即散斗之上先承厚 0.03 米的替木，再承撩檐枋。显然这朵斗栱不可能是柱头一斗三升式，而应是补间人字栱的遗迹。从其所处前廊中线偏西的位置看，明间补间的正中及东侧还有两朵斗栱的位置。参考第 16 窟明间补间斗栱的布列方式，原应有三朵斗栱，即中间一朵同柱头斗栱，为一斗三升式，两侧为人字形叉手式斗栱。

前廊内为平顶，西壁无雕刻。北壁（后壁）正中开重层窟门，外门作圆拱龛形，高 1.67 米，宽 1.02 米，深 0.3 米。门内甬道高出前廊地面 0.2 米。门两侧各雕一八角形柱，柱高 0.94 米。下大上小，有收分，下宽 0.13 米，上宽 0.11 米。柱下无柱础，西侧柱头上饰一朵盛开的莲花。门上有拱形门梁及尖拱门楣，门梁正中雕出束莲，但束莲上未雕莲瓣。门内甬道后部略宽于门口。内门为长方形，门东壁稍有残缺。门高 1.27 米，宽 0.9 米，厚 0.13 米。门西侧立颊上端凿一个小长方形孔。门楣上浅刻尖拱楣，门下方有门槛及门墩，门槛高 0.05 米。门槛上正中亦凿一小长方形孔。门内两侧各有一门墩石，窟门即前廊后壁外两侧各有一力士像，推测为北齐时代作品。

主室（后室）平面略呈方形，覆斗顶，三壁三龛式。宽 3.1 米，深 3.4 米，高 2.95 米。周壁前设低坛基，坛基高 0.35 米，宽 0.44 米。窟内地面较前廊地面低 0.33 米。东壁后（北）侧凿有圆拱形门道，高 1.43

米，宽 0.58 米，厚 0.37 米。门北壁大部分已坍塌，门道可通到第 9 窟下层文殊菩萨像的地面上。本窟左右壁龛的位置特意安排在窟内前侧，而留出后侧较大的壁面空间，可见此门道应在原有洞窟设计规划之中。

图 2-4-75　天龙山石窟第 10 窟北壁立面图

北壁正中开一圆拱形大龛，龛高 1.89 米，宽 2 米，深 0.72 米。龛柱及柱头风化严重，有拱形龛梁和尖拱龛楣，龛梁正中雕束莲，但未雕莲瓣，龛楣则雕刻在窟顶后壁上。龛内雕释迦、多宝二佛并坐像，无胁侍像。

东壁壁面略靠前侧开一圆拱形大龛，龛高 1.92 米，宽 1.64 米，深 0.63 米。两侧为八角形龛柱，无柱础，柱中雕束莲，柱头束帛式，束帛之上为仰莲台。上有拱形龛梁和尖拱龛楣，龛梁正中束莲已风化不清，梁尾各雕一凤鸟。

窟顶顶部中心雕一朵八瓣大莲花，直径 0.85 米。四壁无雕刻。

图 2-4-76　第 10 窟窟口一

图 2-4-77　第 10 窟窟口二

5. 第 11 窟

位于第 10 窟西侧东南向崖面上，距现在地面高 3.9 米，窟底大致与第 10 窟在同一水平位置上。

此处崖面面积不大，宽近 2 米，然后崖面向西折。洞窟即开凿于崖面正中，窟上部岩石略向外凸，窟下方现存上下 2 个方形梁孔，疑是栈道遗迹。洞窟凿成方框，高 1.1 米，宽 1.04 米，深 0.17 米。方框内开长方形窟门，门高 0.92 米，宽 0.67 米，深 0.12 米。下有门槛，高 0.1 米。

洞窟单室。平面方形，覆斗顶，三壁三龛式。窟内地面宽 0.87 米，深 0.8 米，高 1.13 米。三壁龛下设低坛基。坛基高 0.2 米，深 0.17 米。

西壁（正壁）通壁开一尖拱形龛，龛高 0.79 米，宽 0.79 米，深 0.18 米。上饰尖拱楣，龛两端分别与左、右壁龛楣相连。龛内雕一佛二弟子。

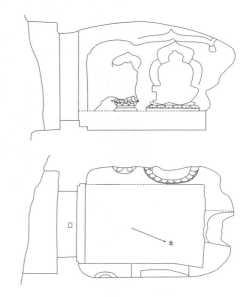

图 2-4-78　天龙山石窟第 11 窟平、剖面

6. 第 16 窟

位于西峰中部第 17 窟东侧悬崖峭壁上，东距第 15 窟 20 米，窟口底面距现修小道地面高 5 米，窟口南向。

此处为面积较大的陡直崖面，窟口之上略向里凿进凹槽，窟面岩石逐渐外凸，形成雨搭式的崖面。

洞窟具有前廊、后室。

前廊为面阔三间的仿木构窟檐建筑，宽 3.64 米，深 1.3 米，地面至撩檐枋上皮高 2.67 米。明间宽 2.4 米，东次间宽 0.65 米，西次间宽 0.75 米。前廊中间雕两根八角柱，东侧立柱的南外侧表面略有风化剥落，西侧立柱保存完好。柱体上小下大，有收分，柱高 1.58 米，下边长 0.12 米，上边长 0.09 米。柱下有较厚的圆形柱板和宝装覆莲柱础，柱板直径 0.32 米，高 0.05 米，柱础直径 0.53 米，高 0.26 米。柱头之上置栌斗，上宽 0.26 米，下宽 0.21 米，

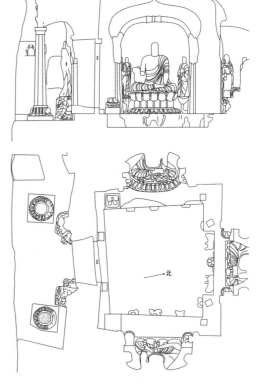

图 2-4-79　第 16 窟平剖面图

上深 0.255 米，下深 0.23 米。耳高 0.03 米，平高 0.05 米，欹高 0.08 米。斗欹均有颤线。斗上承阑额一道，阑额截面高 0.13 米，宽 0.14 米，距前廊地面高 2.02 米。阑额之上柱头铺作置一斗三升斗栱，斗欹均有颤线。栱头均有三瓣内颤式卷瓣。斗栱尺寸如下表（单位：厘米）。

表 2-12　第 16 窟斗栱部件名称及尺寸

部件名	上宽	下宽	耳	平	欹
栌斗	21	18	4	2	5
齐心斗	16	13	3	2	4
散斗	16	13	3	2	4
叉手上散斗	22	19	耳平高5		5
栱	长68	高19	上溜7	平出9	

斗栱之上承素枋及撩檐枋各一层。枋上出檐部分深 0.25 米，可见用土红色画出的椽子，出檐部分之上崖面无屋脊雕刻。明间补间有三朵斗栱，正中一朵为一斗三升式，形制大小均同柱头斗栱。两侧施人字形叉手，叉手直接承撩檐枋。叉手长 0.82 米。弧臂式，尾端稍稍上翘。两次间补间仅有一人字形叉手。其中东侧叉手风化严重，叉手上散斗已不清。

前廊内顶部呈里高外低的斜坡状，里高 2.16 米，外高 2.02 米。后（北）壁正中开重层窟门，外门作圆拱形，高 1.77 米，宽 0.92 米，深 0.46 米。门内甬道高出前廊地面 0.14 米。门两侧雕八角形柱，柱下为狮子座。狮子仅雕出前身，双耳向后，大眼宽鼻，口吐舌，双爪前伸，作伏卧状。柱身有收分，柱头饰莲台。上有拱形门梁及尖拱门楣，门梁正中雕束莲，门梁尾各雕一凤鸟。门内甬道后部略宽于门口，宽 1.07 米。内门作长方形，高 1.42 米，宽 0.89 米，深 0.1 米。门立颊上端凿有两个长方形小孔。下有门槛，高 0.14 米。门框正中亦凿一长方形小孔。门内壁（即窟内前壁）雕出门框，门框下有门墩。窟门外两侧原各雕一天王像。

主室（后室）平面方形，平顶，三壁三龛式。前壁宽 2.96 米，后壁宽 3.3 米，东壁宽 2.7 米，西壁宽 2.8 米，高 2.83 米。窟内地面低于前廊地面 0.16 米。周壁设低坛基，坛基高 0.3 米，深 0.4 米。前壁坛基略窄，深仅 0.16 米。

北壁（正壁）正中开一圆拱形大龛，龛高 1.88 米，宽 1.46 米，深 0.78

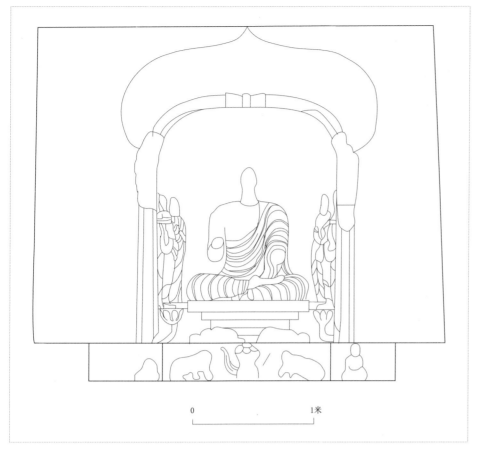

图 2-4-80　第 16 窟北壁立面图

图 2-4-81　第 16 窟前廊立面图

米。有龛梁及尖拱龛楣。龛两侧为八角形龛柱，柱下不施柱础，柱头饰莲台，龛梁正中雕束莲，龛梁尾雕饰龙首，龛内雕一佛二弟子二菩萨。

东壁正中开一圆拱形大龛，龛高1.91米，宽1.5米，深0.79米。有龛梁和尖拱龛楣。龛两侧为八角形龛柱，柱下不施柱础，柱头饰莲台，龛梁正中雕束莲，龛梁尾原雕饰凤鸟。

西壁正中开一圆拱形大龛，龛形同正壁龛，有龛梁和尖拱龛楣，龛两侧为八角形龛柱，柱下不施柱础，柱头饰莲台，龛梁正中雕束莲，龛梁尾雕饰龙首。

图 2-4-82　西峰第 16 窟

前壁无雕刻。壁面上部通壁绘有壁画。后代壁画上涂抹一层白粉，再施一层土红色将绘画覆盖，但透过外层仍然可以看出原有壁画的大体轮廓与形象。在近东壁处有一建筑屋顶形象。窟门两侧壁面则绘三排世俗供养人，每排三身，均身着土红色长袍。从构图看，整个前壁应是一幅礼佛图，人物形象明显具有北朝时期的特点，故此礼佛图应是北齐原作。

窟顶顶部中心雕一朵八瓣大莲花，环绕莲花原有三身飞天凌空飞翔。

五、太原姑姑洞与瓦窑村石窟

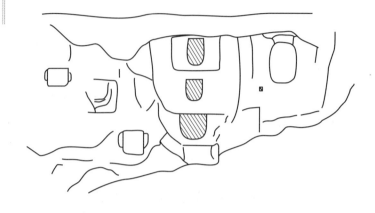

图 2-4-83　姑姑洞石窟立面示意图

太原市西南蒙山、龙山、悬瓮山和天龙山一带分布着北朝晚期至隋唐的石窟寺。除闻名于世的天龙山石窟、蒙山开化寺大佛及石窟、龙山童子寺大佛及石窟外，尚有一些小型石窟鲜为世人所知，如龙山姑姑洞石窟，悬瓮山瓦窑村石窟等。姑姑洞石窟和瓦窑村石窟亦开凿于北齐时代。

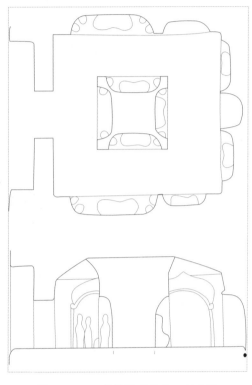

图 2-4-84　姑姑洞下窟平、剖面图

（一）姑姑洞石窟

姑姑洞石窟位于太原市晋祠镇西北约 3.5 千米的龙山南坡山腰间。现存石窟主要有三个，开凿于突起的大岩石上，呈上下分布，均面朝南，可称之为下窟、中窟和上窟。

1. 下窟

平面方形、覆斗顶、中心柱窟。面宽 3.33 米、进深 3.55 米。窟外崖面凿成长方框，宽 3.1 米、深 0.45 米、现高 1.7 米，构成类似前廊式的前室。前室后壁正中开窟门。门为圆拱尖楣龛形式，宽 0.95 米、深 0.45 米、现高 0.93 米，柱头饰莲花，有门梁及尖拱门楣，门梁尾雕饰凤鸟，立于柱头之上。

中心柱呈方柱体，面宽 1.55 米、进深 1.45 米。

参考天龙山第8窟形制,可以估计柱体下有方形坛基。中心柱近顶处作倒山形,与天龙山第8窟一致,象征着须弥山。柱体四壁各开一龛,均作帐形龛,上饰垂鳞纹、三角垂璋纹和帐帷,帐以带束起,其上雕饰朵朵梅花。龛两侧为方形龛柱。

前壁龛宽1.23米、深0.35米。主尊像已毁。

东壁龛宽1.22米、深0.35米。龛内一铺三身。主尊佛像现高0.8米。

后壁龛宽1.23米、深0.35米。龛内一铺三身。主尊佛像现高0.9米。双臂下垂,施禅定印。

西壁龛宽1.22米、深0.35米。龛内一铺三身,主尊佛像现高0.6米,为禅定坐佛。

窟内左右后三壁开龛,其中左右壁各开二龛,后壁开三龛。

东壁前龛为圆拱尖楣龛。宽1.75米、深0.36米、现高1米。龛两侧为八角龛柱,柱头饰覆莲及火焰宝珠,龛梁尾穿过柱头火焰宝珠,作卷圆头。龛内一铺五身。主尊佛像现高0.75米。后龛为圆拱形龛,无龛梁及龛楣。宽0.85米、深0.2米、现高1.12米。龛内雕立佛一身。现高1米。

后壁东龛为圆拱尖楣龛,有龛梁,不雕饰龛柱。宽0.98米、深0.25米、现高1.23米。龛内雕立佛一身,保存较好,现高1.05米。中龛为圆拱形龛,无龛楣,宽0.7米、深0.45米、现高1.03米。龛顶与东西龛内佛头顶齐平,且龛窄而深,颇显特殊。西龛龛形同东龛。宽0.99米、深0.2米、现高1.3米。龛内雕立佛一身,保存略好,现高1.13米。

西壁前、后龛与东壁二龛对称,龛形相同。前龛宽1.7米、深0.33米、现高1.18米。龛内一铺五身,均风化严重,残存石胎,主尊佛像现高0.96米。后龛宽0.93米、深0.22米、现高1.32米。龛内像

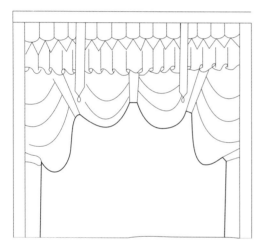

图 2-4-85 姑姑洞下窟中心柱西壁帐形龛

已毁。

2. 中窟

中窟保存较好，为平面方形，覆斗顶，周设坛基，三壁三龛窟。面宽2.7米、进深2.45米、高2.27米。坛基宽0.21米、高0.22米，窟外崖面无雕饰，窟门作圆拱形，宽0.9米、深0.3米、高1.46米。

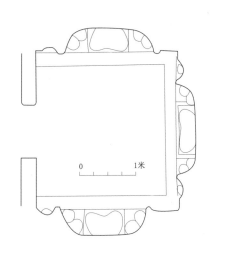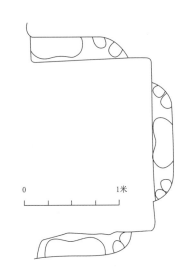

图2-4-86　姑姑洞中窟平、剖面图

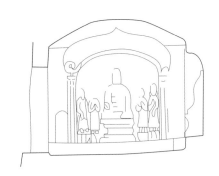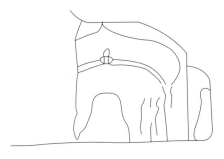

图2-4-87　姑姑洞上窟平、剖面图

正（后）壁壁面正中开一圆拱尖楣龛，宽1.5米、深0.35米、高1.5米。龛两侧为八角龛柱。龛内雕一佛二弟子二菩萨像。

东壁壁面正中开一圆拱尖楣龛，宽1.45米、深0.4米、高1.47米。龛外两侧雕八角龛柱，无柱基，柱头饰莲台，台上雕凤鸟。龛内雕一佛二弟子二菩萨像。主尊佛头已凿毁，残高0.56米。头后绘有圆形头光。

西壁壁面正中开一圆拱尖帽龛，龛形同东壁龛，宽1.5米、深0.34米、高1.5米。八角形龛柱，柱头莲台及凤鸟。龛内雕一佛二弟子二菩萨像。西壁同东壁残存圆拱尖楣龛，龛梁正中雕有火焰宝珠。龛内现存主尊佛像石胎，佛身后有舟形背光。

3. 上窟

上窟毁坏严重，单室，平面为方形，覆斗顶，三壁三龛窟。窟前壁及左右壁前侧已崩毁，窟内淤积很厚的泥沙。面宽 1.7 米、残深 1.18 米、现高 1.28 米。

正（后）壁壁面开一圆拱尖楣龛，宽 1.14 米、深 0.2 米、现高 0.8 米。龛柱及柱头装饰风化不清，有龛梁。龛内雕一佛二弟子二菩萨，均风化严重，残存石胎轮廓。

东壁壁面开一圆拱尖楣龛，现残存半个龛。龛内残存主尊佛像、右侧弟子和菩萨。

（二）瓦窑村石窟

瓦窑村石窟位于晋祠镇西北约 5 千米悬瓮山瓦窑村西北山坡崖面上。与姑姑洞石窟相同，也在明仙沟内，两处石窟相距约 1.5 千米。石窟开凿于山坡向阳的岩石上，东西并列三个小窟，分别称之为东窟、中窟和西窟。

1. 东窟

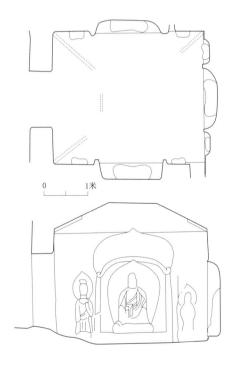

图 2-4-88　瓦窑村东窟平、剖面图

图 2-4-89　瓦窑村东窟东壁帐形龛

平面近方形，覆斗顶，三壁三龛窟。面宽 2.93 米、进深 3.47 米。窟内淤积大量泥沙，现高 2.1 米。窟顶四壁转角处雕半圆形斜梁，构成仿木框架结构。

正（后）壁壁面正中开一圆拱尖楣龛，宽 1.6 米、深 0.27 米、现高 1.6 米。方形龛柱，龛内雕一佛，龛外两侧各雕一胁侍菩萨。佛像头已毁，残高 0.72 米。

东壁壁面正中开一帐形龛，宽 1.34 米、深 0.31 米、现高 1.68 米。方形龛柱，帐顶饰山花蕉叶及宝珠，下有垂鳞纹、三角垂璋纹及帐幔。龛内雕一交脚菩萨，龛内两侧各雕一胁侍菩萨。

西壁壁面正中开一圆拱尖楣龛，宽 1.36 米、深 0.22 米、现高 1.56 米。方形龛柱，龛梁尾作卷圆头。龛内雕一坐佛，龛外两侧各一胁侍菩萨。

2. 中窟

平面方形，覆斗顶，三壁三龛窟。面宽 1.47 米、进深 1.55 米，现高 1.2 米。窟内淤积泥沙。窟顶正中雕一朵莲花。窟门已毁。

正（后）壁：壁面正中开一圆拱尖顶楣龛。宽 0.72 米、深 0.24 米、现高 0.7 米。有龛梁，龛柱风化不清。

西壁壁面正中开一圆拱尖楣龛，宽 0.75 米、深 0.23 米、现高 0.72 米。有龛梁，龛内雕一坐佛。

3. 西窟

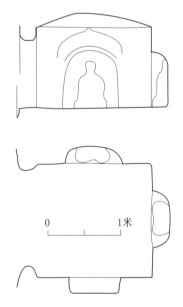

图 2-4-90　瓦窑村中窟平、剖面图

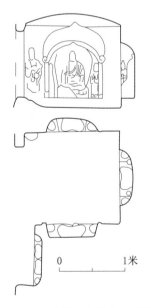

图 2-4-91　瓦窑村西窟平、剖面图

平面方形，覆斗顶，三壁三龛窟。面宽 1.38 米、进深 1.47 米，现高 1.35 米，窟内淤积泥沙。

正（后）壁壁面正中开一圆拱尖楣龛，宽 0.9 米、深 0.19 米、现高 0.74 米。龛内雕一佛二弟子二菩萨。

东壁壁面正中开一帐形龛，宽 0.93 米、深 0.18 米、现高 0.62 米，龛形同中窟。龛内雕一交脚菩萨二胁侍菩萨。

西壁壁面正中开一圆拱尖楣龛，宽 0.83 米、深 0.19 米、现高 0.74 米。方形龛柱，龛梁尾端作卷圆头。龛内雕一佛二菩萨。

（三）石窟开凿年代的推断

（1）姑姑洞和瓦窑村石窟规模均较小，因此，这两处石窟是地面寺院建筑的附属体。此二处石窟的洞窟形制为两种类型，即三壁三龛窟和中心柱窟，均属于礼拜性质的洞窟。龛形亦较少，仅圆拱尖楣龛和帐形龛两种。

（2）姑姑洞和瓦窑村石窟的造像题材比较简单。瓦窑村三窟均是东壁雕交脚菩萨坐于帐形龛中，可知此像为在兜率天宫说法之弥勒菩萨。其他二壁各为结跏趺坐佛，如此三佛即代表过去、现在、未来之三世佛。姑姑洞中窟和上窟也为三佛题材，作三结跏趺坐佛，手均施说法印。这样的三佛组合形式与天龙山第 16 窟一致。

（3）根据瓦窑村和姑姑洞石窟的特征可以对这二处石窟的开凿年代作出推断。在洞窟形制方面，方形、覆斗顶、三壁三龛窟是北朝晚期流行的形制。在云冈石窟第三期北魏晚期洞窟中已较多见，东魏、北齐洞窟即是典型的例子。

瓦窑村和姑姑洞石窟也存在着年代上的差异。瓦窑村三个窟东西毗邻，窟龛形制、造像特点和题材一致，估计为同时期开凿。但与姑姑洞石窟相比，瓦窑村诸窟较早，如圆拱龛均作方形龛柱，这与天龙山东魏时期开凿的第 2、3 窟相同。瓦窑村石窟其上限或可早到东魏末。而姑姑洞石窟与天龙山隋窟有相似之处，或可表明其下限延至隋初。

六、晋阳西山大佛和童子大佛

（一）背景

北魏永熙元年（532年），高欢于晋阳建立大丞相府，遥控北魏朝政。并以晋阳为陪都。东魏、北齐时期，高氏皇室频繁往来于邺城与晋阳之间，因而实际上晋阳成为高氏政权宣政之所，是北朝晚期中原北方地区的政治、经济、文化中心。

北齐皇室以及臣僚多笃信佛教。晋阳佛教迅猛发展起来，开窟造像之举日渐频繁。这一时期除开凿著名的天龙山石窟外，另一重大佛事活动就是摩崖大佛的开凿，晋阳西山大佛和童子寺大佛，均始凿于北齐文宣帝时期。

图 2-4-92　晋阳西山大佛

图 2-4-93 维修中的西山大佛

（二）西山大佛

西山大佛位于太原市西南 7.5 千米蒙山之阳。西山大佛现存大佛龛一个，洞窟两个。龛平面略呈半椭圆形。面宽 29.6 米、进深 17 米。大龛之上，有大片平坦宽阔之地，现存规模较大的寺院遗址，其后部为蒙山的山顶。以山体边崖部位开凿大佛佛像，头部高出，系利用自然突起的岩石而开凿的。

大佛头部已失，颈以下身体轮廓隐约可见。颈宽、厚各 5 米，高 2 米余。其上阴刻三道项线。颈至腹高 22 米，双肘相距 22.7 米。双肩宽平，身体颇显雄壮。腹部微鼓，小臂宽 2.8 米、长 12 米。双手施禅定印，右手尚存手掌及小指，长 3.1 米。手以下有高 3 米用条石补砌成结跏趺坐式的双腿。重修后的大佛作结跏趺坐式。大佛龛内及龛外两侧均不见有胁侍像的痕迹，推测西山大佛属于单体佛像。

大佛前有一平台，其基面距佛颈高约 33 米。平台上现存有建筑遗迹，面宽三间，约 15 米，有门墩石和地栿。

大佛龛外左侧崖面尚保存两个洞窟和一块摩崖碑刻。摩崖碑刻左侧有一小窟，小窟左侧有一稍大

燃灯塔□

图 2-4-94 童子寺大佛平面示意图

图 2-4-95 西山大佛旁禅窟外立面示意图

的洞窟。窟平面方形，四角攒尖顶。面宽 2.97 米、进深 2.99 米、高 2.94 米。窟门长方形，高 1.74 米、宽 0.97 米、深 0.52 米。门两侧各雕一石柱，柱头施栌斗，上承阑额，阑额上为一斗三升式斗栱，补间施一人字形叉手。叉手呈弧形外撇，而尾端略有上翘。窟内素壁无龛像。此窟无开凿纪年题记可作依凭。此窟四角攒尖顶的洞窟形制亦不见于天龙山北朝洞窟中。但这种窟形在山西其他北朝窟中出现较多，如榆社响堂寺石窟东魏洞窟、平定开河寺石窟东魏北齐洞窟。高平羊头山石窟北魏洞窟，窟顶亦多作四角攒尖顶，此窟当属北朝遗迹。檐窟人字形叉手尾端略上翘的特点与天龙山北齐开凿的第 1 窟和 16 窟人字形叉手十分相似，故此窟开凿年代推定为北齐时代。

（三）童子寺大佛

图 2-4-96　童子寺大佛右侧菩萨　　　图 2-4-97　童子寺大佛右侧菩萨（侧面）

（摘自李裕群《晋阳西山大佛和童子寺大佛的初步考察》）

童子寺大佛位于太原市西南约 20 千米龙山北峰。龙山童子寺现存大佛龛一个，洞窟五个。现存北齐燃灯石塔一座，高 4.12 米。燃灯塔之西有童子寺大佛开凿在峭壁上。

童子寺大佛，系利用崖面开凿而成的摩崖敞口龛。龛平面略呈椭圆形。大龛之上，现与右胁侍菩萨头部齐平之处，有一块平坦地，龛形与西山大佛一致，疑为敞口样式。

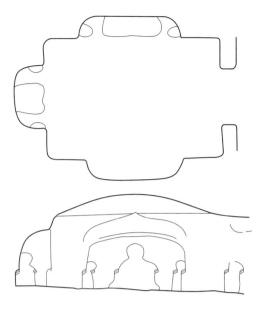

图 2-4-98 童子寺第一窟平、剖面图

主尊大佛形体与西山大佛类似。现在只可以辨认出宽厚的胸部及双臂。

大佛右侧崖面雕凿一身胁侍菩萨大像，头部及身体保存略好。根据圆仁《入唐求法巡礼行记》卷三记载，童子寺大佛为阿弥陀佛，胁侍菩萨分别为观世音和大势至。阿弥陀佛右侧，为大势至菩萨。现存菩萨头高 6.6 米，颈高 1 米，颈至腹高 8 米，身体宽约 12 米。头侧面残存右腮及右耳垂，其上有无数小孔，系后世重妆时留下的遗迹。按大龛布局，主尊阿弥陀佛左侧应有观世音菩萨像。

大佛龛右侧崖面凿有千佛。大佛龛之南为童子寺院遗址，遗址之东西向崖面上有北齐时代开凿的四个小窟，均残毁严重。

（四）开凿摩崖大佛的情况

1. 西山大佛的开凿年代

按《永乐大典》卷五二○三引明洪武年间所修《太原志·太原府志》寺观条记载："开化寺，在本县西北一十五里。自北齐高洋天保二年，乃凿石通蹊，依山刻像。至隋仁寿元年（601 年），改净明寺。唐李渊留守河东，来游于此。受禅之后，复题额曰开化。至后晋开运二年（945 年），刘知远始经营之。"

按嘉靖《太原县志》卷五记载，五代后晋开运二年（945 年）苏禹珪撰文，刘知远立石《重修蒙山开化庄严阁记》碑记载："据传记，开化寺北齐文宣帝天保末年，凿石通蹊，依山刻像，式扬震德，用镇乾方……仁寿元年，隋朝造大阁而庇尊像焉，仍改为净明寺。洎唐高祖在藩邸时，至此寺瞻礼回，夜梦化佛满空，毫光数丈。登极之后，复改为开化寺。后显庆二年，高宗驾至，出左右行藏，资缙宝玉，崇严饰之。后会昌甲子岁，敕废大阁，露尊像，雨滴风摧，仅六十载。"

《北史·齐本纪下》关于开凿大佛时的情况记载："承武成之奢丽，以为帝王当然。乃更增益宫苑，造偃武修文台，其嫔嫱诸院中，起镜殿、宝殿、玳瑁殿，丹青雕刻，妙极当时。又于晋阳起十二院，壮丽逾于邺下。所爱不恒，数毁而又复，夜则以火照作，寒则以汤为泥。百工困穷，无时休息。凿晋阳西山为大佛像，一夜燃油万盆，光照宫内。"从行文"承武成之奢丽"看，当指武成之子北齐后主。又上书记载幼主高恒生于武平元年（570年），隆化二年（577年）二月虚龄八岁即帝位。同年十二月，北周武帝率军攻占晋阳。故《北史》所记无疑是指北齐后主。五代《蒙山开化寺碑》亦云："齐后主燃油万盏，光照宫内。"

西山大佛的开凿是北齐时期很重要的佛事活动。大佛规模宏大，要完成这样的工程，既需要大量财力和人力的投入，也需要一定的时间。

2. 童子寺大佛开凿的原因和年代

最早记载是《永乐大典》卷五二〇三引《太原志·太原府志》，志云："童子寺，在县西一十里，天保七年（556年）北齐弘礼禅师栖道之所，有二童子于山望大石俨若尊容，即镌为像，遂得其名，今废，偃碑存焉。"

可知童子寺大佛开凿于北齐天保七年（556年），还可以从日本入唐求法僧人圆仁《入唐求法巡礼行记》卷三中了解到碑文中的关键内容："从石门寺向西上坡，行二里许，到童子寺，慈恩基法师避新罗僧玄测法师，从长安来，始讲唯识之处也。于两重楼殿，满殿有大佛像，见碑文云：'昔冀州礼禅师来此山住，忽见五色光明云从地上空而遍照。其光明云中有四童子坐青莲座游戏，响动大地，岩巘颓落。岸上崩处，有弥陀佛像出现。三晋尽来致礼，多有灵异，禅师具录，申送请建寺。遂造此寺，因本瑞号为童子寺，敬以镌造弥陀佛像，颜容颐然，皓玉端丽。趺座之体高十七丈，阔百尺。观音、大势至各十二丈'云云。"

还可以从正史记载中得到印证。《北齐书·唐邕传》中记载："（天保）十年，从幸晋阳，除兼给事黄门侍郎领中书舍人。显祖（即文宣帝）曾登子佛寺，望并州城曰：'此是何等城？'或曰：'此是金城汤池，天府之国。'帝曰：'我谓唐邕是金城，此非金城也。'"至少可以知道，天保十年（559年）以前，童子寺即已创建。

根据上述圆仁记载，童子寺为一铺三身大像，主尊为阿弥陀佛，左右胁侍分别为观世音和大势至菩萨。

（五）大佛的创凿与皇室的关系

西山大佛和童子寺大佛均为北齐文宣帝天保后期经营雕凿的。大佛的开凿与北齐皇室有关系。

1. 西山大佛

在大佛开凿之前，西山已创建开化寺。按明成化《山西通志》记载，开化寺是由皇帝赐额的，这可以表明，寺院的创建，是得皇帝认可的，应属于皇家寺院。再从五代《蒙山碑》叙述寺史的顺序看，首先提到"北齐文宣帝天保末年，凿石通蹊，依山刻像"，随后叙"齐后主燃油万盏，光照宫内"，"隋朝造大阁而庇尊像"，"唐高祖在藩邸时，至此寺瞻礼回"，"显庆二年，高宗驾至"。《北史》和《通鉴》所记北齐后主开凿西山大佛，既可以说明西山大佛确为皇家所经营，又可说明北齐后主只是完成了先帝未成的事业。西山大佛的创凿者和功德主是北齐文宣帝。

2. 童子寺大佛

按圆仁所记，始凿者为冀州禅师弘礼，弘礼之所以经营童子寺，是因为"岸上崩处，有弥陀佛像出现"并"多有灵异。禅师具录，申送请建寺，遂造此寺"。弘礼禅师是以灵异之说送有关部门请求建寺，得到允准后才建寺造像的。按《隋书·百官志中》记载，北齐政府的职能部门有太府寺，下设"甄官署，又别领石窟丞"。因此，这一部门可能就是太府寺。又童子寺大佛规模宏大，主尊阿弥陀大佛高170尺，按唐大尺合50米，左右观世音、大势至菩萨高120尺，合35米，其工程之大不亚于西山大佛。所以，经营如此规模的摩崖大像，单凭一般僧俗之力显然无法完成。只有得到政府部门和皇室的倾力支持方可完成。因此，弘礼禅师请求建寺可能通过太府寺而上达最高统治者。北齐诸帝以文宣帝崇佛，对佛教始终予以倡导和扶持。《续高僧传·僧稠传》记载文宣帝"以国储分为三分，谓供国、自用及以三宝。自尔彻情归向，通古无伦，佛化东流此焉盛矣"。同书卷九记载："文宣之世，立寺非一，敕诏德望，并处其中，国俸所资，隆重相架。"僧稠的云门寺、昭玄统法上的合水寺均为文宣帝所敕建。

北齐时期开窟造像之风极为盛行。晋阳作为北齐陪都，是北齐"霸业所在，王命是基"的发迹地。北齐政权的奠基者高欢以大丞相职在晋阳总戎朝政，直至病逝于此。武定七年（549年）高欢长子高澄遇害，文宣帝"乃赴晋阳，亲总庶政"。建立北齐政权后，故文宣帝主要时间仍居晋阳，最终亦驾崩于此。显而易见，北齐时期晋阳有着特殊的政治地位。所以文宣帝认为："君子有作，贵不忘本，思申恩洽，蠲复田租……太原复三年。"

文宣帝在晋阳开凿大佛的目的固然是为了做功德，祈福田，但童子寺为阿弥陀佛，西山大佛为释迦，却寓意深远。

据《续高僧传》卷六《昙鸾传》记载，昙鸾从菩提流支处得《观经》（即《观无量寿佛经》），"自行化他，流靡弘广。魏主重之，号为神鸾"。"撰《礼净土十二偈》，续龙树偈后，又撰《安乐集》两卷，流传于世"。故净土宗尊昙鸾为初祖。昙鸾主要弘教地则在晋阳及其附近，本传记昙鸾被敕住并州大寺，后住汾州石壁玄中寺，终于平遥山寺。故晋阳地区阿弥陀净土信仰十分流行。而童子寺有弥陀佛化现，引来"三晋尽来致礼"，则反映了净土信仰深厚的社会基础。在文献和造像记中大量出现愿亡者托生西方净土的发愿文，忠实地反映了这一时期民众的心态。文宣帝参与开凿阿弥陀大佛的深刻含义是希望其父托生西方净土。其开凿西山大佛应是承袭北魏之传统，仿昙曜五窟而开凿的。

北齐政权统治初期致力于朝政，故文宣帝时期，人民得到了相对的安定。所以文宣帝自认"释迦如来"化身也在情理之中。因此，西山大佛雕凿成的形象，应与文宣帝的某种政治需要是分不开的。

总之，文宣帝在晋阳开凿大佛与邺城开凿石窟取意不同。邺城石窟与帝王陵寝密切相关；晋阳大佛则与晋阳特殊的政治地位有关。

（六）北齐大佛的渊源及与隋唐开凿大佛的关系

继北齐开凿大像之后，影响到隋唐两代。隋唐时期，各地又陆续开凿了不少摩崖大像。如太原姑姑洞石窟大佛龛开凿于北齐末至隋，现佛头高1.8米，估计原佛高近10米。

从大佛雕凿形式看，大佛皆依山雕像露顶开龛，窟前有木构的卯眼，推测佛顶部和佛腰有木构建筑。这种形制在中原北方地区即以晋

图 2-4-99　羊头山石窟洞窟分布示意图（摘自张庆捷 李裕群 郭一峰《山西高平羊头山调查报告》）

阳二处北齐大佛龛为最早。因此，就大佛龛形制而言，隋唐时期大佛龛与北齐大佛龛是一脉相承的。这种形制来源于云冈石窟，如著名的昙曜五窟和第5窟平面皆椭圆形穹隆顶，且大像背后有礼拜道。《辩正论》记载：隋炀帝"傍龙山作弥陀坐像，高一百三十尺"，此像之雕凿或受童子寺佛的影响。

隋唐时期，晋阳佛法颇盛，梵刹林立，高僧云集，为中原北方重要的佛教都市。而开化、童子二寺为晋阳著名佛刹，声名远播，其中开化寺影响更大。

晋阳作为北齐陪都，政治地位不言而喻。北周平定晋阳后，设置总管府，并"移并州军人四万户于关中"（《周书·武帝本纪》）。隋唐时期，晋阳是北方地区重要都市和军事重镇，佛教文化十分兴盛，因而备受统治者的重视。

北齐、隋唐时期，五台山不仅有文殊菩萨所居清凉山之传说，而且佛教大盛，名扬海内外。五台山位居太原之北，由长安或洛阳至五台山，晋阳则是必经之地。因此，五台山佛教的兴盛，也促进了晋阳佛教的发展和对外交流。

七、高平羊头山石窟

北魏以来，山西石窟寺及摩崖造像的地点多达300处，晋东南地区也是石窟寺分布区域之一。这里是平城和洛阳的交通要道。据近年来的考察，发现有北魏平城时期的石窟造像，年代早于洛阳龙门石窟，以羊头山石窟为代表。

（一）石窟的现状

羊头山为太行山余脉首阳山之主峰，海拔1297米，以状若羊头而得名。羊头山石窟坐落在高平市城北23千米处的神农镇北部。山上没有大

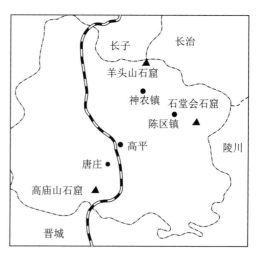

图 2-4-100　羊头山石窟和石堂会石窟位置示
意图（摘自《羊头山调查报告》）

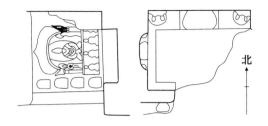

图 2-4-101 羊头山 A 区第 1 窟平、剖面图

图 2-4-102 羊头山第 1 窟正壁佛

面积裸露的陡直岩壁，而有许多类似小山包的沙石岩体。故每个岩体仅开凿一至二个洞窟和摩崖龛像。从山顶至半山腰分成十个区域，其中洞窟九个，摩崖龛像三处。此处还有北魏至唐代石塔六座，北魏造像碑一通。兹将十区分编为 A 至 J 区（由山顶至山腰编号）。其中 E 区为北魏摩崖龛像；I、J 区为唐代摩崖龛像；其余为石窟区。

1.A 区

居羊头山顶，仅一个北朝洞窟，编号第 1 窟。

第 1 窟

洞窟形制：平面为长方形，面宽 2 米、进深 1.6 米，右壁壁高 1.42 米。

窟外立面：现崖面右侧残存窟门，高宽不清，门厚 0.25 米。

主室正壁：壁面无龛，低坛上雕一佛二菩萨像。

2.B 区

居 A 区西下方，为一方形巨石，巨石因脱离山体而倾侧于近山顶处。南崖面开凿一北朝洞窟，编号第 2 窟。

第 2 窟

洞窟形制：平面近方形，覆斗顶，正壁一龛。面宽 1.94 米、进深 1.75 米、高 1.95 米。四壁微内倾，壁前设低坛，坛宽 0.22 米、高 0.28 米。

窟外立面：崖面正中开重形窟门，外门作圆拱龛形，尖拱门楣，楣面多雕三叶一组的单列忍冬纹，叶片瘦长。门两侧圆形门柱，柱头有莲台，门梁正中束一莲，梁尾各雕一凤鸟，鸟作回首反顾状，举一爪，立于莲台上。内门作长方形，宽 0.84 米、厚 0.24 米、高 0.92 米。窟门外两侧各雕一力士像。

主室正壁：壁面正中开一圆拱龛，龛宽 0.8 米、深 0.24 米、高 0.8 米。方形龛柱，柱头饰莲台，龛梁尾端作四叶忍冬纹，尖拱龛楣。龛内雕一佛二弟子像。

龛下佛裙摆两侧各雕凿一圆拱小龛。左龛内似一交脚菩萨；右龛内为一结跏趺坐佛。龛外其他壁面开凿千佛小龛，内各一禅定坐佛。

左、右、前三壁满雕千佛小龛，上下各五排，每排八至九龛，龛内一结跏趺坐佛，旁有僧俗供养人题名。

窟顶：正中雕一莲花，四壁素面。

3.C区

居B区西下方，为一突起的小块岩石，东崖面开凿一唐代洞窟。编号第3窟。

4.D区

居C区西下方，为一突起的小块岩石，东崖面开凿一北朝洞窟。编号第4窟。

洞窟形制：平面方形，四角攒尖顶，面宽、进深均2.85米，窟内淤积大量泥沙，下部构造不清，现高2.25米。

窟外立面：崖面正中开圆拱形窟门，宽1.16米，厚0.35米，门中部以下为泥沙所埋，现仅高1米。门两侧圆形门柱，柱头有莲台，门梁正中束一莲，梁尾各雕一凤鸟，鸟作回首反顾状，举一爪，立于莲台上。尖拱门楣，楣面雕三叶一组的单列冬纹，窟门外左右两侧各雕一力士像。

崖面上部凿有一道横槽及四个长方形梁孔，推测窟前曾修过木构窟檐。

主室：四壁微内倾，壁面满雕千佛小龛，圆拱尖楣式，内各一禅定坐佛。

窟顶：四壁均素面。

5.E区

居F区东上方，离D区较远，为一巨石。其东、

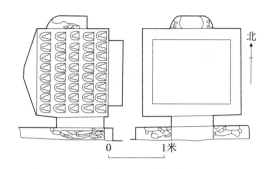

图2-4-103 羊头山B区第2窟平、剖面图

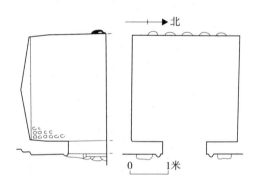

图2-4-104 羊头山D区第4窟平、剖面图

南、西三崖面各开一龛。

E-1龛，开凿于东崖面上，为敞口圆拱形大龛，宽1.48米、深0.44米。龛中部以下为泥沙所埋，形成现存地面，现高0.83米，无龛楣，内雕一佛二菩萨像。

E-2龛，开凿于南崖面，为敞口圆拱形大龛，宽1.57米、深0.4米，龛中部为泥沙所埋，现高0.98米。尖拱龛楣，楣面正中雕一结跏趺坐佛。

E-3龛，开凿于西崖面，亦为敞口圆拱形大龛，龛内雕一佛二菩萨像。

6.F区

居E区西下方，为一东西略长的巨石。东崖面开凿一北朝小窟，编号第5窟。南崖面开凿一北向大窟和一北向大龛（F-3龛），窟编号第6窟，其他还有不少小龛。东西崖面亦有小龛。巨石上有唐代石塔一座。

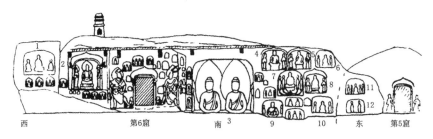

图2-4-105 F区立面展开示意图

第5窟洞窟形制：平面横长方形，四角攒尖顶，三壁三龛。面宽1.2米、进深0.9米，窟内淤积大量泥沙，窟底不清，现高1.11米。

窟外立面：崖面正中开重形窟门，外门作圆拱龛形。两侧圆形门柱，下有柱础，柱头束帛式，门梁正中束一莲，梁尾各雕一凤鸟，鸟作回首反顾状，举一爪，立于束帛上。上有尖拱门楣，楣面雕三叶一组的单列忍冬纹。内门作长方形，宽0.75米、厚0.1米，现高0.94米。窟门外两侧各雕一力士像，

主室正壁：壁面正中开一圆拱龛，龛宽0.67米、深0.1米、高0.65米。方形龛柱，柱头束帛式，尖拱龛楣，龛内雕一佛二菩萨像。

左壁：壁面正中开一圆拱龛，宽0.6米、深0.1米、高0.66米。龛形同正壁，内雕一佛二菩萨像。

右壁：与左壁对称开一龛，宽0.58米、深0.08米、高0.62米。龛

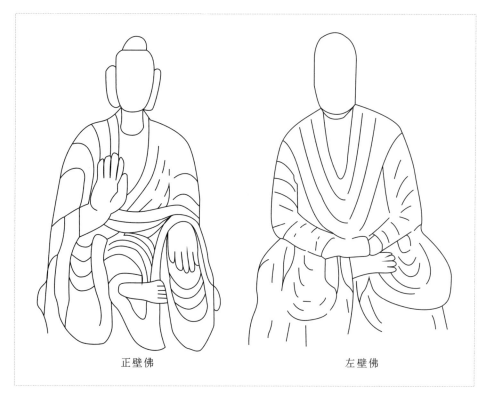

正壁佛　　　　　　　　　　左壁佛

图 2-4-106　羊头山第 5 窟佛像正壁佛与左壁佛

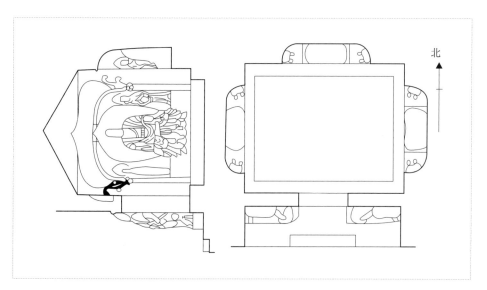

北

图 2-4-107　羊头山第 6 窟平、剖面图

形同正壁，内雕一佛二菩萨像。

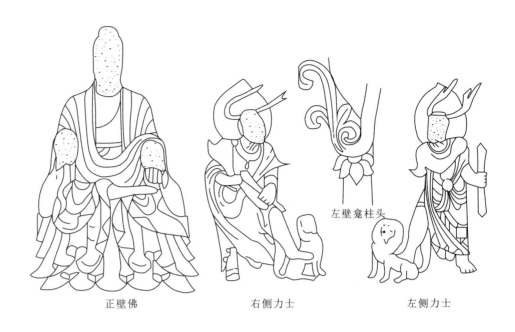

正壁佛　　　　　　右侧力士　　　　左壁龛柱头　　　左侧力士

图 2-4-108　羊头山第 6 窟造像

第 6 窟洞窟形制：平面横长方形，四角攒尖顶，三壁三龛。面宽 2.85 米，进深 2.28 米，高 2.8 米。四壁略内倾，壁前设低坛，坛宽 0.2 米、高 0.24 米。

窟外立面：由崖面向里凿进，使其形成一个垂直面，正中开重形窟门，外门作圆拱龛形，方形门柱，柱头施莲台，门梁正中束一莲，梁尾各雕一凤鸟，鸟口衔宝珠，作回首反顾状，凤尾上翘，举一爪，立于莲台上。尖拱门楣，楣面雕三叶一组的单列忍冬纹，叶片瘦长。内门作长方形，宽 0.85 米，厚 0.28 米，高 1.17 米。下有门槛，门内设门墩，可安设木制窟门。窟门外两侧各雕一力士像。

崖面还有许多后世补凿的小龛，上部凿有一道横槽，槽下有长方形梁孔。推测本窟及龛前曾修建木构窟檐。

主室正壁：壁面正中开一圆拱龛，宽 1.53 米，深 0.38 米，高 1.3 米。方形龛柱，柱头饰莲台，梁尾作龙头，作回首反顾状，尖拱龛楣，龛内雕一佛二菩萨像。

龛外左侧下部尚保留开凿洞窟之功德主题名，左侧中上部有唐代补凿二小龛，尖拱形，内雕一佛二菩萨像。

左壁：与正壁同，开一圆拱龛，宽 1.53 米，深 0.38 米，高 1.3 米。

方形龛柱，柱头饰莲台，龛梁尾饰四叶忍冬纹，尖拱龛楣。龛内雕一佛二菩萨像。

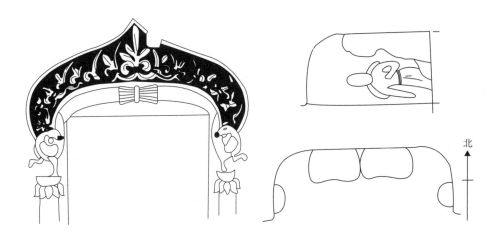

图2-4-109 羊头山第6窟窟门　　　图2-4-110 羊头山F－3龛平、剖面图

右壁：与左壁对称开圆拱龛，宽1.54米，深0.33，高1.3米。龛形同左壁龛。龛内雕一佛二菩萨像。

前壁：窟门上方凿一圆拱尖楣龛，宽0.42米，深0.09米，高0.4米。龛内雕一佛。

F-3龛，居第6窟左侧，为敞口平顶式摩崖大龛，面宽3.18米、进深1.16米。龛下部被泥沙所埋，现存高度2.2米。龛内正壁居中雕二佛并坐像。两侧壁各雕一菩萨像。

其他崖面小龛，有时代早晚之分。择主要龛像予以叙述。

F-9龛，居F-3龛左下方，为敞口平顶小龛。龛内雕一佛二菩萨像。

F-2龛，居第6窟右上方。圆拱尖楣龛，方形束莲柱，龛梁尾作四叶忍冬纹，龛内雕一佛二菩萨像。从形象看，具有明显的北齐和隋造像特点。

F-4、F-5龛，此为一组双龛，均为圆拱尖楣式，龛内雕一佛二菩萨像。菩萨形象同F-2龛，亦为北齐隋代作品。

7.G区

居F区西南下方，为一东西略长的巨石。东崖面开凿一北朝小窟，编号第7窟。南崖面开凿一北朝大窟，编号第8窟。另外东南西北四面均凿有小龛。

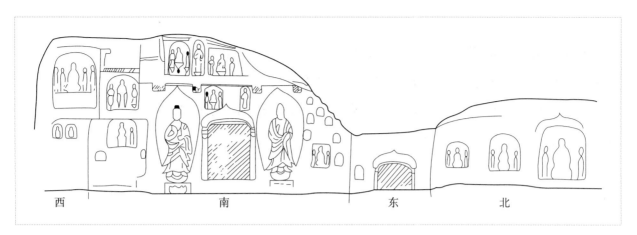

西　　　　　　南　　　　　　東　　　　　北

图 2-4-111　羊头山石窟 G 区立面示意图

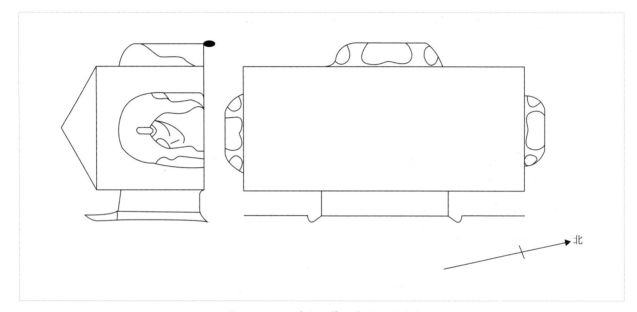

北

图 2-4-112　羊头山第 7 窟平、剖面图

第 7 窟

洞窟形制：平面横长方形，四角攒尖顶，三壁三龛。面宽 1.08 米，进深 0.8 米，窟内淤积泥沙，窟底情况不清，现窟高 0.9 米。

窟外立面：崖面正中开一圆拱龛形窟门，宽 0.8 米，厚 0.16 米，现高 0.5 米。方形门柱，门梁尾饰龙首，尖拱门楣。

主室正壁：壁面正中开一圆拱龛，无龛柱和龛楣。龛内雕一佛二菩萨像。

第 8 窟

洞窟形制：平面横长方形，四角攒尖顶，三壁三龛。面宽 2.38 米，进深 1.68 米，高 2.2 米。四壁略内倾，壁前设低坛，坛宽 0.17 米，高 0.2 米。

图 2-4-113　羊头山第 8 窟平、剖面图

窟外立面：利用巨石自然崖面略加修整进行开凿。崖面正中开重形窟门，外门作圆拱龛形，圆形门柱，柱头施莲台，门梁正中束一莲，梁尾各雕一龙首，作回首反顾状。尖拱门楣，楣面雕三叶一组的单列忍冬纹，叶片瘦长。内门作长方形，宽 0.84 米，厚 0.24 米，高 1.04 米。下有门槛，门内设门墩，可安设木制窟门。窟门外两侧各雕一立佛像。

崖面上部有一道横向沟槽，槽下共有四个梁孔，可以推断窟前曾建有木构窟檐。

主室正壁：壁面正中开一圆拱龛，龛宽 1.1 米，深 0.18 米，高 1.2 米。方形龛柱，柱头饰莲台，龛梁正中束一莲，梁尾各雕一凤鸟，口衔宝珠，作回首反顾状，尖拱龛楣，龛内雕一佛二菩萨像。

（8）H区

居G区西侧，为一圆形巨石，南崖面开凿一北向洞窟，编号第9窟。

第9窟

洞窟形制：平面横长方形，四角攒尖顶，三壁三龛。面宽2.02米，进深1.59米，窟内淤积大量泥沙，原有高度和窟底情况不明，现高1.53米。四壁略内倾。

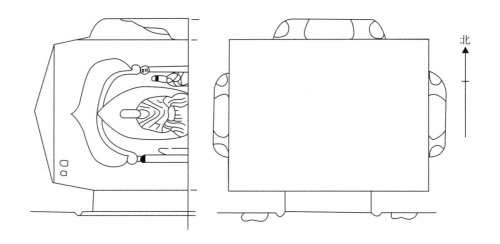

图 2-4-114　羊头山第9窟平、剖面图

窟外立面：利用南崖面略加修整进行开凿。崖面正中开重形窟门，外门作圆拱龛形，圆形门柱，柱头束帛式，门梁正中束一莲，梁尾各雕一凤鸟，口衔宝珠，作回首反顾状。尖拱门楣，楣面雕三叶一组的单列忍冬纹。内门作长方形，宽0.84米，厚0.24米，门下半部为泥沙所埋，现高0.93米。窟门外两侧各雕一力士像。

窟外其他崖面满雕千佛小龛，崖面上部与第8窟相同，也有一道横向沟槽，槽下共有四个梁孔，可以推断窟前曾建有木构窟檐。

主室正壁：壁面正中开一圆拱龛，宽1.09米，深0.2米，现高1.02米。方形龛柱，柱头雕漫漶不清，尖拱龛楣。龛内雕一佛二菩萨像。

左壁：壁面正中开一圆拱龛，宽0.86米，深0.17米，现高0.75米。方形龛柱，柱头饰莲台，龛梁尾作卷圆头，尖拱龛楣。龛内雕一佛二菩萨像。

（二）年代判断

根据各期的特征，比照有纪年可考的石窟造像，对各期的年代略作推论。

第一期：佛菩萨和飞天造型古朴，具有早期造像的特点。造像属于北魏孝文帝改革服制前的旧样式，是云冈石窟第一、二期常见的佛像样式，明显具有北魏迁洛阳前云冈第二期佛像的特征。推断其年代在孝文帝太和十年至二十年间。据清乾隆《高平县志》引《羊头山新记》记载："羊头山有清化寺，建自后魏孝文帝太和之岁，初名定国寺，北齐时改名宏福寺，隋末寺废，唐武则天天授二年重建，改今额。"清化寺遗址即位于 E、F 区前侧，二者大体同处于一条水平线上，很可能龛像的开凿与清化寺的创建有密切关系。因此，可将一期的年代大致推定为北魏孝文帝太和晚期至宣武帝景明初，即公元 499 年前后。

第二期：这是羊头山开凿洞窟的高潮期。洞窟形制和造像特点均具有明显北魏晚期的特点。第二期洞窟的年代定为北魏晚期（516—534 年）。

北魏时期，羊头山属建州高都郡。《魏书·地形志》记载："建州，慕容永分上党置建兴郡，真君九年省，和平五年复，永安中罢郡置州，治高都城。"北魏孝文帝迁都洛阳后，建兴郡曾隶属于洛阳司州。由于建州地邻洛阳，又是联系两京（平城和洛阳）的交通要道。北魏孝文帝太和十七年（493 年）由平城率军南征，就是经太原和建州而抵洛阳的。迁都洛阳后，北魏官员亦常冬居洛阳，夏还平城，而频繁往来于两京地区，太行山西麓这一交通线似更为繁忙。因而两京地区的佛教和石窟造像对于这一地区石窟的开凿产生较大影响。

从目前的资料看，羊头山石窟是迄今为止发现最早使用攒尖顶的石窟，以后榆社响堂寺石窟、平定开河寺石窟均采用这种形制。

八、和顺县云龙山石窟

云龙山石窟在山西省和顺县县城以北 1 千米处云龙山半山腰间。崖壁上东西走向排列两窟，东窟东侧存二附龛。二窟二龛均坐北向南，二窟相距 15 米，东窟保存较好，西窟风化严重。大致推测为北魏永安至永熙年间开凿。

东窟坐北向南，属于三壁三龛窟（图一）。窟门圆拱尖楣形，高 1.6 米，宽 0.8 米，厚 0.2 米。门柱方形，门梁尾作圈圆头。窟门上方依崖

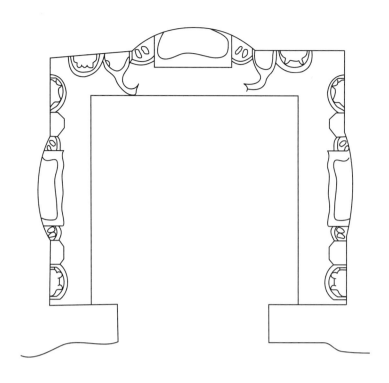

图 2-4-115 云龙山石窟东窟平面图

图 2-4-116 云龙山石窟东窟剖面图

开凿圆形梁孔，窟内平面长方形，坛基高 0.1 米，窟顶作覆斗形，窟深 1.34 米，宽 1.7 米，高 1.8 米。三壁三龛，龛内一佛二弟子，龛外两侧雕胁侍菩萨各一尊。

北壁：正中央开龛，龛为仿木构屋宇形状，通高 1.4 米，宽 1.05 米，深 0.25 米，八棱形龛柱高 0.67 米，柱身收分明显，柱头设栌斗形垫墩，斗上置雀替托阑额，阑额上设简化的人字栱承屋檐。屋顶浮雕瓦垄、正脊、垂脊，正脊两端鸱尾各一。龛内主佛像两侧胁侍弟子。龛两侧胁侍菩萨各一尊。

西壁：佛龛较北壁带略小，高 1.4 米，宽 0.86 米，深 0.25 米。龛柱下础石同佛座下部连为一体。

东壁：佛龛内弟子、胁侍菩萨同西壁，主佛像为弥勒菩萨。

东窟二附龛：位于东窟东部 5 米处，一大一小二龛并列，坐北向南。均为圆拱尖楣龛，方形龛柱，柱头设仰莲，龛梁作卷头，大龛高 0.72 米，宽 0.44 米，深 0.21 米，楣高 0.14 米，宽 0.64 米。小龛高 0.58 米，宽 0.46 米，深 0.17 米，楣高 0.14 米，宽 0.56 米。大龛内长方形佛台上雕佛像一尊施禅定印，结跏趺坐。

西窟窟门高 1.07 米，宽 0.84 米，厚 0.33 米。窟内平面为横长方形，宽 2.5 米，深 1.5 米，窟顶略呈覆斗式，高 1.68 米，三壁三龛窟，龛形有帐形与圆拱两种形式，龛内一佛二弟子。北壁佛龛四周满布千佛。

九、左权石佛寺石窟与"高欢云洞"石窟

清雍正十一年（1733 年）所修《辽州志》卷四古迹条记载，辽县（今左权县）有"石佛松涛"和"高欢云洞"两大胜境。前者在"城西七里许，山有石洞，中镌石佛，因名石佛寺。枕高冈逸曲涧，苍松万株，清香袭人"。后者未记具体地点，只云"壁开石室，镂柱雕梁，巧夺天工，相传高欢曾避暑于此"。

（一）石佛寺石窟

石佛寺石窟位于山西省左权县城西 3.5 千米井沟村西南 500 米的山坡上。石窟开凿于村西冲沟之东山坡的小块岩石上，洞窟共有两个，南北毗邻，北窟编号第 1 窟，南窟为第 2 窟。洞窟前有一块不大的平地，

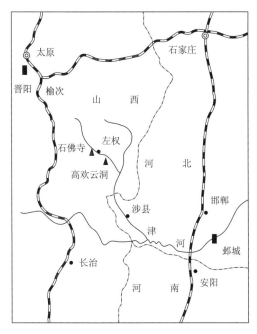

图 2-4-117　石佛寺高欢云洞石窟位置示意图

窟外崖面有一排橼孔和四个长方梁孔，可知窟前原有遮蔽洞窟的木构建筑。石佛寺原来的规模很大，有大小十二进院落，常有五台山僧侣来此云游。寺院在抗日战争以前就遭到破坏，逐渐成为废墟。

1. 第 1 窟

洞窟坐西朝东，平面略呈方形，覆斗顶，三壁三龛。

窟门：圆拱形，上有尖拱楣和龛梁，梁尾作卷状，两侧方形龛柱。门高 1.49 米，宽 1.12 米，深 0.26 米，下有门槛，高 0.44 米，宽与门同。窟门两侧各雕一力士像，面朝窟门。

主室：前壁面宽 3.02 米，后壁面宽 2.84 米，进深 2.38 米，通高 2.88 米，壁面（包括坛基）高 2.05 米。窟内左、右、后三壁前设低坛基，宽 0.35 米，高 0.4 米。

后（正）壁：壁面正中开圆拱尖楣龛，龛梁尾作圆卷状，龛高 1.4 米，宽 0.88 米，深 0.22 米。龛内一坐佛，坐高 0.88 米。

左壁：壁面正中开圆拱尖楣龛，龛形同前，高 1.32 米，宽 0.83 米，深 0.24 米。龛内雕思惟菩萨。

右壁：壁面正中开圆拱尖楣龛，龛形同前，高 1.35 米，宽 0.83 米，深 0.21 米，龛内雕一倚坐弥勒佛，高 1.26 米。龛外两侧与左壁同，凿成长方框，下有平台，龛内各雕一菩萨立像。左侧菩萨高 0.74 米。右侧菩萨高 0.77 米。

前壁：门两侧各凿一长方框，内雕供养像。左侧供养像高 0.88 米，右侧供养像高 0.83 米。前壁上部雕刻浅浮雕，窟门上方正中结跏趺坐佛，有舟形背光。窟门左侧上方，雕上下两世俗供养人。

窟顶：有浅浮雕。正中藻井雕一朵莲花，后（正）壁雕二身飞天。

图 2-4-118 石佛寺石窟平、剖面示意图（左为第 2 窟、右为第 1 窟）

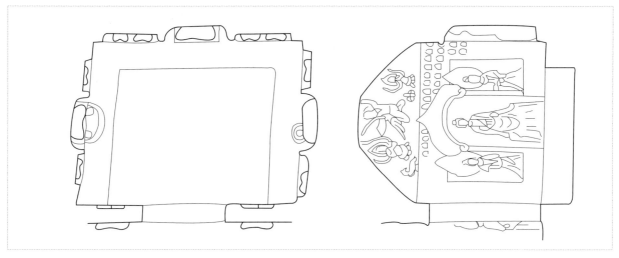

图 2-4-119 石佛寺第 1 窟平、剖面图

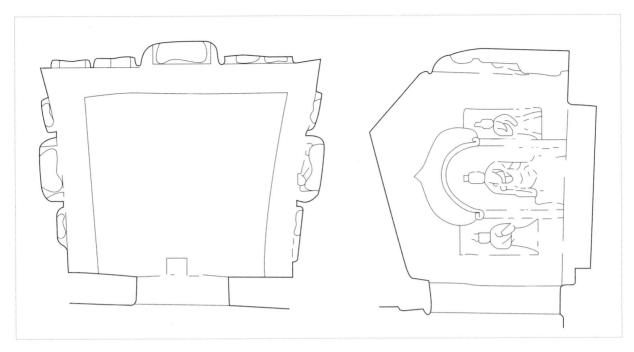

图 2-4-120　石佛寺第 2 窟平、剖面图

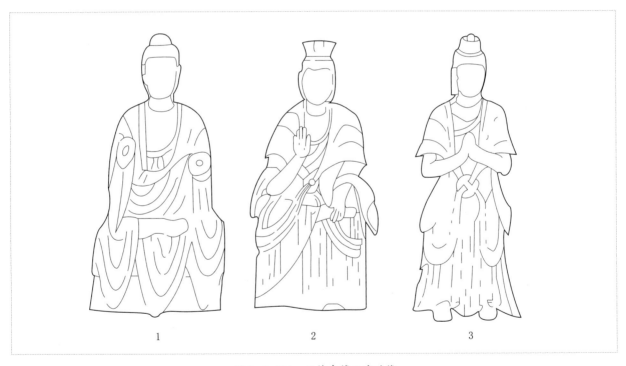

1　　　　　　　　2　　　　　　　　3

图 2-4-121　石佛寺第 2 窟造像

1.右壁倚坐佛   2.正壁坐佛   3.左壁半跏趺坐思惟菩萨
4.右壁右侧菩萨   5.右壁左侧菩萨   6.前壁左侧供养人
7.前壁右侧供养人

图 2-4-122　石佛寺石窟第 1 窟造像

2. 第2窟

洞窟坐西朝东，平面略呈梯形，人字坡顶，三壁三龛。

窟门：圆拱龛形，上有尖拱楣和龛梁。龛梁正中雕一火焰宝珠，梁尾作圆卷状，两侧方形龛柱。门高1.62米，宽1.15米，深0.37米，下有门槛，高0.36米，宽与门同。窟外崖面有八个圆拱小龛，其中窟门左侧小龛打破洞窟前壁。

主室：前壁宽2.7米，后壁宽3.5米，左壁深2.7米，右壁深2.5米，窟高2.8米。窟内左、右、后三壁前设低坛基，宽0.35米，高0.36米。

后（正）壁：正中开一圆拱尖楣龛，方形龛柱，龛梁尾作圆卷状，龛高1.73米，宽0.92米，深0.23米。龛内一坐佛，龛外两侧各凿长方框，内雕像。左侧框内雕一弟子一菩萨，右侧框内中有隔柱。构成两个框，框内分雕一弟子和一菩萨。

左壁：壁面正中开圆拱尖楣龛；龛形为圆拱形，龛高1.5l米，宽0.78米，深0.22米。龛内雕一半跏趺坐菩萨像，高1.42米。龛外两侧壁面亦向里凿进，长方形，下有平台，内各雕一菩萨。

右壁：壁面正中开圆拱尖楣龛，龛形同前，高1.53米，宽0.76米，深0.24米。内雕一坐佛，坐高1.31米。

（二）"高欢云洞"石窟

"高欢云洞"石窟位于左权县城东南20千米处，石窟开凿于山谷北面自然形成的陡直峭壁上，洞窟仅一个，当地俗称"高欢云洞"。

洞窟坐北朝南。平面略呈横长方形，窟前有仿木结构式前廊。

前廊：面宽13.8米，进深2.3，高约9米。前

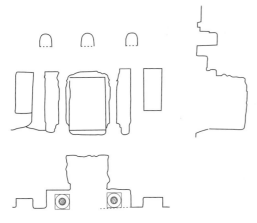

图 2-4-123　"高欢云洞"石窟平立剖面

廊前部雕四根八角立柱,使外观构成面宽三间仿木建筑样式。明间宽6.3米,次间宽2.9米,明间两立柱基本雕成,下有覆盆柱础,高0.47米,直径1.8米,其上有厚约0.08米柱锧(垫座),以及0.32米的八角柱体,柱体中间为一圆柱体,系未完工之束莲部分,柱头为未完成的仰莲,上承火焰宝珠。两柱间雕成拱门样式,高7.2米。门梁有未雕成的三朵束莲,门楣尖拱形,楣面雕火焰纹。次间两八角柱未雕凿完成,柱体与前廊后壁相连。两柱间施阑额一道,前廊后壁凿窟门,门平顶,高6.5米,宽4.5米,深0.77米。前廊上方雕成五个相连的长方框,其中间及两边框内雕圆拱龛,应系未完工洞窟的三个明窗。

主室面宽5.2米,进深3.14米,高约6.5米。窟内壁面及窟顶凹凸不平,未见任何雕凿龛像的遗迹。从窟檐上方明窗的位置以及前廊的宽度分析,主室原设计的范围远远超出现存主室的尺寸,故可知主室没有按计划完成。

(三)洞窟的形制与特征

石佛寺第1、2窟南北毗邻,窟形比较接近,有可能是一组双窟。造像特点显示出明显的差异,且表现出许多唐宋时期造像的特点,如佛像的裙摆作倒山字形,与唐代佛像裙摆处理方式接近。因此,可以说明第2窟系唐宋时期摹仿第一窟的形制、题材布局而雕凿的。

第2窟的开凿存在着两种可能,即与第1窟同时或稍晚开凿,但没有完工,唐宋时期续凿完成;或者是唐宋时期直接仿照第1窟而凿。

"高欢云洞"窟系未完成的大型洞窟,其外观雕成面宽三间的仿木建筑样式。

石佛寺石窟的始凿年代,文献中没有明确记载,窟内又缺少造像题材,只能根据上述洞窟形制与造像特征,并参照其他石窟资料,对石窟的年代作出推断。

左权县石室山东魏武定元年(543年)开凿的第3窟;太原天龙山东魏时期第2、3窟则与石佛寺石窟相同。因此,就洞窟形制而言,这种类型是在洛阳地区石窟的影响下发展而来的一种新样式,年代上应略晚于北魏,或可判定为北魏末期至东魏时期。

石佛寺石窟(第1窟)始凿年代的下限不会晚于北齐,其上限不会早于北魏晚期，即北魏末至东魏时期所开凿。

关于第 2 窟摹仿第 1 窟而雕凿佛像，前面已提到大约在唐宋时期。按《雍正·辽州志》卷四"寺观"条记载，石佛寺在七里店南山上，五代后晋天福年间所建。结合唐宋时期的造像特点，推测第 2 窟的续凿或新凿在五代后晋时期。

"高欢云洞"的开凿年代不会晚于北齐。响堂石窟属于皇室开凿的"石窟大寺"。关于中洞的开凿，学术界的观点比较一致，即为北齐文宣帝高洋所凿。北洞在年代序列上比中洞早，但分歧较大，一为东魏（高欢时期）说，一为北齐（高洋时期）说，但不管何种说法，都与高氏皇室有关。因此，以"高欢云洞"这样的规模，只有高氏父子才有能力去营建，也就是说，"高欢云洞"的开凿与高氏父子有关应无疑问。东魏、北齐建都邺城，以晋阳为上都，皇室频繁往来于并、邺之间。而"高欢云洞"所在正是由邺都出滏口，逾太行山至辽阳（今左权），再北上晋阳的交通要冲，也在现在从左权到河北武安、涉县的交通干线上。因此，在这里修建避暑宫的可能性很大。北齐文宣帝在辽阳甘露寺坐禅，也反映出辽阳在并邺交通要道上的重要性。认为"高欢云洞"原传说系高欢开凿的可信程度较高，高欢于东魏武定五年（547年）卒于晋阳，石窟工程的中辍或与高欢之死有关。至于北齐文宣帝及以后诸帝没有继续开凿，其原因需要进一步探讨。

严耕望先生对此曾作深入研究，认为东魏、北齐"诸帝往来两宫，或一年数次，大抵皆取道于此陉也"。滏口道大体可分二线：其一，从邺城入滏口，经武安越太行山黄泽岭，抵辽阳（"高欢云洞"居此道上），由辽阳向西经榆社（石佛寺居此道上）北上太原，或向西北经平城、榆次而抵太原。其二，从滏口、武安，经涉县，越古壶关口，抵黎城、襄垣，再北上太原，或黎城向北抵辽阳，与一线相合。可见辽阳在滏口道上居十分重要的位置。从山西、河北两省发现的石窟遗迹看，石窟地点一般都位于古代交通线上，如滏口道上有邯郸鼓山北响堂山石窟，涉县娲皇宫石窟，榆社圆子山石窟，庙岭山石窟。这些洞窟的年代都属于东魏、北齐时期。由此可见，东魏迁都邺城之后，并邺间的交通日益频繁，在这样的背景下，滏口道沿线的石窟寺大量涌现出来。

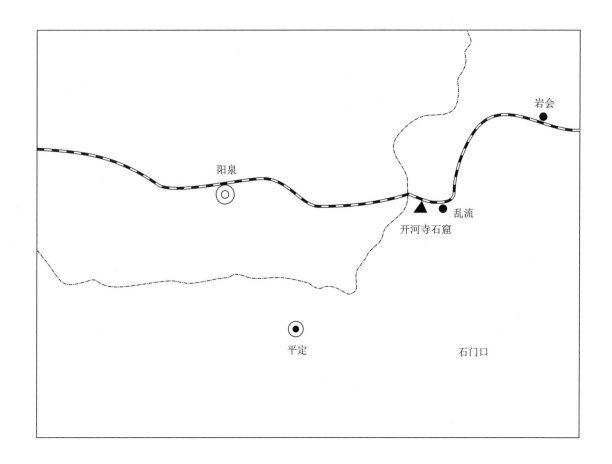

图 2-4-124　开河寺位置示意图

十、平定开河寺石窟

（一）石窟概况

开河寺石窟位于山西省平定县石门口乡乱流村西1千米。距县城8千米。石窟居桃河北岸山坡南麓的断崖上，石窟规模很小，仅有三个小型洞窟，东西布列于宽约6米的断面上。

由东而西分别为第1至第3窟。此外，窟区之西10米处有一稍大的摩崖造像。窟前原有开河寺。开河寺石窟开凿于东魏至隋初，在清朝后期遭到严重破坏。开河寺三个洞窟和摩崖造像都有明确的开凿纪年题记，对于研究这一时期石窟造像具有重要的参考价值。

1. 第1窟

石窟位居崖面东侧。洞窟平面呈方形，四角攒尖顶，三壁三龛，周设低坛基。面宽1.26米，进深1.13米，通高1.47米；坛基宽0.1米，高0.08米。

窟门：呈圆拱龛形，宽0.69米，深0.08米，高0.9米。门两侧雕八角门柱，柱上小下大，有收分。柱下为覆莲柱础，柱头饰仰覆莲。上有圆拱门梁和尖拱门楣。门下有门槛。门两侧各雕一力士像。窟门上方凿成横长方形框，其形如一横匾。框内正中雕一圆拱形小龛，八角龛柱，尖拱龛楣。龛内正中雕一佛二弟子像。

洞窟的发愿文，兹录如下："唯大齐河清二年，岁次癸未，二月乙未朔，十七日辛巳，阿鹿交村邑，子七十人等敢□天慈隆厚，惠泽洪深，其唯仰凭三宝可□，恩下述民矣故知宝璧非随身之资，福林获将来之果，其人等深识非常，敬造石室一区，纵广东西南北上下五尺，中、大佛，六菩萨，阿难，迦叶，八部神王，金刚力士，造得成就，佛法兴隆，皇帝陛下、臣僚百官，兵驾不起，五谷熟成，万民安宁，复愿七世父母，盍家眷属，边地众生，普蒙慈恩，一时成佛。"此题记之后亦有世俗供养人题名。

主室正（北）壁：壁面中部通壁开一龛，宽0.94米，深0.1米，高0.66米。龛作圆角平顶，龛两侧为八角龛柱，柱上小下大，有收分，无柱础，柱头施莲蕾。龛梁尾端饰龙头，上有尖拱龛楣。龛内雕一佛二弟子二菩萨像。佛像高0.4米，须弥座较高，雕凿于龛下壁前，束腰

图 2-4-125 开河寺石窟全景

图 2-4-126 开河寺石窟第 1 至 3 窟外观

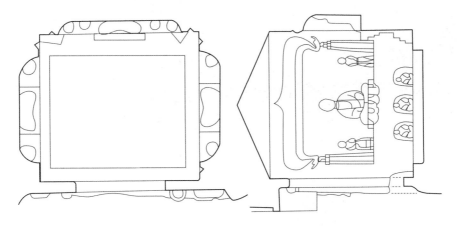

图 2-4-127　开河寺石窟第 1 窟平、剖面图

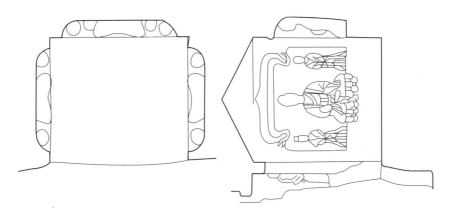

图 2-4-128　开河寺石窟第 2 窟平、剖面图

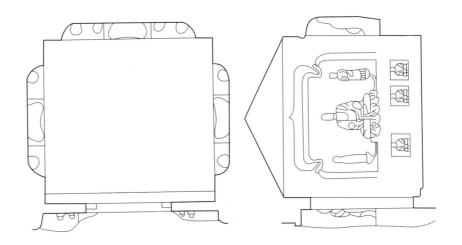

图 2-4-129　开河寺石窟第 3 窟平、剖面图

图 2-4-130　开河寺石窟第 1 窟窟门

图 2-4-131　第 1 窟窟门上方河清二年题刻中小龛

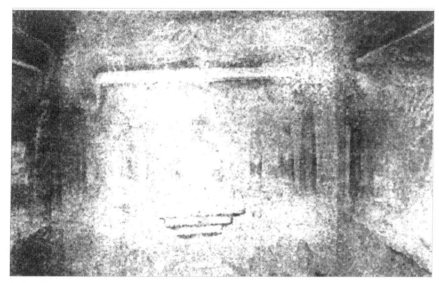

图 2-4-132　第 1 窟窟内正壁龛

处雕一博山炉。

左（东）壁：壁面中部通臂开一龛，宽 0.86 米，深 0.16 米，高 0.58 米。龛形制同正壁，龛内雕一佛二菩萨像。龛下刻有供养人提名及三神王小龛。

右（西）壁：壁面中部通壁开一龛，宽 0.84 米，深 0.16 米，高 0.57 米。龛形同左壁，龛内雕一佛二菩萨像。

前壁和窟顶无雕饰。第 1 窟与第 2 窟之间的隔梁上凿有三层小龛。上层为一长方形、平顶龛，龛内雕观音像一身，从形象看此龛为唐宋时期所凿。中层为一圆拱尖楣龛，龛两侧有八角龛柱，柱下覆莲柱础，柱头饰莲蕾。龛内雕一倚坐菩萨二弟子像。下层为两个并列的圆拱尖楣龛，龛内刻一坐佛。中、下层龛从龛形和造像特点看，应是北齐时期所凿。

2. 第 2 窟

位居第 1 窟之西。洞窟平面方形，四角攒尖顶，三壁三龛。面宽 1.2 米、进深 1.1 米、通高 1.42 米。

窟门：窟门为圆拱形，宽 0.63 米，深 0.1 米，高 1.04 米。窟门两侧各雕一力士像。从形象看，这身线刻佛像似后世补刻的。佛像之左为东魏武定五年（547 年）纪年题记，录文如下："大魏武定五年岁次丁卯七月丙，申朔十八日癸丑，并州乐平郡石，艾县安鹿交村邑仪王法现合廿四人等，既发洪愿造石室一区，纵广五尺，中造三佛、六菩萨、阿难、迦叶，造得成就，上为佛法兴隆，皇帝陛下，渤海大王，又为群龙百官守，宰令长，国土安宁，兵驾不起，五谷熟成，人民安乐，下为七世父母，所生父母，因缘眷属，蠢动众生，有形之类，普蒙慈眷，一时成佛。"佛像之右为世俗供养人题名。

主室正（北）壁：壁面中部通壁开一龛，宽 1.1 米，深 0.14 米，高 0.65 米。龛作凸字形，正中圆角平顶，有龛梁，梁尾端作龙头，上有尖拱楣。两侧呈圆拱形，无龛梁。龛内雕一佛二弟子二菩萨像。佛像高 0.62 米。

左（东）壁：壁面中部通壁开一龛，宽 0.9 米，深 0.13 米，高 0.66 米。龛形同正壁龛，作凸字形；龛内雕一佛二菩萨像。佛像高 0.64 米。

右（西）壁：壁面中部通壁开一龛，宽 0.9 米，深 0.13 米，高 0.65 米。龛形同正壁龛，作凸字形。龛内雕一佛二菩萨像。佛像高 0.64 米。

图 2-4-133 开河寺石窟第 2 窟窟门外观

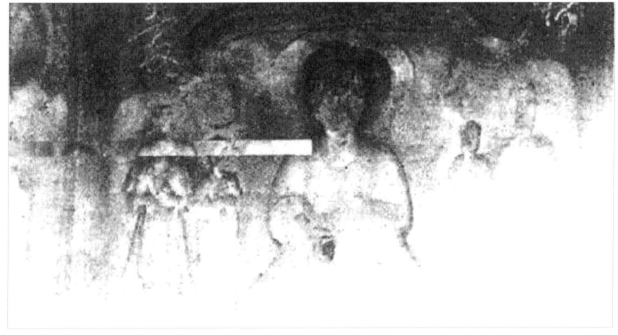

图 2-4-134 第 2 窟正壁龛

窟外西侧崖面有上下两个小龛，龛均作圆拱尖楣式，龛两侧有八角龛柱；上龛内雕一结跏趺坐佛，下龛内雕一佛二菩萨像，均为北齐时期所凿。

3. 第 3 窟

位居第 2 窟之西上方。洞窟平面方形，四角攒尖顶，三壁三龛。面宽 1.61 米，进深 1.53 米，通高 1.72 米。

窟门：呈长方形，平顶。宽 0.79 米、深 0.09 米、高 1 米。无门柱及门楣，门下有门槛，两角有安置木制窟门的方孔。门两侧各雕一力士像。窟门上方与第 1、2 窟相同。凿成横匾式的长方形框，框内正中雕一圆拱尖楣小龛，龛内雕一佛二弟子像。佛像着袒右式袈裟，结跏趺坐式。左右弟子像立于龛柱边。龛左边为世俗供养人题名，右边为北齐皇建二年（561 年）开窟题记，录文如下："唯大齐皇建二年岁次辛巳五月，丙午朔廿五日庚午，并州乐平郡，石艾县安鹿交村邑义陈神忻合，邑子七十二人等，敬造石室一区，今得成就，上为佛法兴隆，又愿皇帝陛下金轮应廷，圣祚凝远，群僚宰□，贡谒以时，国土安宁。兵驾不起，五谷熟成，人民安乐，下为七世先亡，见存师僧父母，因缘蠢动众生，有形之类，越三途之苦难，居登正觉。"

主室正（北）壁：壁面中部通壁开一龛，宽 1.26 米，深 0.15 米，高 0.72 米。龛作凸字形，与第 2 窟龛完全相同，正中圆角平顶，有龛梁及龙头梁尾，上有尖拱楣，两侧略低，圆拱形。龛内雕一佛二弟子二菩萨像。佛像高 0.52 米。其旁有供养人题名。

左（东）壁：壁面中部通壁开一龛，宽 1 米，深 0.13 米，高 0.64 米。龛形同正壁，作凸字形。龛内雕一佛二菩萨像。佛像高 0.47 米。

右（西）壁：壁面中部通壁开一龛，宽 1.03 米，深 0.16 米，高 0.67 米。龛形同正壁，作凸字形。龛下雕一佛二菩萨像。

第 3 窟窟外东侧崖面有上下两个北齐小龛。上龛为方形平顶龛，龛内雕一佛二弟子像。龛下有北齐皇建二年（561 年）题记。

下龛为圆拱尖楣龛，龛两侧有八角柱，无柱础，柱头施莲蕾。龛内雕一佛二弟子二菩萨像。左侧为北齐河清二年（563 年）题记："河清二年七月五日，佛弟子王卒敬造石像一区，上为国王帝主，下为七世父母，因缘眷属，有形之类，一时成佛。"右侧为世俗供养人题名。

第 1 至 3 窟窟外崖面共有四个方形梁孔，可知后世曾于窟前构筑木构窟檐。

4. 摩崖造像

摩崖造像系利用陡直崖面开凿而成，为一组较大的造像。正中为一半跏趺坐佛，佛两侧坛上各有一圆孔，系安置圆雕弟子像的位置，再外侧为二胁侍菩萨。

佛像通高 4.63 米，头高 1.2 米，坐高 3.33 米。左侧菩萨下崖面镌刻隋开皇元年（581 年）开凿摩崖大像的题记。

摩崖大像前后世依崖壁用石垒砌券洞，洞前建重檐前廊。券洞内现存圆雕造像二躯。

（二）开河寺石窟的特征

根据纪年题刻，开河寺石窟的开凿经历了东魏、北齐和隋三个朝代，有鲜明的时代特征。

在洞窟形制方面，开河寺石窟均为方形，四角攒尖顶，三壁三龛式。这种形制是北魏以来流行的主要窟形之一，如太原天龙山东魏洞窟第 2、3 窟，北齐洞窟第 1、10、16 窟。姑姑洞中窟、上窟和瓦窑村北齐诸洞窟均是如此。但四角攒尖顶样式在太原附近地区仅在西山大佛附窟中发现一例，山西其他地区则多有发现，如高平羊头山石窟北魏洞窟，榆社庙岭山石窟东魏洞窟，其窟顶均作攒尖顶。因此，这种窟顶样式可以视为山西地区北朝时期石窟的基本形制之一。开河寺石窟应与晋东南地区的石窟有渊源关系。第二，三窟多作凸字形龛，是目前仅见的实例。在单体造像中亦仅见出自河北定州系北齐造像一例。平定地邻河北，而定州又是石刻造像的发达地区，工艺精巧。因此，此类龛形有可能受到定州石刻造像的影响。开河寺石窟另具特色的是洞窟上方凿成横匾式的长方框，框内镌刻开窟发愿文。这是目前所见唯一的实例。

开河寺北齐造像虽然形体较小，但具有典型的北齐风格。佛像肩宽胸挺，身体丰壮，身着双领下垂式袈裟，裙摆短，覆于座上，菩萨像亦身体丰壮，双肩披巾沿身侧下垂，上身袒露，下身着裙，无衣纹。佛和菩萨均与南北响堂山石窟、水浴寺石窟、天龙山石窟北齐造像一致。

（三）有关开河寺石窟造像记

开河寺石窟共有纪年造像记六方，其中东魏武定五年（547年）和隋开皇元年（581年）造像记具有一定的史料价值。

东魏武定五年发愿文中有"上为佛法兴隆，皇帝陛下，渤海大王"之语，此渤海大王应即大丞相渤海王高欢，据史籍记载，北魏永熙元年（532年），高欢灭尔朱氏，于晋阳建立大丞相府，自是朝政咸出高欢之手，成为实际的统治者。高欢死于武定五年（547年）正月，其子高澄秘不发丧，至八月才归葬于邺城。造像记刊于该年七月，当不知高欢已故，所以此渤海大王无疑是指高欢，臣属和百姓献媚权贵，为其祈福，这在北朝造像铭中不乏其例。平定东魏元象元年（538年）红林渡佛龛记中记载："石艾县唯那遭渊共使持节骠骑大将军开府仪同三司大行台令公并州刺史下祭酒通大路使佛弟子张法乐……敬造石窟大像一区，敬为皇祚永麻，八表宁安，又愿大王（高欢）、令公（高澄）神算独超。"山西盂县东魏武定七年（549年）兴化寺高岭诸村造像记中记载：邑义道俗"造像一区，上为皇帝陛下、渤海大王（此处似指高澄）延祚无穷，三宝永隆。"这一类造像记的出现正是高欢父子执掌元魏朝政、皇帝成为傀儡这一历史事实的反映。而山西作为高欢父子的发迹地，表现得尤为显著。

（四）开河寺石窟所反映的佛教信仰情况

题记中所记石艾县，即今平定县，治所在今县城东南。《魏书·地形志》记载："（并州）乐平郡，领县三。石艾，前汉属太原，后罢。晋属。（太平）真君九年罢，孝昌六年复，故名上艾，后改。"

按孝昌为北魏孝明帝年号，共三年，此处述六年，应即永安三年（530年）。平定地处太原之东，有娘子关，即《魏书·地形志》所记苇泽关，与河北井陉交界，自古以来即为山西通往河北的交通要道。北朝时期，此道交通往来十分频繁，如平定石门口现存北齐天保六年李清造报德碑云："李清去家五百里，就井陉关榆交成，万里长途，百州路侧造报德像碑。"可知石门口就有戍站。北齐颜之推《颜氏家训·勉学篇》亦记："吾尝从齐主（文宣帝）幸并州，自井陉关入上艾县东数十里，有猎间村。"可知北齐帝室也有从井陉入平定，进而抵达太原者。频繁的交通往来，推动了这一地区佛教的发展。所以，北朝晚期这一地区出现了较多的石窟造像，如前述红林渡造像在今岩会乡，距开河寺不远，有石门口北齐摩崖龛像。昔阳（乐平郡治所在）石马寺石窟、盂县肖家汇摩崖造像等均是这一时期佛教发展的结果。从开河寺石窟题记可知，这一地区民间邑社组织很多，并有较多的佛事活动。总之，开河寺石窟的发现为研究这一地区佛教发展情况增添了新的资料。

十一、长治县（今上党区）交顶山石窟

山西省上党区地处太行山西麓，北为长治市区，南与高平市、陵川县接壤，西为长子县，东为壶关县。交顶山石窟位于该区西火镇南大掌村北300米的交顶山山腰。石窟坐东朝西。

（一）石窟现状

石窟为中窟，位于山腰的一块巨型岩石中。面宽165厘米，进深140厘米，高195厘米。石窟四角攒尖顶，四壁素面。三壁三龛，四周有低坛，坛宽20厘米，高15厘米。

正壁正中设一龛，龛为"凸"字形完。龛面宽146厘米，高92厘米，深28厘米，平顶。造像组合为一佛二菩萨。佛结跏趺坐于方形座上，露右足。佛像高65厘米，座高30厘米，座高出龛内平台4厘米。佛身后有舟形大背光，素面，背光尖伸出龛外；头后有阴刻的四圈头光，不规则圆形；佛高肉髻，面相长圆；内着僧祇支，胸前结带下垂，外着双领下垂式袈裟，右侧衣领下垂至腹部，后上绕左小臂，袈裟外摆呈锐角覆座，下摆分三层呈水平状

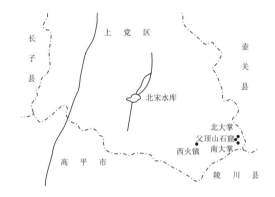

图 2-4-135 交顶山石窟位置示意图

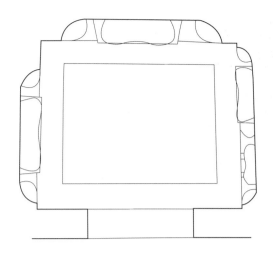

图 2-4-136 交顶山石窟平面图

覆于座前；右手上举施无畏印，左手下垂施与愿印。左侧胁侍整高 54 厘米，像高 46 厘米，座高 8 厘米。座分两层，下层高 5 厘米，中瓣覆莲；上层座高 3 厘米，无纹饰。胁侍跣足立于座上，披帛于胸前交叉后下垂至膝再上绕两侧手臂，下身着长裙，裙裾微外侈，双手合十。右侧胁侍整高 52 厘米，像高 44 厘米，座高 8 厘米，座分 4 层，每层高约 2 厘米，最下层为中瓣覆莲，其上为一周突起的弧纹，再上为一层仰莲，最上一层无纹饰。衣着同左侧胁侍，左手上举于胸前，右臂曲肘下垂提一瓶状物。龛外右侧及上部残留有线刻千佛八尊，褒衣博带，有舟形背光。主尊座前右侧刻有题记"都佛主□和平"；尊座前左侧题记"□主□"。

右壁正中开设一龛，龛亦为"凸"字形。龛面宽 132 厘米，高 89 厘米，深 24 厘米，平顶。壁面左侧可见线刻龛梁外卷。造像组合同正壁，为一佛二菩萨。主尊结跏趺坐于方形座上，像高 64 厘米。座高 30 厘米。有舟状大背光，没有头光，造型、服饰同正壁。左右侧胁侍造型同正壁。左侧胁侍像高 45 厘米，座高 8 厘米，座分两层，下层覆莲座，高 5 厘米，上层圆台无纹饰。左侧胁侍宝缯微上翘后下折，双手胸前合十。颈部饰有桃尖形项圈。右侧胁侍像高 44 厘米、座高 8 厘米，座也分上下两层，左手上举于胸前，右臂曲肘下垂提一瓶状物。龛外左侧壁面线刻十尊千佛，千佛高 12 厘米，宽 8 厘米，褒衣博带，有舟形背光。主尊座右侧及座前壁面有造像题刻"为父母开明主□买""王方达""和伏仁"。

左壁风化严重，造像漫漶不清。从现有痕迹看，整壁开设一龛，窟内右侧为坐佛，像高 60 厘米，风化严重，仅可见裙裾覆于座前。坐佛右侧有

图 2-4-137　交顶山石窟正壁

图 2-4-138　交顶山石窟右壁

图 2-4-139　石窟右壁

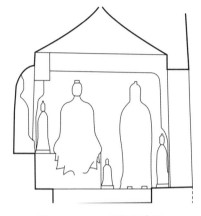

图 2-4-140　石窟左壁图

图 2-4-141　石窟门

一胁侍，仅剩轮廓。龛内左侧为一立像，高88厘米，仅可见轮廓，立像右侧有一胁侍，形体较小，高31厘米，褒衣博带；左侧也有一立像，风化严重，高62厘米。形体较大。

窟门内侧左壁风化严重，右壁及窟门上方残留有千佛造像八尊。

窟门长方形，高112厘米，宽84厘米。窟门外两侧原雕凿有门柱，现仅剩右侧门柱部分痕迹。柱为圆柱，直径8厘米，门柱上部饰两道束帛，间距5厘米。柱顶站立一回首状鸟。残留有门楣，饰火焰状忍冬纹。

窟外右侧散落有一块砂石，长116厘米，宽68厘米，砂石表面残存线刻千佛龛17个，龛为尖拱龛。龛长10厘米，高12厘米，内雕千佛漫漶不清。

（二）石窟开凿年代推断

交顶山石窟本身没有明确的纪年，文献中也未记载，因此关于洞窟的开凿年代只能从洞窟形制、壁龛形制、造像风格、题记以及与周边地域石窟的比较中推断。交顶山石窟平面长方形，四周设低坛，四角攒尖顶，三壁三龛，这种洞窟形制在北朝晚期较为流行。山西境内平定开河寺石窟中东魏武定五年（547年）的第2窟，北齐皇建二年（561年）的第3窟，北齐河清二年（563年）的第1窟，高平羊头山石窟中属于北魏晚期的第2窟，开凿年代在北朝晚期的榆社响堂寺石窟，洞窟形制都为此种类型。交顶山石窟的窟门雕上小下大的圆门柱，门梁正中束一莲，门楣饰忍冬纹，这与羊头山、高庙山北朝晚期诸石窟相同。因此，就洞窟形制而言，交顶山石窟的开凿年代在北朝晚期。

交顶山石窟的壁龛形制较为特殊，左壁龛形不清，正壁和右壁正中各开一龛，龛为"凸"字形，龛内正中为主尊，龛内两侧各有一胁侍。这种类型的龛在山西的其他地区也有过发现，平定开河寺石窟属东魏的第2窟、北齐的第3窟，正是这种"凸"字形龛。

造像风格方面，交顶山石窟造像主尊衣纹呈水平状覆于座前，这种风格同太原西郊出土的东魏兴和二年（540年）造像、昔阳出土的东魏武定六年（548年）造像相同，而与北魏晚期流行的褒衣博带式袈裟下摆呈"八"字形覆于座前不同，与北齐时期的短裙摆也不同。菩萨宝缯先上翘再下折的样式为龙门北魏造像所常见，山西地区榆社圆子山北魏洞窟、昔阳石马寺北魏洞窟的菩萨也采用这种装饰风格。这种样式在东魏时仍流行，寿阳出土的东魏武定六年（548年）菩萨立像宝缯也是先上翘而后下折。北齐、北周时期，这种样式被宝缯沿双耳外侧下垂及肩的样式取代。从造像风格分析，交顶山石窟应属北魏晚期至东魏时期。

十二、乡宁县营里千佛洞石窟

千佛洞石窟又名能仁寺、石佛洞，俗称洞儿庙，位于山西省乡宁县城东5千米营里村的悬崖上，石窟坐南朝北，下靠寺院一座，曰能仁寺。窟门外有时代不明的残经幢一块和残碑两块。在其中一块《创建茶房碑记》的残碑上载有"营里镇东北古有能仁寺千佛洞"。明代万历二十年（1592年）创修的《乡宁县志》卷六也载"能仁寺，治东十里"，可知寺院的创建年代早于明代万历二十年。

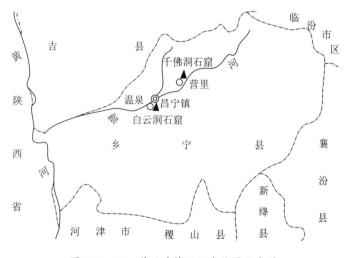

图 2-4-142 营里千佛洞石窟位置示意图

（一）石窟现状

千佛洞石窟为单窟，窟门向南，在民国时期经过修葺，使用条砖砌了砖墙，整面砖墙呈圆拱形，宽275厘米，高200厘米，厚70至140厘米。砖墙内的石窟门框仍为原物，为长方形，宽103厘米，高146厘米、厚12至15厘米。门框敷红彩，石刻门框为四块条石雕凿对接而成，浑然一体，风格古朴，应为窟门原物。

洞窟平面呈椭圆形，圆拱形顶，面宽420厘米，进深440厘米、高310原米，左右后三壁向里凿进，使其呈三壁三龛样式。

图2-4-143　千佛洞石窟外貌

1. 正壁（北壁）

壁面有弧度，呈圆拱形，宽146厘米，高160厘米，深23厘米，内雕一佛一菩萨。佛像高120厘米，长颈，坐姿服饰因风化严重漫漶不清，头后敷有黑褐色圆形火焰纹头光。

左侧菩萨高85厘米，右侧菩萨高86厘米，分别立于主佛左右。菩萨跟佛身体站位不是同一方向，略侧身。

2. 右壁（东壁）

壁面有弧度，龛为长方形，顶为斜面，尖拱形龛楣，龛宽70厘米，高85厘米，深10厘米，龛楣高40厘米、宽80厘米，内雕一佛一菩萨。佛像高65厘米，长颈，头后有黑褐色圆形火焰纹头光。左侧菩萨高54厘米，右侧菩萨高57厘米，赤足立于台上。

图 2-4-144　千佛洞石窟正壁龛像

图 2-4-145　右壁底部二佛并坐像

尖拱形龛楣之上雕有双龙，龙首相对，四爪蹬踏有力，攀爬状，龙尾长而与身体平行，龙躯呈"S"形，二龙口吐莲花，莲花为八瓣，中间六瓣形状相同，莲瓣丰满，外面一瓣呈弯曲状紧靠二龙头顶。

龛的右侧靠窟门处雕一小龛，宽33厘米，高40厘米，深2.4厘米。龛内雕一菩提树，树下半跏趺坐一思惟菩萨。菩萨高24.5厘米，面部漫漶不清，馒头状高肉髻，右手扶头，左脚踩地，左手放于右脚腕之上，身着褒衣博带式袈裟，披帛从双肩搭下，上搭左右手臂，穿绕向外飞扬。

龛右下侧紧靠窟底处有一列长185厘米、高24厘米的高浮雕图，现存有八方，中间一方为二佛并坐，二佛身着双领下垂式袈裟，头后雕有桃形头光，结跏趺并坐于台上。其余七方都雕刻三人，前者身着宽袖交领袍服，后者二人身着服饰跟前者相同，一人撑黄罗伞，一人举芭蕉大扇紧随其后。

3. 左壁（西壁）

壁面有弧度，整个壁面由龛、供养人浮雕、小千佛龛构成，龛和供养人浮雕分布排列至壁底，每层浮雕都有题记分布其间。

龛作长方形，尖拱形龛楣，斜面顶，宽56厘米，高72厘米，深13厘米，内雕一佛二菩萨二扛抗小力士。龛楣宽66厘米，高22厘米。

佛像高40厘米，座高20厘米，头像盗凿，头后敷有黑褐色圆形火焰纹头光，身着双领下垂式袈裟，右侧衣领下垂到腹部后上绕左小臂，裙摆分两层，成四瓣式覆于座前。左手下垂，施与愿印，右手上举，施无畏印。露右足，结跏趺坐于方座上。

右侧菩萨高51厘米，面部盗凿，残留馒头状高肉髻，头后雕有双层尖叶状头光。双肩下削，披帛从双肩搭下，于腹部交叉后下垂向外飘扬，上身袒，下身着裙，裙摆外侈，双手下垂于小腹处，合抱一上为桃形、下为环状的饰物，露双足立于一扛抗小力士头上。菩萨跟佛站位不是同一方向，菩萨略侧身，站立方向同佛呈135度。菩萨体态优美，比例匀称，小腹突出，从侧面看身体曲线略呈"S"形。小力士高约12厘米，头已盗凿，裸体，腰束带，两臂伸开，两肘支于两膝盖之上，两手作抓攀状，似用力向上扛抗，肌肉发达，神态生动。龛下排列十一层供养人浮雕。

窟顶中心为一复瓣式莲花藻井，直径52厘米。莲花四周为飞天。

图 2-4-146　左壁大龛

飞天高25厘米,高肉髻,面相圆润,大耳,上身着交领袈裟,下身着长裙,外有披帛和飘带,绕双臂向外飞扬,露左手,手中举一饰物,不露足,形态上从腰部略折成"V"形。一残飞天手捧一物,似为莲瓣。紧靠飞天的西北角有一神兽,长15.5厘米,头向北作奔跑状。窟顶东有一像鹰一样尖嘴利爪的神鸟,高18厘米,头向南作站立状。在神鸟的腹下雕有一条蟒蛇一样的大头细脖子神兽,只露出头部和部分腹部,头部略呈三角形,嘴微张,布满鳞片的腹部下有一爪,呈三足状,此神兽应是三足乌。

紧靠神鸟的北边雕有一"W"形忍冬纹,长21厘米。根据窟顶现存情况,东西方向雕刻有神兽、神鸟,南北方向是否有雕刻,因风化剥落严重尚难判定。

洞窟除三大龛,供养浮雕,窟顶及所有雕刻外,其余空间全部布满小千佛龛。小千佛龛大小不一,龛最小者宽8厘米、高10厘米、深2厘米,龛最大者宽13厘米、高20厘米、深4厘米。龛为长方形,尖拱形龛楣,龛内小佛脖子细长,馒头形高肉髻,大耳,双手交叉于衣袖中,结跏趺静坐于龛中。小千佛服饰根据领口可分为垂领式、方领式、三角领式,根据裙摆可分为单层三瓣式、单层五瓣式、双层三瓣式。洞窟内原有小千佛1000多龛,由于风化剥落,现存700多龛。

洞窟题记中发现简化字五个,分别是"里""国""从""昙""县"。"里""国""从"与现行通用的规范简化字完全相同,"昙""县"与现行简化字稍有出入。"昙"字在"日"和"石"中加一秃宝盖,"县"字仍是左右结构,左半部和繁体一样,右半部为"又"。

(二)石窟开凿年代的判定

营里千佛洞石窟没有明确的纪年,方志中也未记载,洞窟平面椭圆形,圆拱形顶,顶为复瓣式莲花藻井,外绕几身飞人,三壁三龛,这种洞窟形制是北朝时期最常见的洞窟形制之一。三壁龛形制都为一佛二菩萨组合,龛为长方形,尖拱形龛楣,龛中菩萨和佛站位不是朝同一方向,菩萨略侧身,这种类型的龛在北朝晚期较为流行。

营里千佛洞石窟的主尊佛像,其面部、发饰因风化和盗凿,无法从面相上看出特征,但整体形象已表现出清瘦秀丽的特点。这与北朝推行汉化政策和改革服制有密切关系。左壁龛右侧菩萨双肩下削，体态优美，双手持物于小腹处，这与河南洛宁县牛曲村北周千佛寺造像碑内雕刻的胁侍菩萨相同。左壁浮雕供养人像为幞头，缺骻袍，脚穿靴子，这种服饰在北齐时期开凿的河北邯郸响堂山、河南安阳灵泉寺等石窟供养人像上也可以看到。左壁最底部雕刻二人物头戴宝冠，宝缯是沿双耳外侧下垂及肩，这种样式在北齐、北周时期较为流行。

从石窟题记内容分析，左壁第四层浮雕题记中有"承太平昌宁二县令"。据《太平寰宇记》载："后魏太武帝于今县东北二十七里太平故关城置泰平县，属平阳郡，周改为太平县，因关为名。"题记中在这里写"太"而不写"泰"，正是北周改为"太平县"后的用字。因此，综合洞窟形制、造像、供养人服饰、题记内容诸方分析，石窟的开凿时代为北朝晚期的北周。